高等学校计算机教材

# Java 实用教程

（第 3 版）

郑阿奇　主编
姜乃松　殷红先　编著



電子工業出版社
Publishing House of Electronics Industry
北京 • BEIJING

## 内 容 简 介

本教程以甲骨文最新发布的 Java 8 为基础，对《Java 实用教程》（第 2 版）进行了全新改版，内容循序渐进、深入浅出，精心设计每一个实例，结构安排更为合理，使读者准确把握 Java 的知识点。

教程包括 Java 实用教程、实验、习题和习题答案四部分（限于篇幅，习题和习题答案通过网络以电子文档形式提供）。本教程在讲解内容后紧跟实例，很多章节最后还配备有综合实例，对前面学习的主要知识进行综合应用。实验部分也是通过实例引导读者学习，并提出思考问题，最后在原来基础上让读者自己进行操作和编程练习。

全书以开源软件 Eclipse 作为 Java 的集成开发环境，使得编写、调试、运行 Java 程序变得更为简便。

本书既可作为大学本科和专科计算机及相关专业的教材，也可作为 Java 自学者或者应用开发者的参考书。



**图书在版编目（CIP）数据**

Java 实用教程/郑阿奇主编；姜乃松，殷红先编著. —3 版. —北京：电子工业出版社，2015.9
高等学校计算机教材
ISBN 978-7-121-26622-5

Ⅰ. ①J… Ⅱ. ①郑… ②姜… ③殷… Ⅲ. ①JAVA 语言－程序设计－高等学校－教材 Ⅳ. ①TP312

中国版本图书馆 CIP 数据核字（2015）第 159854 号

策划编辑：程超群
责任编辑：左　雅
印　　刷：三河市鑫金马印装有限公司
装　　订：三河市鑫金马印装有限公司
出版发行：电子工业出版社
　　　　　北京市海淀区万寿路 173 信箱　邮编　100036
开　　本：787×1092　1/16　印张：25.5　字数：734 千字
版　　次：2005 年 5 月第 1 版
　　　　　2015 年 9 月第 3 版
印　　次：2016 年 11 月第 3 次印刷
定　　价：52.00 元

凡所购买电子工业出版社图书有缺损问题，请向购买书店调换。若书店售缺，请与本社发行部联系，联系及邮购电话：（010）88254888，88258888。

质量投诉请发邮件至 zlts@phei.com.cn，盗版侵权举报请发邮件至 dbqq@phei.com.cn。

本书咨询联系方式：（010）88254577，ccq@phei.com.cn。

# 前　言

Java 是原 Sun 公司（现已被甲骨文公司收购）开发的新一代编程语言，其简单、面向对象、多线程、跨平台等特性深受人们的欢迎。目前，学习 Java 已经成为一种时尚和潮流。

2005 年，为了满足教学和应用开发实践的要求，我们编写了《Java 实用教程》一书，把学习和应用相结合，收到了较好的效果，后又修订出版了第 2 版。

《Java 实用教程》（第 3 版）以 Java 最新的版本 Java 8 为基础，对第 2 版进行了全新改版，内容循序渐进、深入浅出，精心设计每一个示例，结构安排更为合理，使读者准确把握 Java 的知识点。实用教程一般在讲解一项内容后紧跟相关的实例演示，很多章节最后还配备了一个综合实例，使学习者综合应用已经学过的主要知识。实验部分也是通过实例先引导读者学习，再提出思考问题，最后在原来基础上让读者自己进行操作和练习编程。实例程序均在 JDK 8（Java SE Development Kit 8 Update 45）上调试通过。全书以开源软件 Eclipse 作为 Java 的集成开发环境，这使得编写、调试、运行 Java 程序变得更为简便。

实际上，本教程不仅适合教学，也非常适合 Java 的各类培训，以及使用 Eclipse 编程开发应用程序的用户学习和参考。只要阅读本书，结合上机操作进行练习，就能在较短的时间内基本掌握 Java 知识及其应用技术。

与本书配套的同步电子课件，可直接用于课堂教学。书中的源代码和电子课件，可从华信教育资源网（http://www.hxedu.com.cn）上免费下载。

本书由南京师范大学姜乃松和殷红先编写，南京师范大学郑阿奇任主编并对全书进行统稿、定稿。其他一些同志参加本书的基础工作，在此表示诚挚的谢意。

参加本套丛书（《高等学校计算机教材》）编写的还有梁敬东、陆文周、丁有和、曹弋、陈瀚、徐文胜、张为民、钱晓军、顾韵华、彭作民、高茜、陈冬霞、徐斌、王志瑞、孙德荣、周怡明、刘博宇、郑进、周何骏、陶卫冬、严大牛、刘启芬、邓拼搏、俞琰、周怡君、吴明祥、于金彬、马骏等。

由于作者水平有限，不当之处在所难免，恳请读者批评指正。

意见及建议邮箱：easybooks@163.com。

编　者

2015 年 6 月

# 目录

## 第1部分 Java实用教程

## 第 2 部分 实验



## 第 3 部分 习题集

# 第1部分　Java实用教程

# 第1章　Java语言及编程环境

## 1.1　Java语言简介

Java是由原Sun公司（现已被甲骨文公司收购）于1991年开发的编程语言，初衷是为智能家电的程序设计提供一个分布式代码系统。为了使整个系统与平台无关，采用了虚拟机器码方式，虚拟机内运行解释器，而针对每种操作系统均有其对应的解释器，这样Java就成了与平台无关的语言。后来Java技术被广泛应用于万维网，伴随因特网的普及迅速成长起来，取得了惊人的发展。1995年5月23日，Java语言诞生，次年1月发布了第一个开发包JDK 1.0，至JDK 1.1（1997.2.18）奠定了Java在计算机语言中的地位。从JDK 1.2（1998.12.8）开始，Java的应用平台逐步分化，演进成3个版本。

- **Java SE**—Java Standard Edition（标准版），主要用于普通PC机、工作站的Java控制台或桌面程序的基础开发。
- **Java ME**—Java Micro Edition（微型版），用于移动设备、嵌入式设备上的Java应用程序开发。
- **Java EE**—Java Enterprise Edition（企业版），用于开发、部署和管理企业级、可扩展的大型软件或Web应用。

本书程序设计涉及的只是Java SE。2004年9月30日发布的Java SE 1.5（基于JDK 1.5）对Java语言本身进行了很大革新，引入许多新的概念和特性，成为Java发展史上的里程碑。为显示这个版本的重要，Sun将其更名为Java SE 5.0。在2005年6月召开的JavaOne大会上，Sun公司又公开了Java SE 6.0。2009年4月20日，甲骨文公司以74亿美元天价收购了Sun公司并取得了Java的版权，之后又持续推出Java SE 7.0（2011.7.28）和Java SE 8.0（2014.3.18），Java技术日臻成熟完善。如今Java已然成为计算机软件开发领域最流行的语言和平台之一。本教材就以**Java SE 8.0**（基于最新JDK 1.8.0，简称Java 8）为编程环境，全面系统地来讲授Java程序设计的知识。

### 1.1.1　Java语言特点

Java是一个广泛使用的网络编程语言，它简单、面向对象，不依赖于机器结构，不受CPU和环境限制，具有可移植性、安全性，并提供了多线程机制，具有很高的性能。此外，Java还提供了丰富的类库，使程序设计人员能很方便地建立自己的系统。概括起来说，Java语言具有如下特点。

（1）**简单性**。Java 语言虽衍生自 C/C++，但它略去了 C/C++中指针、运算符重载、多重继承等复杂的概念，并通过自动垃圾收集机制大大简化了程序员的内存管理工作。另外，Java 对环境的要求非常低，它的基本解释器及类仅几十个 KB，加上标准类库和线程的支持也只有大约 200KB。

（2）**面向对象**。Java 是一个完全面向对象的语言，其程序设计集中于对象及其接口，它提供了简单的类机制及动态的接口模型。对象中封装了它的状态变量及相应方法，实现了模块化和信息隐藏；而类则提供了一类对象的原型，通过继承机制，子类可使用父类的方法，实现代码复用。

（3）**分布式**。Java 是面向网络的语言，通过它提供的类库可以处理 TCP/IP 协议，用户可以通过 URL 地址在网络上很方便地访问其他对象。

（4）**安全性**。因 Java 不支持指针，一切对内存的访问都必须通过对象的实例来完成，这就有效防止了黑客使用“特洛伊”木马等欺骗手段访问对象的私有成员，同时也避免了由于指针操作失误导致的程序或系统崩溃。

（5）**可移植性**。与平台无关的特性使 Java 程序可以很方便地被移植到不同软硬件平台的计算机上。同时，Java 自身的类库也实现了与不同平台的接口，使这些类库更容易移植。

（6）**高性能**。和其他解释执行的语言不同，Java 字节码的设计使之能很容易地直接转换成对应于特定 CPU 的机器码，从而得到较高的性能。

（7）**支持多线程**。多线程机制使应用程序能够并发地执行，同步机制又保证了对共享数据的正确操作。通过使用多线程，程序员可以分别用不同的线程完成特定的行为，而不需要采用全局的事件循环机制，这样就很容易地实现网络上的实时交互行为。

### 1.1.2 Java 运行机制

Java 有两个核心的运行机制：一个是 Java 虚拟机（Java Virtual Machine，JVM）；另一个是垃圾收集机制（Garbage Collection）。

#### 1. Java 虚拟机

Java 虚拟机（JVM）可理解成一个以字节码为机器指令的 CPU。首先，Java 编译程序将后缀名为.java 的 Java 源程序编译为 JVM 可执行的代码（后缀名为.class 的 Java 字节码文件），如图 1.1 所示，运行 JVM 字节码的工作则由解释器来完成。整个运行过程分代码的装入、校验和执行三步进行：装入代码的工作由类装载器完成，类装载器负责装入一个程序运行所需要的所有代码；字节码校验器负责代码的校验；解释器负责代码的执行。每种类型的操作系统都有一种对应的 JVM，JVM 屏蔽了底层操作系统的差异，使 Java 程序能够做到“一次编译，到处运行”。

#### 2. 垃圾收集器

Java 垃圾收集器能够自动回收垃圾，即运行时无用对象占据的内存空间。而在 C/C++中，垃圾收集工作全都要由程序员负责，这无疑增加了程序员的负担。Java 语言通过提供一种系统级线程来自动跟踪程序运行时存储空间的分配情况，并在 JVM 空闲时检查并释放那些可被释放的存储空间。在 Java 中，对象一旦被创建就会在堆区中分配一块内存，而当对象不再被程序引用时，它就变成一个“垃圾”，所占用的堆空间可被回收以便腾出来给后续的新对象使用。Java 垃圾收集器能断定哪些对象不再被引用，并且能够把它们所占据的堆空间释放出来。

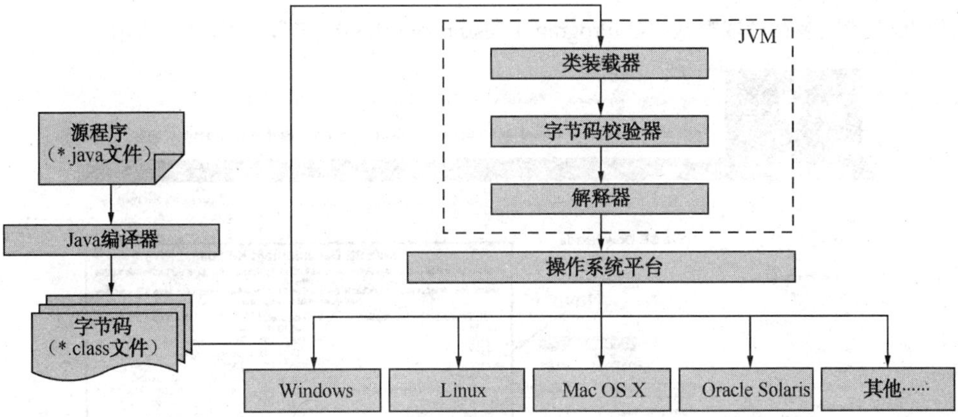


图 1.1 Java 程序执行机制

### 1.1.3 Java 8 新特性

Java 8 是继 Java SE 5.0 以来对 Java 语言的又一次重要升级，包含了许多令人欣喜的新特性，下面简单列出主要的几个。

（1）**lambda 表达式**。这种新的语法为 Java 添加了函数式编程特性，可以简化并减少程序中创建特定结构（如某些类型的匿名类）所需的代码量，使得 Java 语言更为灵活和富有生命力。

（2）**新的流 API**。流 API 支持对数据执行管道操作，并针对 lambda 表达式做了优化。

（3）**简化的接口实现**。Java 8 中可以为接口指定的方法定义默认实现，如果程序员没有为默认方法创建实现，就使用接口定义的默认实现，在向接口添加新方法时也不会破坏现有方法。

（4）**新的时间日期 API**。新增日期时间格式器增强了对时间日期类型数据的处理功能。

（5）**支持 JavaFX**。JavaFX 是 Java 新一代的 GUI 框架，它强大灵活，可制作出视觉效果十分出色的应用程序。此次升级的 Java 8 捆绑了对 JavaFX 8 的支持，以适应未来 Java 图形界面开发由 AWT/Swing 向 JavaFX 的平稳过渡。

Java 8 新增的功能还有很多，本教材将在后续章节结合有关知识点逐一加以介绍。

## 1.2 Java 编程环境

### 1.2.1 JDK 8

要想编译和运行 Java 程序，离不开 Java 的编译和运行环境。Sun 公司（今为甲骨文公司）为 Java 提供一套原生的开发环境，通常称为 JDK（Java SE Development Kits，JSDK）。目前最新的版本是 Java SE Development Kit 8 Update 45，即 JDK 8。

#### 1. 下载 JDK 8

可以到甲骨文公司的官网下载 JDK8：http://www.oracle.com/technetwork/java/javase/downloads/index.html，单击“DOWNLOAD”按钮，如图 1.2 所示，在出现的下载页上点击“jdk-8u45-windows-i586.exe”链接，下载对应 Windows x86 体系计算机的 JDK。

#### 2. 安装 JDK 8

下载完成后，得到可执行文件 jdk-8u45-windows-i586.exe，双击启动安装向导，按照提示完成安装，这里 JDK 的安装路径取默认“C:\Program Files\Java\jdk1.8.0_45\”，如图 1.3 所示。

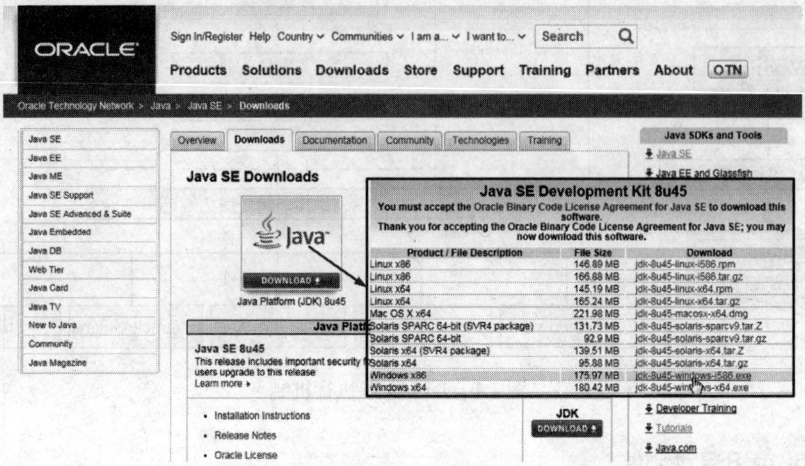

图 1.2　选择下载 JDK

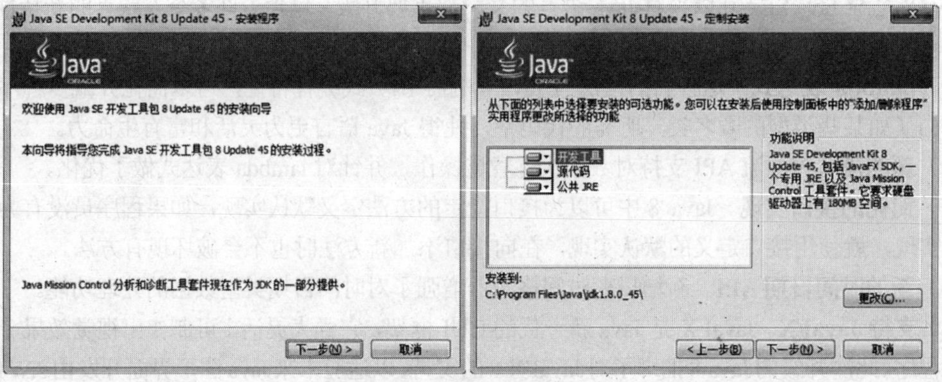

图 1.3　安装 JDK

在 JDK 的安装包里带有 JRE 安装包，JRE 是 Java 运行时的环境，默认安装到“C:\Program Files\Java\jre1.8.0_45\”。

### 3. 配置环境变量

JDK 安装完成之后，还需要配置环境变量才可使用，下面是具体设置步骤。

**（1）打开“环境变量”对话框**

右击桌面“计算机”图标，选择“属性”命令，在弹出的控制面板主页中点击“高级系统设置”链接，在弹出的“系统属性”对话框里单击“环境变量”按钮，弹出“环境变量”对话框，操作如图 1.4 所示。

**（2）新建系统变量 JAVA_HOME**

在“系统变量”列表下单击“新建”按钮，弹出“新建系统变量”对话框。在“变量名”一栏输入“JAVA_HOME”，“变量值”栏输入 JDK 安装路径，如图 1.5（a）所示，单击“确定”按钮。

**（3）设置系统变量 Path**

在“系统变量”列表中找到名为“Path”的变量，单击“编辑”按钮，弹出“编辑系统变量”对话框，在“变量值”字符串中加入路径“%JAVA_HOME%\bin;”，如图 1.5（b）所示，单击“确定”按钮。

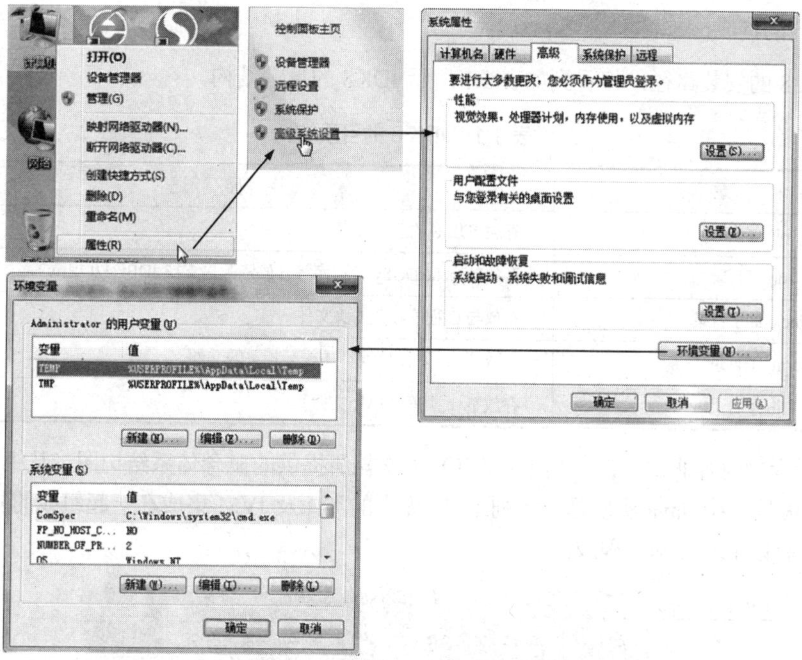


图 1.4　打开“环境变量”对话框

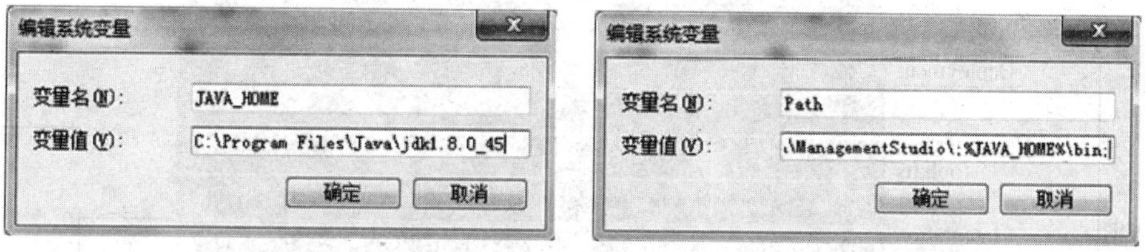


(a) 新建 JAVA_HOME 变量　　(b) 编辑 Path 变量

图 1.5　设置环境变量

选择任务栏“开始”→“运行”命令，输入“cmd”回车，在命令行输入“java -version”回车，如果环境变量设置成功就会出现 Java 的版本信息，如图 1.6 所示。

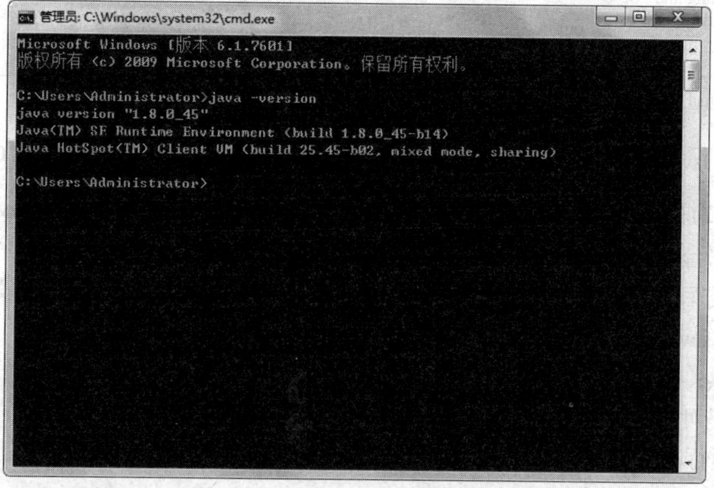


图 1.6　JDK 8 配置成功

#### 4. JDK 8 的构成

进入 JDK 8 的安装路径，将看到如表 1.1 所示 JDK8 的目录结构。

表 1.1 JDK 8 的目录结构

| 目 录 | 描 述 |
| --- | --- |
| bin 子目录 | 存放 JDK 8 的工具程序 |
| db 子目录 | 存放 Apache Derby 数据库等开放资源，支持 JDBC4.0 规范 |
| include 子目录 | 存放与 C 程序相关的头文件 |
| jre 子目录 | 存放 Java 运行时环境（JRE）相关的文件 |
| lib 子目录 | 存放 Java 类库（JAR 文件） |

JDK 8 包含的内容非常丰富，图 1.7 是其官方文档所提供的概念体系结构图，从中可一窥 JDK 8 的构成细节。从图上看，Java 实质是一系列工具、庞大的类库及 JVM 集成在一起组成的复杂编程环境，但概括起来，有以下几大基本构成。

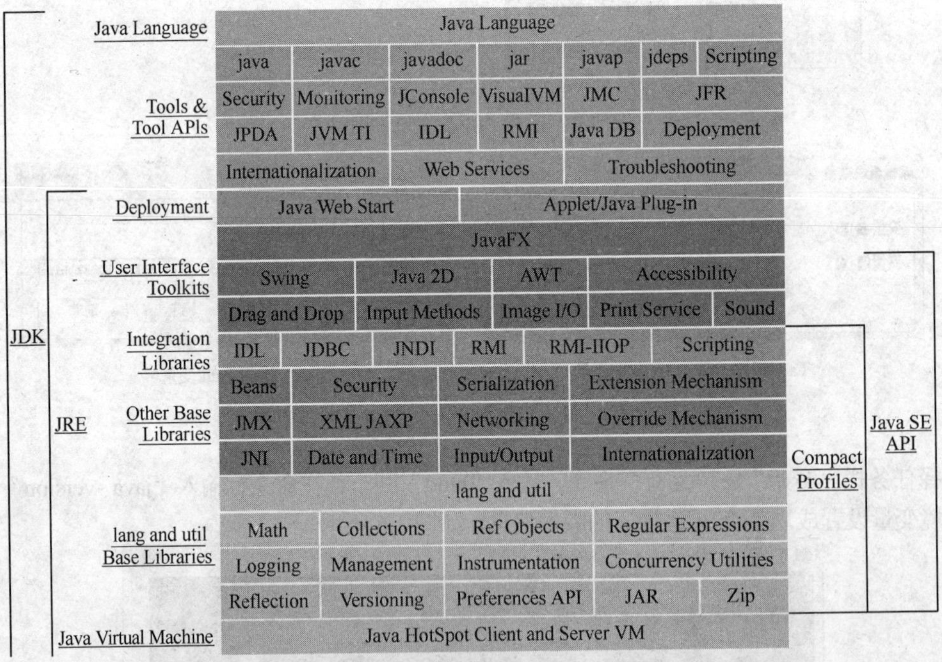


图 1.7 Java Platform Standard Edition 8 概念体系结构图（Copyright © 1993-2015, Oracle）

（1）JVM：即 Java 虚拟机，它位于图 1.7 整个体系的底层，负责解释、执行 Java 程序，可以运行在各种操作系统平台上。

（2）JDK 8 类库：JVM 之上是 Java 最基础的类库，提供了各种实用类，包括最常用的 java.lang、java.util、java.io、java.sql 和 javax.swing 等。

（3）开发工具：在图 1.7 体系的上层是种类繁多的开发工具，这些工具随 Java 官方发布的 JDK 一起打包提供，都是可执行的程序，并公开了 APIs（使用命令接口），常用的工具有 javac.exe（编译工具）、java.exe（运行工具）、javadoc.exe（用于生成 Javadoc 文档）和 jar.exe（打包工具）等。

## 1.2.2 Eclipse 集成开发环境

事实上，仅用记事本及 JDK 自带的工具（javac.exe、java.exe 等）就足以编写 Java 程序和进行 Java 软件开发，但为提高效率，通常不这么做，而是借助于现成的、功能更为强大的集成开发环境（IDE）。目前比较主流的 IDE 有 Eclipse、MyEclipse 和 NetBeans 等，本书选用免费开源的 Eclipse 作为 Java 语言的开发环境。

### 1. 安装 Eclipse 4.4

可从 Eclipse 官网下载：http://www.eclipse.org/downloads/，当前最新的发布版本是 Eclipse 4.4.2，下载后直接解压即可使用。解压后，在磁盘上生成一个 eclipse 文件夹，进入双击 eclipse.exe，出现如图 1.8 所示的欢迎界面。

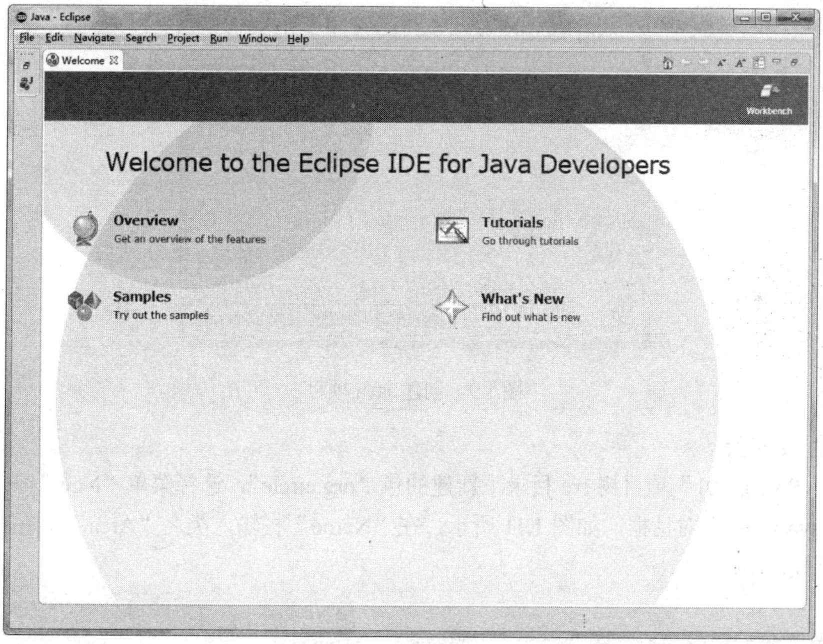


图 1.8 Eclipse 欢迎界面

为使用方便，右击 eclipse.exe，选择“发送到”→“桌面快捷方式”命令，在桌面上将出现 Eclipse 的快捷方式，以后直接双击快捷方式即可启动 Eclipse。

### 2. 第一个 Java 程序

现在就用 Eclipse 来编写第一个 Java 程序，借此熟悉它的使用。Eclipse 以“项目（Project）”的形式管理 Java 程序，开发一个基本的 Java 项目包括三个步骤。

**（1）创建 Java 项目**

启动 Eclipse，在其工作台窗口中依次选择主菜单“File”→“New”→“Java Project”项，打开“New Java Project”向导，如图 1.9 所示，在“Project name”栏输入项目名“MyProject_01”，其他选项默认，单击“Finish”按钮，项目创建成功。项目“MyProject_01”将出现在左边的“Package Explorer”（包资源管理器）中。

**（2）创建 Java 包**

在“包资源管理器”中右击新创建的项目“MyProject_01”，选择菜单“New”→“Package”项，弹出“New Java Package”对话框，如图 1.10 所示，在“Name”栏输入包名“org.circle”，单击“Finish”按钮完成包的创建。

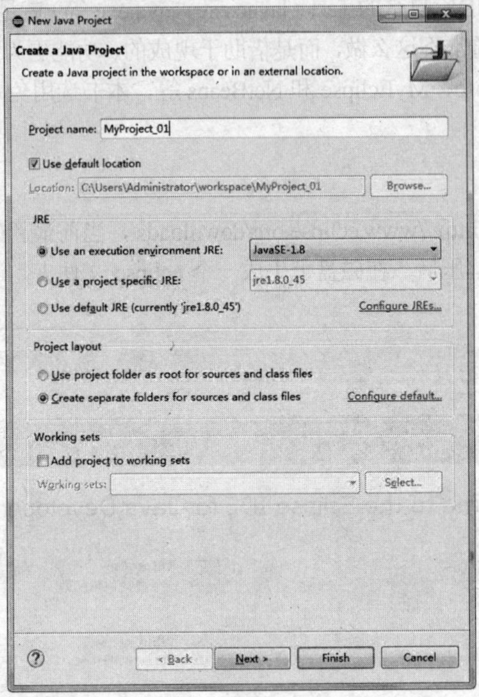


图 1.9　创建 Java 项目

（3）**创建 Java 类**

右击“MyProject_01”项目树 src 目录下新建的包“org.circle”，选择菜单“New”→“Class”项，弹出“New Java Class”对话框，如图 1.11 所示，在“Name”栏输入类名“Area”，单击“Finish”按钮完成类的创建。

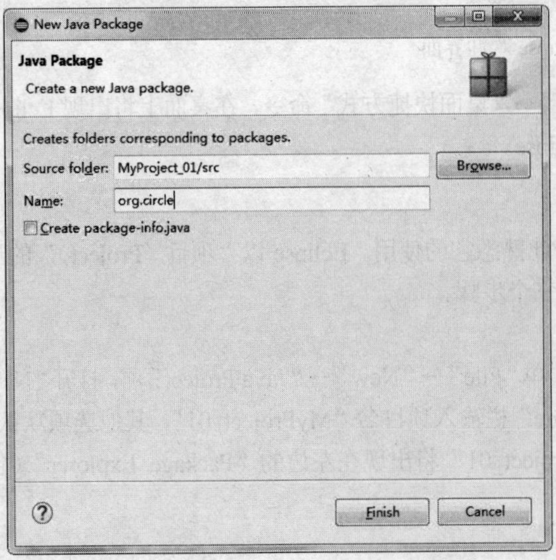


图 1.10　创建 Java 包

图 1.11　创建 Java 类

系统自动在中央工作区打开 Area 类的代码编辑窗口，这时就可以编写 Java 程序了。输入“Area.java”源程序，如图 1.12 所示，完成后单击工具栏“Save”（ ）按钮保存。

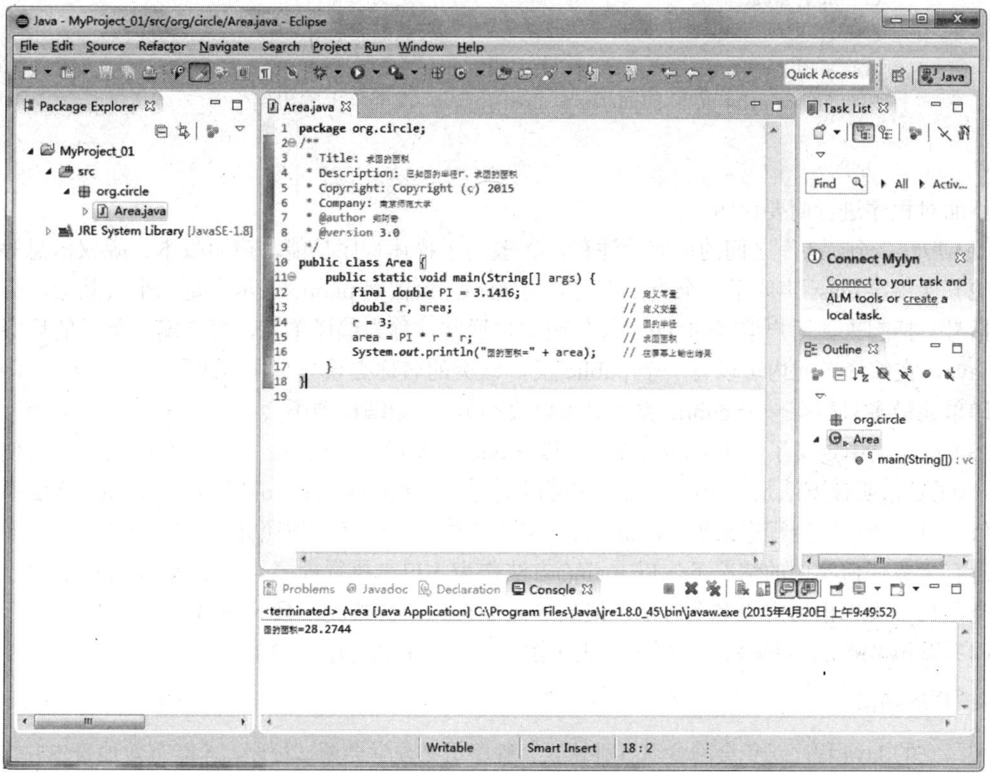


图 1.12 编写 Java 代码

右击“Area.java”，选择菜单“Run As”→“Java Application”项，运行 Java 程序，在下方控制台区显示输出结果：

```
圆的面积=28.2744
```

### 3. 程序分析

下面来看这个 Java 小程序的代码，简要分析一下，使大家对 Java 编程有一个初步的认识。

**【例 1.1】** 求圆面积。

源程序文件名为 Area.java，代码如下。

Area.java

```
package org.circle;
/**                                                    //（1）
 * Title: 求圆的面积
 * Description: 已知圆的半径 r，求圆的面积
 * Copyright: Copyright (c) 2015
 * Company: 南京师范大学
 * @author 郑阿奇
 * @version 3.0
 */
public class Area {                                    //（2）
```

```
    public static void main(String[] args) {                //（3）
        final double PI = 3.1416;                           //（4）
        double r, area;                                     // 定义变量
        r = 3;                                              // 圆的半径
        area = PI * r * r;                                  // 求圆面积
        System.out.println("圆的面积=" + area);              // 在屏幕上输出结果
    }
}
```

下面对程序进行简要说明。

（1）“/**”到“*/”之间的内容为注释，一般用于描述程序功能，声明版本、版权信息等。

（2）保留字 class 声明了一个类，其类名为 Area，保留字 public 表示它是一个公共类。类定义由花括号{}括起来。用户编写的 Java 源代码文件通常被称为编译单元，每个编译单元的后缀名必须为.java，在编译单元内可以有一个 public 类，该类的名称必须与文件名相同（区分大小写）。每个编译单元最多只能有一个 public 类（也可以没有），否则编译器不会接受。

（3）在该类中定义了一个 main()方法，其中 public 表示访问权限，指明所有的类都可以使用该方法；static 指明该方法是一个类方法，它可以通过类名直接调用；void 则指明 main()方法不返回任何值。对于一个应用程序来说，main()方法是必需的，而且必须按照如上格式来定义。Java 解释器在没有生成任何实例的情况下，以 main()方法作为入口来执行程序。一个 Java 程序中可以定义多个类，每个类中也可定义多个方法，但最多只能有一个公共类，且 main()方法也只能有一个。

（4）语句“final double PI = 3.1416;”表示定义实型常量 PI 的值为 3.1416。

**4. 程序调试**

编写完的 Java 程序难免会隐含着各种错误，程序员必须学会调试程序，才能有效地查出并排除代码中的错误。这里以【例 1.1】程序为例，简单介绍一下如何用 Eclipse 调试 Java 程序。

（1）**设置断点**

在源代码语句左侧的隔条上双击鼠标左键，可以在当前行设置断点，这里将断点设在第 14 行，如图 1.13 所示。

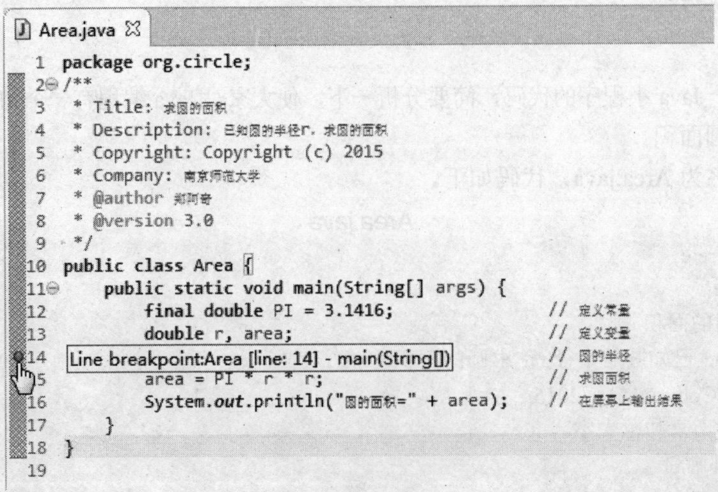

Area.java
1 package org.circle;
2 /**
3 * Title: 求圆的面积
4 * Description: 已知圆的半径r，求圆的面积
5 * Copyright: Copyright (c) 2015
6 * Company: 南京师范大学
7 * @author 郑阿奇
8 * @version 3.0
9 */
10 public class Area {
11 public static void main(String[] args) {
12 final double PI = 3.1416; // 定义常量
13 double r, area; // 定义变量
14 Line breakpoint:Area [line: 14] - main(String[]) // 圆的半径
15 area = PI * r * r; // 求圆面积
16 System.out.println("圆的面积=" + area); // 在屏幕上输出结果
17 }
18 }
19


图 1.13 设置断点

第 14 行语句是给圆的半径赋值：

```
r = 3;                                        // 圆的半径
```

（2）**进入调试透视图**

右击“Area.java”，选择菜单“Debug As”→“Java Application”项，运行 Java 程序，弹出对话框单击“Yes”，系统会自动切换到调试透视图界面，如图 1.14 所示。

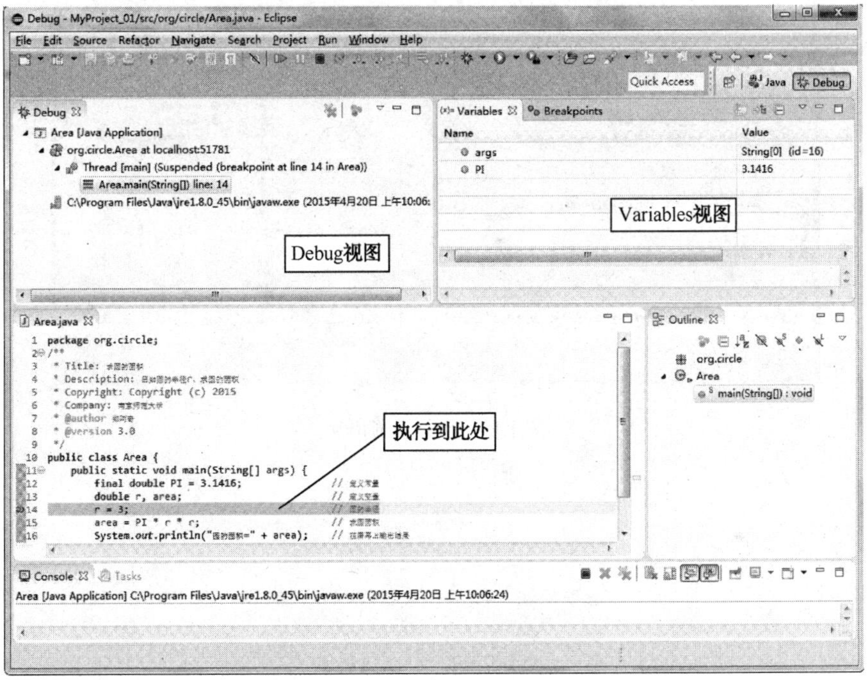


图 1.14　调试透视图

调试透视图由 Debug 视图、Variables 视图等众多个子视图组成，在界面左下方编辑器中以绿色高亮显示当前执行到的代码位置，即断点所在的第 14 行。

（3）**变量查看**

右上方 Variables 视图显示了此刻程序中各个变量和常量的取值，从图 1.14 可见，此时常量 PI 已经有了值，是因为在这之前（第 12 行）执行了语句：

```
final double PI = 3.1416;                     // 定义常量
```

Variables 视图显示 PI 的值也为 3.1416，说明赋值正确，但由于此时尚未给圆半径 r 赋值和计算圆面积，故还看不到 r、area 这两个变量的值。

（4）**变量跟踪**

单击工具栏“Step Over”（按钮图标）按钮，执行当前（第 14 行）语句给圆半径赋值，如图 1.15 所示，Variables 视图中就显示出变量 r 的值。

再次单击“Step Over”按钮，可看到变量 area 的值……继续单击“Step Over”按钮，每单击一下，程序就往下执行一步，在 Variables 视图中能清楚地看到各变量值的改变。调试程序时，读者可以依此单步执行下去，看看程序执行的每一步各变量都有哪些改变，是否如期望的那样去改变。若在某一步，变量并没有像预料的那样获得期望值，就说明在这一步程序出错了，如此就很方便地定位到了错误之处。

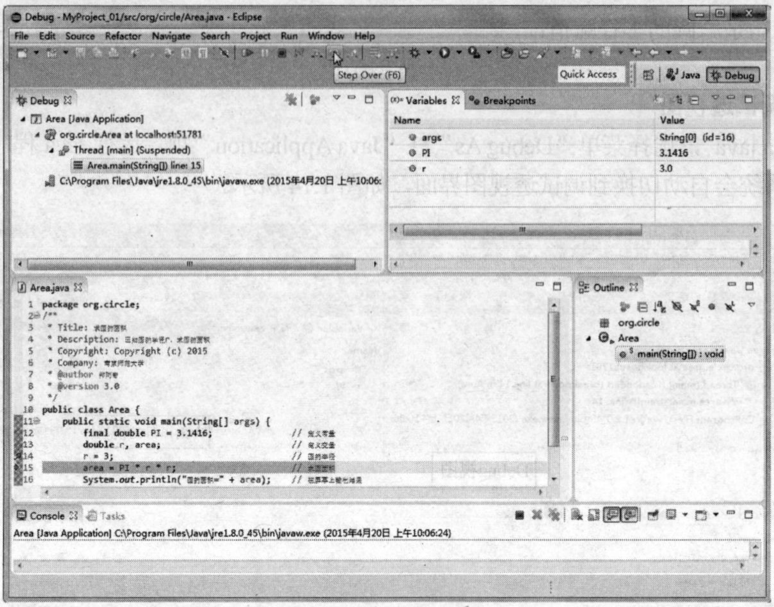

图 1.15　执行当前语句

# 第 2 章 Java 语法基础

程序由语句组成，语句经常使用数据类型、运算符、表达式等。Java 语言的数据类型、运算符与表达式等是从 C++语言简化而来，更加简洁、高效。

## 2.1 常量和变量

Java 程序运行时，值不可修改的数据称为常量，分为字面常量（常数）与标识符常量两种。变量是程序运行时值发生改变的量。

### 2.1.1 数据类型

Java 是一种强类型语言，这意味着所有变量都必须先明确定义其数据类型才能使用。Java 语言的数据类型有两类：基本数据类型与引用类型。基本数据类型包括：boolean（布尔型）、byte（字节型）、short（短整型）、int（整型）、long（长整型）、char（字符型）、float（单精度浮点型）和 double（双精度浮点型）共 8 种。其余为引用类型，例如数组、字符串、类、接口、用户自定义类型等。所有基本数据类型的大小（所占用的字节数）都有明确规定，在各种不同平台上保持一致，这点有助于提高 Java 程序的可移植性。各基本数据类型的大小及取值范围，如表 2.1 所示。

**表 2.1 基本数据类型的大小及取值范围**

| 数据类型 | 关键字 | 在内存占用的字节数 | 取值范围 | 默认值 |
|---|---|---|---|---|
| 布尔型 | boolean | 1 个字节（8 位） | true、false | false |
| 字节型 | byte | 1 个字节（8 位） | −128～127 | (byte)0 |
| 短整型 | short | 2 个字节（16 位） | −215～215−1 | (short)0 |
| 整型 | int | 4 个字节（32 位） | −231～231−1 | 0 |
| 长整型 | long | 8 个字节（64 位） | −263～263−1 | 0L |
| 字符型 | char | 2 个字节（16 位） | '\u0000'～'\uffff' | '\u0000' |
| 单精度浮点型 | float | 4 个字节（32 位） | −3.4028E+38～−1.4013E−45 和 1.4013E−45～3.4028E+38 | 0.0F |
| 双精度浮点型 | double | 8 个字节（64 位） | −1.7977E+308～−4.9E−324 和 4.9E−324～1.7977E+308 | 0.0D |

### 2.1.2 标识符和关键字

标识符是指程序中包、类、接口、变量或方法名字的字符序列。Java 语言要求标识符必须符合以下命名规则。

- 标识符由数字（0～9）、大写字母（A～Z）、小写字母（a～z）、下画线“_”以及美元符号“$”等组成，并且长度不受限制。

- 标识符的首字符必须是字母、下画线“_”或美元符号“$”。
- 不能把关键字和保留字作为标识符。
- 标识符是大小写敏感的，例如，hello 与 Hello 是两个不同的标识符。

表 2.2 是一个标识符正误对照表，列举了一些合法的标识符和非法的标识符。

**表 2.2 标识符正误对照表**

| 合法的标识符 | 非法的标识符 | 说　明 |
|---|---|---|
| HelloWorld | class | 不能用关键字做标识符 |
| _123 | 12.3b | 标识符不能以数字开头 |
| $a123 | Hello World | 标识符中不能含有空格 |
| Subject | Subject# | 标识符中不能含有“#” |

在命名 Java 标识符时，应做到“见名知意”。Java 中一些被赋予特定含义、用作专门用途的字符序列称为关键字，包括：

- 数据类型：boolean、byte、short、int、long、char、float、double。
- 包引入和声明：import、package。
- 类和接口声明：class、extends、implements、interface。
- 流程控制：if、else、switch、do、while、case、break、continue、return、default、while、for。
- 异常处理：try、catch、finally、throw、throws。
- 修饰符：abstract、final、native、private、protected、public、static、synchronized、transient、volatile。
- 其他：new、instanceof、this、super、void、assert、const*、enum、goto*、strictfp。

> **注意：**
> 打上“*”的关键字，Java 没有使用。

### 2.1.3 常量

Java 程序运行时值不可修改的量称为常量，分为字面量（常数）与标识符常量两种。字面量即 Java 源程序中表示的常数值，如 12.6、123、0x12、false、"hello"等，表示一个个具体的值，它是有类型的，有如下 5 种。

#### 1. 布尔型常量（boolean）

布尔型常量值只有 true 或 false，它们也可看成是 Java 语言的关键字，不能挪作他用且必须小写。true 表示“逻辑真”，false 表示“逻辑假”。

> **注意：**
> 不能认为“非零值或 1”是 true、“零值”是 false。

#### 2. 整型常量（int 或 long）

整型常量有十进制、八进制、十六进制三种表示法。

（1）**十进制**：十进制整数，如 123、-48 等。

（2）**八进制**：以数字 0 开头的八进制整数，如 017、-021 等。

（3）**十六进制**：以 0x 或 0X 开头的十六进制整数，如 0x12a6、0XAB12、-0x1a0 等。

整型常量（int）在机器中占 32 位（4 个字节），故最大的整型常量是 2147483647（该值由 Integer.MAX_VALUE 表示）；最小的整型常量是-2147483648（由 Integer.MIN_VALUE 表示）。若程序中出现一个整型常量其值超出上述范围，就会产生一个编译错误。为避免该错误，要在该值后加上 L 或 l，使它成为一个 long 型常量。最大的长整型常量值由 Long.MAX_VALUE 表示，最小的长整型常量值由 Long.MIN_VALUE 表示。若要表示 long 型常量值，就在整数值后加上 L 或 l，该类型常量占 64 位，如 20000L。若要表示 byte 或 short 型的常量值，通常用强制类型转换，例如，（byte）0x12a6、（short）2147483640 等。

### 3. 浮点型常量（float 或 double）

浮点型常量有两种表示形式：十进制小数形式和科学记数法形式。

（1）**十进制小数形式**：小数点两边的数字不能同时省略且小数点不能省略。合法的 double 型浮点数如 3.14、1.0。

> **注意：**
> 1.0 是 double 类型常量值，而 1 是 int 类型常量值，1.0f 才是 float 类型的常量值，在内存中占用字节数以及表示的格式是不同的。

（2）**科学记数法形式**：如 $1.26\times10^{-21}$ 在 Java 中表示为 1.26e-21 或 1.26E-21，这是一个 double 型的浮点数。E 或 e 的前面必须有数字且 E 或 e 后边必须是一个正/负整数（正号可省略）。由于 E 或 e 的后边必须是一个整数，那么 $1.26\times10^{-2.65}$ 该如何表示？可用 java.lang.Math 类中的方法 pow()，表示为：Math.pow（1.26,-2.65）。

数值后边加上 d 或 D 表示是 double 型的浮点数，在机器中占 64 位。只有在数值后边加上 F 或 f 才表示是 float 型的浮点数（机器中占 32 位），例如，12.34f、3.14f 等，其有效精度是 6 位，这在表示较大数值时精度不够，故 Java 语言将默认的浮点数精度规定为 double 型。

### 4. 字符型常量（char）

Java 中的字符采用 Unicode 字符集的编码方案，是 16 位的无符号整数，占 2 个字节，表示的字符从 0～65535。字符型常量值有两种表示方法。

（1）对于可输入字符，用单引号将字符括起来，如，'a'、'啊' 等。

（2）对于不可输入字符，常采用转义字符表示。'\n'表示换行，其 Unicode 值是 10。'\r'表示回车，其 Unicode 值是 13。'\t'表示 Tab 键，其 Unicode 值是 9。'\ddd'表示用 3 位八进制数代表的 ASCII 字符，从'\000'～'\377'，可表示 256 个 ASCII 字符。'\uxxxx'表示用 4 位十六进制数代表 Unicode 字符，从'\u0000'～'\uffff'，可表示所有的 Unicode 字符，其中的 u 可以任意多个连续，例如，'\uuuu5de5'与'\u5de5'相同。'\'' 表示字符“'”，即'\u0027'。'\"'表示字符“"”，即'\u0022'。'\\'表示字符“\”，即'\u005c'。例如，字符串"a 汉 b\u0067t\067\'\"\\字"表示“a 汉 bgt7'"\字”。

> **注意：**
> Java 中 Unicode 转义字符序列的处理时机。编译时，编译程序首先将组成源程序的原始的 Unicode 字符流进行 Unicode 转义字符序列处理变成 Unicode 流，然后再进行编译处理。故下边的换行用法不正确（企图用\u000a 代替\n）：
>
> ```
> String s = "abc\u000adef";
> ```
>
> 编译程序会报错：unclosed string literal。正确用法应该是：String s = "abc\ndef";。

### 5. 字符串常量（String）

Java 中字符串实际上是字符串类 java.lang.String 的一个对象，所有字符串常量值都用双引号括起来，如"abc"。由于"abc"是一个对象，故它可以使用类 String 中的方法，如"a 汉 b 字 c".length()返回该串的长度 5，而"a 汉 b 字 c".charAt(3)返回下标值 3 所对应的字符：'字'（下标值的起点从 0 开始）。

**注意：**

null 可以简单看成是一个引用类型的常量值，表示不引用任何对象。在 Java 规范中，规定 null 是所谓 null 类型的唯一值，且规定 null 可转换到任何引用类型。

除了上面介绍的字面量常量外，Java 中主要的常量是标识符常量。一个标识符常量实际上是一个变量，但它的值一旦初始化以后就不允许再发生改变，因此标识符常量要先定义后使用，通常用于给一个常数取个有意义的名字。标识符常量可以是任何类型，其定义格式是在变量定义的前面加上 final 保留字，如【例 1.1】中定义了一个 double 型常量 PI：final double PI = 3.1416;。

按 Java 编码规范，常量名通常用大写表示，若常量名由两个或以上单词组成，则单词间用下画线连接，例如，final int MAX_VALUE = 100;。

## 2.1.4 变量

与常量不同，变量是程序运行时值会发生改变的量，它对应着内存空间中一个或几个单元，变量的值就存放在这些内存单元中。变量名实质就是给它对应的内存单元取的一个有意义的名称，这样在程序中，就可以按变量名来区分和使用这些内存单元。

### 1. boolean 类型

boolean 类型的变量取值只能是 true 或 false。在 JVM 内部，用 int 或 byte 类型来表示 boolean，用整数零表示 false，用任意一个非零整数来表示 true。只不过这些对程序员是透明的。

### 2. byte、short、int 和 long 类型

byte、short、int 和 long 都是整数类型，并且都是有符号整数。在定义这 4 种类型的整型变量时，Java 编译器给它们分配的内存空间大小是不同的。byte 类型占用的内存空间最小（1 个字节），long 类型占用的内存空间最大（8 个字节）。如果一个整数值在某种整数类型的取值范围内，就可以把它直接赋给该类型的变量，否则必须进行强制类型转换。例如，整数 13 在 byte 类型的取值范围（−128～127）内，可以把它直接赋给 byte 类型变量；129 不在 byte 类型的取值范围内，若想赋值，就必须进行强制类型转换，语句如下：

```
byte b = (byte)129                              //变量 b 的取值为-127
```

这句代码中的“(byte)”表示把 129 强制转换为 byte 类型，129 的二进制数据形式为：0000 0000 0000 0000 0000 0000 1000 0001。“(byte)” 运算符截取后 8 位为 1000 0001，故其值为−127。

如果在整数后面加上后缀“L”或“l”，就表示它是一个 long 类型整数。

### 3. char 类型与字符编码

char 是字符类型，Java 语言对字符采用 Unicode 编码，这是一种双字节编码，表示字符范围‘\u0000’～‘\uffff’。由于计算机只能存储二进制数据，因此必须为各个字符进行编码。所谓字符编码，是指用一串二进制数据来表示特定的字符。Unicode 字符编码由国际 Unicode 协会编制，收录了全世界所有语言文字中的字符，是一种跨平台的字符编码。

### 4. float 和 double 类型

float 和 double 类型都遵循 IEEE754 标准，该标准分别为 32 位和 64 位浮点数规定了二进制数据表示形式。IEEE 754 采用二进制数据的科学记数法来表示浮点数。对于 float 浮点数，用 1 位表示数字的符号，用 8 位表示指数（底数为 2），用 23 位表示尾数。对于 double 浮点数，用 1 位表示数字的符号，用 11 位表示指数（底数为 2），用 52 位表示尾数。

## 2.1.5 类型转换

每一个表达式都有一个类型。表达式在使用过程中，当其所处的上下文要求的类型与表达式类型不一致时，就会发生类型转换。常见的发生类型转换的上下文有：赋值时类型转换、方法调用时类型转换、强制类型转换、字符串类型转换、数值类型提升等。

当上下文中要求类型转换时，转换应遵循什么规则呢？对于 Java 基本数据类型，类型转换有以下 3 种。

### 1. 宽转换

所谓的宽转换又称自动类型转换或隐式转换，转换规则如下：

（1）byte 可直接转换到 short、int、long、float、double；

（2）short 可直接转换到 int、long、float、double；

（3）char 可直接转换到 int、long、float、double；

（4）int 可直接转换到 long、float、double；

（5）long 可直接转换到 float、double；

（6）float 可直接转换到 double。

> **注意：**
>
> ① byte、short、int 都是有符号的数，因而宽转换时（如转换到 long）要进行符号位扩展。char 实际上是 0～65535 的无符号数，其符号位可认为是 0，因而转换到 int 或 long 时，永远是用 0（二进制位零）进行扩展，如 int i=(char) (byte)(-1);（i 的值为 65535）。
>
> ② int 转换到 float 或 long 转换到 double，很可能会造成精度丢失，如 int big = 1234567891; float f = big;此时 f 中小数点之后已不能精确表示 891 了，即精度丢失了。

### 2. 窄转换

窄转换的转换规则如下：

（1）short 可直接转换到 byte、char；

（2）char 可直接转换到 byte、short；

（3）int 可直接转换到 byte、short、char；

（4）long 可直接转换到 byte、short、char、int；

（5）float 可直接转换到 byte、short、char、int、long；

（6）double 可直接转换到 byte、short、char、int、long、float。

> **注意：**
>
> ① 窄转换在大多数情况下会丢失信息。当 int 窄转换到 byte 时，会丢弃掉 int 的最高 3 个字节（24 位），将最低的 1 个字节（8 位）放入 byte 中。因此，大多数情况下窄转换要求程序员自己明确地指明。
>
> ② char 窄转换到 short，将 char 的两个字节（16 位）直接放入到 short 中。虽然 char 与 short 都是 16 位，但窄转换到 short 时，其结果可能会由正数变成一个负数了。

### 3. 宽窄同时转换

宽窄同时转换发生在 byte 转换到 char 期间，其转换过程为：先将 byte 宽转换到 int，再将 int 窄转换到 char。

上述所讲的基本数据类型的 3 种转换在 Java 程序中经常发生。例如，当将一个表达式的值赋给一个变量时（称为赋值类型转换上下文），会自动进行“宽转换”和某些特定的“窄转换”。例如下面的代码片段：

```
byte b = 2;
short s;
s = ++ b;
```

表达式++b 是 byte 类型，而 s 是 short 类型，因而期望赋值符“=”右部出现的 short 类型。自动执行“宽转换”，将 byte 转换为 short。

赋值时允许的特定的“窄转换”是：若常量表达式（或常数）的类型是 byte、short、char、int，要将值赋给一个变量 V（类型是 byte、short、char）。若常量值处于变量 V 的数据类型范围之内，则编译程序自动进行这种特定的“窄转换”。如 byte v = ‘\uff00’，则必须要程序员自己明确进行“窄转换”。

另外一种经常发生的类型转换上下文是“数值提升”。当使用算术运算符（+，-，*，/，%）、关系运算符（<，<=，>，>=，==，!=）、位运算符（&，|，^，~，>>，>>>，<<）及条件运算符（?:）时，编译程序会按“宽转换”自动进行“数值提升”。例如下面的代码片段：

```
byte b = 10;
long l = 20;
```

对于表达式 b+l，首先将 b“宽转换”成 long，然后按 long 进行“+”运算。结果类型是 long 型。再如：

```
byte b = 10;
char c = '\u0065';
```

对于表达式 b+c，首先将 b 与 c 按“宽转换”自动提升为 int，然后按 int 进行计算，结果类型为 int。

**说明**：若是在 byte、short、char 三者之间进行运算，则首先将它们全部按“宽转换”自动提升为 int，然后按 int 再进行运算。

其他类型转换上下文请参见相关章节。

**【例 2.1】** Java 基本数据类型转换。

TypeCast.java

```
public class TypeCast {
    public static void main(String[] args){
        byte b =1;                              // 自动类型转换
        int i=b;
        long l=b;
        float f=b;
        double d=b;
        char ch='c';
        int i2 = ch;                            // 转换为对应的 ASCII 码值
        System.out.println("i2:"+i2);
        short s = 99;
        char c=(char)s;                         // 强制类型转换
        System.out.println("c:"+c);
        byte b1 = (byte)129;
        System.out.println("b1:"+b1);
    }
}
```

程序运行结果：

```
i2: 99
c: c
b1: -127
```

# 2.2　运算符和表达式

在 Java 中，运算符和表达式是实现数据操作的两个重要组成部分。运算符用来表示各种运算的符号，表达式是符合一定语法规则的运算符和操作数的序列。

## 2.2.1　运算符

Java 中表达各种运算的符号称为**运算符**，运算符的运算对象称为**操作数**。只需要一个操作数参与运算的运算符称为单目运算符，如+（正号）、-（负号）等；需要两个操作数参与运算的运算符称为双目运算符，如*（乘）、+（加）等；需要三个操作数参与运算的运算符称为三目运算符，如?:（条件运算符）。

表 2.3 列出了 Java 中的运算符及其相关的内容。

表 2.3　Java 运算符一览表

| 优先级 | 运算符 | 类型 | 描述 | 目数 | 结合性 |
|---|---|---|---|---|---|
| 1（最高） | . | | 成员运算符 | 双目 | 从左向右 |
| | [] | | 数组下标运算符 | 双目 | |
| | () | | 圆括号 | | |
| | 表达式++ | 算术 | 后自增 1 运算符 | 单目 | |
| | 表达式-- | 算术 | 后自减 1 运算符 | 单目 | |
| 2 | ++表达式 | 算术 | 前自增 1 运算符 | 单目 | 从右向左 |
| | --表达式 | 算术 | 前自减 1 运算符 | 单目 | |
| | ! | 逻辑 | 逻辑非 | 单目 | |
| | ～ | 位运算 | 按位求反 | 单目 | |
| | + | | 正号 | 单目 | |
| | - | | 负号 | 单目 | |
| | （类型） | | 强制类型转换 | 单目 | |
| 3 | new（类型） | | 内存分配运算符 | 单目 | |
| 4 | * | 算术 | 乘 | 双目 | 从左向右 |
| | / | 算术 | 实数除或取整 | | |
| | % | 算术 | 取余数 | | |
| 5 | +、- | 算术 | 加、减运算符 | | |
| 6 | >> | 位运算 | 保留符号的右移 | | |
| | >>> | 位运算 | 不保留符号右移 | | |
| | << | 位运算 | 左移 | | |
| 7 | >、>=、<、<= | 关系 | 大于、大于等于、小于、小于等于 | | |
| | instanceof | | 实例运算符 | | |

续表

<table>
<tr><th>优先级</th><th>运算符</th><th>类型</th><th>描述</th><th>目数</th><th>结合性</th></tr>
<tr><td>8</td><td>==、!=</td><td>关系</td><td>相等、不相等</td><td rowspan="6">双目</td><td rowspan="7">从左向右</td></tr>
<tr><td>9</td><td>&</td><td>位运算</td><td>位与</td></tr>
<tr><td>10</td><td>^</td><td>位运算</td><td>位异或</td></tr>
<tr><td>11</td><td>|</td><td>位运算</td><td>位或</td></tr>
<tr><td>12</td><td>&&</td><td>逻辑</td><td>逻辑与</td></tr>
<tr><td>13</td><td>||</td><td>逻辑</td><td>逻辑或</td></tr>
<tr><td>14</td><td>?:</td><td></td><td>条件运算符</td><td>三目</td></tr>
<tr><td>15</td><td>-></td><td></td><td>箭头运算符（用于 lambda 表达式）</td><td rowspan="2">双目</td><td rowspan="2">从右向左</td></tr>
<tr><td>16（最低）</td><td>=、+=、-=、<br>*=、/=、%=、<br>^=、&=、|=、<br><<=、>>=、>>>=</td><td></td><td>赋值运算符</td></tr>
</table>

### 1. 算术运算符

算术运算符用于处理整型、浮点型、字符型的数据，进行算术运算。

- “+”做了重载（Java 中唯一重载的符号），如"abc" + var_a，其中变量“var_a”可为任何 Java 类型。如"abc" + 12.6 结果是 abc12.6，又如 12.6 + "abc"结果是 12.6abc。再如 int a = 10，b = 11，则"a + b = " + a + b 值是 a + b = 1011。而"a + b = " + (a + b)值是 a + b = 21。
- “/”用于整型表示取整，如 7/2 结果为 3；用于 float、double 表示实数相除，如 7.0/2 结果为 3.5。例如下面的语句：

```
int a = 7,b = 2; float c; c = a / b;
```

c 的值仍是 3.0f，若要使 a/b 按实数除法进行，要用强制类型转换 c = (float)a/b，即先将 a 的类型转换成 float，然后“/”才按实数进行相除。

- “%”用于整型表示取余数，如 15%2 结果为 1、(−15) % 2 结果为−1、15 % (−2)结果为 1、(−15) % (−2)结果为−1。“%”用于 float、double 表示实数取余，如 15.2%5 = 0.2。
- “++”表示自增，有前自增（如++a）与后自增（如 a++）两种，其中 a 必须是一个变量。++a 表示：先将 a 的值增加 1，然后 a 的值（已增加 1）即为整个表达式（++a）的值。a++表示：先将 a 的值（未增加）作为整个表达式（a++）的值，然后 a 的值增加 1。
- “−−”表示自减，有前自减（如−−a）与后自减（如 a−−）两种，其中 a 必须是一个变量。−−a 表示：先将 a 的值减少 1，然后 a 的值（已减少 1）即为整个表达式（−−a）的值。a−−表示：先将 a 的值（未减少）作为整个表达式（a−−）的值，然后 a 的值减少 1。

在 Java 中没有乘幂运算符。若要进行乘幂运算，如 $x^y$，可用类 Math 的 pow()方法：Math.pow(x,y)。

**【例 2.2】**测试自增和自减运算符的作用。

Test.java

```
public class Test {
	public static void main(String[] args) {
		int i1 = 5, i2 =10;
		int i = (i2++);
		System.out.println("i="+i);
```

```
            System.out.println("i2="+i2);
            i=(++i2);
            System.out.println("i="+i);
            System.out.println("i2="+i2);
            i=(--i1);
            System.out.println("i="+i);
            System.out.println("i1="+i1);
            i =(i1--);
            System.out.println("i="+i);
            System.out.println("i1="+i1);
        }
    }
```

程序运行结果：

```
i=10
i2=11
i=12
i2=12
i=4
i1=4
i=4
i1=3
```

### 2. 关系运算符

关系运算符用于比较两个操作数，运算结果是布尔类型的值 true 或 false。所有关系运算符都是二目运算符。

Java 中共有六种关系运算符：>、>=、<、<=、!=、= =。前四种优先级相同，且高于后面的两种，如 a= = b> c 等效于 a = = (b > c)。

在 Java 中，任何类型的数据（无论是基本数据类型还是引用类型）都可以通过= =或!=来比较是否相等或不等，如布尔类型值 true= =false 运算结果是 false。只有 char、byte、short、int、long、float、double 类型才能用于前四种关系运算。

### 3. 逻辑运算符

布尔逻辑运算符用于将多个关系表达式或 true 、false 组成一个逻辑表达式。Java 中的逻辑运算符有：&（与）、|（或）、!（非）、^（异或）、&&（短路与）、||（短路或）。

a && b：只有 a 与 b 都为 true ，结果才为 true；有一个为 false，结果就为 false。

a || b：只有 a 与 b 都为 false，结果才为 false；有一个为 true，结果就为 true。

! a：与 a 的值相反。

Java 中逻辑表达式进行所谓的“短路”计算，如计算 a || b && c 时，若 a 的值为 true，则右边 b && c 就不再进行计算，最后结果一定是 true；只有当 a 为 false 时，右边 b && c 才有执行的机会。当进一步计算 b && c 时，仍是短路计算，当 b 是 false 时，c 不用计算；只有当 b 为 true 时，c 才有执行机会。Java 编译程序按短路计算方式来生成目标代码。

这 3 个逻辑运算符的优先级与结合性见前表 2.3。

【例 2.3】测试逻辑运算符的作用。

LogicTest.java

```
public class LogicTest {
	public static void main(String[] args) {
		boolean a,b,c;
		a = true; b = false;
		c = a & b;
		System.out.println(c);
		c = a | b;
		System.out.println(c);
		c = a ^ b;
		System.out.println(c);
		c =!a;
		System.out.println(c);
		c = a && b;
		System.out.println(c);
		c = a ||b;
		System.out.println(c);
	}
}
```

程序运行结果：

```
false
true
true
false
false
true
```

### 4. 位运算符

位运算符是对操作数按其在计算机内部的二进制表示按位进行操作。参与运算的操作数只能是int、long 类型，其他类型的数据要参与位运算要转换成这两种类型。Java 中共有下列 7 种位运算符。

（1）**按位求反运算符：～**

～是单目运算符，对操作数的二进制数据的每一个二进制位都取反。

即 1 变成 0，0 变成 1。

例如，～10010011 结果是 01101100。

（2）**与运算符：&**

参与运算的两个操作数，相应的二进制数位进行与运算。

即 0 & 0 = 0，0 & 1 = 0，1 & 0 = 0，1 & 1 = 1。

例如，a = 11001011，则 a = a &11111100 的结果是 a 的值变为 11001000，效果是前 6 位不变，最后 2 位清零。

（3）**或运算符：|**

参与运算的两个操作数，相应的二进制数位进行或运算。

即 0 | 0 = 0，0 | 1 = 1，1 | 0 = 1，1 | 1 = 1。

例如，a = 11001000，则 a = a | 00000011 的结果是 a 的值变为 11001011，效果是前 6 位不变，最后 2 位置 1。

（4）**异或运算符：^**

参与运算的两个操作数，相应的二进制数位进行异或运算。

即 0^0=0，1^0=1，0^1=1，1^1=0（即不相同是 1，相同是 0）。

例如，a=10100011，则 a = a ^ 10100011 的结果是 00000000。

（5）**保留符号位的右移运算符：>>**

将一个操作数的各个二进制位全部向右移若干位，左边空出的位全部用最高位的符号位来填充。

例如，a = 10100011，则 a = a>>2 的结果是 a 的值为 11101000。

向右移一位相当于整除 2，用右移实现除法运算速度要比通常的除法运算快。

设 a 是 32 位的 int 类型变量，如 a = 0x7fffffff，则 b = a >> 31 的结果是 b 的值为 0x00000000。但 b = a >> 34 的结果是 b 的值并不是 0x00000000（与 b = a >> 2 相同），即 Java 对 32 位整型数的右移，自动先对所要移动的位的个数进行除以 32 取余数的运算，然后再进行右移。即若 a 是 int 型变量，则 a >> n 就是 a >> (n%32)。同理，若 a 是 64 位的长整数类型，Java 自动先对移动的位的个数进行除以 64 取余数的运算，然后才进行移位，即 a >> n 就是 a>> (n%64)。例如，a = 0xffffffff77777777L，则 b = a>>66 与 b = a >> 2 相同。另外，a>>(−2)等价于 a>>(−2+32)，即 a>>30。

（6）**不保留符号位的右移运算符：>>>**

与>>不同的是，右移后左边空出的位用 0 填充。同样在移位之前，自动先对所要移动的位的个数进行除以 32（或 64）取余数的运算，然后再进行右移。即若 a 是 int 型，则 a >>> n 就是 a >>> (n%32)；若 a 是 long 型，则 a >>> n 就是 a >>> (n%64)。

（7）**左移运算符：<<**

将一个操作数的所有二进制位向左移若干位，右边空出的位填 0。同样，在移位之前，自动先对所要移动的位的个数进行除以 32（或 64）取余数的运算，然后再进行左移。即若 a 是 int 型，则 a< < n 就是 a << (n%32)；若 a 是 long 型，则 a << n 就是 a << (n%64)。

在不产生溢出的情况下，左移一位相当于乘以 2，用左移实现乘法运算的速度比通常的乘法运算速度要快。

### 5. 赋值运算符

（1）**赋值运算符：=**

在 Java 中，赋值运算符"="是一个双目运算符，结合方向从右向左，用于将赋值符右边操作数的值赋给左边的变量，且这个值是整个赋值运算表达式的值。若赋值运算符两边的类型不一致，且右边操作数类型不能自动转换到左边操作数类型时，则需要进行强制类型转换。例如下面的语句：

```
float f = 2.6f;
int i = f;                    //出错，因为 float 不能自动转换成 int
```

故应改为：

```
int i = (int) f;              //强制类型转换，此时 i 的值是 2
```

（2）**复合赋值运算符**

在 Java 中规定了 11 种复合赋值运算符，如表 2.4 所示。

**表 2.4　复合赋值运算符**

| 运 算 符 | 用 法 举 例 | 等效表达式 |
|---|---|---|
| += | op1 += op2 | op1 = (T)(op1 + op2)，T 是 op1 类型 |
| −= | op1 −= op2 | op1 = (T)(op1− op2) |
| *= | op1 *= op2 | op1 = (T)(op1 * op2) |

续表

| 运 算 符 | 用 法 举 例 | 等效表达式 |
| --- | --- | --- |
| /= | op1 /= op2 | op1 = (T)(op1 / op2) |
| %= | op1 %= op2 | op1 = (T)(op1 % op2) |
| &= | op1 &= op2 | op1 = (T)(op1 & op2) |
| \|= | op1 \|= op2 | op1 = (T)(op1 \| op2) |
| ^= | op1^= op2 | op1 = (T)(op1 ^ op2) |
| >>= | op1 >>= op2 | op1 = (T)(op1 >> op2) |
| <<= | op1 <<= op2 | op1 = (T)(op1 << op2) |
| >>>= | op1 >>>= op2 | op1 = (T)(op1 >>> op2) |

各种赋值运算符的优先级均相同且是右结合的。赋值运算符的优先级最低，如前表 2.3 所示。例如，int x = 1; x += 2.0f，等价于 x = (int)(x+2.0f)。

### 6. 条件运算符

条件运算符“?:”是三目运算符，其格式是：

```
e1?e2:e3
```

其中 e1 是一个布尔表达式，若 e1 的值是 true，则计算表达式 e2 的值，且该值即为整个条件运算表达式的值；否则计算表达式 e3 的值，且该值即为整个条件运算表达式的值。 e2 与 e3 需要返回相同或兼容的数据类型，且该类型不能是 void，例如，int a=4,b=8; minValue= a>b? b:a;。

## 2.2.2 表达式

表达式是符合一定语法规则的运算符和操作数的序列。一个常量、变量也可认为是一个表达式，该常量或变量的值即为整个表达式的值。一个合法的 Java 表达式经计算后，应该有一个确定的值和类型。唯一的例外是方法调用时，方法的返回值类型可被定义为 void。通常，不同运算符构成不同的表达式。例如，关系运算符>、>=等构成关系表达式，关系表达式的值只能取 true 或 false，类型为 boolean 型。

# 2.3 流程控制

Java 使用了 C 语言的所有流程控制语句，如分支语句、循环语句、流程跳转语句等，它们用于控制程序的运行流程。

## 2.3.1 分支语句

分支语句使部分程序代码在满足特定条件时才会被执行。Java 语言支持两种分支语句：if … else 语句和 switch 语句。

### 1. if … else 语句

if 语句又称为条件语句，其语法格式为：

```
if (<布尔表达式>)   < 语句 1>; [else <语句 2>; ]
```

其中：<语句 1>及<语句 2>可以是任何语句（包括复合语句）。else 部分可以有，也可以没有。<语句 1>及<语句 2>位置可以是多个语句，此时需要用{ }括起。

if 语句的语义是：首先计算<布尔表达式>的值，若值是 true，则执行<语句 1>，当<语句 1>执行完成，整个 if 语句也就结束了；当<布尔表达式>的值是 false 时，执行 else 部分的<语句 2>，当<语句 2>执行完成，整个 if 语句执行结束。由于 if 语句中的<语句 1>或<语句 2>可以是任何语句，故当它们又是另一个 if 语句时，就产生了 if 语句的嵌套，例如下面的代码片段：

```
if (a>1)
    if (b>10)
        System.out.println(a+b);
    else                                        // 此处的 else 与哪一个 if 相配?
        System.out.println(a-b);
```

这个嵌套的 if 语句产生了二义性，else 究竟与哪一个 if 相配呢？Java 语言规定：else 与最近的没有配上 else 的 if 相配，故上述 else 与第二个 if 相配。若要使它与第一个 if 相配，必须修改代码如下：

```
if (a>1) {                                      // 加上一对{}，形成一条复合语句
    if (b>10)
        System.out.println(a+b);
}
    else                                        // 此处的 else 与第一个 if 相配
        System.out.println(a-b);
```

【例 2.4】设计一个 Java 程序，判断某一年份是否闰年。

LeapYear.java

```
public class LeapYear {
    public static void main(String[] args){
        // args[0]表示命令行的第一个参数并把它由字符串转换为整型
        int year = Integer.parseInt(args[0]);
        int leap;                               // 1 表示是闰年，0 表示不是闰年
        if(year % 4 == 0){                      // 判断能否被 4 整除
            if (year %100 ==0){
                if (year %400==0)
                    leap = 1;
                else leap = 0;
            }
            else
                leap =1;                        // 是闰年
        }
        else leap = 0;
        if (leap==1)
        System.out.println(year +"年是闰年");
        else
        System.out.println(year +"年不是闰年");
    }
}
```

右击“LeapYear.java”，选择“Run As”→“Run Configurations”命令，弹出窗口如图 2.1 所示，在“Main”标签页的“Project”栏中选择“MyProject_02”，单击“Main class”栏右侧的“Search”按钮，弹出对话框中选“LeapYear”。切换到“Arguments”标签页，在“Program argumentds”栏中输入“2016”，然后单击“Run”按钮，运行程序。

程序运行结果：

```
2016 年是闰年
```

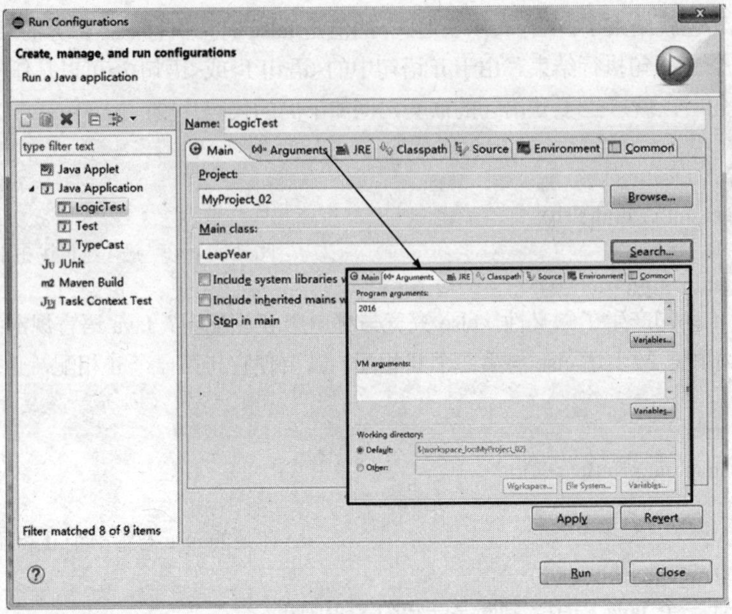


图 2.1 配置程序运行时的输入参数

按照上面同样的方式，在“Program argumentds”栏输入“2015”，单击“Run”按钮运行程序，结果为：

```
2015 年不是闰年
```

### 2. switch 语句

当程序有多个分支（通常超过两个）时，使用 switch 语句比使用多个嵌套的 if 语句更简明些。switch 语句的语法格式如下：

```
switch(<表达式>) {
        case <常量表达式 1>: [<语句 1>]
        case <常量表达式 2>: [<语句 2>]
        …
        case <常量表达式 n>: [<语句 n>]
        [default:<语句 n+1>]
}
```

其中：<表达式>最终值的类型必须是 int 型或者是能自动转换成 int 型的类型，如 byte、short、char、int，否则必须进行强制类型转换，但 Java7 开始增强了 switch 语句功能，也允许<表达式>值是 java.lang.String 的字符串类型。<语句 1>～<语句 n+1>可以是任何语句，也可缺省不写。<常量表达式 1>～<常量表达式 n>在编译时就可计算出它们的值，并将值作为相应语句的一个标号。由于常量值兼作标号，故显然要求不能有两个或以上的值相同。

switch 语句的语义是：首先计算<表达式>的值，然后判断该值与<常量表达式 1>的值是否相等，若相等，则从<语句 1>开始，一直执行到<语句 n+1>，即它是一直执行到底的；否则，继续判断<表达式>的值与<常量表达式 2>的值是否相等，若相等，则从<语句 2>开始，一直执行到底；否则，继续判断<表达式>的值与<常量表达式 3>的值是否相等……若没有一个常量表达式的值与<表达式>的值相等，则从 default 这个标号所代表的语句开始，一直执行到底。

【例 2.5】用 switch 语句判断当前的季节。

TestSwitch.java

```
public class TestSwitch {
    public static void main(String[] args) {
        //声明变量 x
        String x = args[0];
        // 直接用字符串型的 args[0]参数作 switch 的控制表达式，无须转换类型
        switch (x) {
            case "春天":
                System.out.println("春天般的温暖");break;
            case "夏天":
                System.out.println("夏天一样火热");break;
            case "秋天":
                System.out.println("秋风扫落叶一般");break;
            default:
                System.out.println("严冬一样残酷无情！");
        }
    }
}
```

用之前介绍的操作方法（见前图 2.1）打开“Run Configurations”窗口，配置程序运行时的输入参数，在“Arguments”标签页的“Program arguments”栏输入“春天”，然后单击“Run”按钮运行程序，结果为：

```
春天般的温暖
```

## 2.3.2 循环语句

循环语句的作用是反复执行一段代码，直到不满足循环条件为止。循环语句一般应包括如下 4 部分内容：

（1）初始化部分：用来设置循环的一些初始条件，比如设置循环控制变量的初始值。

（2）循环条件：这是一个布尔表达式，每一次循环都要对该表达式求值，以判断是否继续循环。

（3）循环体：这是循环操作的主体内容，可以是一条语句，也可以是多条。

（4）迭代部分：通常属于循环体的一部分，用来改变循环控制变量的值，从而改变循环条件表达式的布尔值。

Java 语言包含下列 3 种循环语句。

### 1. while 语句

while 语句的语法格式是：

```
while(<布尔表达式>) {
  <语句 1>
  <语句 2>
  …
  <语句 n>
}
```

其中：<布尔表达式>是循环继续下去的条件，循环体中的<语句 1>～<语句 n>可以是任意合法的 Java 语句。若循环体中只有一条语句，则循环体的一对花括号{}可省略不写。

while 语句的语义是：

（1）**第 1 步**：计算<布尔表达式>的值，若值是 false，则整个 while 语句执行结束，程序将继续执行紧跟在该 while 循环体之后的语句，而循环体内的语句一次都没有得到执行。若值是 true，则转第 2 步。

（2）**第 2 步**：依次执行循环体中的<语句 1>、…、<语句 n>，再转第 1 步。

**注意：**

循环体或布尔表达式中至少应该有这样的操作，即它的执行会改变或影响 while(<布尔表达式>)中<布尔表达式>的值，否则 while 语句会永远执行下去无法终止，成为一个死循环。例如：

```
int a = 1, b = 2;
while(a < b) {
        b++;
        a += 2;
}
```

### 2. do … while 语句

do…while 语句的语法格式是：

```
do {
    <语句 1>
    <语句 2>
    …
    <语句 n>
} while(<布尔表达式>);
```

其中：<布尔表达式>是循环继续下去的条件，循环体中的<语句 1>、…、<语句 n>可以是任何合法的 Java 语句。

**注意：**

即使循环体中只有一条语句，循环体的一对花括号{}也不能省略。

do … while 语句的语义是：

（1）**第 1 步**：依次执行循环体中的<语句 1>、…、<语句 n>。

（2）**第 2 步**：计算<布尔表达式>的值，若值是 false，则整个 do … while 语句执行结束，程序继续执行紧跟在该 do … while 语句之后的语句。若值是 true，转第 1 步。

从 do … while 语句的语义可知，循环体中的语句至少执行一次，即循环体最少执行的次数是 1。同 while 语句一样，循环体或布尔表达式中至少应该有这样的操作，它的执行会改变或影响 while(<布尔表达式>)中<布尔表达式>的值，否则，do … while 语句也会永远执行下去成为死循环。

【例 2.6】设计一个 Java 程序，打印出 1*2*3*…*n 之积，变量 n 的初始值在程序中指定。

MultiplyCalculate.java

```
public class MultiplyCalculate {
        public static void main(String[]args){
                long s =1;
                int k = Integer.parseInt(args[0]);                       // 把字符串转换为整型
                for (int i = 1;i <k;i++){
                        s = s * i ;
                }
                System.out.println("1 * 2 * 3"+"…* "+k+" = "+ s);      // 打印相乘的结果
        }
}
```

用之前介绍的操作方法（见前图 2.1）打开“Run Configurations”窗口，配置程序运行时的输入参数，在“Arguments”标签页的“Program arguments”栏输入“10”，然后单击“Run”按钮运行程序，结果为：

```
1 * 2 * 3...* 10 = 362880
```

### 3. for 语句

for 语句与 while 语句一样，也是先判断循环条件，再执行循环体。它的语法格式是：

```
for (e1; e2; e3) {
    <语句 1>
    <语句 2>
    …
    <语句 n>
}
```

其中：e1 是用逗号分隔的 Java 中任意表达式的列表，可默认不写，但其后的分号不能省略；e2 是布尔表达式，表示循环继续执行的条件，若该部分默认，则表示条件永远为真，成为死循环，e2 后的分号同样不能省略；e3 也是用逗号分隔的 Java 中任意表达式的列表，同样可以缺省不写。循环体中的<语句 1>、…、<语句 n>可以是任何合法的 Java 语句。若循环体只有一条语句，则该循环体的一对花括号{}可省略。

for 语句的语义是：

（1）**第 1 步**：首先从左到右依次执行 e1 中用逗号分隔的各个表达式，这些表达式仅在此执行一次，以后不再执行，通常用于变量初始化赋值。

（2）**第 2 步**：计算布尔表达式 e2 的值，若值为 false，则整个 for 循环语句执行结束，程序继续执行紧跟在该 for 语句之后的语句；若值为 true，则依次执行循环体中的<语句 1>、…、<语句 n>。

（3）**第 3 步**：从左到右依次执行 e3 中用逗号分隔的各个表达式，再转第 2 步。

【例 2.7】设计一个 Java 程序，输出所有的水仙花数。所谓水仙花数，是指一个 3 位数，其各位数字的立方和等于该数自身，例如，$153 = 1^3+5^3+3^3$。

TestNum.java

```
public class TestNum {
    public static void main(String[] args){
        int i = 0;                              // 百位数
        int j = 0;                              // 十位数
        int k = 0;                              // 个位数
        int n = 0;
        int p = 0;
        for( int m = 100; m <1000; m++){
            i = m /100;                         // 得到百位数
            n = m %100;
            j = n /10;                          // 得到十位数
            k = n %10;                          // 得到个位数
            p = i*i*i+j*j*j+k*k*k;
            if (p==m){
                System.out.println(m);          // 打印水仙花数
            }
        }
```

```
    }
}
```

程序运行结果：

```
153
370
371
407
```

## 2.3.3 流程跳转语句

break、continue 和 return 语句用来控制流程的跳转。

（1）**break 语句**：从 switch 语句、循环语句或标号标识的代码块中退出。例如，以下 while 循环语句用于计算从 1 加到 100 的值，至 101 时自动退出：

```
int a = 1,result = 0;
while (true) {
    result += a++;
    if (a == 101) break;
}
System.out.println(result);
```

（2）**continue 语句**：跳过本次循环，立即开始新的一轮循环。

【例 2.8】打印 100～200 之间能被 3 整除的数，每 10 个数一行。

TestContinue.java

```
public class TestContinue {
    public static void main(String[] args) {
        int n = 0;
        int i = 0;
        for (n = 100; n <= 200; n++) {
            if (n % 3 != 0)
                continue;                       // 不能被 3 整除，结束本次循环
            i++;
            System.out.print(n + "      ");
            if (i % 10 == 0) {                  // 每 10 个数一行
                System.out.println();
            }
        }
    }
}
```

程序运行结果：

```
102   105   108   111   114   117   120   123   126   129
132   135   138   141   144   147   150   153   156   159
162   165   168   171   174   177   180   183   186   189
192   195   198
```

（3）**return 语句**：退出本方法，跳到上层调用方法。如果本方法的返回类型不是 void，则需要提供相应类型的返回值。

# 2.4 数　组

数组是很有用的数据类型之一，是一组数据的集合，数组中的每个成员称为元素。在 Java 语言中，除了基本数据类型，其他数据类型都是引用类型，包括数组。数组中的元素可以是任意数据类型（包括基本类型和引用类型），但同一个数组里只能存放相同类型的元素。

## 2.4.1 一维数组

### 1. 一维数组的定义

一维数组的定义格式有如下两种：

```
格式 1：<类型><数组名>[ ];
格式 2：<类型>[ ] <数组名>;
```

其中：<类型>可以是 Java 中任意的数据类型，<数组名>为用户自定义的一个合法的变量名，[ ]指明该变量是一个数组类型变量。Java 在定义数组时并不为数组元素分配内存，仅为<数组名>分配一个引用变量的空间。例如下面的语句：

```
int a[ ]; String[ ] person;
int b[100];                         // 错误，定义数组时不能指定其长度
```

### 2. 创建一维数组对象

在 Java 语言中，使用 new 关键字创建一维数组对象，格式为：

```
数组名 =new 元素类型 [元素个数];
```

例如下面的语句：

```
int[ ] Array = new int[100];            // 创建一个 int 型数组，存放 100 个 int 类型的数据
```

Java 虚拟机首先在堆区中为数组分配内存空间，如图 2.2 所示，创建了一个包含 100 个元素的 int 型数组，数组成员都是 int 类型（4 个字节），因此整个数组对象在堆区中占 400 个字节。之后，就要给每个数组成员赋予其数据类型的默认值，int 型的默认值是 0。

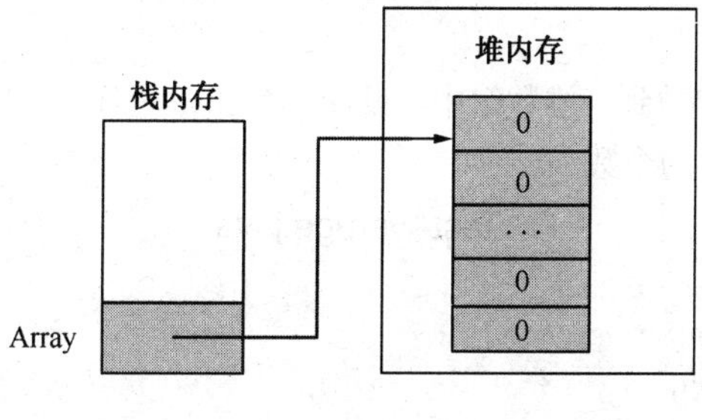


图 2.2　一维数组的内存布局

### 3. 一维数组初始化

一维数组的初始化有如下两种方式。

（1）**静态初始化**：指的是在定义数组的同时就为数组元素分配空间并赋值，它的格式如下：

```
<类型>[ ] <数组名> = {<表达式 1>,<表达式 2>,…};
```

或者

```
<类型> <数组名>[ ] = {<表达式 1>,<表达式 2>,…};
```

Java 编译程序会自动根据<表达式>个数算出整个数组的长度并分配相应的空间，例如下面的

语句：

```
int[ ] Array = {1,2,3,4};
```

数组成员是引用类型的也可静态初始化，代码如下：

```
Point[ ] Pa = {new Point(1,4), new Point(3,9), new Point(15,18)};
class Point {
    int x, y;
    Point(int a, int b) {
        x = a;
        y = b;
    }
}
```

初始化后的内存布局，如图 2.3 所示。

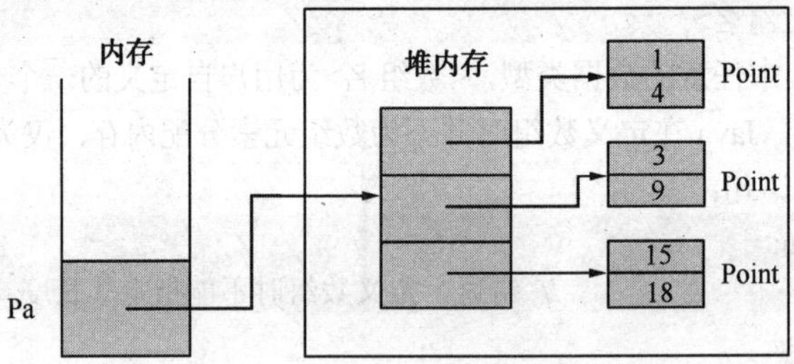


图 2.3 引用类型数组初始化后的内存布局

（2）**动态初始化**：指的是数组定义、分配空间与赋值的操作分开进行，例如下面的语句：

```
int a[ ] = new int[3];
a[0] = 1; a[1] = 5; a[2] = 9;
```

同样，数组成员是引用类型的也可动态初始化，例如下面的代码。

```
Point[ ] Pa = new Point[3];
Pa[0] = new Point(1,4);
Pa[1] = new Point(3,9);
Pa[2] = new Point(15,18);
```

【例 2.9】输入一组非 0 整数到一维数组中，设计一个 Java 程序，求出这一组数的平均值，并分别统计出这一组数中正数和负数的个数。

TestAverage.java

```
public class TestAverage {
    public static void main(String[] args){
        int i = args.length;                    // 获取命令行参数的长度
        int[] arr = new int[10];
        int num =0;
        int k =0; int p =0;
        for(int j =0;j<i;j++){
            arr[j]= Integer.parseInt(args[j]);
            if (arr[j]< 0){
                k++;                            // 负数的个数加一
            }
            else
                p++;                            // 正数的个数加一
```

```
            num = num + arr[j];                    // 计算累加和
        }
        System.out.println("正数的个数"+p);
        System.out.println("负数的个数"+k);
        System.out.println("平均值是"+num/i);      // 计算平均值
    }
}
```

用之前介绍的操作方法（见前图 2.1）打开“Run Configurations”窗口，配置程序运行时的输入参数，在“Arguments”标签页的“Program arguments”栏输入“3 8 4 -5 6 7 8 -4 11 12”，然后单击“Run”按钮运行程序，结果为：

```
正数的个数 8
负数的个数 2
平均值是 5
```

## 2.4.2　多维数组

如前所述，在 Java 语言中，多维数组实际上是数组的数组，如一个二维数组可看成是一维数组，其中的每个成员又是个一维数组。

### 1. 二维数组的定义

二维数组的定义格式如下：

```
格式 1：<类型> <数组名>[ ] [ ];
格式 2：<类型>[ ] [ ] <数组名>;
```

与一维数组的情形类似，定义二维数组时不需要给出数组大小。

```
int a[ ][ ]; String[ ][ ] names;
int b[100][100];                    // 错误，定义数组时不能指定其长度
```

### 2. 创建二维数组对象

与创建一维数组对象一样，创建二维数组对象同样使用 new 关键字，格式如下：

```
数组名 = new 数组元素类型 [数组元素个数] [数组元素个数];
```

例如下面的语句：

```
int[ ][ ] a = new int[2][3];              // 创建一个 int 型的二维数组
```

和一维数组一样，若没有对二维数组成员进行显式初始化，则会进行隐式初始化，会根据创建的数组类型初始化对象，内存布局如图 2.4 所示。

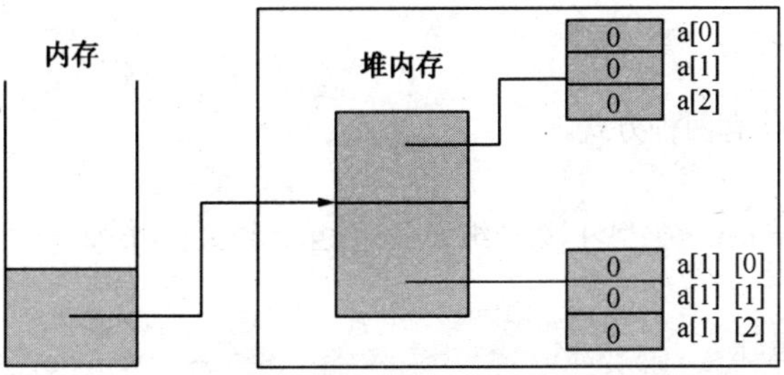


图 2.4　二维数组的内存布局

### 3. 二维数组初始化

和一维数组一样，二维数组的初始化也分静态初始化和动态初始化两种。

（1）**静态初始化**

在下面的语句中，定义 String 类型数组 alphabet 的同时就初始化其成员，即静态初始化，如下：

```
String[ ][ ] alphabet = {{"a","b","c"}, {"d","e","f"}, {"g","h","i"}, {"j","k","l"}};
```

**注意：**

无论是初始化一维数组还是二维数组，都不能指定其长度。例如下面的语句是错误的：

```
String[4][3] alphabet = {{"a","b","c"}, {"d","e","f"}, {"g","h","i"}, {"j","k","l"}};        // 出错
```

二维数组的第二维长度可以各不相同，例如下面的语句：

```
String[ ][ ] alphabet = {{"a","b","c","d",}, {"e","f"}, {"g","h"}, {"i","j","k"}};
```

和一维数组一样，二维数组成员是引用类型的，也可静态初始化。下面的代码片段创建的引用类型二维数组的内存布局，如图 2.5 所示。

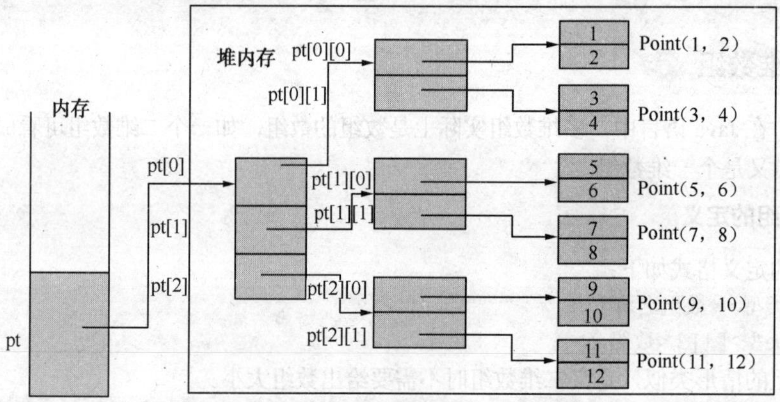


图 2.5　引用类型二维数组的内存布局

```
Point[ ][ ] pt = {{ new Point(1, 2), new Point(3, 4)}, { new Point(5, 6), new Point(7, 8)},
                 {new Point(9, 10), new Point(11, 12)}};
class Point {
    int x, y;
    Point(int a, int b) {
        x = a;
        y = b;
    }
}
```

（2）**动态初始化**

二维数组的动态初始化有两种方式。

**方式 1**：

```
<类型>[ ][ ]<数组名> = new <类型>[<第一维大小>][<第二维大小>];
```

例如：

```
int[ ][ ] arr = new int[3][5];
```

**方式 2**：从高维向低维依次进行空间分配，此时分配的数组空间可以是任意形状，步骤如下。

① 由于二维数组首先是个一维数组，故先对该一维数组进行空间分配，亦即先对最高维进行空间分配，格式为：

```
<类型>[ ][ ]<数组名> = new <类型>[<元素个数>][ ];
```

例如：

```
int[ ][ ] c = new int[3][ ];
```

② 每个元素又是一个一维数组，故再对每个元素用 new 语句进行空间分配，格式与一维数组相同。例如下面的语句：

```
c[0] = new int[4];
c[1] = new int[3];
c[2] = new int[5];
```

③ 若最终元素是引用类型，则还需对每一个最终元素进行对象的空间分配。例如下面的语句：

```
Point[ ][ ] p;                    // 定义一个二维数组的引用变量
p = new Point[3][ ];              // 先作为一维数组，进行最高维空间的分配
p[0] = new Point[2];              // 每个元素又是一个一维数组，再进行一维数组的空间分配
p[1] = new Point[1];
p[2] = new Point[2];
p[0][0] = new Point(1,1);         // 最后对每个元素进行 Point 对象空间的分配
p[0][1] = new Point(2,2);
p[1][0] = new Point(3,3);
p[2][0] = new Point(4,4);
p[2][1] = new Point(5,5);
class Point {
    int x, y;
    Point(int a, int b) {
        x = a;
        y = b;
    }
}
```

【例 2.10】设计一个 Java 程序，从低到高将从命令行中读取的一组数字进行升序排列。

NumSort.java

```
public class NumSort {
    public static void main(String[] args) {
        int[] a = new int[args.length];
        for (int i=0; i<args.length; i++) {                    // 获取命令行参数的长度
            a[i] = Integer.parseInt(args[i]);                  // 把字符串转换为整型
        }
        System.out.println("排序前：");
        print(a);
        selectionSort(a);
        System.out.println("排序后：");
        print(a);
    }
    private static void selectionSort(int[] a) {               // 排序
        int k, temp;
        for(int i=0; i<a.length; i++) {
            k = i;
            for(int j=k+1; j<a.length; j++) {
                if(a[j] < a[k]) {
                    k = j;
```

```
                    }
                }
                if(k != i) {
                    temp = a[i];
                    a[i] = a[k];
                    a[k] = temp;
                }
            }
        }
        private static void print(int[] a) {
            for(int i=0; i<a.length; i++) {
                System.out.print(a[i] + " ");
            }
            System.out.println();
        }
    }
```

用之前介绍的操作方法（见前图 2.1）打开“Run Configurations”窗口，配置程序运行时的输入参数，在“Arguments”标签页的“Program arguments”栏输入“12 5 78 45 17 6 8 13 32 14”，然后单击“Run”按钮运行程序，结果为：

```
排序前：
12 5 78 45 17 6 8 13 32 14
排序后：
5 6 8 12 13 14 17 32 45 78
```

### 2.4.3 数组的访问

数组中的每个元素都有一个索引，或者称为下标。数组中的第一个元素的索引为 0，第二个元素的索引为 1，……依次类推。数组的 length 属性表示数组长度，它的声明形式如下：

```
public final int length;
```

length 属性被 public 和 final 修饰，因此在程序中可以读取数组长度，但不能修改数组长度。

【例 2.11】求出 4 阶矩阵的最大元素及其所在的行号和列号。

MatMax.java

```
public class MatMax {
    public static void main(String[ ] args) {
        int arr[ ][ ] = {{12,76,4,1},{19,28,55,6}
            ,{2,10,13,2},{3,9,110,22}};
        int i =0; int j=0 ;int row=0;int col=0;int max=arr[0][0];
        System.out.println("4 阶矩阵是：");
        for(i=0;i<4;i++){
            for(j=0;j<4;j++){
                System.out.print(arr[i][j]+"    ");
                if(max<arr[i][j]){
                    max = arr[i][j];
                    row = i ; col = j;
                }
            }
```

```
            System.out.println();
        }
        System.out.println("矩阵的最大数是"+max);
        System.out.println("该数位于矩阵的第"+row+"列"+"第"+col+"行");
    }
}
```

程序运行结果：

```
4 阶矩阵是：
12  76  4  1
19  28  55  6
2  10  13  2
3  9  110  22
矩阵的最大数是 110
该数位于矩阵的第 3 列第 2 行
```

**【例 2.12】**将一个 3×4 阶矩阵转置。矩阵转置就是将一个矩阵的行、列互换。

MatInverse.java

```
public class MatInverse {
    public static void main(String[] args) {
        int a[][]= {{1,2,3,4},{5,6,7,8},{9,10,11,12}};
        int b[][] = new int[4][3];
        int i =0 ; int j =0;
        System.out.println("矩阵转置前：");
        for (i=0;i<3;i++){
            for(j=0;j<4;j++){
                System.out.print(a[i][j]+"    ");
            }
            System.out.println();
        }
        for(i=0;i<3;i++){
            for(j=0;j<4;j++){
                b[j][i]= a[i][j];
            }
        }
        System.out.println("矩阵转置后：");
        for (i=0;i<4;i++){
            for(j=0;j<3;j++){
                System.out.print(b[i][j]+"    ");
            }
            System.out.println();
        }
    }
}
```

程序运行结果：

矩阵转置前：

```
1  2  3  4
5  6  7  8
```

```
9  10  11  12
矩阵转置后:
1  5  9
2  6  10
3  7  11
4  8  12
```

## 2.5 综合实例

**功能：**求某一个日期对应的是星期几。

用 3 个正数 year、month、day 分别记载一个日期的年、月、日，计算至今的总天数 total。

本实例以 1980 年 1 月 1 日（星期二）为起始日。

总天数=平年累计值+闰年累计值+当年前几月的累计天数+本月天数

计算总天数 total 的步骤如下。

（1）total 的初值=平年累计值+闰年累计值。

因为平年有 365 天，闰年有 366 天，而 365 % 7=1，所以平年的总天数每年只需累计 1，闰年累计 2 即可。因此，total 的初值为：

```
total = year - 1980 + (year-1980+3) / 4
```

其中，year-1980 是 year 与 1980 相距的年数，即平年累计值；（year-1980+3）/4 是 year 与 1980 年间相距的闰年数，即闰年累计值。

当 year=1980 年为闰年，当年闰年值不计，所以（year-1980+3）/4=0，而 year 为 1981～1983 时，应计 1980 年的闰年值，所以（year-1980+3）/4=1。

（2）计算当年前几月的累计天数，加到 total 上。

（3）将本月天数加到 total 上。

因起始日的前一日为星期一，故 week 的初值为 1，通过计算

```
week = (week+total) % 7
```

求得所求日期是星期几。

程序如下：

CalculateWeekDay.java

```
import java.util.*;
import java.text.*;
public class CalculateWeekDay {
    public static void main(String[] args) {
        Date date = new Date();
        SimpleDateFormat f = new SimpleDateFormat("yyyy-MM-dd");     // 格式化日期
            System.out.println(f.format(date));
        String str = f.format(date);
        String str1[] = str.split("-");                // 分隔日期字符串
        int year = Integer.parseInt(str1[0]);      // 使用包装类把字符串形式的整数值转换为整型
        int month = Integer.parseInt(str1[1]);
        int day = Integer.parseInt(str1[2]);
        int total, week, i;
        boolean leap = false;
        // 判断当年是否是闰年
```

```
leap = (year % 400 == 0) | (year % 100 != 0) & (year % 4 == 0);
week = 1;                                           // 起始日 1979-12-31 是 monday
total = year - 1980 + (year - 1980 + 3) / 4;        // 计算 total 的初值
//计算当年前几月的累计天数与 total 的初值之和
for (i = 1; i <= month - 1; i++) {
    switch (i) {                                    // 判断当前月份
        case 1:
        case 3:
        case 5:
        case 7:
        case 8:
        case 10:
        case 12:
            total = total + 31;
        break;
        case 4:
        case 6:
        case 9:
        case 11:
            total = total + 30;
            break;
            case 2:
            if (leap)
                total = total + 29;
            else
                total = total + 28;
            break;
    }
}
total = total + day;                                // 将本月天数加到 total 上
week = (week + total) % 7;
System.out.print("today " + year + "-" + month + "-" + day + " is ");
switch (week) {
case 0:
    System.out.println("Sunday");
    break;
case 1:
    System.out.println("Monday");
    break;
case 2:
    System.out.println("Tuesday");
    break;
case 3:
    System.out.println("Wednesday");
    break;
case 4:
    System.out.println("Thursday");
```

```
                break;
            case 5:
                System.out.println("Friday");
                break;
            case 6:
                System.out.println("Saturday");
                break;
            }
        }
}
```

程序运行结果：

```
today 2015-4-23 is Thursday
```

# 第3章 Java类与对象

在传统的结构化程序设计中，数据和对数据的操作是相分离的。Java是优秀的面向对象程序设计语言，它将数据及对数据的处理操作“封装”到一个类中，用“类”或“接口”这些较高层次的概念来表达应用问题。类的实例称为对象。

## 3.1 Java语言的类

### 3.1.1 面向对象程序设计概念

**1. 类**

类是面向对象程序设计的核心概念之一，它是对相同或相似的各个事物间共同特性的一种抽象。简单说，类是数据和对数据进行操作的方法的集合体，这个集合体被看成是一个密不可分的有机整体，是一个新的数据类型。通过这个数据类型可定义许多个变量，这些变量可认为是对象。因此，对象是类的实例化，类和对象密切相关，可认为类是创建这个类的对象的一种模板；类中定义的数据成员表示了类的对象的一种状态，可认为是对象的属性；类中定义的方法表示对类的对象的操作。对象间可通过事件的发送和传递来进行通信，一个事件本身也是一个对象（事件对象），它封装了对象间通信的内容。因此，可简单认为一个对象是由属性、方法和事件所组成。

**2. 对象**

任何事物都是对象，对所有相同或相似对象的特性进行抽象就形成了类，故类是对象的一种模板。从一个类中可创建任意多个对象，它们具有相同的行为，但各自拥有自身的不同状态。基于对象来对应用问题进行分析、思考、设计及代码编写，是面向对象程序设计的基本原则之一。

**3. 属性**

一个对象的属性就是它能被外界或其所处的环境感知或操作的数据（状态）。通常对象所处的环境通过对这些属性进行设置或操作，可改变对象内部数据成员的值，即影响到对象的状态。在Java中，对象的属性是一系列特殊的方法（所谓的get/set方法），这些方法对对象内部的数据成员进行读或写操作。因此，属性是这些特殊方法呈现给外部环境的“界面”。IDE集成环境或对象所处的环境能自动感知到这些特殊的方法，并在属性单中显示为属性。本质上，属性是与对象的内部数据成员紧密相连的。有时，可简单认为对象的数据成员就是其属性。

**4. 方法**

对象的方法表达了该对象所具有的行为。通过调用对象中的方法来实施对该对象的某种操作。对象所具有的全部方法的集合，构成了该对象呈现给外部使用者的“接口”。使用者只需知道对象有哪些方法，以及每个方法的名称、参数、返回值和能够完成的操作，至于方法的实现则完全不用关心。从这一点看，有时又把对象所提供的方法称为“服务”，与结构化语言（如C/C++）中的函数类似。

5. 事件

一个程序运行时总会产生许多个对象，这些对象在本质上具有天生的潜在并发性，它们之间总是要发生联系的，那么该如何通信呢？对象之间是通过事件进行通信的。事件是一种特殊的对象，称为事件对象，它“封装”了对象间通信所必需的有用信息，如事件源、事件性质、发生时间、发生位置等参数。当对象 A 要与对象 B 通信时，就会将所有必要的信息包装成一个事件，然后将该事件传递给 B 的特定方法，对象 B 通过该方法接收事件，完成相应的处理动作。

### 3.1.2 类的定义

类描述了具有相同特性和行为的对象集合，所以一个类实际上就是一种数据类型，只不过它与 Java 的基本数据类型有些区别。Java 的基本数据类型要求使用现有的表示机器中具体存储单元的数据类型，而类则可以根据需要通过添加变量和方法来增强其功能，并且可以为类中添加的变量赋予初始值。

Java 中类定义的基本格式是：

```
[类修饰符] class <类名> {
<类体>
}
```

其中，关键字 class 表示定义一个类，类修饰符可以用 public 或默认，<类名>是 Java 合法的标识符名。按 Java 编码约定，类名的英文单词第一个字母要大写，若由多个单词组成，则每个单词的首字母都要大写，<类体>可缺省，<类体>由变量定义和方法定义组成。

类的成员变量的声明格式是：

```
[修饰符] <类型> <变量名>[ = 初始值];
```

例如，

```
private String name = "Tom";
```

类的成员方法的声明格式是：

```
[修饰符] <返回值类型> <方法名>(形式参数列表) {
    <方法体>
}
```

【例 3.1】使用 Point 类计算点的直角坐标和极坐标。

Point.java

```
public class Point {
    private double x;                                   // x 轴分量
    private double y;                                   // y 轴分量
    public Point(double x, double y) {                  // 构造方法
        this.x = x;
        this.y = y;
    }
    public double radius() {                            // 获得点的极坐标半径
        return Math.sqrt(x * x + y * y);
    }
    public double angle() {                             // 获得点的极坐标
        return (180/3.14159) * Math.atan2(y, x);
    }
    public static void main(String[] args) {
        Point p1 = new Point(10, 10);
```

```
            System.out.print("x =" + p1.x + "    ");              // 打印 x 轴分量
            System.out.print("y =" + p1.y + "    ");              // 打印 y 轴分量
            int i = (int) p1.angle();                             // 将 double 型强制转换为整型
            int j = (int) p1.radius();
            System.out.print("radius =" + i + "    ");            // 打印点的极坐标半径
            System.out.print("angle =" + j + "    ");             // 打印点的极坐标
            System.out.println();
            Point p2 = new Point(15, 18);
            i = (int) p2.angle();
            j = (int) p2.radius();
            System.out.print("x =" + p2.x + "    ");
            System.out.print("y =" + p2.y + "    ");
            System.out.print("radius =" + i + "    ");
            System.out.print("angle =" + j + "    ");
        }
    }
```

程序运行结果：

```
x =10.0   y =10.0   radius =45   angle =14
x =15.0   y =18.0   radius =50   angle =23
```

## 3.1.3 变量初始化

成员变量可以是 Java 语言中任何一种数据类型（包括基本类型和引用类型）。在定义成员变量时可以对其初始化，如果未初始化，Java 使用默认的值对其进行初始化，如表 3.1 所示，且作用域为整个类体。

**注意：**

*在方法（包括 main()）内部定义的变量是局部变量。所有局部变量都是在方法被调用时才在栈中分配空间，系统不会自动对它们赋初值，所以必须先给局部变量赋初值之后才能使用。*

**表 3.1 数据类型的默认初始化值**

| 数 据 类 型 | 默 认 值 |
|---|---|
| boolean | false |
| byte | (byte)0 |
| char | '\u0000' |
| int | 0 |
| short | (short)0 |
| long | 0L |
| float | 0.0f |
| double | 0.0d |
| 引用类型 | null |

【例 3.2】显示各种数据类型的初始化值。

InitiaValue.java

```
public class InitiaValue {
        boolean t;
        byte b;
        short s;
        int i;
        long l;
        float f;
        double d;
        char c;
        Point point;                                        // 引用类型
        void initiaValues() {
                System.out.println(t);
                System.out.println(b);
                System.out.println(s);
                System.out.println(i);
                System.out.println(l);
                System.out.println(f);
                System.out.println(d);
                System.out.println(c);
                System.out.println(point);
        }
        public static void main(String[]args) {
                InitiaValue test = new InitiaValue();
                test.initiaValues();
        }
}
```

程序运行结果：

```
false
0
0
0
0
0.0
0.0

null
```

**说明**：char 值为 0，所以显示为空白。

Java 的默认初始化值是满足不了程序实际需求的，若想给成员变量赋初值，一种更直接的方法就是在定义成员变量时赋值。下面的代码片段在定义成员变量时，直接提供了初值：

```
public class InitiaValue2 {
        boolean t = true;
        byte b = 12;
        short s = 99;
        int i= 49;
        long l =120;
```

```
        float f = 3.14f;
        double d = 3.1415;
        char c = 'h';
    }
```

## 3.1.4　类的方法

### 1. 方法定义

Java 中的方法类似于其他语言（如 C/C++）的函数，它代表了一个具体的逻辑功能，表达了它所属类的对象所具有的一种行为或操作。

Java 中方法定义的基本格式是：

```
[ 修饰符 1 修饰符 2… ] <返回值类型> <方法名>([<形式参数列表>]) {
    [<方法体>]
}
```

其中：<返回值类型>可以是任何合法的 Java 数据类型。若该方法没有返回值，则类型应定义为 void；<方法名>是任何合法的 Java 标识符，Java 保留字不能用作方法名。<形式参数列表>定义该方法要接收的输入值及相应类型，该列表是可以缺省的。<方法体>中是任何合法的 Java 语句，它们共同完成该方法所定义的逻辑功能，该部分也可以缺省。

在下面的 TestMethod 类中，定义了一个方法 simpleMethod：

```
public class TestMethod {
    int simpleMethod(int x, int y ) {
        …
        return   (x<y) ? x : y;
    }
}
```

在方法 simpleMethod 中，定义了两个形式参数 x 和 y，返回两者之中的较小值。

### 2. 参数传递

Java 规定：方法中所有类型的参数传递都是“值传递”。其机制是：在方法调用运行时，首先对实在参数列表从左到右依次计算各个实在参数的值，然后在运行栈中为该方法的所有形式参数变量分配空间，接着再为该方法体中所有其他局部变量分配空间，最后将已计算出来的各个实在参数的值抄送到相应的形式参数变量空间之中。这一切做完后，方法调用才开始执行方法体内的第一条语句。一旦运行完成，自动从运行栈撤销该方法的所有信息，因而该方法在运行栈中为形式参数及局部变量分配的空间也就自动撤销。

**【例 3.3】** 打印 100 以内所有的质数。

PrimeNumber.java

```
public class PrimeNumber {
    boolean isPrime(int n) {                    // 判断是否是质数
        for (int i = 2; i <= n / 2; i++)
            if (n % i == 0)                     // 能被整除，则不是质数
                return false;
        return true;
    }
    void printPrime(int m) {
        int j = 0;
```

```
            for (int i = 2; i <= m; i++){
                if (isPrime(i)){
                    j++;
                    if(j%10==0){                        // 每 10 个质数一行
                        System.out.print(" " + i);
                        System.out.println();           // 换行
                    }
                    else
                        System.out.print(" " + i);
                }
            }
        }
        public static void main(String[] args) {
            PrimeNumber pn = new PrimeNumber();
            pn.printPrime(100);                         // 打印出 100 以内的所有质数
        }
}
```

程序运行结果：

```
2  3  5  7  11  13  17  19  23  29
31  37  41  43  47  53  59  61  67  71
73  79  83  89  97
```

### 3. 递归

在一个方法体内调用它自身，叫作“递归”，这是一种相当重要的程序设计技术，用递归表达的程序逻辑十分简明。递归分两种：直接递归与间接递归。

直接递归是指方法运行时又调用了自身；间接递归是指方法运行时通过调用其他方法，最终又调用自身，如图 3.1 所示。

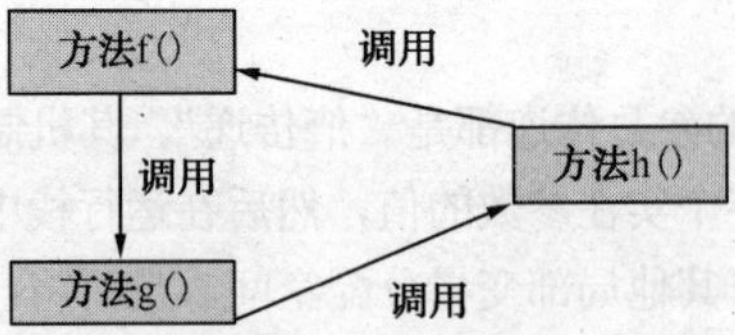


图 3.1 间接递归

**【例 3.4】**递归计算 1+2+…+100 之和。

Sum.java

```
public class Sum {
    static int P(int n) {
        return n == 0 ? 0 : n + P(n - 1);
    }
    public static void main(String[] args) {
        System.out.println("1+2+…+100 之和是: " + P(100));
    }
}
```

程序运行结果：

```
1+2+...+100 之和是: 5050
```

【例 3.5】递归计算 Fibonacci 数列的第 5 个值。

Fibonacci.java

```
public class Fibonacci {
    public static void main(String[] args) {
        System.out.println(f(5));
    }
    public static int f(int n){
        if (n == 1 || n == 2){
            return 1;
        }else {
            return f(n-1) + f(n-2);
        }
    }
}
```

程序运行结果：5。

### 4. 方法重载

方法重载是指一个类中可以定义有相同名字、但参数不同的多个方法。各方法之间的参数个数、类型、排列顺序不同即可构成重载。

下面的代码片段重载了方法 f()，如下：

```
void f(int x) {
    …
}
void f(int x, int y) {
    …
}
void f(int x, String s) {
    …
}
```

**注意：**

仅有返回值类型不同是不能重载的，例如下面的语句不构成重载：

```
int f(int x, int y) {…}
double f(int x, int y) {…}
```

方法重载是编译时多态性的表现，Java 编译程序会根据方法调用的实在参数来决定使用哪个方法。

【例 3.6】测试方法重载，程序重载了 sort()方法，根据所传递的参数个数来调用相应的 sort()方法，用来对两个或三个整数按从小到大排序。

TestSort.java

```
class SortDemo {
    int max, midst, mix;
    SortDemo() {
        max = -1;
        midst = -1;
        mix = -1;
    }
    void sort(int i, int j) {                    //两个数排序
```

```
        int s;
        max = i;
        mix = j;
        if (max < mix) {
            s = max;
            max = mix;
            mix = s;
        }
    }
    void sort(int i, int j, int k) {                    //三个数排序
        int s;
        max = i;
        midst = j;
        mix = k;
        if (max < midst) {                              //第一个数和第二个数比较
            s = max;
            max = midst;
            midst = s;
        }
        if (max < mix) {                                //第一个数和第三个数比较
            s = max;
            max = mix;
            mix = s;
        }
        if (midst < mix) {                              //第二个数和第三个数比较
            s = midst;
            midst = mix;
            mix = s;
        }
    }
}
public class TestSort {
    public static void main(String args[]) {
        SortDemo sd = new SortDemo();
        sd.sort(30, 60);
        System.out.println("两个数从大到小为：" + sd.max + "," + sd.mix);
        sd.sort(20, 80, 50);
        System.out.println("三个数从大到小为：" + sd.max + "," + sd.midst + ","+ sd.mix);
    }
}
```

程序运行结果：

```
两个数从大到小为：60,30
三个数从大到小为：80,50,20
```

调用一个重载过的方法时，Java 编译程序是如何确定究竟应该调用哪一个方法呢？例如，以下代码定义了 3 个重载方法：

```
public void f(char ch) { System.out.println("char!"); }
public void f(short sh) { System.out.println("short!"); }
public void f(float f) { System.out.println("float!"); }
```

当调用语句 f((byte)65);时发生类型转换（在方法调用上下文中产生类型转换），按 2.1.5 节中基本数据类型“宽转换”进行。若“宽转换”不成功，再进行“装箱”和“拆箱”类型转换。

按“宽转换”，byte 可自动转换成 short 或 float，但 short 比 float 更特殊（short 能够宽转换到 float，反之不行），故最终调用的方法是：

```
public void f(short sh) {…};
```

再例如，重载方法：

```
public void f(Object o) {…}
public void f(int[ ] ia) {…}
```

当调用语句 f(null);时，由于空引用 null 可自动转换到 int[ ]类型，也可自动转换到 Object 类型。但 int[ ]数组类型更特殊（int[ ]数组类型是一个 Object 类型，但 Object 不一定是 int[ ]数组），故最终调用的是 f(int[ ] ia)方法。

## 3.2 创建对象

对象即类的实例化。在 Java 虚拟机的生命周期中，一个个对象被创建，又一个个被销毁。在对象生命周期的开始阶段，需要为对象分配内存，并初始化它的实例变量。当程序不再使用某个对象时，它就会结束生命周期。它的内存可以被 Java 虚拟机的垃圾收集器回收。在 Java 程序中，对象可被显式或隐含地创建。创建一个对象就是构造一个类的实例。用 new 语句创建对象是 Java 语言创建对象的最常见方式。

### 3.2.1 构造方法

多数情况下，初始化一个对象的最终步骤是去调用这个对象的构造方法。构造方法的功能是：当创建一个类的对象时，首先用 new 语句在堆区中分配该对象的内存空间，然后自动调用类的某一个构造方法，对该对象的内存空间进行初始化，为实例变量赋予合适的初始值。构造方法的语法规则为：

（1）方法名必须与类名相同；

（2）不要声明返回类型；

（3）不能被 static、final、synchronized、abstract 和 native 修饰。

**【例 3.7】**不带形参构造方法，在构造方法中对其成员变量初始化。

ConstructorInitiate.java

```
public class ConstructorInitiate {
	boolean t;
	byte b;
	short s;
	int i;
	long l;
	float f;
	double d;
	char c;
	ConstructorInitiate() {
		t = true;                                        // 成员变量的初始化
		b = 12;
		s = 99;
		i = 49;
```

```
            l = 120;
            f = 3.14f;
            d = 3.1415;
            c = 'h';
        }
        public static void main(String[] args) {
            ConstructorInitiate initiate;                                    // 定义引用变量
            initiate = new ConstructorInitiate();
            System.out.println(initiate.t);
            System.out.println(initiate.b);
            System.out.println(initiate.s);
            System.out.println(initiate.i);
            System.out.println(initiate.l);
            System.out.println(initiate.f);
            System.out.println(initiate.d);
            System.out.println(initiate.c);
        }
}
```

Java 虚拟机在执行下面语句时，将在栈内存中生成一个引用变量 initiate，由于 initiate 是一个局部变量，且这时还没有创建任何对象，所以 initiate 还没有被赋值。

```
ConstructorInitiate    initiate;
```

执行下面的语句后，将在堆内存中创建一个 ConstructorInitiate 对象，并对其成员变量进行初始化，把对象的引用赋给 initiate。

```
initiate = new ConstructorInitiate();
```

这时，initiate 指向 ConstructorInitiate 对象，其内存布局如图 3.2 所示。

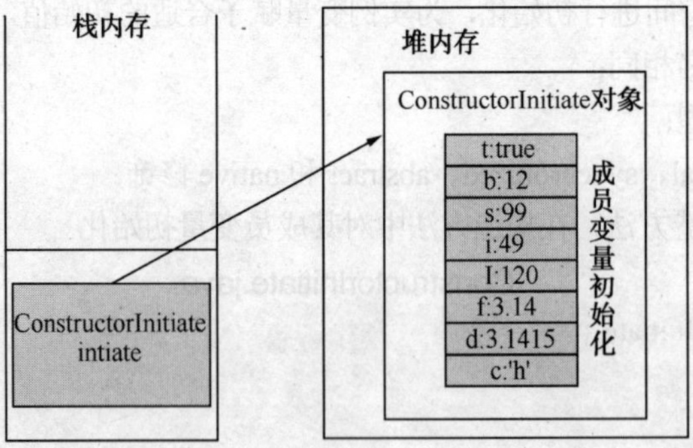


图 3.2　对象的内存布局

程序运行结果：

```
true
12
99
49
120
3.14
3.1415
h
```

既然在创建对象时，会对类的成员变量进行初始化，那么初始化的时机和顺序又是如何呢？下面的程序解释了初始化执行的时机和顺序。

【例 3.8】在 Teacher 类中创建 3 个 Pupil 对象来测试类的初始化时机和顺序。

Sequence.java

```
class Pupil {
    Pupil(int age) {
        System.out.println("pupil: " + age);
    }
}
class Teacher {
    Pupil p1 = new Pupil(9);
    Teacher() {
        System.out.println("Teacher()");
        p3 = new Pupil(10);
    }
    Pupil p2 = new Pupil(11);
    void teach() {
        System.out.println("teach()");
    }
    Pupil p3 = new Pupil(12);
}
public class Sequence {
    public static void main(String[] args) {
        Teacher t = new Teacher();
        t.teach();
    }
}
```

在类 Teacher 中定义的 3 个成员变量 p1、p2、p3 均为引用类型。

程序运行结果：

```
pupil: 9
pupil: 11
pupil: 12
Teacher()
pupil: 10
teach()
```

可以发现，成员变量 p1、p2、p3 定义在类体中的各个地方，初始化的顺序由变量定义的顺序决定，尽管变量定义位于方法（包括构造方法）之后，但仍然在方法（包括构造方法）被调用之前得到初始化。

## 3.2.2 默认构造方法

Java 语言规定，每个类都必须至少定义一个构造方法。若一个类没有定义构造方法，则编译程序会提供一个构造方法。无参数的构造方法称为默认构造方法。编译程序自动提供的构造方法就是一个默认构造方法。格式如下：

```
<与类相同的访问控制符> <方法名>() {
    super();                          // 自动调用父类的默认构造方法
}
```

**说明**：若类是 public，自动生成的默认构造方法也是 public。若是 private（如内部类），则该默认构造方法也是 private。由于方法体中有 super();语句，因而要求该类的父类必须要定义一个默认构造方法，若没有定义则编译报错。这种错误在 Java 初学者中经常发生。

若一个类中已定义构造方法（不论有无参数），编译程序将不再自动提供上述格式的默认构造方法。因此，当给类定义构造方法时，建议同时定义一个无参构造方法（默认构造方法）以避免前面所述的编译错误。例如下面的代码片段：

```
public class Dog1 {                          // 编译程序自动提供默认方法
    System.out.println("run fast");
}
public class Dog2 {                          // 该类缺少默认构造方法，建议程序员自定义一个
    public Dog2(String s) {
        System.out.println("run fast");
    }
}
public class Dog3 {                          // 自己定义了默认构造方法
    public Dog3() {
        System.out.println("run fast");
    }
}
```

可以调用 Dog1 类的默认构造方法来创建 Dog1 对象：

```
Dog1 d1 = new Dog1();                        // 合法
```

Dog2 类没有默认的构造方法，因此下面语句会导致编译错误：

```
Dog2 d2 = new Dog2();                        // 编译出错
```

Dog3 类显式定义了默认构造方法，因此下面这句是合法的：

```
Dog3 d3 = new Dog3();                        // 合法
```

### 3.2.3 构造方法重载

当通过 new 语句创建一个对象时，在不同条件下，对象可能有不同的初始化行为。既然构造器的名字已经由类名决定，就只能有一个构造器名。那么要想用多种方式创建一个对象该怎么办呢？假设要创建一个类，既可以用标准方式进行初始化，也可以从文件里读取信息来初始化。这就需要两个构造器：一个默认构造器；另一个取字符串作为形式参数的构造器。由于都是构造器，它们必须用相同的名字（类名），为了让方法名相同而形参不同的构造器能同时存在，必须用到构造方法重载。

【例 3.9】重载构造方法 Student()，并根据实在参数调用相应的构造方法。

ConstructorOverLoad.java

```
class Student {
    private String name = "Lucy";
    private int age = 18;
    Student() {
        System.out.println("invoke no parameter construcor method");
        System.out.println("name is " + name + ",age is " + age);
    }
    Student(String n) {
        name = n;
        System.out.println("invoke construcor method with one parameter");
```

```
            System.out.println("name is " + name + ",age is " + age);
        }
        Student(String n, int i) {
            name = n;
            age = i;
            System.out.println("invoke construcor method with two parameters");
            System.out.println("name is " + name + ",age is " + age);
        }
}
public class ConstructorOverLoad {
        public static void main(String[] args) {
            new ConstructorOverLoad();
            new Student();
            new Student("Tom");
            new Student("Jack", 25);
        }
}
```

程序运行结果：

```
invoke no parameter construcor method
name is Lucy, age is 18
invoke construcor method with one parameter
name is Tom, age is 18
invoke construcor method with two parameters
name is Jack, age is 25
```

## 3.3 this 引用

this 是 Java 的关键字，用于表示对象自身的引用值。当在类中使用实例变量 x 或实例方法 f()时，本质上都是 this.x 或 this.f()。在不混淆的情况下（如没有名字隐藏），this.x 可简写成 x，this.f()可简写成 f()。

当类中有两个同名变量，一个属于类的成员变量，另一个属于某个特定的方法（方法中的局部变量），可使用 this 区分它们。使用 this 还可简化构造方法的调用。一个类的实例的成员方法在内存中只有一份备份（尽管在内存中可能有多个对象），而数据成员在类的每个对象所在内存中都存在一份备份。this 引用允许相同的实例方法为不同的对象工作，每当调用一个实例方法时，引用该实例方法的特定类对象的 this 将自动传入实例方法代码中，方法的代码接着会与 this 所代表的对象的特定数据建立关联。在类的 static 方法中，是不能使用 this 的。这是因为类方法是一直存在、随时可用的，而此时可能该类一个对象都没有创建，自然 this 也就不存在。this 通常用在构造方法实例变量初始化表达式、实例初始化代码块或实例方法中。除此之外出现 this，编译报错。另外，认为 this 是当前对象的一个数据成员，这种理解是错误的。

【例 3.10】使用 this 引用来调用类 A 的方法 f1()。

TestThis.java

```
class A{
    String name;
    public A(String str){
        name = str;
```

```
    }
    public void f1(){
        System.out.println("f1() of name "+ name+" is invoked!");
    }
    public void f2(){
        A a2 = new A("a2");
        this.f1();                          // 使用 this 引用调用 f1()方法
        a2.f1();
    }
}
public class TestThis {
    public static void main(String[] args){
        A a1 = new A("a1");
        a1.f2();
    }
}
```

程序运行结果：

```
f1() of name a1 is invoked!
f1() of name a2 is invoked!
```

可能在一个类中写了多个构造方法，若想在一个构造方法中调用另一个构造方法，以避免重复代码，可用 this 关键字来构成一个特殊的“显示构造方法”调用语句。该语句必须是构造方法体中的第一条语句。格式为：

```
this (参数列表);
```

【例 3.11】使用 this 引用变量调用另一个构造方法。

ConWithThis.java

```
public class ConWithThis {
    int count = 0;
    String str = "hello";
    ConWithThis(int i) {
        this("java");                       // 调用 ConWithThis(String s)，必须是第一条语句
        count = i;
        System.out.println("Constructor with int arg only, count= " + count);
    }
    ConWithThis(String s) {
        System.out.println("Constructor with String arg only, s = " + s);
        str = s;
    }
    ConWithThis(String s, int i) {
        this(i);                            // 调用 ConWithThis(int i)
        this.str = s;
        System.out.println("Constructor with String and int args, s = " + s +
            ", i = " + i);
    }
    ConWithThis() {
        this("use this reference", 9);      // 调用 ConWithThis(String s, int i)，必须是第一条语句
        System.out.println("default constructor(no args)");
```

```
    }
    void f() {
        System.out.println("count = " + count + ", s = " + str);
    }
    public static void main(String[] args) {
        ConWithThis x = new ConWithThis();
        x.f();
    }
}
```

程序运行结果：

```
Constructor with String arg only, s = java
Constructor with int arg only, count= 9
Constructor with String and int args, s = use this reference, i = 9
default constructor(no args)
count = 9, s = use this reference
```

**说明：**子类构造方法中第一条语句必须是 super(…)或 this(…)，两者必居其一，而且只能有一条，不能有多条，否则报错。若没有明确调用 super(…)或 this(…)，则编译程序自动插入 super(…)成为第一条语句。

# 3.4　静态成员

static 修饰符可以用来修饰类的成员变量、成员方法和代码块。

（1）用 static 修饰的成员变量表示静态变量，可以直接通过类名来访问，或通过对象引用来访问。

（2）用 static 修饰的成员方法表示静态方法，可以直接通过类名来访问，或通过对象引用来访问。

（3）用 static 修饰的程序代码块表示静态代码块，当 Java 虚拟机加载类时，就会执行该代码块。

## 3.4.1　静态变量

类的成员变量有两种：一种是被 static 修饰的变量，称为类变量或静态变量；另一种是没有被 static 修饰的变量，称为实例变量。它们两者的区别如下。

（1）静态变量在内存中占用一份备份，运行时 Java 虚拟机只为静态变量分配一次内存，在加载类的过程中完成内存空间的分配。可以直接通过类名访问静态变量。

（2）对于实例变量，每创建一个实例，就会为实例变量分配一次内存。实例变量可在内存中有多份备份，互不影响。

【例 3.12】实例变量与静态变量的区别。

TestStaticVar.java

```
class Incrementable {
    public int num;
    public static int count = 0;           // 静态变量 count
    public Incrementable() {
        count++;                           //或 Incrementable. count++; 或 this.count++;
        num = count;
    }
    public Incrementable(int k) {
        count = num;
```

```
            count++;
        }
    }
    public class TestStaticVar {
        public static void main(String[] args) {
            Incrementable[] increment = new Incrementable[5];          // 创建引用类型的数组
            for (int i = 0; i < increment.length; i++) {
                increment[i] = new Incrementable();
                System.out.println("increment[" + i + "].count = " + Incrementable.count +
                    ",increment[" + i + "].num = " + increment[i].num);
            }
            for (int i = 0; i < increment.length; i++) {
                increment[i] = new Incrementable(0);
                System.out.println("increment[" + i + "].count = " + Incrementable.count +
                    ",increment[" + i + "].num = " + increment[i].num);
            }
        }
    }
```

程序运行结果：

```
increment[0].count = 1, increment[0].num = 1
increment[1].count = 2, increment[1].num = 2
increment[2].count = 3, increment[2].num = 3
increment[3].count = 4, increment[3].num = 4
increment[4].count = 5, increment[4].num = 5
increment[0].count = 1, increment[0].num = 0
increment[1].count = 1, increment[1].num = 0
increment[2].count = 1, increment[2].num = 0
increment[3].count = 1, increment[3].num = 0
increment[4].count = 1, increment[4].num = 0
```

从程序的执行结果可以看出，所有的对象共享静态变量的值，而每创建一个对象时，其实例变量都会被初始化，各对象之间互不影响。

### 3.4.2 静态方法

同成员变量一样，成员方法也分为静态方法和实例方法。用 static 修饰的方法是静态方法（类方法）。访问静态方法不需要创建类的实例，可以直接通过类名来访问。若已创建了对象，也可通过对象引用来访问。

**【例 3.13】**通过类名访问静态方法。

TestStaticMethod.java

```
class Citizen{
    private static String country = "china";
    private String name = "Tom";
    public static void f1(){
        System.out.println(country);
        // System.out.println(name);                    // 不可直接访问非静态成员，只能间接访问
    }
```

```
    public void f2(){                          // 可访问静态成员
        f1();                                  // 或 Citizen.f1(); 或 this.f1();
        System.out.println(country);
        System.out.println(name);
    }
}
public class TestStaticMethod {
    public static void main(String[] args){
        new TestStaticMethod();
        Citizen.f1();                          // 直接通过类名访问 f1()
        Citizen citizen = new Citizen();
        citizen.f2();
        citizen.f1();                          // 可以通过引用访问 f1()
    }
}
```

程序运行结果：

```
china
china
china
Tom
china
```

在使用类的静态方法时，需要注意以下三点。

（1）在静态方法里只能直接访问类中其他的静态成员（包括变量和方法），不能直接访问类中的非静态成员。这是因为，对于非静态的方法和变量，需要先创建类的实例后才可使用。

```
int i;
public static void f() {
   i = 1;                                      // 错误，不能直接访问非静态变量
    method();                                  // 错误，不能直接访问非静态方法
}
public void method() {
    ...
}
```

（2）静态方法不能以任何方式引用 this 和 super 关键字。因为静态方法在使用前是不需要创建任何对象的，当静态方法被调用时，this 所引用的对象也许根本还没有产生。

（3）子类只能继承、重载、隐藏父类的静态方法，不能重写父类的静态方法，也不能把父类不是静态的方法重写成静态方法。

### 3.4.3 main()方法

如果一个类要被 Java 解释器直接装载运行，这个类中必须有 main()方法。由于 Java 虚拟机需要调用类的 main()方法，所以该方法的访问权限必须是 public；又因为 Java 虚拟机在执行 main()方法时不必创建对象，所以该方法必须是 static 的；该方法接收一个 String 类型的数组参数，该数组中保存从命令行给 main()方法传递的参数；main()方法执行结束后不返回任何类型，所以该方法的返回类型是 void，因此 main()方法的修饰符是“public static void”。正因为 main()是静态的，所以在 main()方法中不能直接访问实例变量和实例方法。所有在方法（包括 main()方法）内部定义的变量都是局部变量。

【例 3.14】使用 main()方法。

TestMain.java

```
public class TestMain {
    int x =1;
    void method1(){} {
        System.out.println("invoke no static method1");
    }
    static void method2() {
        System.out.println("invoke static method2");
    }
    static int y=9;
    public static void main(String[] args) {
        //System.out.println(x);                    // 编译错误，不能直接访问非静态变量
        System.out.println(y);                      // 合法，可直接访问静态变量
        //method1();                                // 编译错误，不能直接访问非静态方法
        method2();                                  // 合法，可直接访问静态方法
        TestMain test = new TestMain();
        System.out.println();
        test.method1();
    }
}
```

程序运行结果：

```
9
invoke static method2
invoke no static method1
```

main()方法带有一个 String 类型的数组，该数组中保存执行 Java 命令时传递给所运行的类的参数。

【例 3.15】从命令行给 main()方法传递参数进行四则运算。

MainOfCommand.java

```
public class MainOfCommand {
    public static void main(String[] args) {
        int i = Integer.parseInt(args[0]);              // 获取第一个命令行参数
        int j = Integer.parseInt(args[2]);              // 获取第三个命令行参数
        int num = 0;                                    // 运算结果
        if (args[1].equals("+")) {
        num = i + j;
            System.out.println(i + " + " + j + " = " + num);
        } else if (args[1].equals("-")) {
            num = i - j;
            System.out.println(i + " - " + j + " = " + num);
        } else if (args[1].equals("x")) {
            num = i * j;
            System.out.println(i + " x " + j + " = " + num);
        } else if (args[1].equals("/")) {
            num = i / j;
            System.out.println(i + " / " + j + " = " + num);
        }
```

```
    }
}
```

用上一章介绍的操作方法（见图 2.1）打开“Run Configurations”窗口，配置程序运行时的输入参数，在“Arguments”标签页的“Program arguments”栏输入“10 + 2”，然后单击“Run”按钮运行程序，结果为：

```
10 + 2 = 12
```

按上述同样的过程，在“Program argumentds”栏输入“40 / 5”，然后单击“Run”按钮运行程序，结果为：

```
40 / 5 = 8
```

### 3.4.4 静态代码块

类中可以包含静态代码块，它不存在于任何方法体中。在 Java 虚拟机加载类时会执行这些静态代码块。如果类中包含多个静态代码块，那么 Java 虚拟机将按照它们在类中出现的顺序依次执行它们，每个静态代码块只会被执行一次。下面的示例定义了两个静态代码块和一个构造方法。Java 虚拟机先执行静态代码块后，才能调用构造方法。

**【例 3.16】**测试静态代码块与构造方法的顺序。

StaticCode.java

```
public class StaticCode {
    static int i=1;
    public StaticCode(){
        System.out.println("initialize construct method"+i++);
    }
    static {                                    // 第一个静态代码块
        System.out.println("initialize the first static block"+i++);
    }
    static {                                    // 第二个静态代码块
        System.out.println("initialize the second static block"+i++);
    }
    public static void main(String[] args){
        new StaticCode();
        new StaticCode();
    }
}
```

程序运行结果：

```
initialize the first static block1
initialize the second static block2
initialize construct method3
initialize construct method4
```

结果分析：Java 虚拟机首先装载类 StaticCode，然后按如下次序运行：

（1）执行 static int i = 1;语句对 static 变量 i 进行初始化。

（2）执行第一个静态代码块。

（3）执行第二个静态代码块。

（4）调用 main()方法。

（5）执行第一个 new StaticCode();语句，调用构造方法。

（6）执行第二个 new StaticCode();语句，调用构造方法。

> **注意：**
> static 型成员变量与 static 代码块是按照它们在类中定义的先后顺序依次执行的。

## 3.5 内部类

在一个类内部定义的类叫做内部类或内置类（inner class）。内部类可以将逻辑上相关的一组类组织起来，并由外部类来控制内部类的可见性。当建立一个内部类时，其对象就拥有了与外部类对象之间的一种关系，这是通过 this 引用形成的，使得内部类对象可以随意访问外部类中的所有成员。包含内部类的类被称为外部类，在图 3.3 中，类 Outer 是外部类，类 Inner 是类 Outer 的内部类，Test 类会访问类 Outer 及它的内部类，可把 Test 类称为客户类。外部类只能处于 public 和默认访问级别，而成员内部类可处于 public、protected、private 和默认这四种访问级别。

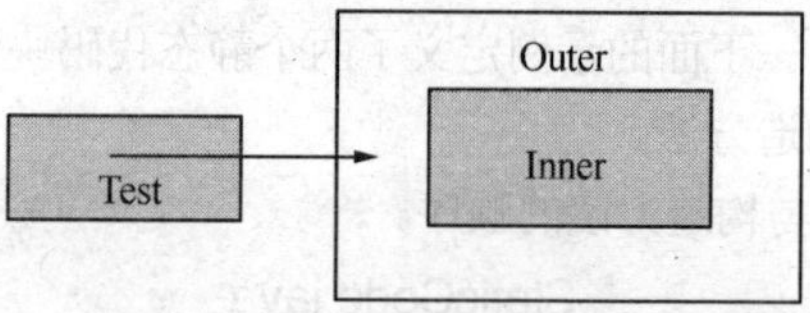


图 3.3　内部类与外部类的关系

### 3.5.1　实例内部类

实例内部类是成员内部类的一种，没有 static 修饰，实例内部类具有以下特点。

（1）在创建实例内部类的实例时，外部类的实例必须已经存在。例如想创建内部类 Inner 类的实例，必须先创建外部类 Outer 类的实例，例如下面的语句：

```
Outer outer = new Outer();                    // 创建外部类
Outer.Inner inner = outer.new Inner();        // 创建内部类
```

它等价于：

```
Outer.Inner inner = new Outer().new Inner();
```

（2）实例内部类的实例自动持有外部类的实例的引用，其引用形式是：外部类名字.this。在内部类中，可以直接访问外部类的所有成员，包括成员变量和成员方法。

（3）外部类实例与内部类实例之间是一对多的关系，一个内部类实例只会引用一个外部类实例，而一个外部类实例可对应零个或多个内部类实例。在外部类中不能直接访问内部类的成员，必须通过内部类的实例去访问。

（4）在实例内部类中不能定义静态成员，只能定义实例成员，例如，在以下内部类 Middle 中的 3 个静态成员，编译将无法通过。

```
class Outer {
    class Middle {
        static int a;                         // 编译错误
        int a;                                // 合法
        static void print() {}                // 编译错误
        void print() {}                       // 合法
        static class Inner {}                 // 编译错误
        class Inner {}                        // 合法
```

```
    }
}
```

（5）如果实例内部类与外部类包含同名的成员，例如，内部类变量 Inner.a 和外部类 Outer.a，那么 this.a 表示内部类 Inner 的成员变量 a，Outer.this.a 表示外部类的变量 a。

**【例 3.17】**实例内部类的特性。

Test.java

```
package org.innerclasses;
class Outer {
    private int index=100;
    private class Inner {
        private int index=50;
        void print() {
            int index=30;
            System.out.println(index);                  //（1）
            System.out.println(this.index);             //（2）
            System.out.println(Outer.this.index);       //（3）
        }
    }
    void print() {
        Inner i = new Inner();
        i.print();
    }
}
public class Test {
    public static void main(String[] args) {
        Outer o = new Outer();
        o.print();
    }
}
```

程序运行结果：

```
30
50
100
```

**说明**：上段代码中 3 处带标注语句的功能如下：

（1）显示 print()方法中的局部变量 index 的值；

（2）显示内部类 Inner 的私有变量 index 的值；

（3）显示外部类 Outer 的私有变量 index 的值。

在 Test.java 程序的 main()方法中，首先定义了一个外部类变量 o，用 new 产生了外部类的一个对象，由堆内存分配空间，如图 3.4 所示。它的引用保存在栈内存的 o 变量中。当调用外部类的 print()方法，进入外部类的 print()方法时，会有一个特殊变量 this 保存对象本身的一个引用。然后在 print()方法中用 new 又产生一个对象，进而在堆内存中分配一个内部类对象，将它的引用保存到 i 变量中。用 i.print()方法进入内部类（Inner 类）的 print()方法中。同样地，在 Inner 类的 print()方法中，也有特殊的变量保存对象本身的一个引用。这里要注意，在 Inner 对象中，还有一个 Outer.this 变量，保存 Outer 对象的一个引用。在内部类当中，访问外部类的所有成员都要通过 Outer.this 变量。

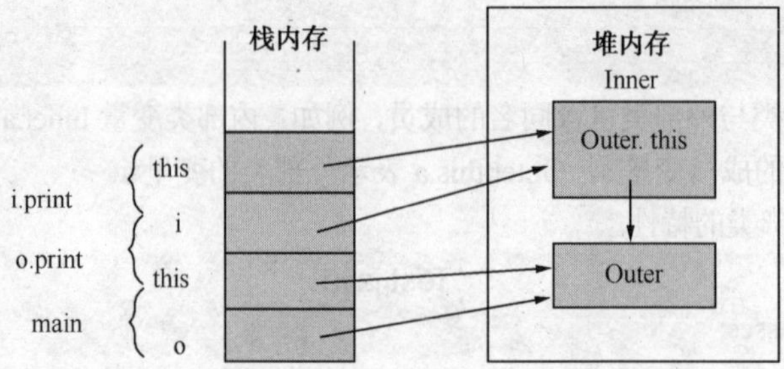


图 3.4　内部类与外部类在内存的运行结构

## 3.5.2　匿名内部类

匿名内部类（匿名类）是一种特殊的类，这种类没有名字。匿名内部类具有以下特点。

（1）匿名内部类必须继承一个父类，或实现一个接口，但最多只能实现一个接口。

（2）匿名内部类由于没有名字，因而无法定义构造方法，编译程序会自动生成它的构造方法，并在其中自动调用其父类的构造方法。

（3）在匿名内部类中可以定义实例变量、若干个实例初始化代码块和新的实例方法。Java 虚拟机首先调用其父类的构造方法，然后按照实例变量和实例初始化代码块定义的先后次序依次进行初始化。

（4）被匿名内部类访问的局部变量必须是 final 变量，Java 8 会自动使用 final 修饰匿名内部类要访问的局部变量。

（5）匿名内部类可以访问外部类的所有成员。

【例 3.18】匿名内部类的特点。

Outer.java

```
package org.innerclasses.anonymous;
public class Outer {
    Outer(int v) {
        System.out.println("another constructor");
    }
    Outer() {
        System.out.println("default constructor");
    }
    void f() {
        System.out.println("from Outer");
    };
    public static void main(String args[]) {
        new Outer().f();                        // 显示 from Outer
        int i = 1;                              // Java 8 自动将变量 i 修饰为 final 变量
        Outer a = new Outer(i) {                // 匿名内部类
            {
                System.out.println("initialize constructor");
            }
            void f() {
                System.out.println("from anonymous" + "      " + i);
            }
        };
```

```
        a.f();                                              // 显示 from anonymous
    }
}
```

**说明**：以上“new Outer(i) {…}”定义了一个继承自类 Outer 的匿名内部类，大括号内是这个匿名内部类的类体，在定义时直接生成了该类的对象并返回它的一个实例引用。

程序运行结果：

```
default constructor
from Outer
another constructor
initialize constructor
from anonymous    1
```

### 3.5.3　static 内部类

若定义内部类时用 static 修饰，它就成了一个 static 内部类。例如：

```
class Outer {
    private int x = 1;
    public static class Inner {
        …
    }
}
```

此时，该 static 内部类的类型名是：Outer.Inner，使用方式与顶层类是一样的。如 Outer.Inner ia = new Outer.Inner(); 调用 static 内部类的默认构造器产生了一个内部类对象。

设计使用 static 内部类的主要目的有两个方面。

（1）将与外部类关系密切的类逻辑上组织在一起，并进行访问权限的控制。

（2）能访问外部类中的所有成员。外部类中的 static 型成员可直接访问，非 static 型间接访问，即先创建外部类的对象，然后通过该对象来访问。

static 内部类其实就是外部类的成员，因而同样拥有类中成员拥有的 public、protected、private 及默认方式这四种访问权限。static 内部类除了定义的位置是处于类的内部，其他方面与顶层类是一样的，既可以定义成 final 或 abstract，也可以继承类或实现接口，还可以被其他类继承。

只有外部类能被访问时，内部类才能被访问。如前述代码中，尽管 static 内部类 Inner 定义为 public，但由于外部类 Outer 是包访问权限，因而 Inner 实际上也是包访问权限。static 类提供了一个好的机制，用于表达在某一个上下文中才有意义的相关类型，例如，银行账户类 BankAccount 包含有账户（long number）与余额（long balance），对某一个客户类 Person 的对象 who，需要检查 who 对账户的操作许可权，为此需要设计许可权类 Permissions。由于该类承载了 BankAccount 对象的信息，即 Permissions 类在 BankAccount 上下文来表示权限许可更准确，因此将 Permissions 定义为 BankAccount 的 static 内部类更适宜。

```
public class BankAccount {
    private long number;
    private long balance;
    public static class Permissions { … }
    …
}
```

### 3.5.4 局部内部类

若在一个方法体、构造器或初始化块中定义了一个类，该类就被称为局部内部类。局部内部类不是外部类的成员，而是与局部变量相当。如同在外部不能访问局部变量一样，在外部也不能访问局部内部类。但可以将局部内部类的对象引用作为方法参数传入或作为方法的返回值返回出来。局部内部类对象的生命周期与其他对象一样，当没有引用指向局部内部类时，对象才死亡，空间被垃圾收集器回收。

由于外部完全不能访问局部内部类，因而它们不需要（不能定义）访问权限控制符，也不能定义为 static。定义局部内部类的好处是可以访问外部类中的成员，还可以访问所在代码块（方法）中的局部变量，如方法的形式参数、方法体中的局部变量。唯一的限制是这些局部变量必须被定义为 final。例如下面的代码片段：

```
public class Outer {
        private int x = 1;
        public void f(final int y) {
                int z = 2;
                class Inner {                                           // 定义局部内部类
                        public Inner() {
                                System.out.println("x="+x+"y="+y);    // 可以访问 x 与 y，不能访问 z
                        }
                }
        }
}
```

为什么要有这样的限制？这是因为局部变量的生命周期是：当调用方法 f()时，局部变量 z 在栈中诞生；当 f()运行结束时，局部变量 z 就从栈中消失。但此时局部内部类对象可能还存在（只有在没有引用指向对象时，对象才死亡），若它要访问局部变量 z，而 z 却已不在了。为此编译程序具体实现时，每一个局部内部类对象都含有它要访问的局部变量的一个复制品，故方法中代码访问的是栈中的局部变量，而局部内部类访问的其实是自身对象中的那个局部变量的复制品。只要时刻保持栈中局部变量与对象中复制品两者的值一致，其效果就相当于是访问同一个局部变量。但要做到时刻保持两者的一致是很困难的，所以 Java 中干脆就不允许局部变量值发生改变，即规定局部变量是 final 时，局部内部类才可以访问。

## 3.6 类的打包封装

在用 Java 开发一个实际的软件系统时，通常需要设计许多类共同工作，这时就要对这些类按功能分门别类地进行打包或封装，以便于有效地管理和使用。

### 3.6.1 包（package）机制

#### 1. 包定义及导入

**（1）定义包**

为便于管理大型软件系统中数目众多的类，解决命名冲突问题，Java 引入了包机制，提供类的多重命名空间。一个包就相当于一个文件夹，包中的类相当于文件夹下的文件。包与包中的类之间的关系，相当于文件夹与文件夹中文件的关系。

定义包使用 package 语句，其格式为：

```
package pkg1[.pkg2[pkg2…]];
```

package 语句作为 Java 源文件的第一条语句，指明该文件中定义的类所在的包（若默认，则指定为无名包）。Java 编译器把包对应于文件系统的目录管理，package 语句中，用“.”来指明包（目录）的层次，例如下面的语句：

```
package org.MyProject;
```

表示该文件中所有的类位于.\org\MyProject 目录下。

（2）**导入包**

如果一个类访问了位于另一个包中的类，那么前者必须通过 import 语句把这个类导入。例如，要使用 java.awt 包中的 AWTEvent 类，可通过以下语句导入该类：

```
import java.awt.AWTEvent;
```

还可以导入一个包中的所有类，例如，下面的语句用来导入 java.awt 包的所有类：

```
import java.awt.*;
```

import 语句能够导入一个包中的直接类，但不能自动导入该包下的子包（及子包中的类），必须显式声明导入子包，例如下面的语句：

```
import java.awt.*;
import java.awt.event.*;
```

java.lang 包无须显式导入，它总是被编译器自动导入，但是使用 java.lang 包下的子包时仍需显式导入，例如下面的语句：

```
import java.lang.annotation.*;
```

在某些情况下，一个源程序需要导入多个包，这些包之间有相同的类名，例如下面的语句：

```
import java.util.*;
import java.sql.*;
```

假设在这两个包中都有一个重名的日期类 Date，编译器无法确定程序使用的是哪一个 Date 类，解决办法是增加一个特定的 import 语句。

```
import java.util.*;
import java.sql.*;
import java.util.Date;
```

【**例 3.19**】在程序中导入包和类。

org.mypackage2.TestPackage.java 使用了 Date 类，并导入另一个包 org.myPackage1 中的类 Count.java。

TestPackage.java

```
package org.mypackage2;
import java.util.*;
import java.sql.*;
import java.util.Date;
import org.mypackage1.Count;
public class TestPackage {
    public static void main(String[] args){
        Date date1= new Date();                     // 等同于 Date date1 = new java.util.Date();
        Date date2 = new java.sql.Date(0);
        System.out.println(date1);
        System.out.println(date2);
        Count count = new Count();
```

```
            count.m1(3, 5);
            System.out.println(count.m2(3, 5));
        }
}
```

Count.java

```
package org.mypackage1;
import java.util.Date;
public class Count {
        public void m1(int i, int j) {
                System.out.println(i + j);
        }
        public int m2(int i, int j) {
                return i > j ? i : j;
        }
}
```

为了能清楚地展示包的生成，这里暂且改用命令行方式编译和运行程序，步骤如下。

（1）**编译 Count.java**

Count.java 源文件存放在目录“C:\Users\Administrator\workspace\MyProject_03\src\org\mypackage1”下，打开命令提示符窗口，先进入该目录：

```
cd C:\Users\Administrator\workspace\MyProject_03\src\org\mypackage1
```

然后输入以下命令：

```
javac -d C:\Users\Administrator\workspace\MyProject_03\bin Count.java
```

其中，“-d”选项表示生成与包名相对应的目录结构，于是 Java 虚拟机自动在“C:\Users\ Administrator\workspace\MyProject_03\bin”路径下创建了 org\mypackage1 目录，并将编译生成的 Count.class 二进制文件存放在所创建的目录 org\mypackage1 下。

（2）**编译 TestPackage.java**

先进入 TestPackage.java 所在目录：

```
cd C:\Users\Administrator\workspace\MyProject_03\src\org\mypackage2
```

然后输入以下命令：

```
javac -d C:\Users\Administrator\workspace\MyProject_03\bin -classpath C:\Users\Administrator\
workspace\ MyProject_03\bin TestPackage.java
```

其中，“-classpath”选项指定查找用户类文件的位置，编译程序通过它在相应的路径（这里为“C:\Users\Administrator\workspace\MyProject_03\bin”）下搜寻源程序导入的用户自定义的包和类。此时，Java 虚拟机在“C:\Users\Administrator\workspace\MyProject_03\bin”路径下又创建了 org\mypackage2 目录，并在其中生成一个 TestPackage.class 二进制文件。

（3）**执行程序**

先进入项目的 bin 目录（路径“C:\Users\Administrator\workspace\MyProject_03\bin”），命令行输入为：

```
cd C:\Users\Administrator\workspace\MyProject_03\bin
```

最后，执行该目录下的二进制文件，输入以下命令：

```
java org.mypackage2.TestPackage
```

如图 3.5 所示。

程序运行结果：

```
Mon Apr 27 15:19:54 CST 2015
1970-01-01
```

```
8
5
```

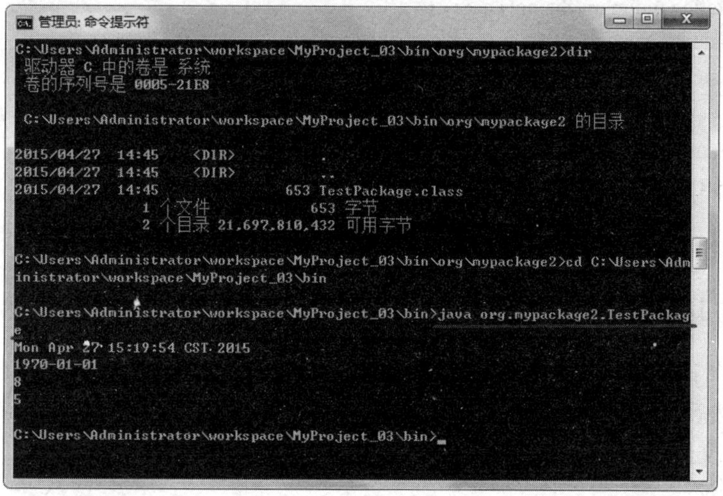


图 3.5　包的导入和使用

### 2. 静态导入

从 JDK 5.0 开始，import 语句不仅可以导入类，还增加了导入静态方法和静态变量的功能。Math 类中的所有方法都是静态方法，如果对 Math 类使用静态导入，就可以采用更加自然的方式使用算术方法。例如下面的代码片段中第一句比第二句要清晰得多：

```
sqrt(pow(x,2) + pow(y,2));
Math.sqrt(Math.pow(x,2) + pow(y,2));
```

静态导入 Math 类中的所有 static 成员，语句为：

```
import static java.lang.Math.*
```

若静态导入 Math 类中的 sqrt 方法，语句为：

```
import static java.lang.Math.sqrt
```

静态导入语句看起来和普通的 import 语句非常相似，但是普通 import 语句从某个包中导入了一个或所有的类，而静态 import 语句是从某个类中导入该类的一个或所有的静态方法以及静态变量。静态导入使得导入类的所有静态变量和静态方法在当前类直接可见，这样使用这些静态成员就无须再给出它们的类名。

**【例 3.20】** 使用静态导入语句。

Simple.java

```
package org.import1;
public class Simple {
    public static final String COUNTRY = "China";
    public static int add(int a, int b) {
        return a + b;
    }
}
```

StaticImport.java

```
package org.import2;
import static org.import1.Simple.COUNTRY;                // 静态导入
```

```
import static org.import1.Simple.add;
public class StaticImport {
        public static void main(String[] args) {
                System.out.println(add(3, 9));
                System.out.println(COUNTRY);
        }
}
```

程序运行结果：

```
12
China
```

## 3.6.2 创建 JAR 文件

JDK 中有一个 jar 命令，存放在 JDK 安装目录下的 bin 文件夹中，可以用来对大量的类（.class 文件）进行压缩，然后存为 JAR（.jar）文件。现在就可以用 jar 命令把项目 MyProject_03 的 bin 目录下 org 文件夹及其中文件压缩。输入以下命令：

```
jar cvf org.jar org
```

现对其命令选项进行简单解释：

-c 创建新的 JAR 文件；

-v 生成详细报告并显示到标准输出；

-f 指定 JAR 文件名，通常这个参数是必需的；

“org”表示将被压缩的目录名，“org.jar”表示被压缩后所生成的 JAR 文件名。

执行了 jar 命令后，将在窗口中显示出打包过程的详细信息，如图 3.6 所示。

为了验证上述打包是否完全和正确，可输入以下命令：

```
jar tf org.jar
```

其中，“-t”选项列出 JAR 文件包的内容列表，如图 3.7 所示。

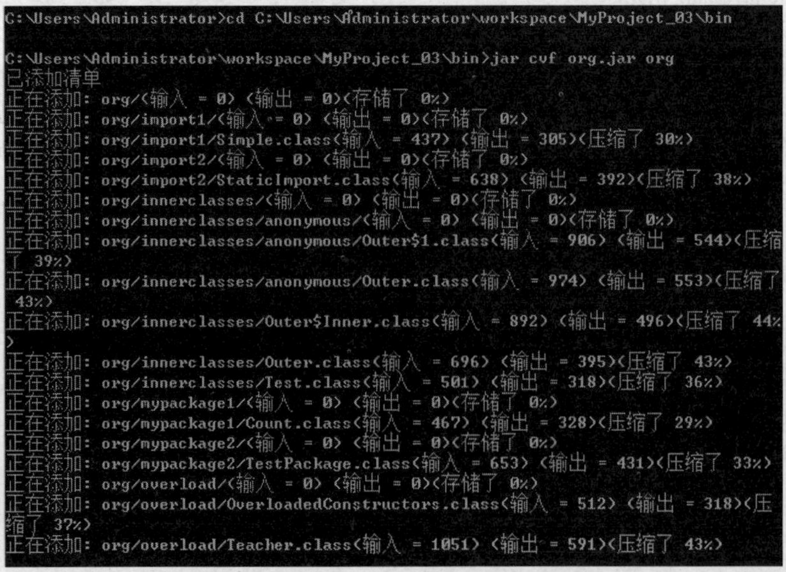

```
C:\Users\Administrator>cd C:\Users\Administrator\workspace\MyProject_03\bin

C:\Users\Administrator\workspace\MyProject_03\bin>jar cvf org.jar org
已添加清单
正在添加: org/(输入 = 0) (输出 = 0)(存储了 0%)
正在添加: org/import1/(输入 = 0) (输出 = 0)(存储了 0%)
正在添加: org/import1/Simple.class(输入 = 437) (输出 = 305)(压缩了 30%)
正在添加: org/import2/(输入 = 0) (输出 = 0)(存储了 0%)
正在添加: org/import2/StaticImport.class(输入 = 638) (输出 = 392)(压缩了 38%)
正在添加: org/innerclasses/(输入 = 0) (输出 = 0)(存储了 0%)
正在添加: org/innerclasses/anonymous/(输入 = 0) (输出 = 0)(存储了 0%)
正在添加: org/innerclasses/anonymous/Outer$1.class(输入 = 906) (输出 = 544)(压缩
了 39%)
正在添加: org/innerclasses/anonymous/Outer.class(输入 = 974) (输出 = 553)(压缩了
 43%)
正在添加: org/innerclasses/Outer$Inner.class(输入 = 892) (输出 = 496)(压缩了 44%
)
正在添加: org/innerclasses/Outer.class(输入 = 696) (输出 = 395)(压缩了 43%)
正在添加: org/innerclasses/Test.class(输入 = 501) (输出 = 318)(压缩了 36%)
正在添加: org/mypackage1/(输入 = 0) (输出 = 0)(存储了 0%)
正在添加: org/mypackage1/Count.class(输入 = 467) (输出 = 328)(压缩了 29%)
正在添加: org/mypackage2/(输入 = 0) (输出 = 0)(存储了 0%)
正在添加: org/mypackage2/TestPackage.class(输入 = 653) (输出 = 431)(压缩了 33%)
正在添加: org/overload/(输入 = 0) (输出 = 0)(存储了 0%)
正在添加: org/overload/OverloadedConstructors.class(输入 = 512) (输出 = 318)(压
缩了 37%)
正在添加: org/overload/Teacher.class(输入 = 1051) (输出 = 591)(压缩了 43%)
```

图 3.6 创建 JAR 文件打包全过程

```
C:\Users\Administrator\workspace\MyProject_03\bin>jar tf org.jar
META-INF/
META-INF/MANIFEST.MF
org/
org/import1/
org/import1/Simple.class
org/import2/
org/import2/StaticImport.class
org/innerclasses/
org/innerclasses/anonymous/
org/innerclasses/anonymous/Outer$1.class
org/innerclasses/anonymous/Outer.class
org/innerclasses/Outer$Inner.class
org/innerclasses/Outer.class
org/innerclasses/Test.class
org/mypackage1/
org/mypackage1/Count.class
org/mypackage2/
org/mypackage2/TestPackage.class
org/overload/
org/overload/OverloadedConstructors.class
org/overload/Teacher.class
```

图 3.7 JAR 文件包内容列表

# 第4章 Java面向对象编程

继承和多态是所有面向对象编程（OOP）语言（包括 Java 语言）不可缺少的组成部分。正是这些特性，让 OOP 语言散发出生机和活力。当创建一个类时，它总是继承自某个现成的类，如果没有显式地声明继承哪个类，就默认继承 Object 类（Java 标准根类）。而多态不但能提高代码可读性，还可以使程序更易于扩展。

## 4.1 继　承

继承是复用程序代码的有力手段。当多个类之间存在相同的属性和方法时，可以把这些相同的属性和方法抽取出来放到一个单独的类中，这个单独的类被定义为父类（Base 类）。其他类通过 extends 关键字来声明继承父类，它们自动拥有父类中的能被继承的属性和方法，继承父类的类被定义为子类(Sub 类)。

### 4.1.1 继承的定义

在 Java 语言中，用 extends 关键字来声明一个类继承另一个类，其语法格式是：

```
<修饰符>   class   <子类名> extends <父类名> {
        …
}
```

例如，下面的代码片段定义了一个子类（son 类），它继承了父类（farther 类）：

```
class father {
        …
}
public class son extends father {
        …
}
```

注意，Java 只支持单继承，例如，下面的 son 类试图同时继承两个类是不允许的：

```
class grandFather {
        …
}
class farther {
        …
}
public class son extends farther, grandFather {                    // 错误，不允许同时继承两个类
        …
}
```

**【例 4.1】** 计算箱子的体积和重量。

DemoBoxWeight.java

```
class Box {
        double width;
```

```
    double height;
    double depth;
    Box(double w, double h, double d) {
        width = w;height = h;depth = d;
    }
    Box() {
        width = 0;height = 0;depth = 0;
    }
    double volume() {
        return width * height * depth;
    }
}
class BoxWeight extends Box {                              // 继承 Box 类
    double weight;
    BoxWeight(double w, double h, double d, double m) {
        width = w;height = h;depth = d;weight = m;
    }
}
public class DemoBoxWeight {
    public static void main(String[] args) {
        BoxWeight mybox1 = new BoxWeight(10, 20, 30, 58.5);
        BoxWeight mybox2 = new BoxWeight(3, 5, 8, 30.5);
        System.out.println("Volume of mybox1 is " + mybox1.volume());
        System.out.println("Weight of mybox1 is " + mybox1.weight);
        System.out.println("Volume of mybox2 is " + mybox2.volume());
        System.out.println("Weight of mybox2 is " + mybox2.weight);
    }
}
```

程序运行结果：

```
Volume of mybox1 is 6000.0
Weight of mybox1 is 58.5
Volume of mybox2 is 120.0
Weight of mybox2 is 30.5
```

### 4.1.2 初始化基类

当创建一个子类的对象时，该对象包含了一个基类对象。这个基类对象与用子类直接创建的对象是一样的。二者的区别在于，后者来自外部，而基类对象被包装在子类对象内部。Java 虚拟机会确保在子类构造器中调用基类的构造器来初始化基类。

【例 4.2】子类构造器 C 调用基类的构造器 A 来初始化基类。

C.java

```
class A{
    private int i;
    A(){
        System.out.println("invoke A constructor,i = "+ i);
    }
}
```

```
class B extends A{
    private String s;
    B(){
        System.out.println("invoke B constructor,s = "+ s);
    }
}
public class C extends B{
    public C(){
        System.out.println("invoke C constructor");
    }
    public static void main(String[] args){
        new C();
    }
}
```

程序运行结果：

```
invoke A constructor,i = 0
invoke B constructor,s = null
invoke C constructor
```

### 4.1.3 方法的重写

子类通过 extends 关键字声明继承了父类的属性和方法，但子类可能觉得从父类继承过来的方法不能满足自己的要求，怎么办呢？解决方法是重写（或覆盖）父类的方法。例如在下面的代码片段中，子类重写了父类的 run()方法：

```
class Animal {
    …
    void run() {
        // 慢跑
    }
}
class Tiger extends Animal {
    …
    void run() {
        // 快跑
    }
}
```

【例 4.3】子类 Employee 重写父类的 getInfo()方法。

TestOverWrite.java

```
package org.OverWrite;
class Person {
    private String name;
    private int age;
    public void setName(String name) {
        this.name = name;
    }
    public void setAge(int age) {
        this.age = age;
```

```
    }
    public String getName() {
        return name;
    }
    public int getAge() {
        return age;
    }
    public String getInfo() {
        return "Name: " + name + "\n" + "age: " + age;
    }
}
class Employee extends Person {
    private int salary;
    public int getSalary() {
        return salary;
    }
    public void setSalary(int salary) {
        this.salary = salary;
    }
    public String getInfo() {                          // 重写父类的 getInfo()方法
        return "Name: " + getName() + "\nage: " + getAge() + "\nschool: "+ salary;
    }
}
public class TestOverWrite {
    public static void main(String arg[]) {
        Employee employee = new Employee();
        employee.setName("Mary");
        employee.setAge(20);
        employee.setSalary(2000);
        System.out.println(employee.getInfo());
    }
}
```

程序运行结果：

```
Name: Mary
age: 20
school: 2000
```

在使用方法重写时，以下几点需要注意。

（1）子类重写的方法必须与父类被重写的方法具有相同的方法名、参数列表和相同（或相容）的返回值类型，否则不构成重写。例如，父类定义了方法 int f(int i){…}，若子类方法重写时写成 byte f(int i){…}，由于返回值类型是 Java 基本数据类型，所以必须要相同，因而编译程序会报错。但是，若父类定义了方法 Object get(){…}，子类方法重写时写成 Point get(){…}，虽然返回值类型不同，但由于 Point 是 Object 的子类，因而是允许的。即对于返回值类型是引用的，要求相容。这种方式的重写很有用。

（2）子类重写的方法不能比父类中被重写的方法拥有更严格的访问权限。例如，在下面的代码片段中，子类试图缩小父类方法的访问权限，编译程序会报错：

```
class Base {
        ...
        public void method() {
                ...
        }
}
public class Sub extends Base {
        ...
        private void method() {                    // 编译错误，子类方法缩小了父类方法的访问权限
                ...
        }
}
```

（3）父类的静态方法不能被子类重写为非静态的方法。同样，父类中的实例方法也不能被子类重写为静态方法。例如下面的代码片段：

```
class Base {
        ...
        static void method() {
                ...
        }
}
public class Sub extends Base {
        ...
        void method() {                    // 编译错误，子类将父类的静态方法重写为非静态方法
                ...
        }
}
```

（4）方法重写只针对实例方法，对于父类中的静态方法，子类只能隐藏、重载或继承。

（5）父类中能被子类继承的实例方法，才会在子类中被重写。

（6）子类重写的方法不能比父类中被重写的方法声明抛出更多的异常。

方法重写与方法重载的相同点和不同点如下。

**相同点：**

- 都要求方法同名；
- 都可以用于抽象方法和非抽象方法。

**不同点：**

- 方法重写要求参数签名必须一致，而方法重载要求参数签名必须不一致；
- 方法重写要求返回类型必须一致，而方法重载对此不作限制；
- 方法重写只能用于子类从父类继承的实例方法，方法重载用于同一个类的所有方法（包括从父类中继承而来的方法）；
- 方法重写对方法的访问权限和抛出的异常有特殊要求，而方法重载在这方面没任何限制；
- 父类的一个方法只能被子类重写一次，而一个方法在所在的类中可以被重载多次；
- 构造方法能被重载，但不能被重写。

### 4.1.4 super 关键字

若子类重写了父类中的方法或隐藏了父类中的数据成员，但又想访问父类的成员变量和方法，怎

么办？解决的办法是使用 super 关键字。

【例 4.4】子类 SubClass 使用 super 关键字，访问父类 SuperClass 的成员变量和构造方法。

TestSuperSub.java

```
class SuperClass {
        private int n;
        SuperClass() {
                System.out.println("SuperClass()");
        }
        SuperClass(int n) {
                System.out.println("SuperClass(" + n + ")");
                this.n = n;
        }
}
class SubClass extends SuperClass {
        private int n;
        SubClass(int n) {
                super();                                        // 访问父类的默认构造方法
                System.out.println("SubClass(" + n + ")");
                this.n = n;
        }
        SubClass() {
                super(100);                                     // 访问父类的有参构造方法
                System.out.println("SubClass()");
        }
}
public class TestSuperSub {
        public static void main(String arg[]) {
                new TestSuperSub();
                SubClass sc1 = new SubClass();
                SubClass sc2 = new SubClass(200);
        }
}
```

程序运行结果：

```
SuperClass(100)
SubClass()
SuperClass()
SubClass(200)
```

# 4.2 多 态

## 4.2.1 对象的类型转换

对象既可作为它本身的类型使用，也可作为它的基类型使用，通过类型转换（转型）来实现。转型又分两种，把对某个对象的引用视为对其基类型的引用的做法称为“向上转型”，反之则称为“向下转型”。

例如，B 类是 A 类的子类或间接子类，当子类 B 创建一个对象，并把它赋给类 A 的引用变量，称这个 A 类对象 a 是子类对象 b 的向上转型对象。这个向上转型的对象还可以通过强制类型转换还原成它本来的类型，被称为对象的向下转型。

```
class A {}
class B extends A{}
A a;
B b1 = new B();
a = b1;                                    // 向上转型
B b2 = (B) a;                              // 向下转型
```

向上转型的对象具有如下特点。

（1）向上转型对象不能操作子类新增的成员属性和方法（失掉了这部分功能）。

（2）向上转型对象可以操作子类继承或隐藏的成员变量，也可以使用子类继承或重写的方法。

（3）向上转型对象操作子类继承或重写的方法时，就是通知对应的子类对象去调用这些方法。因此，如果子类重写了父类的某个方法后，对象的向上转型对象调用这个方法时，一定是调用了这个重写的方法。

（4）可以将向上转型对象再强制转换到它本来的类型，该对象就又具备了其所有的属性和方法。

**【例 4.5】**测试对象转型的特点，使用 instanceof 判断一个实例对象是否属于某个类。

Cast.java

```
class Person {
	public String name;
	Person(String name) {
		this.name = name;
	}
}
class Student extends Person {
	public int studentId;
	Student(String str, int id) {
		super(str);                         // 调用父类的构造方法
		studentId = id;
	}
	void studying() {
		System.out.println("I am studying hard!");
	}
}
class Employee extends Person {
	public int salary;
	Employee(String str, int s) {
		super(str);                         // 调用父类的构造方法
		salary = s;
	}
	void working() {
		System.out.println("I am working hard!");
	}
}
public class Cast {
```

```
    public void testCast(Person p) {
        System.out.println("name is:" + p.name);
        if (p instanceof Student) {
            Student s = (Student) p;
            System.out.println("studentId is:" + s.studentId);
        } else if (p instanceof Employee) {
            Employee e = (Employee) p;
            System.out.println("studentId is:" + e.salary);
        }
    }
    public static void main(String[] args) {
        Cast cast = new Cast();
        Person p = new Person("Tom");
        Student s = new Student("John", 18);
        Employee e = new Employee("Lucy", 2000);
        System.out.println(p instanceof Person);            // true
        System.out.println(s instanceof Person);            // true
        System.out.println(e instanceof Person);            // true
        System.out.println(p instanceof Student);           // false
        p = new Employee("Mary", 3000);                     // 对象的向上转型
        System.out.println(p.name);
        // System.out.println(p1.salary);                   // 错误
        System.out.println(p instanceof Person);
        System.out.println(p instanceof Employee);
        Employee e1 = (Employee) p;                         // 对象的向下转型
        System.out.println(e1.salary);
        e1.working();
        p = new Student("Lily", 4000);                      // 对象的向上转型
        System.out.println(p.name);
        Student s1 = (Student) p;                           // 对象的向下转型
        System.out.println(s1.studentId);
        s1.studying();
        cast.testCast(p);
        cast.testCast(s);
        cast.testCast(e);
    }
}
```

instanceof 可以判断一个引用变量所指向的对象是否属于某个类，所以执行下面语句（1）返回 true，执行语句（2）发生了对象的向上转型，Person 类的引用变量指向 Employee 对象，如图 4.1 的箭头①。但这时引用变量 p 所能访问的内容只限于 Employee 对象的父类 Person 对象，也就是箭头②所指的区域。在执行下面这条语句时，发生了对象的向下转型。

```
System.out.println(p instanceof Employee);        //（1）
p = new Employee("Mary", 3000);                   //（2）
```

```
Employee e1 = (Employee) p;
```

Employee 类的引用变量 e1 同样指向 Employee 对象。这时引用变量 e1 能访问 Employee 对象的所有内容，也就是箭头③所指的区域。

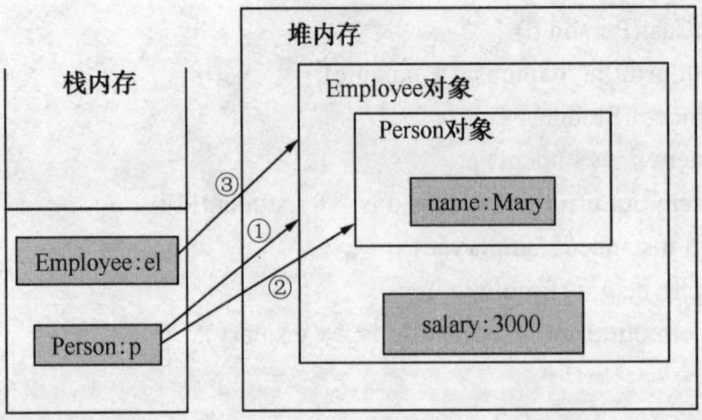


图 4.1 【例 4.5】程序执行的内存布局

程序运行结果：

```
true
true
true
false
Mary
true
true
3000
I am working hard!
Lily
4000
I am studying hard!
name is:Lily
studentId is:4000
name is:John
studentId is:18
name is:Lucy
studentId is:2000
```

## 4.2.2 多态的实现

运行【例 4.5】Cast.java 程序，可以发现 testCase()方法接收一个 Person 引用。那么在这种情况下，编译器怎样才能知道这个 Person 引用指向的是 Student 对象还是 Employee 对象呢？实际上，编译器无法得知，解决的方法是动态绑定。它的含义是：在运行期间（而非编译期间）判断所引用对象的实际类型并根据对象的类型进行绑定，从而调用恰当的方法。只要满足类之间有继承关系、子类重写父类的方法、父类引用指向子类对象这三个条件，动态绑定就会自动发生，从而实现多态。多态不但能够改善代码的组织结构和可读性，还能创建可扩展的程序，消除类型之间的耦合关系。多态方法调用允许一种类型表现出与其他相似类型之间的区别，只要它们都是继承自同一基类。

【例 4.6】Polymorphism 程序满足多态条件，根据对象的类型调用恰当的方法。

Polymorphism.java

```
package org.polymorphism;
class Student {
	String name;
```

```
    Student(String name) {
        this.name = name;
    }
    public void studying() {
        System.out.println("I am a student!");
    }
}
class UnderGraduate extends Student {
    private int credit;
    UnderGraduate(String n, int c) {
        super(n);
        credit = c;
    }
    public void studying() {
        System.out.println("I am a undergraduate!");
    }
}
class PostGraduate extends Student {
    private int paper;
    PostGraduate(String n, int c) {
        super(n);
        paper = c;
    }
    public void studying() {
        System.out.println("I am a postgraduate!");
    }
}
class Doctor extends Student {
    Doctor() {
        super("doctor");
    }
    public void studying() {
        System.out.println("I am a Doctor!");
    }
}
class Profession {
    private String name;
    private Student student;
    Profession(String name, Student s) {
        this.name = name;
        this.student = s;
    }
    public void tutor() {
        student.studying();
        System.out.println("my name is:" + student.name);
    }
}
```

```
public class Polymorphism {
    public static void main(String[] args) {
        UnderGraduate underGraduate = new UnderGraduate("Tom", 50);
        PostGraduate postGraduate = new PostGraduate("Jack", 5);
        Doctor doctor = new Doctor();
        Profession p1 = new Profession("DEK", underGraduate);
        Profession p2 = new Profession("DEK", postGraduate);
        Profession p3 = new Profession("DEK", doctor);
        p1.tutor();
        p2.tutor();
        p3.tutor();
    }
}
```

程序运行结果：

```
I am a undergraduate!
my name is:Tom
I am a postgraduate!
my name is:Jack
I am a Doctor!
my name is:doctor
```

**说明**：UnderGraduate 类、PostGraduate 类、Doctor 类继承了父类 Student 类，重写了父类的 studying()方法，在创建 Profession 对象时，分别把 UnderGraduate、PostGraduate、Doctor 对象传递给 student 引用，从而满足了多态条件。所以在调用 student.studying()方法时能够根据对象的类型调用恰当的方法。

## 4.3 抽象类和接口

### 4.3.1 抽象方法与抽象类

通过继承，子类获得了父类的变量和方法。考虑到更通用的情况，例如，在 Animal 类中定义了一个 run()方法，子类也就自动拥有了该方法，有一个袋鼠 Kangaroo 类继承了 Animal 类，也就拥有了 run()方法，但袋鼠可能是跳跃式奔跑，故 Kangaroo 类不满意其父类 Animal 类的 run()方法，当然 Kangaroo 类可以重写 run()方法。但是，还有其他的类也继承了 Animal 类，并且都要重新实现各自的 run()方法，那么原本由父类实现的 run()方法对于子类就没有意义了。这时可考虑在父类中只声明 run()方法而不做任何实现，即没有方法体，由子类具体去实现 run()方法。

在 Java 中，只声明而没有提供任何实现的方法称为抽象方法，其语法规则如下：

```
abstract <返回值类型><方法名>([<形式参数列表>]);
```

用 abstract 修饰的类称为抽象类，其语法规则如下：

```
[访问修饰符]abstract class <类名> {
    …
}
```

例如，下面的 Graphix 类被定义为抽象类，方法 calArea()定义为抽象方法：

```
abstract class Graphix {                          // 抽象类
    abstract void calArea();                      // 抽象方法
}
class Rect extends Graphix {
```

```
    void calArea(){                             // 重写抽象方法
        System.out.println("计算长方形面积");
    }
}
```

抽象类具有以下特性。

（1）含有抽象方法的类必须声明为抽象类，抽象类必须被继承，抽象方法必须被实现。

（2）抽象类中不是所有的方法都是抽象方法，可以在抽象类中声明并实现方法。

（3）抽象类的子类必须实现父类的所有抽象方法后才能实例化，否则这个子类也成为一个抽象类。

（4）抽象类不能实例化。

【例 4.7】Dog 类继承 Animal 类并实现抽象方法 run()。

TestAbstract.java

```
abstract class Animal {
    void sleep(){
        System.out.println("animals sleep!");
    }
    abstract void run();                        // 抽象方法
}
class Dog extends Animal {
     void run() {                               // 实现抽象类
        System.out.println("dogs run fast!");
    }
}
public class TestAbstract {
    public static void f(Animal a) {
        a.sleep();
        a.run();
        Dog d;
        d= (Dog)a;                              // 向下转型
        d.sleep();
        d.run();
    }
    public static void main(String[] args) {
        Dog d = new Dog();
        TestAbstract.f(d);
    }
}
```

程序运行结果：

```
animals sleep!
dogs run fast!
animals sleep!
dogs run fast!
```

### 4.3.2 接口概念及特性

如果一个抽象类中的所有方法都是抽象的，而且这个抽象类中的数据成员都是 final 的常量，那么这个抽象类实际上就是一个接口，即一种特殊的抽象类。对于实现该接口的子类而言，接口不提供任何实现。传统的接口是抽象方法和常量值定义的集合，而没有属性和方法的实现，但 Java 8 对接口进行了改进，允许在接口中定义、实现默认方法和类方法，使得接口的实现更为简单和灵活。

Java 8 新接口的定义格式如下：

```
[public] interface <接口名>[extends <一系列父接口>] {
    <常量或抽象方法的集合>
    <默认方法或类方法的集合>
}
```

关键字 interface 用于定义接口，接口通常都定义为 public 类型。例如，定义一个接口：

```
public interface Runner {
    int id = 1;                          // 等价于 public static final int id = 1;
    public void start();                 // 等价于 public abstract void start();
    public void run();
    public void stop();
    default void move() {                // 默认方法，等价于 public default void move() {}
        …
    }
    static void stand() {                // 类方法，等价于 public static void stand() {}
        …
    }
}
```

接口具有以下特性。

（1）接口中的常量默认为 public static final，并且也只能是 public static final。

（2）接口中的抽象方法默认为 public abstract，并且也只能是 public abstract 类型。

（3）接口可以继承其他接口，并添加新的属性和抽象方法。

（4）在接口中声明方法时，不能使用 native、final、synchronized、private、protected 等修饰符。

（5）Java 中不允许类的多继承，但允许接口的多继承。

（6）不允许创建接口的实例，但允许定义接口类型的引用变量，该变量可引用实现了该接口的类的实例。

（7）一个类只能继承另外一个类，但能同时实现多个接口，并且重写的方法必须显式声明为 public。

（8）Java 8 允许在接口中定义默认方法，默认方法必须使用 default 修饰，且不能使用 static 修饰。无论是否显式指定，默认方法总是使用 public 修饰。

（9）不能直接使用接口来调用默认方法，需要使用接口的实现类的实例来调用默认方法。

（10）Java 8 允许在接口中定义类方法，类方法必须使用 static 修饰。无论是否显式指定，类方法总是使用 public 修饰。

（11）类方法可以直接使用接口来调用。

**【例 4.8】** 测试接口的多种特性。

TestInterface.java

```
package org.interfaceImp;
interface A {                            //接口
    void a_f();
    default void x_f() {                 //默认方法
        System.out.println("x_f()");
    }
}
```

```
interface B {
    void b_f();
}
interface C extends A, B {                    //接口的多继承
    static void c_f() {                       //类方法
        System.out.println("c_f()");
    }
}
class D {
    void d_f(){} {
        System.out.println("d_f()");
    }
}
class H implements A {
    public void a_f() {                       //必须显式声明为 public
        System.out.println("a_f()");
    }
}
class E extends D implements A, B {           //实现多个接口
    public void a_f() {                       //必须显式声明为 public
        System.out.println("a_f()");
    }
    public void b_f() {
        System.out.println("b_f()");
    }
    public void x_f() {                       //重写默认方法的实现
        System.out.println("e_f()");
    }
}
public class TestInterface {
    public static void main(String[] args) {
        E e = new E();
        e.a_f();
        e.b_f();
        e.x_f();                              //调用重写的默认方法
        A a = new H();                        //接口的引用变量指向实现接口的类的实例
        a.a_f();
        a.x_f();                              //调用接口 A 中默认方法的默认实现
        C.c_f();                              //调用接口 C 中静态的类方法
    }
}
```

程序运行结果:

```
d_f()
a_f()
b_f()
e_f()
a_f()
```

```
x_f()
c_f()
```

## 4.4 终止继承

final 具有“不可改变”的含义，它可以修饰非抽象类、非抽象成员方法和变量。

（1）用 final 修饰的类不能被继承，没有子类。

（2）用 final 修饰的方法不能被子类的方法重写或隐藏。

（3）用 final 修饰的变量表示常量，只能被赋值一次。

（4）父类中用 private 修饰的方法不能被子类的方法重写，因此 private 类型的方法默认是 final 类型的。

### 4.4.1 final 类

继承的弱点是打破了封装，子类能够访问父类的实现细节，而且能以方法重写的方式改变实现细节。为克服这一弱点，在以下几种情况下可考虑把类设计为 final 类型，使它不能被继承。

（1）不是专门为继承而设计的类，类本身的方法之间有复杂的调用关系。如果随意创建它的子类，子类有可能错误地修改父类实现细节。

（2）出于安全原因，类的实现细节不允许有任何改动。

（3）在创建对象模型时，确信这个类不会再被扩展，例如 java.lang.String 类就是 final 类。

【例 4.9】定义类 T 为 final 类。

TestFinal.java

```
final class T {
	int i = 3;
	int j = 6;
	void f() {
		System.out.println(i+j);
	}
}
public class TestFinal {
	public static void main(String[] args) {
		T n = new T();
		n.f();
		n.i = 20;
		n.j++;
	}
}
```

程序运行结果：

```
9
```

### 4.4.2 final 方法

假如父类要保留某些方法，使它们不能被子类继承，那么可以将这些方法声明为 final 类型。例如，在 java.lang.Object 类中，getClass()方法就是 final 类型。如果父类的某个方法是 private，子类也无法继承该方法，自然也就无法重写或隐藏该方法。

【例 4.10】分别在 Parent 类中定义不同访问权限的 final 方法。

FinalMethod.java

```
class Parent {
    private final void method1() {                    // 定义 method1()方法为 final 方法
        System.out.println("Parent.method1()");
    }
    final void method2() {
        System.out.println("Parent.method2()");
    }
    public void method3() {
        System.out.println("Parent.method3()");
    }
}
class Son extends Parent {
    public final void method1() {
        System.out.println("Son.method1()");          // 在子类中定义一个新 method1()方法
    }
    // final void method2() {                         // final 方法不能被重写
    //      System.out.println("Son.method2()");
    // }
    public void method3() {
        System.out.println("Son.method3()");
    }
}
public class FinalMethod {
    public static void main(String[] args) {
        Son s = new Son();
        s.method1();
        Parent p = s;                                 // 执行向上转型操作
        // p.method1();                               // 不能调用 private 方法
        p.method2();
        p.method3();
    }
}
```

**说明**：作为 final 方法不能被子类重写或隐藏，例如，method2()方法就不能在子类中被重写，但是在父类中定义了一个 private final 的 method1()方法，同时在子类中也定义了一个 method1()方法，但这并不是方法的重写。方法重写的前提条件是只有子类能继承的实例方法才会被重写，而父类的 method1()是不能被继承的，因此这不是方法的重写，只是在子类中定义自己的一个新方法而已，这两个 method1()方法之间是毫无关系的。

程序运行结果：

```
Son.method1()
Parent.method2()
Son.method3()
```

### 4.4.3　final 变量

一个变量被限定为 final，其实是将它定义为一个符号常量。例如，在类 ConstValue 中定义了 3 个

final 变量，如下所示。

```
class ConstValue {
    final int CONST1 = 10;
    static final int CONST2 = 20;
    public static final int CONST3 = 30;
}
```

final 变量具有以下特点。

（1）final 修饰符可以修饰静态变量、实例变量和局部变量，分别表示静态常量、实例常量和局部常量。

**【例 4.11】** 使用静态常量、实例常量和局部常量。

FinalVar.java

```
import java.util.*;
class Value {
    int i;
    public Value( final int a) {                    // 局部常量
        i = a;                                      // i = a++，错误，final 变量不能修改
    }
}
public class FinalVar {
    private static Random rand = new Random(47);
    private String id;
    public FinalVar(String id) {
        this.id = id;
    }
    private final int valueOne = 9;                 // 实例常量
    private static final int VALUE_TWO = 99;        // 静态常量
    public static final int VALUE_THREE = 39;
    private final int i4 = rand.nextInt(20);
    static final int INT_5 = rand.nextInt(20);
    final Value v1 = new Value(22);
    private static final Value VAL_3 = new Value(33);
    private final int[] a = { 1, 2, 3, 4, 5, 6 };
    public String toString() {
        return id + ": " + "i4 = " + i4 + ", INT_5 = " + INT_5;
    }
    public static void main(String[] args) {
        FinalVar f1 = new FinalVar("f1");
        f1.v1.i++;
        System.out.println(f1.v1.i);
        for (int i = 0; i < f1.a.length; i++){
            f1.a[i]++;
            System.out.print(f1.a[i]+"    ");
        }
        System.out.println();
        System.out.println("Creating new FinalVar");
        FinalVar f2 = new FinalVar("f2");
```

```
            System.out.println(f2);
        }
    }
```

程序运行结果：

```
    23
    2  3  4  5  6  7
    Creating new FinalVar
    f2: i4 = 13, INT_5 = 18
```

（2）final 成员变量应该显式初始化，否则会导致编译错误。对于 final 类型的实例变量可以先声明而不必立即赋值，这又称为空白 final，可以在构造方法或对象的初始化块中对它赋值；对于 final 类型的静态变量，可以在定义时进行初始化，也可以在静态初始化块中进行初始化，若没有显式初始化，系统会自动初始化为默认值。final 类型变量只能被赋值一次（即使两次赋的值相同也不行），例如，下面的代码是错误的：

```
public class FinalInitialize {
    final int a = 1;                    // 合法，final 变量被显式初始化
    final int b;                        // 编译出错，因为后边没有对 b 进行显式初始化
    final int c;                        // 空白 final
    final static int d = 9;             // 静态 final 变量被显式初始化
    // 静态 final 变量 f 没有显式初始化，则 int 类型 f 的默认值是 0
    final static int f ;
    FinalInitialize() {
        a = 1;                          // 编译出错，final 变量只能被赋值一次
        c = 5;                          // 空白 final 在构造器中得到初始化
    }
}
```

## 4.5 修饰符的适用范围

### 4.5.1 修饰符及访问权限

Java 中的 public、protected、private 和默认（不加修饰符）这几个修饰符置于类的每个成员变量（方法）前，用来控制不同的访问权限。public 访问权限最大，private 访问权限最小。不过，即使是同一修饰符，在不同情况下其可见性范围也是不一样的。

#### 1. public（公有）访问权限

如果一个成员变量（方法）前使用了 public 修饰符，那么它可以被所有的类访问，不管访问类与被访问的类是否位于同一个包中，以及是否有继承关系。

#### 2. protected（受保护）访问权限

如果一个成员变量（方法）前使用了 protected 修饰符，那么它既可被同一个包中的其他类访问，也可被位于不同包继承此父类的子类访问，但不能被不同包的其他类访问。

#### 3. private（私有）访问权限

如果一个成员变量（方法）使用了 private 修饰符，那么它就只能在这个类的内部使用，其他类不能访问。

#### 4. 默认访问权限

如果一个成员变量（方法）没有使用任何修饰符，就称这个成员是默认的或包类型的。对于默认的成员，可以被这个包中的其他类访问。位于同一个包中的子类可访问父类的默认成员；但如果子类与父类位于不同的包中，则子类不能访问父类的默认成员。

### 4.5.2 类内部

在同一个类的内部，其定义的 4 种不同成员变量（方法）在整个类中都是可见的。

【例 4.12】定义 4 种不同的成员变量（方法）。

TestAccess1.java

```
package org.approach1;
public class TestAccess1 {
    private String var1="private variable";            // 私有成员变量
    String var2="default variable";                     // 默认成员变量
    protected String var3="protected variable";         // 受保护的成员变量
    public String var4="public variable";               // 公有的成员变量
    private void f1(){                                  // 私有成员方法
        System.out.println("private method");
    }
    void f2(){                                          // 默认的成员方法
        System.out.println("default method");
    }
    protected void f3(){                                // 受保护的成员方法
        System.out.println("protected method");
    }
    public void f4(){                                   // 公有的成员方法
        System.out.println("public method");
    }
    public static void main(String[]args){
        TestAccess1 access1= new TestAccess1();
        System.out.println(access1.var1);
        System.out.println(access1.var2);
        System.out.println(access1.var3);
        System.out.println(access1.var4);
        access1.f1();
        access1.f2();
        access1.f3();
        access1.f4();
    }
}
```

程序运行结果：

```
private variable
default variable
protected variable
public variable
private method
```

```
default method
protected method
public method
```

### 4.5.3 同一个包的类

除了 private 类型的所有成员变量（方法），一个类可以访问位于同一个包中的另一个类的成员变量（方法）。

【例 4.13】访问位于同一个包中的其他类的成员变量（方法）。

TestAccess2.java

```
package org.approach2;
import org.approach1.TestAccess1;
class Access3 {
    private String var1="private variable";
    String var2="default variable";
    protected String var3="protected variable";
    public String var4="public variable";
    private void f1(){
        System.out.println("private method");
    }
    void f2(){
        System.out.println("default method");
    }
    protected void f3(){
        System.out.println("protected method");
    }
    public void f4(){
        System.out.println("public method");
    }
}
public class TestAccess2 {
    public static void main(String[] args) {
        Access3 access3 = new Access3();
        //System.out.println(access3.var1);          // 不能访问另一个类的私有成员变量
        System.out.println(access3.var2);
        System.out.println(access3.var3);
        System.out.println(access3.var4);
        //access3.f1();                              // 不能访问另一个类的私有成员方法
        access3.f2();
        access3.f3();
        access3.f4();
    }
}
```

程序运行结果：

```
default variable
protected variable
public variable
```

```
default method
protected method
public method
```

若该程序的 TestAccess2 类继承 Access3 类，其运行结果与上面的相同。

### 4.5.4 不同包的子类

如果类 B 继承位于不同包的类 A，那么它只能访问类 A 中 protected 与 public 类型的成员变量（方法），而不能访问 private 与 default 类型的成员变量（方法）。

【例 4.14】访问不同包的子类的成员变量（方法）。

TestAccess3.java

```
package org.approach2;
import org.approach1.TestAccess1;
public class TestAccess3 extends TestAccess1{
        public static void main(String[] args) {
                TestAccess3 access3 = new TestAccess3();
                //System.out.println(access3.var1);                              // 编译错误
                //System.out.println(access3.var2);                              // 编译错误
                System.out.println(access3.var3);
                System.out.println(access3.var4);
                //access3f1();                                                   // 编译错误
                //access3.f2();                                                  // 编译错误
                access3.f3();
                access3.f4();
        }
}
```

程序运行结果：

```
protected variable
public variable
protected method
public method
```

### 4.5.5 任意类

如果类 B 与类 A 位于不同的包，且两者间并没有继承关系，那么类 B 就只能访问类 A 中 public 类型的成员变量（方法），其他类型的成员变量（方法）都不能访问。

【例 4.15】访问不同包的类的成员变量（方法）。

TestAccess4.java

```
package org.approach2;
import org.approach1.TestAccess1;
public class TestAccess4 {
public static void main(String[] args) {
                TestAccess1 access1 = new TestAccess1();
                //System.out.println(access1.var1);
                //System.out.println(access1.var2);
                //System.out.println(access1.var3);
                System.out.println(access1.var4);
```

```
            //access1.f1();
            //access1.f2();
            //access1.f3();
            access1.f4();
        }
}
```

程序运行结果：

```
public variable
public method
```

现在来对以上的各种情况进行归纳，得到表 4.1。

表 4.1　修饰符适用范围

| | private | default | protected | public |
|---|---|---|---|---|
| 同一个类内部 | √ | √ | √ | √ |
| 同一个包的类 | | √ | √ | √ |
| 不同包的子类 | | | √ | √ |
| 任意类 | | | | √ |

### 4.5.6　继承规则

父类中哪些成员能够被子类继承？其遵循如下规则。

（1）构造方法是不能被继承的。

（2）private 修饰的成员是不能被继承的。

（3）默认（无修饰符）的成员，可被继承也可不被继承。当子类与父类处于同一包中时，这些成员会被继承；而当子类与父类处于不同包时，这些成员不能被继承。

（4）protected 与 public 修饰的成员总是能被继承的。

（5）能被子类访问的成员，才会被子类继承。

（6）能被子类继承的实例方法，才会被子类重写或重载。

（7）能被子类继承的 static 方法，才会被子类隐藏或重载。

（8）能被子类继承的数据成员，才会被子类隐藏。

## 4.6　Java 编程规范

到目前为止，有关 Java 语言编程最基础的部分已讲完了，在实际编写 Java 程序时还必须遵循一定的规范，才能保证程序的可读性和便于维护。

### 4.6.1　代码书写规范

#### 1. 命名规范

在 Java 中，各种程序元素的命名有一定的规则，具体如下。

（1）**类名和接口名**：首字母大写，如果名称由几个单词组成，采用驼峰标识，即每个单词的首字母大写，其余字母小写，例如，HelloWorld。

（2）**方法名和变量名**：首字母小写（构造方法除外），如果名称由几个单词组成，那么除第一个单词外，其余每个单词的首字母大写，其他字母小写，例如，toString()。

（3）**包名**：采用小写形式，例如，org.innerclasses.anonymous。

（4）**常量名**：采用大写形式，如果名称由几个单词组成，单词之间以下画线“_”隔开，例如，final int VALUE_ONE = 9。

### 2. 注释语句

在 Java 源文件的任意位置都可加入注释，Java 编译器会忽略程序中的注释。Java 语言提供了 3 种形式的注释，具体如下（其中“java annotation”为注释内容）。

（1）**单行注释**：格式为“//java annotation”，从“//”至本行结束的字符作为注释被编译器忽略。

（2）**多行注释**：格式为“/*java annotation*/”，从“/*”到“*/”间的一行或多行字符均被编译器忽略。

（3）**文档注释**：格式为“/** java annotation*/”，从“/**”到“*/”间的所有字符都会被编译器忽略，但可借助工具生成程序的文档。

注释是写给程序员看的，是理解、交流程序的主要手段，其中，文档注释还可用于生成文档供其他程序员使用，是软件不可或缺的组成部分。

## 4.6.2 文档的使用

Java 语言本身内置大量的基础类和接口，它们一同构成了 Java 编程的 API（应用编程接口），官方为此提供了十分完善的文档，学会使用文档将极大地方便用户编程。下载 Java 8 的 API 文档很简单，直接登录 Java 官网：http://www.oracle.com/technetwork/java/javase/downloads/index.html，将页面上的滚动条向下滚动，找到“Additional Resources”部分，单击其中“Java SE 8 Documentation”栏对应的“DOWNLOAD”按钮，如图 4.2 所示，在出现的下载页上点击“jdk-8u45-docs-all.zip”链接，开始下载。

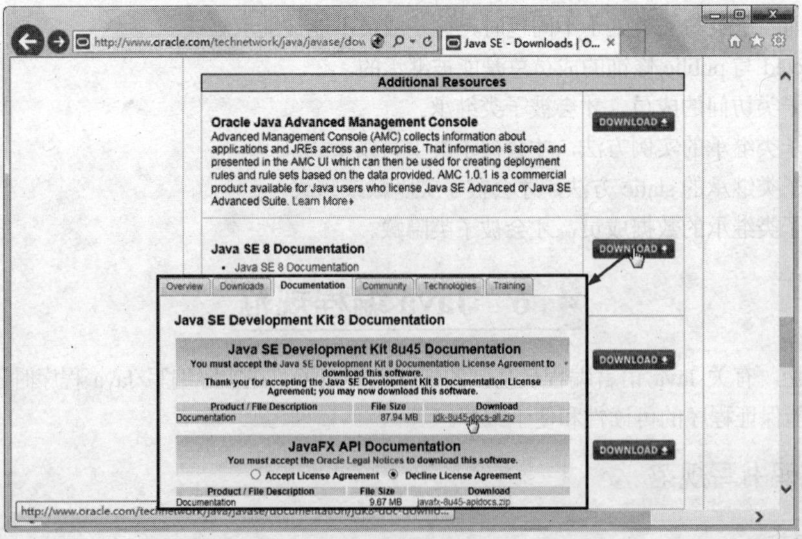


图 4.2 下载 JDK 8 文档

下载成功后得到 jdk-8u45-docs-all.zip 文件，解压缩得到一个 docs 文件夹，这个文件夹中的内容就是 JDK 8 的全部文档。进入其中的 docs\api 目录，打开 index.html 文件，可以看到 JDK 8 API 文档首页，如图 4.3 所示。

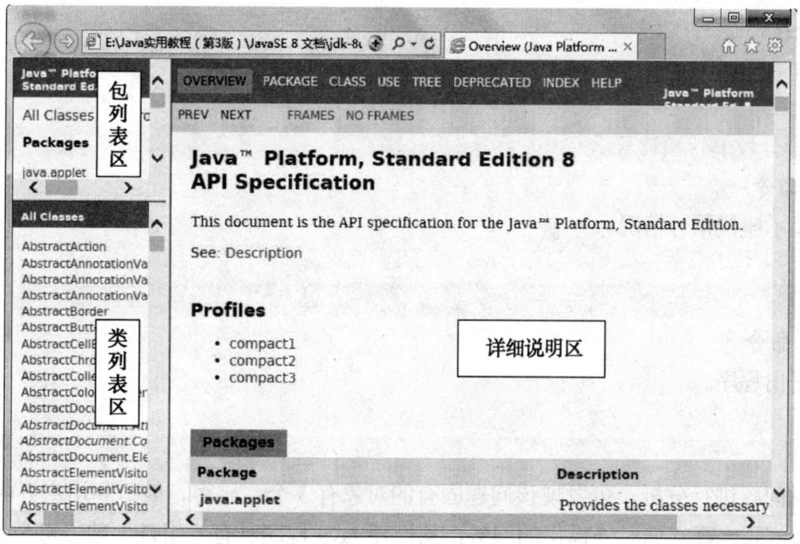


图 4.3 JDK 8 API 文档首页

可以看出，API 文档页面分为 3 大块区：左上角是“包列表区”，在该区域内可以查看 Java 语言的所有包；左下角是“类列表区”，用于查看 Java 的所有类；右边主体部分是“详细说明区”，显示包、类或接口的详细使用说明。读者在编写 Java 程序的时候如果不清楚某个类（接口）的功能和用法，可随时查阅这个文档，十分方便。读者还可以为自己写的 Java 程序编制文档，具体操作将结合 4.7 节的综合实例加以介绍。

## 4.7 综合实例：航班管理

通常，一个有经验的程序员在写程序时都要遵循以下步骤。

（1）**需求分析**：即首先搞清楚程序要实现的功能是什么。

（2）**程序设计**：主要是根据需求设计一系列的类和接口，完成代码编写。

（3）**文档编制**：给程序代码添加注释，并制作（手工编写或用工具生成）出详细、符合规范的文档。

下面就以“航班管理程序”为例，严格按上述 Java 编程的规范来实践这个过程。

### 4.7.1 需求分析

某航空公司的管理控制台用如下几条命令对航班进行管理。

（1）**create 命令**

功能：创建一个航班。

格式：

```
create <航班名> <多少排座位> <每排座位数>
```

（2）**reserve 命令**

功能：旅客预订座位，返回预订号。

格式：

```
reserve <旅客名 1> <旅客名 2>  …
```

要求：同一批的旅客必须安排在同一排且座位相邻，每一位旅客返回一个预订号。预订号自己定义，只要不重号即可。若安排不下（条件不能满足），则显示反馈信息。

（3）**cancel 命令**

功能：取消预订。

格式：

```
cancel <预订号 1> <预订号 2>
```

（4）**list 命令**

功能：显示座位预订情况。

格式：

```
list
```

（5）**exit 命令**

功能：退出程序。

格式：

```
exit
```

**思路**：对问题进行分析，可发现该问题固有的对象有 3 个：旅客、航班和用户界面。对旅客和航班要设计接口，规定好它们对外提供的服务，从而使 Java 程序具有“组件”的“可替换性”。

## 4.7.2 程序设计

实现上述功能需要定义 2 个接口和 3 个类，两个接口分别是旅客接口和航班接口，3 个类分别是旅客接口的实现类、航班接口的实现类和用户界面操作类。

（1）**旅客接口**

在源文件 PassengerInterface.java 中，定义如下：

```
package org.aeroplane;
/**
 * 旅客接口
 * @author  郑阿奇     easybooks@163.com
 * @version v2.0 Copyright (C), 2010-2015, easybooks
 */
public interface PassengerInterface {
    /**
     * 获取旅客姓名
     * @return 返回姓名
     */
    public String getName();                                // 获取旅客姓名
    /**
     * 获取预订号
     * @return 返回预订号
     */
    public int getBookingNumber();                          // 获取预订号
    /**
     * 获取座位排数
     * @return 返回排数
     */
    public int getRow();                                    // 获取座位排数
    /**
     * 获取座位号
```

```
         * @return 返回座位号
         */
        public int getSeatPosition();                                    // 获取座位号
}
```

（2）**旅客类**

在源文件 Passenger.java 中，实现了旅客接口，代码如下：

```
package org.aeroplane;
/**
 * 旅客类
 * @author   郑阿奇       easybooks@163.com
 * @version v2.0 Copyright (C), 2010-2015, easybooks
 */
public class Passenger implements PassengerInterface {
        private String names;
        private int bookingNumber;
        private int rows;
        private int seatPosition;
        /**
         * 旅客类的构造方法
         * @param names 旅客姓名
         * @param bookingNumber 预订号
         * @param rows 座位排数
         * @param seatPosition 座位号
         */
        public Passenger(String names, int bookingNumber, int rows, int seatPosition) {
                this.names = names;
                this.bookingNumber = bookingNumber;
                this.rows = rows;
                this.seatPosition = seatPosition;
        }
        public String getName() {
                return names;
        }
        public int getBookingNumber() {
                return bookingNumber;
        }
        public int getRow() {
                return rows;
        }
        public int getSeatPosition() {
                return seatPosition;
        }
}
```

（3）**航班接口**

在源文件 FlightInterface.java 中，定义如下：

```
package org.aeroplane;
/**
 * 航班接口
 * @author  郑阿奇       easybooks@163.com
 * @version v2.0 Copyright (C), 2010-2015, easybooks
 */
public interface FlightInterface {
    /**
     * 预订航班座位
     * @param names 存放旅客姓名的字符串数组
     * @return 返回存放预订号的数组
     */
    public int[] reserve(String[] names);                           // 预订航班座位
    /**
     * 取消预订座位
     * @param bookingNumber 该参数指定要取消的预订号
     * @return 返回该座位的预订状态
     */
    public boolean cancel(int bookingNumber);                       // 取消预订座位
    /**
     * 获取预订了座位的旅客列表
     * @return 返回存放旅客类对象的数组
     */
    public Passenger[] getPassengerList();                          // 返回旅客列表
}
```

（4）**航班类**

航班类实现了航班接口，在该类中要实现创建座位、完成客户座位的预订和取消预订功能，其源程序位于 Flight.java 中，代码如下：

```
package org.aeroplane;
/**
 * 航班类
 * @author  郑阿奇       easybooks@163.com
 * @version v2.0 Copyright (C), 2010-2015, easybooks
 */
public class Flight implements FlightInterface {
    private String flightName;                                      // 航班名
    private int row;                                                // 座位排数
    private int rowLength;                                          // 每排座位数
    private int[] fail = { -1 };                                    // 返回预订号
    private Passenger[] passengerList;                              // 预订座位的旅客
    /**
     * 航班类的构造方法
     * @param FlightName 航班名
     * @param rows 多少排座位
     * @param rowLength 每排座位数
     * @throws Exception 抛出异常类
     */
```

```
    public Flight (String FlightName, int rows, int rowLength) throws Exception {
        if (FlightName == null || FlightName.trim().length() == 0 || rows <= 0|| rowLength <= 0)
            throw new Exception("Error");
        else {
            this.flightName = FlightName;
            this.row = rows;
            this.rowLength = rowLength;
            this.passengerList = new Passenger[row * rowLength];        // (a) 创建航班座位
            for (int i = 0; i < row * rowLength; i++)
                passengerList[i] = null;                                // 所有座位没有被预订
        }
    }
    //******** 预订航班座位******************                           // 详见(b)
    public int[] reserve(String names[]) {
        ...
    }
    //******** 取消预订座位******************                           // 详见(c)
    public boolean cancel(int bookingNumber) {
        ...
    }
    public Passenger[] getPassengerList() {
        return passengerList;
    }
}
```

其中：

- （a）创建座位

```
passengerList = new Passenger[row * rowLength];
```

- （b）预订航班座位

```
public int[] reserve(String names[]) {
    if (names.length > rowLength)
        return fail;
    int i = 0, j = 0, k = 0;
    // true--能安排，false--不能安排
    boolean flag = false;
    // 在同一排找相邻且没有被预订的座位，座位个数是 names.length
    labelA: for (i = 0; i <= row - 1; i++) {
        for (j = 0; j <= rowLength - names.length; j++) {
            // 在本行从 j 到 j+names.length-1 找这样的空座位
            for (k = j; k <= j + names.length - 1; k++) {
                if (passengerList[i * rowLength + k] != null)
                    break;
            }
            if (k > j + names.length - 1) {                  // 已找到，从第 i 行第 j 列开始
                flag = true;                                  // 设置已找到标记
                break labelA;                                 // 退出整个循环
            }
        }
```

```
        }
        if (!flag)
            return fail;
        // 从第 i 行第 j 列开始分配座位
        int[] bn = new int[names.length];                          // 每一个旅客返回一个预订号
        for (k = j; k <= j + names.length - 1; k++) {
            bn[k - j] = i * rowLength + k + 1;                     // 产生预订号，names[0]对应 bn[0]
            passengerList[i * rowLength + k] = new Passenger(names[k - j], i* rowLength + k + 1, i, k);
        }
        return bn;
    }
```

● （c）取消预订座位

```
    public boolean cancel(int bookingNumber) {
        boolean Status = false;
        for (int i = 0; i < row * rowLength; i++) {
            if (passengerList[i] != null&& bookingNumber == passengerList[i].getBookingNumber())
            {
                Status = true;
                passengerList[i] = null;
                break;
            }
        }
        return Status;
    }
```

（5）**用户界面操作类**

该类负责实现用户航班命令的输入和处理，它位于源文件 Client.java 中，能够对控制台输入的命令进行分析并且进行相应的处理，命令功能包括客户预订航班座位、取消预订等。源程序如下：

```
package org.aeroplane;
import java.util.*;
import java.io.*;
/**
 * 用户界面操作类
 * @author  郑阿奇       easybooks@163.com
 * @version v2.0 Copyright (C), 2010-2015, easybooks
 */
public class Client {
    private String flightName = null;                    // 航班名
    private int row = 0;                                 // 座位排数
    private int rowLength = 0;                           // 每排座位数
    private Flight flight = null;                        // 本次航班对象
    private String cmdString = null;                     // 命令串
    private BufferedReader br = new BufferedReader(new InputStreamReader(System.in));
                                                         // 获取控制台命令
    /**
     * 主方法，程序的入口
     * @param args  命令行参数
```

```
 */
public static void main(String[] args) {
    new Flight().commandShell();                          // 命令 shell
}
private void commandShell() {
    System.out.println("\n\n=================================");
    System.out.println(" Command Shell V2.01 ");
    System.out.println(" type 'exit' command to exit.");
    while (true) {
        readCommand();                                    // 读命令
        processCommand();                                 // 处理命令
    }
}
//************从控制台读入命令**************************
// 详见（a）
private void readCommand() {
    …
}
//***********分析命令串*******************************
// 详见（b）
// cmds 用于保存命令的各个分量，如命令：create sk213 10 5
private void processCommand() {
    …
}
//***********分隔命令串*******************************
// 详见（c）
private String[] command(String cmdStr) {
    …
}
private int readInt(String valstr) {                      // 把字符串类型转换为整型
    int val = 0;
    try {
        val = Integer.parseInt(valstr);
    } catch (Exception e) {
        val = Integer.MIN_VALUE;
    }
    return val;
}
private void createCommand(String[] cmds) {               // 判断命令是否正确
    if (cmds.length != 4) {
        System.out.println("create command error!");
    }
    else {
        flightName = cmds[1];
        row = readInt(cmds[2]);
        rowLength = readInt(cmds[3]);
        if (row <= 0 || rowLength <= 0) {
```

```
                System.out.println("create command parameters error!");
                flightName = null;
                row = 0;
                rowLength = 0;
            } else {
                try {
                    flight = new Flight(flightName, row, rowLength);
                                                    // 创建航班座位
                    System.out.println("create Flight OK!");
                } catch (Exception e) {
                    System.out.println(e);
                    flight = null;
                    flightName = null;
                    row = 0;
                    rowLength = 0;
                }
            }
        }
    }
    //**********预订航班座位**************************
    // 详见（d）
    private void reserveCommand(String[] cmds) {        // 用户名放在 cmds[1],cmds[2],...
        ...
    }
    //**********取消预订座位*************************
    // 详见（e）
    private void cancelCommand(String[] cmds) {
        ...
    }
    private void listCommand(String[] cmds) {
        if (cmds.length != 1) {
            System.out.println("\nlist command format error!");
            return;
        }
        Passenger[] passengerlist = flight.getPassengerList();
        int flag = 0;
        System.out.println("Name Booking Number Row Seat Position ");
        System.out.println("-----------------------------------------------------");
        if (passengerlist == null || passengerlist.length <= 0)
            System.out.println("Now no seat is occupied!");
        else {
            flag = 0;
            for (int b = 0; b < passengerlist.length; b++) {
                if (passengerlist[b] != null) {
                    flag = 1;
                    System.out.println(formatStr(passengerlist[b].getName()) +
                            formatStr(""+ passengerlist[b].getBookingNumber()) +
```

```
                        formatStr("" + passengerlist[b].getRow())+ formatStr(""+
                        passengerlist[b].getSeatPosition()));
                }
            }
            if (flag == 0)
                System.out.println("Now no seat is occupied!");
        }
    }
    private String formatStr(String s) {                          // 返回字符串
        for (int i = 0; i < 16 - s.trim().length(); i++)
            s += ' ';
        return s;
    }
}
```

其中：

- （a）从控制台读入命令

```
private void readCommand() {
    // 若还没有创建航班，提示先创建航班
    if (flightName == null) {
        System.out.println("**********************************************");
        System.out.println("Please Create The Flight Data First!");
        System.out.println("Use command: create flight_name rows rowLenght <CR>");
        System.out.println("********************************************\n\n\n");
    }
    System.out.print("\nCOMMAND>");                              // 命令提示符
    try {
        cmdString = br.readLine().trim();                          // 读取命令串
    } catch (IOException e) {
        System.out.println(" command error!    ");
        cmdString = null;
    }
}
```

- （b）分析命令串

```
// cmds 用于保存命令的各个分量，如命令：create sk213 10 5
private void processCommand() {
    // "create" 放在 cmds[0], "sk213" 放在 cmds[1], "10" 放在 cmds[2], "5" 放在 cmds[3]
    String[] cmds;
    String cmd;
    if (cmdString != null) {
        cmds = command(cmdString);                             // 分析命令，分离出各个分量
        if (cmds != null) {
            cmd = cmds[0].toLowerCase();
            if (cmd.equals("create")) {                        // 处理 create 命令
                if (flightName == null)                        // 若航班还没有创建
                    createCommand(cmds);
                else {                                         // 仅处理一个航班
                    System.out.println("Create Error:can't handle more flights!");
```

```
                }
            } else if (cmd.equals("reserve")) {           // 处理 reserve 命令
                if (flightName != null)                     // 当航班已创建过
                    reserveCommand(cmds);
            } else if (cmd.equals("cancel")) {            // 处理 cancel 命令
                if (flightName != null)                     // 当航班已创建过
                    cancelCommand(cmds);
            } else if (cmd.equals("list")) {              // 处理 list 命令
                if (flightName != null)                     // 当航班已创建过
                    listCommand(cmds);
            } else if (cmd.equals("exit")) {              // 处理 exit 命令
                System.out.println("Thanks. See you later!");
                System.exit(0);
            } else {
                System.out.println(" Bad command ! ");
                cmdString = null;
            }
        }
    }
}
```

● （c）分隔命令串

```
private String[] command(String cmdStr) {
    int cc = 0;                                          // 命令串中分量的个数
    String[] cmd;
    StringTokenizer st = new StringTokenizer(cmdStr);
    if ((cc = st.countTokens()) == 0)
        return null;
    cmd = new String[cc];
    for (int i = 0; i < cc; i++)
        cmd[i] = st.nextToken();
    return cmd;
}
```

● （d）用户预订航班座位

```
private void reserveCommand(String[] cmds) {            // 用户名放在 cmds[1],cmds[2],…
    if (cmds.length <= 1) {
        System.out.println("reserve command error!");
        return;
    }
    String[] names = new String[cmds.length - 1];
    for (int i = 0; i < names.length; i++)
        names[i] = new String(cmds[i + 1]);
    int[] bn = flight.reserve(names);                    // 处理座位预订
    if (bn[0] != -1) {
        for (int i = 0; i < bn.length; i++)
            System.out.println(names[i] + "'s Booking Number is:" + bn[i]);
    } else
```

```
        System.out.println("No Such Sequential Seats Now!");
}
```

- （e）用户取消预订座位

```
private void cancelCommand(String[] cmds) {
    if (cmds.length != 2) {
        System.out.println("\ncancel command format error!");
        return;
    }
    int bookingNumber = readInt(cmds[1]);
    if (bookingNumber <= 0) {
        System.out.println("\ncancel command parameter error!");
        return;
    }
    boolean state = flight.cancel(bookingNumber);                // 取消预订座位
    if (state)
        System.out.println(" Your seat has been cancelled! ");
    else
        System.out.println("The seat has not been reserved!");
}
```

（6）**运行程序**

本例程序通过命令行启动运行，一个典型的航班预订过程如图 4.4 所示。

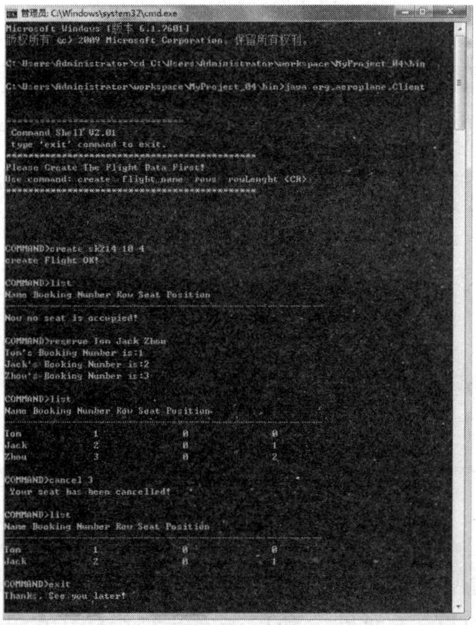


图 4.4　航班预订过程（演示）

## 4.7.3　文档编制

在上面编写航班管理程序的时候，已经往代码中加入了文档注释（以“/**”、“*/”标识），有了这些注释，就可以直接借助 JDK 自带的 javadoc 工具来生成文档。

本例使用如下命令：

```
javadoc -d mydoc -windowtitle 概览 -doctitle 航班管理系统 -header 我的类 -version -author *.java
```

其中，“-d”选项指定生成文档的存放目录；“-windowtitle”设置文档浏览器窗口标题；“-doctitle”指定概述页面的标题；“-header”是每个文档页的页眉；“-version -author”表示生成时要提取源程序中的@version 和@author 标记信息；“*.java”表示针对当前目录下所有的 Java 源文件生成文档。

具体的操作，如图 4.5 所示。

图 4.5 用 javadoc 生成文档

完成后可在当前目录下看到一个名为 mydoc 的文件夹，即为本例“航班管理程序”的文档，打开其中的 index.html 文件，可看到文档内容，如图 4.6 所示。

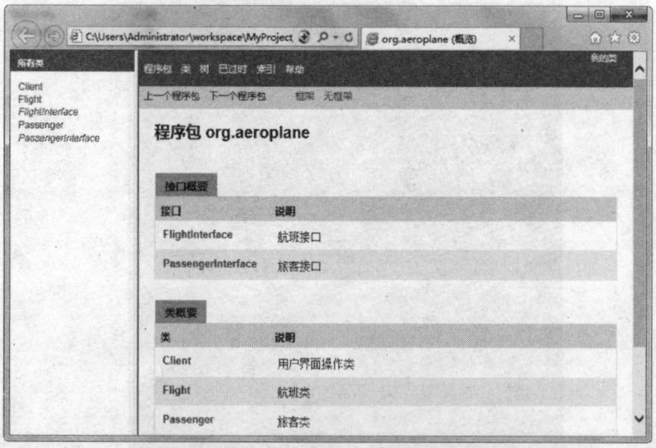


图 4.6 “航班管理程序”的文档

点击页面上类名和接口名的超链接，可查看本程序中各个类和接口的详细说明。由此可见，规范的文档注释对于编制一个程序文档的重要性，故读者在写规模较大的程序时更应当养成添加文档注释的习惯。

# 第 5 章 Java 常用类

Java 系统提供了大量的类和接口供程序员使用，并按功能存放在不同的包中构成 Java 语言的类库。Java 包分核心包和扩展包，核心包名以 java 开头，扩展包名以 javax 开头。Java 的类库非常庞大（截至 Java 8 已达 4000 多个基础类!），本章仅介绍最为常用的类，更多类和接口的用法请读者查阅 Java 8 的 API 文档。

## 5.1 Object 类

java.lang.Object 类是所有 Java 类的祖先，如果一个类没有用 extends 关键字显式声明继承某个类，那么它就默认继承 Object 类。Object 类的主要成员方法有：equals()、hashCode()和 toString()等。

### 5.1.1 equals()方法

equals()方法判断一个对象是否等于另一个对象，实际是比较两个引用是否指向同一个对象。只有两个引用指向同一个对象，equals()方法才返回 true。其方法实现为：

```
public boolean equals(Object obj) {
    return (this = = obj);
}
```

运算符“= =”用来比较两个对象是否相等，这两个对象既可以是基本类型，也可以是引用类型。当它们都是引用类型时，必须都引用同一个对象才返回 true。Java 的 String 类重写了这个方法，用它来比较两个字符串（内容）是否相等，而非表示它们为同一个串对象。

【例 5.1】综合运用“= =”和 equals()方法。

TestEqual.java

```
public class TestEqual {
    public static void main(String[] args) {
        String s1 = "hello";
        String s2 = "hello";
        System.out.println(s1 == s2);
        System.out.println(s1.equals(s2));
        String s3 = new String("hello");
        String s4 = new String("hello");
        System.out.println(s3 == s4);
        System.out.println(s3.equals(s4));       // 比较的是两个对象的状态（值）是否相同
        Person p1 = new Person("Tom", 18);
        Person p2 = new Person("Tom", 18);
        System.out.println(p1 == p2);
        System.out.println(p1.equals(p2));
        Person p3 = new Person("Lucy", 20);
        Person p4 = new Person("Jack",20);
```

```
            System.out.println(p3 == p4);
            System.out.println(p3.equals(p4));
        }
}
class Person {
        String name;
        int age;
        Person(String str, int i) {
            name = str;
            age = i;
        }
        public boolean equals(Object obj) {              // 重写 Object 类的 equals()方法
            Person p = null;
            if (obj instanceof Person)
                p = (Person) obj;
            else
                return false;
            if (p.name == this.name && p.age == this.age)
                return true;
            else
                return false;
        }
}
```

**说明**：在 Person 类中重写了 equals()方法，故 p3.equals(p4)比较的是两个对象的状态是否相同。

程序运行结果：

```
true
true
false
true
false
true
false
false
```

### 5.1.2 hashCode()方法

hashCode()方法返回对象的散列码值。散列码（Hash Code）是由对象导出的一个整型值，旨在将对象作为 Key 用于 Hash 表。常见的 String 类及基本数据类型的包装类（Integer、Long 等）都已对该方法及 equals()方法进行了重写，保证：若 obj1.equals(obj2)则 obj1.hashCode()==obj2.hashCode()，即两个状态（属性或内容）相等的对象的 Hash Code 值也相同。

**【例 5.2】**使用 hashCode()方法生成对象的散列码。

StringHashCode.java

```
public class StringHashCode {
        public static void main(String[] args) {
            String str1 = new String("hello");
            String str2 = new String("hello");
```

```
            String str3 = new String("world");
            System.out.println(str1.hashCode());
            System.out.println(str2.hashCode());
            System.out.println(str3.hashCode());
            Student s1 = new Student("Mary",18);
            System.out.println(s1.hashCode());
            Student s2 = new Student("Tom",20);
            System.out.println(s2.hashCode());
        }
    }
    class Student {
        String name;
        int age;
        Student(String str, int i) {
            name = str;
            age = i;
        }
    }
```

程序运行的一种结果：

```
99162322
99162322
113318802
27134973
1284693
```

### 5.1.3　toString()方法

toString()方法返回对象的字符串表示，默认格式为“类名@对象的十六进制 hashCode 值”。其方法实现为：

```
public String toString() {
    return getClass().getName() + "@" + Integer.toHexString(hashCode());
}
```

当 Java 系统处理对象需要将其转成字符串时，会自动调用该方法。许多 Java 类（如 String、StringBuffer 和包装类）都重写了 toString()方法以返回有意义的内容，例如：

```
System.out.println(new Object().toString());            // 显示 java.lang.Object@10b30a7
System.out.println(new Integer(56).toString());         // 显示 56
System.out.println(new String ("hello").toString());    // 显示 hello
```

当 System.out.println()方法的参数是 Object 类型时，println()方法会自动调用 Object 对象的 toString()方法，然后显示其返回的字符串，故以上语句也可写为：

```
System.out.println(new Object());                       // 显示 java.lang.Object@10b30a7
System.out.println(new Integer(56));                    // 显示 56
System.out.println(new String("hello"));                // 显示 hello
```

**【例 5.3】** 使用 toString()方法显示字符串。

TestToString.java

```
class TestToString {
    private String s = "spring ";
```

```
    public TestToString(String str) {
        this.s = str + this.s;
    }
    public static void main(String[] args) {
        TestToString test = new TestToString("hibernate ");
        System.out.println(test);
        System.out.println(test.s);
    }
    public String toString() {                       // 重写 Object 类的 toString()方法
        this.s = "struts " + this.s;
        return s;
    }
}
```

程序运行结果：

```
struts hibernate spring
struts hibernate spring
```

## 5.2 字符串类

Java 中的字符串都作为对象处理，用字符串类来封装一个字符串的字符序列及与之有关的其他信息，如长度等。字符串类位于java.1ang包中，有 3 个类：其中String类用于处理常量字符串，而StringBuffer 和 StringBuilder 类则用于处理长度与内容可变的字符串，这 3 个类都被声明为 final，不能被继承。StringBuilder 类是 JDK 1.5 引入的，与StringBuffer几乎完全一样，唯一的区别仅在于：StringBuilder 没有实现原StringBuffer的线程安全功能，故性能有所提高，以供重视性能而安全要求不高的场合选用。本节仅介绍String与StringBuffer两个类。

### 5.2.1 String 类

字符串常量是用双引号括住的一串字符（如"Hello"），一个字符串常量就是一个 String 对象。String 类代表的是只读不可修改的字符序列，两个字符串对象使用“+”或“+=”运算符会产生新的字符串对象。若 Java 程序中有多处出现字符串常量"Hello"，则编译器只创建一个 String 对象，所有的"Hello"将使用这同一个 String 对象，例如下面的语句：

```
String s1="Hello";
String s2="Hello";
String s3=new String("Hello");
String s4=new String("Hello");
```

其中，s1 与 s2 是同一个对象，而 s1、s3 与 s4 则是 3 个不同对象，尽管它们所表示的字符序列都相等。

String 类的方法众多，常用的方法如下。

（1）int length()：返回字符串的长度，例如：

```
String s1 = "hello";
System.out.println(s1.length());                     // 显示结果为 5
```

（2）char charAt(int index)：获取字符串中指定位置的字符，其中 index 取值范围是 0～字符串长度-1，例如：

```
String s1 = "hello world";
System.out.println(s1.charAt(6));                    // 显示结果为 w
```

（3）int compareTo(String another)：按 Unicode 码值逐字符比较两个字符串的大小。如果源串较小就返回一个小于 0 的值；两串相等返回 0；否则返回大于 0 的值，例如：

```
System.out.println("hello".compareTo("Hello"));          // 显示-4
System.out.println("hello".compareTo("hello"));          // 显示 0
System.out.println("Hello".compareTo("hello"));          // 显示 1
```

（4）String concat(String str)：把字符串 str 附加在当前字符串末尾，例如：

```
String str = "hello";
String str2 = str.concat("world");
System.out.println("str");                               // 显示 hello
System.out.println("str2");                              // 显示 hello world
```

（5）equals(Object obj)和 equalsIgnoreCase(String str)：判断两个字符串对象的内容是否相同。两者区别在于，equals()方法区分字母大小写而 equalsIgnoreCase()不区分，例如：

```
String str1="hello";
String str2="Hello";
System.out.println(str1.equals (str2));                  // 显示 true
System.out.println(str1.equalsIgnoreCase (str2));        // 显示 false
```

（6）int indexOf(int ch)：返回指定字符 ch 在此字符串中第一次出现的位置。

int indexOf(String str)：返回指定子字符串 str 在此字符串中第一次出现的位置。

int lastIndexOf(int ch)：返回指定字符 ch 在此字符串中最后一次出现的位置。

int lastIndexOf(String str)：返回指定子字符串 str 在此字符串中最后一次出现的位置。

例如下面的语句：

```
String s1 = "hello world";
System.out.println(s1.indexOf('l'));                     // 显示 2
System.out.println(s1.indexOf("world"));                 // 显示 6
System.out.println(s1.lastIndexOf('l'));                 // 显示 9
System.out.println(s1.lastIndexOf("world"));             // 显示 6
```

（7）String toUpperCase()：将字符串转换成大写。

String toLowerCase()：将字符串转换成小写。例如：

```
String s1 = "Welcome to Java world";
String s2 ="    hello world    ";
System.out.println(s1.toUpperCase());                    // 显示 WELCOME TO JAVA WORLD
System.out.println(s1.toLowerCase());                    // 显示 welcome to java world
```

（8）String substring(int beginIndex)：返回一个新字符串，该子字符串从指定索引处的字符开始，直到此字符串末尾。

String substring(int beginIndex,int endIndex)：返回一个新字符串，该子字符串从指定的 beginIndex 处开始，直到索引 endIndex -1 处的字符。例如：

```
String s1 = "Welcome to Java world";
System.out.println(s4.substring(11));                    // 显示 Java world
System.out.println(s1.substring(11, 15));                // 显示 Java
```

（9）static String valueOf()：把基本数据类型转换为 String 类型，例如：

```
int i = 123;
String s1= String .valueOf(i);
System.out.println(s1);                                  // 显示字符串 123
```

（10）String[] split(String regex)：将一个字符串按照指定的分隔符分隔，返回分隔后的字符串数组。

在编程时还经常需要在 String 与其他类型之间进行转换，用到的方法如表 5.1 所示。

表 5.1 String 与其他类型之间的转换方法

| 类 型 | 转到 String | 从 String 转出 |
|---|---|---|
| boolean | String.valueOf(boolean) | Boolean.parseBoolean(String) |
| byte | String.valueOf(int) | Byte.parseByte(String,int base) |
| char | String.valueOf(char) | String.charAt(int index) |
| short | String.valueOf(int) | Short.parseShort(String,int base) |
| int | String.valueOf(int) | Integer.parseInt(String,int base) |
| long | String.valueOf(long) | Long.parseLong(String,int base) |
| float | String.valueOf(float) | Float.parseFloat(String) |
| double | String.valueOf(double) | Double.parseDoule(String) |

【例 5.4】统计字符串中的单词个数，单词之间用空格分开。

StatisticWords.java

```
public class StatisticWords {
    public static void main(String[] args) {
        String s = "I am a student I am studying hard";
        byte[] c =s.getBytes();                          // 把字符串转换为字节数组
        int word=0;                                      // 判断是否是单词的标识
        int num=0;                                       // 统计单词的个数
        int i = c.length;
        for (int j=0;j<i;j++){
            if(c[j]==32){                                // 是空格
                word =0;
            }else if(word==0){
                word =1;                                 // 开始出现单词
                num++;
            }
        }
        System.out.println("单词的总数是："+num);
    }
}
```

程序运行结果：

```
单词的总数是：8
```

【例 5.5】按指定格式分隔字符串。

StringSplit.java

```
public class StringSplit {
    public static void print(String[] s) {
        for (int i = 0; i < s.length; i++)
            System.out.print(s[i] + " ");
        System.out.println();
    }
    public static void main(String[] args) throws Exception {
        String[] result;
```

```
        String map = "value = hello";
        result = map.split("=");                              // result={"value","hello"}
        print(result);
        String time = "08:30:36";
        result = time.split(":");                             // result={"08","30","36"}
        print(result);
        String student = "Tom,20,university";
        result = student.split(",");                          // result={"Tom","20","university"}
        print(result);
    }
}
```

程序运行结果：

```
value    hello
08 30 36
Tom 20 university
```

### 5.2.2 StringBuffer 类

与 String 类不同，StringBuffer 类表示内容与长度动态可变的字符串缓存。它有两个基本参数：长度和容量，长度即 StringBuffer 对象所表示的字符串的长度；容量是 StringBuffer 对象所拥有的内存空间大小。比如，某个 StringBuffer 对象的容量是 100，但它存放的字符串长度可能仅为 10。程序员可直接对缓存进行插入、删除、修改、替换等操作，操作结果会影响串对象。比之传统的字符数组，StringBuffer 能自动管理字符串占用的内存空间，减轻了程序员的负担。

StringBuffer 的构造方法如下：

- public StringBuffer()：构造一个不带字符的字符串缓存，初始容量为 16 个字符。
- public StringBuffer(int capacity)：构造一个不带字符但指定初始容量的字符串缓存。
- public StringBuffer(String str)：构造一个字符串缓存，并将其内容初始化为指定的字符串内容。该缓存的初始容量为 16 加上字符串参数的长度。

StringBuffer 的常用方法如下：

- StringBuffer append()：向缓存内添加新的字符串。
- StringBuffer insert(int offset, String str)：在字符串的 offset 位置插入字符串 str。
- StringBuffer delete(int start, int end)：移除此序列的子字符串中的字符，该子字符串从指定的 start 处开始，一直到索引 end－1 处结束。
- StringBuffer reverse()：将字符序列逆序。

String 与 StringBuffer 的区别如下。

（1）String 代表字符串常量，Java 程序中的所有字符串字面值（如"abc"）都作为此类的实例实现，它们的值在创建之后不能更改；StringBuffer 代表可变字符序列，即一个字符串缓存，通过方法（如 append()/insert()/delete()/replace()等）调用可改变字符序列的长度和内容。

（2）String 重写了从 Object 继承的 equals()方法，而 StringBuffer 没有重写，例如：

```
String s1 = new String("hello");
String s2 = new String("hello");
System.out.println(s1.equals(s2));                        // 显示 true
StringBuffer sb3 = new StringBuffer("hello");
```

```
StringBuffer sb4 = new StringBuffer("hello");
System.out.println(sb3.equals(sb4));                          // 显示 false
```

（3）String 对象之间可以用操作符“+”进行连接，而 StringBuffer 对象不可以，但可使用 append()方法连接，例如：

```
String s1 = "spring";
String s2 = "hibernate";
System.out.println(s1+s2);                                    // 显示 springhibernate
StringBuffer sb3 = new StringBuffer("spring");
System.out.println(sb3.append("hibernate"));                  // 显示 springhibernate
```

（4）String 可以比较大小，而 StringBuffer 不可以，必须先转成 String 再比较。

（5）通常一个字符串使用 String 便于进行大小比较、结构分析等，但若该字符串有频繁的插入、删除、修改等操作，会产生大量的临时 String 对象，内存消耗极大，这种情况就应使用 StringBuffer，实际应用中应根据需要随时在两者之间转换。

**【例 5.6】**测试 StringBuffer 类的常用方法 append()、insert()、delete()等。

TestStringBuffer.java

```
public class TestStringBuffer {
    public static void main(String[] args) {
        String s = "123";
        char[ ] a = {'a','b','c'};
        StringBuffer sb1 = new StringBuffer(s);
        sb1.append("struts").append("hibernate").append("spring");      //追加字符序列
        System.out.println(sb1);
        StringBuffer sb2 = new StringBuffer("中国");
        for(int i = 0; i < 10; i++) {
            sb2.append(i);
        }
        System.out.println(sb2);
        sb2.delete(5, sb2.length());                                    //移除字符序列
        System.out.println(sb2);
        sb2.insert(3,a);                                                //插入字符序列
        System.out.println(sb2);
        System.out.println(sb2.reverse());                              //逆序
    }
}
```

程序运行结果：

```
123strutshibernatespring
中国 0123456789
中国 012
中国 0abc12
21cba0 国中
```

## 5.3 包装类

Java 语言的 8 种基本数据类型已能够满足大多数应用需求，但它们不具有对象的特性，不能满足某些特殊需要。比如，Java 中很多类的方法参数为 Object 类型，即接受的参数是对象，而又需要用这

些方法来处理基本数据类型的数据，为此，Java 针对每种基本数据类型都提供了对应的包装类，如表 5.2 列出。

**表 5.2　基本数据类型与包装类**

| 基本数据类型 | 对应的包装类 |
| --- | --- |
| boolean | Boolean |
| byte | Byte |
| char | Character |
| short | Short |
| int | Integer |
| long | Long |
| float | Float |
| double | Double |

包装类具有以下特点。

（1）所有的包装类都是 final 类型，因此不能创建它们的子类。

（2）包装类是不可变类，包装类对象创建后，它所包含的基本数据类型就不能改变。

（3）从 JDK 1.5 开始提供了自动装箱和自动拆箱机制。例如：

```
Integer oi = 3;                    // 自动装箱，等价于 Integer oi = Integer.valueOf(3);
int i  =oi                         // 自动拆箱，等价于 int i = oi.intValue();
int v = oi + 1;                    // 混合运算，等价于 int v = Integer.valueOf(oi.intValue()+1);
```

（4）可生成该对象基本值的 typeValue 方法，例如，a.intValue()。

除 Character 和 Boolean 类直接继承 Object，其他包装类都是 java.lang.Number 的直接子类，都继承（或重写）了 Number 类的方法，如图 5.1 所示。

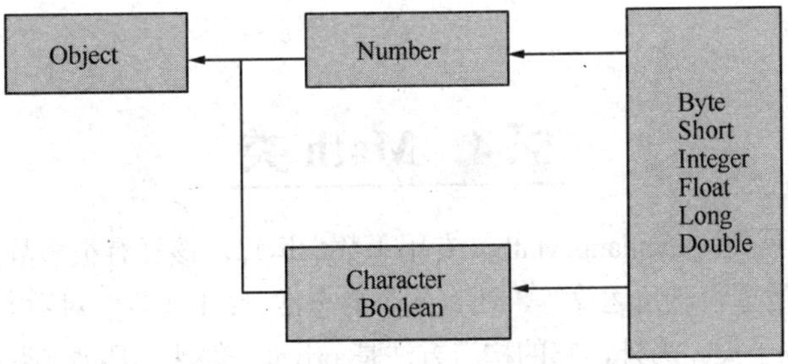


图 5.1　包装类的层次结构

（5）每个包装类都可以用它对应的基本数据类型作参数来构造其实例，例如：

```
Boolean b = new Boolean(true);                  // 或: Boolean b = true;
Byte bt = new Byte((byte)10);                   // 或: Byte b = 10;
Character c = new Character('b');               // 或: Character c = 'b';
Integer i = new Integer(1);                     // 或: Integer i  =1;
Float f = new Float(3.14f);                     // 或: Float f = 3.14 f;
```

（6）所有包装类都重写了 Object 类的 toString()方法，以字符串形式返回其对象所表示的基本数据类型。

（7）除 Character 和 Boolean 外，包装类都有 valueOf(String str)静态方法，可根据参数来创建其对

象。参数字符串 str 不能为 null 且必须可解析为相应的基本数据类型，例如：

```
Double d = Double.valueOf("3.14");                  // 合法
Integer i = Integer.valueOf("10");                  // 合法
Integer i2 = Integer.valueOf("Tom");                // 抛出 NumberFormatException
```

（8）除 Character 外，包装类都有 parseType(String str)静态方法，可把字符串转换为基本类型的值。参数字符串 str 必须可解析为相应的基本数据类型，例如：

```
int i = Integer.parseInt("10");                     // 合法
int a = Integer.parseInt("true");                   // 抛出 NumberFormatException
```

【例 5.7】测试包装类的属性和方法。

TestWrap.java

```
public class TestWrap {
        public static void main(String[] args) {
                Integer i = new Integer(5);
                Double d = new Double("5.68");
                int j = i.intValue()+d.intValue();
                float f = i.floatValue()+d.floatValue();
                System.out.println(j);
                System.out.println(f);
                double pi = Double.parseDouble("3.14");
                double r = Double.valueOf("5.0").doubleValue();
                double s = pi*r*r;
                System.out.println(s);
        }
}
```

程序运行结果：

```
10
10.68
78.5
```

## 5.4 Math 类

Java 提供 Math 工具类（java.lang.Math）专用于数学运算，该类有很多静态方法，能完成指数运算、对数运算、平方根运算和三角运算等，还有两个静态常量：E（自然对数）和 PI（圆周率）。Math 类是 final 型，不能派生子类。另外，它的构造方法是 private 类型，因此该类也不能被实例化。Math 类的方法较多，这里仅列出部分常用的，如表 5.3 所示。

表 5.3 Math 类的方法

| 方 法 | 描 述 |
|---|---|
| abs() | 返回绝对值 |
| floor(double d) | 返回最大的 double 值，该值小于等于参数，并等于某个整数 |
| pow(double a,double b) | 返回第一个参数的第二个参数次幂的值 |
| random() | 返回带正号的 double 值，该值大于等于 0.0 且小于 1.0 |
| round(float a) | 返回最接近参数的 int |
| round(double a) | 返回最接近参数的 long |

续表

| 方　法 | 描　述 |
|---|---|
| min(a,b) | 返回两者中较小的一个 |
| max(a,b) | 返回两者中较大的一个 |

【例 5.8】输入三角形的三边长，求此三角形面积。

TestMath.java

```
public class TestMath {
    public static void main(String[] args) {
        int a = 0;
        int b = 0;
        int c = 0;
        a = Integer.parseInt(args[0]);
        b = Integer.parseInt(args[1]);
        c = Integer.parseInt(args[2]);
        double area =0;
        double s = 0.0;
        s = 1.0/2*(a+b+c);
        area = Math.sqrt(s*(s-a)*(s-b)*(s-c));
        System.out.println("三角形的面积是"+area);
    }
}
```

用第 2 章介绍的操作方法（见图 2.1）打开“Run Configurations”窗口，配置程序运行时的输入参数，在“Arguments”标签页的“Program arguments”栏输入“6 8 10”，然后单击“Run”按钮运行程序，结果为：

```
三角形的面积是 24.0
```

## 5.5 Random 类

java.util.Random 类用于生成伪随机数，它有两个构造器：一个使用默认的种子（当前时间），每次运行生成结果是随机的；另一个需要程序员显式传入一个 long 型整数的种子，对于同一个种子每次运行生成的结果都一样。表 5.4 列出 Random 类的常用方法。

表 5.4　Random 类的常用方法

| 方　法 | 描　述 |
|---|---|
| nextInt() | 返回下一个 int 类型的伪随机数，其值在 Integer.MIN_VALUE～Integer.MAX_VALUE（不含）之间 |
| nextInt(int n) | 返回下一个 int 类型的伪随机数，伪随机数的值大于或等于 0 并且小于参数 n |
| nextLong() | 返回下一个 long 类型的伪随机数，值在 Long.MIN_VALUE～Long.MAX_VALUE 之间 |
| nextDouble() | 返回下一个 double 类型的伪随机数，伪随机数的值大于或等于 0，并且小于 1.0 |
| nextBoolean() | 返回下一个 boolean 类型的伪随机数，伪随机数的值为 true 或 false |

【例 5.9】使用 Random 类生成随机数。

TestRandom.java

```
import java.util.Random;
public class TestRandom {
    public static void main(String[] args) {
        Random r1 = new Random();
        Random r2 = new Random(100);
        Random r3 = new Random(100);
        System.out.println(r1.nextInt());                  // 产生任意大小的随机整数
        System.out.println(r1.nextBoolean());
        System.out.println(r1.nextDouble());
        System.out.println(r1.nextFloat());
        System.out.println(r1.nextLong());
        System.out.println(r1.nextInt(100));               // 产生 0 至 100 的随机整数
        System.out.println(r2.nextInt());
        System.out.println(r3.nextInt());
    }
}
```

程序运行结果：

```
-125259152
true
0.2002651397430244
0.7486244
-8287209191012241803
64
-1193959466
-1193959466
```

## 5.6 日期时间类

Java 8 重新改写了时间日期 API，摒弃旧的 Date、DateFormat 等类，代之以全新的类和接口，这也是新版 Java 8 的一大特色。

### 5.6.1 Java 8 的日期时间包

Java 8 专门新增了一个 java.time 包，包中定义了几个顶级类，可以方便地访问时间和日期。其中最主要的 3 个类如下。

（1）**LocalDate**：该类代表不带时区的日期，如 2015-01-18。该类提供了静态的 now()方法来获取当前日期，它还提供了 minusXxx()/plusXxx()方法在当前年份基础上减去/加上几年、几月、几周或几日等。

（2）**LocalTime**：该类代表不带时区的时间，如 23:25:40。该类提供了静态的 now()方法来获取当前时间，它还提供了 minusXxx()/plusXxx()方法在当前时刻基础上减去/加上几小时、几分、几秒等。

（3）**LocalDateTime**：该类代表不带时区的日期、时间，如 2015-01-18T23:25:40。该类提供了静态的 now()方法来获取当前日期、时间，它还提供了 minusXxx()/plusXxx()方法在当前年份时间基础上减去/加上几年、几月、几日、几小时、几分、几秒等。

此外，日期时间包还提供了 Clock、Duration、Instant、MonthDay、YearMonth、DayOfWeek 等类，

具体用法详见 Java 8 官方文档。

为格式化日期和时间，Java 8 在该包下设 java.time.format 子包，其中的 DateTimeFormatter 类专用于处理格式化的日期时间数据，处理之前先要通过该类的工厂方法获取其实例，下面列出了 3 个典型的工厂方法：

```
static DateTimeFormatter ofLocalizedDate(FormatStyle fmtDate)
static DateTimeFormatter ofLocalizedTime(FormatStyle fmtTime)
static DateTimeFormatter ofLocalizedDateTime(FormatStyle fmtDate, FormatStyle fmtTime)
```

需要根据要操作的对象类型选用不同方法来创建 DateTimeFormatter 的实例，例如，若想要格式化 LocalDate 实例中的日期，就要使用 ofLocalizedDate()方法。具体的格式由 FormatStyle 参数指定，此参数是一个枚举（详见第 6 章），定义了多种常量值：SHORT（短格式）、MEDIUM（中等格式）、LONG（长格式）和 FULL（完整格式），选取不同的值显示的效果是不一样的，这点大家马上就可以从下面的例子中看到。

【例 5.10】使用 Java 8 的日期时间包获取当前系统时间，并以各种格式加以显示。

UseLocalDateTime.java

```
import java.time.*;                                          // 导入日期时间包
import java.time.format.*;                                   // 导入日期时间格式化包
class UseLocalDateTime {
    public static void main(String[] args) {
        LocalDate curDate = LocalDate.now();                 // 获取当前日期
        System.out.println(curDate);
        LocalTime curTime = LocalTime.now();                 // 获取当前时间
        System.out.println(curTime);
        LocalDateTime curDateTime = LocalDateTime.now();     // 获取当前日期时间
        System.out.println(curDateTime);
        /* 以多种不同格式显示当前日期时间 */
        System.out.println(curDateTime.format(DateTimeFormatter.ofLocalizedDateTime(FormatStyle.
SHORT,FormatStyle.SHORT)));                                  // 短的日期时间格式
        System.out.println(curDateTime.format(DateTimeFormatter.ofLocalizedDateTime(FormatStyle.
MEDIUM, FormatStyle.MEDIUM)));                               // 中等的日期时间格式
        System.out.println(curDateTime.format(DateTimeFormatter.ofLocalizedDateTime(FormatStyle.
LONG,FormatStyle.LONG)));                                    // 长的日期时间格式
        System.out.println(curDate.format(DateTimeFormatter.ofLocalizedDate(FormatStyle.FULL)));
                                                             // 完整的日期格式
        System.out.println(curDateTime.format(DateTimeFormatter.ofLocalizedDateTime(FormatStyle.
FULL,FormatStyle.LONG)));                                    // 完整的日期时间格式
        /* 以自定义的格式显示当前日期时间 */
        System.out.println(curDateTime.format(DateTimeFormatter.ofPattern("yyyy-MM-dd-EEEE-
hh-mm- ss")));
        System.out.println(curDateTime.format(DateTimeFormatter.ofPattern("yyyy/MM/dd/EEEE/
hh/mm/ ss")));
        /* 解析指定的日期时间字符串 */
        LocalDate  myDate  =  LocalDate.parse("10-25-2015",  DateTimeFormatter.ofPattern("MM-dd-
yyyy"));                                                     // 自定义格式化器解析字符串
        System.out.println(myDate);
        LocalDateTime myDateTime = LocalDateTime.parse("2015-10-25T07:35:27",
```

```
DateTimeFormatter.ISO_LOCAL_DATE_TIME);                    // 标准 ISO 格式化器解析字符串
                System.out.println(myDateTime);
        }
}
```

程序运行结果：

```
2015-05-09
10:32:28.189
2015-05-09T10:32:28.189
15-5-9 上午 10:32
2015-5-9 10:32:28
2015 年 5 月 9 日 上午 10 时 32 分 28 秒
2015 年 5 月 9 日 星期六
2015 年 5 月 9 日 星期六 上午 10 时 32 分 28 秒
2015-05-09-星期六-10-32-28
2015/05/09/星期六/10/32/28
2015-10-25
2015-10-25T07:35:27
```

## 5.6.2 日历应用

过去 Java 一直用 java.util.Calendar 抽象类（其实现类 java.util.GregorianCalendar）实现日历的功能，但该类过于复杂不好把握。Java 8 提供了更好的解决方案，LocalDate 封装了由 ISO 8601 指定的 Gregorian（格里高利历，即公历）日历，能实现与 Calendar 同样的功能，且更简单。

**【例 5.11】**打印 10 个既是星期一又是 11 号的日期。

LocalCalendarDate.java

```
import java.time.*;
import java.time.format.*;
public class LocalCalendarDate {
        public static void main(String[] args) {
                //***********设定日期和时间格式**********************
                DateTimeFormatter formatter = DateTimeFormatter.ofLocalizedDate(FormatStyle.FULL);
                LocalDate calDate = LocalDate.now();
                System.out.println("System Date: " + calDate.format(formatter));
                int interval = calDate.getDayOfWeek().getValue() - 1;
                calDate = calDate.minusDays(interval);
                System.out.println("After Setting Day of Week to Friday: " + calDate.format(formatter));
                int monday11Count = 0;
                while(monday11Count < 10) {
                        calDate = calDate.plusDays(7);            // 增加 7 天得到下一个星期一
                        //************判断星期一的那天是否是 11 号**************
                        if(calDate.getDayOfMonth() == 11) {
                                monday11Count++;
                                System.out.println(calDate.format(formatter));
                        }
                }
```

```
    }
}
```

程序运行结果：

```
System Date: 2015 年 5 月 9 日 星期六
After Setting Day of Week to Friday: 2015 年 5 月 4 日 星期一
2015 年 5 月 11 日 星期一
2016 年 1 月 11 日 星期一
2016 年 4 月 11 日 星期一
2016 年 7 月 11 日 星期一
2017 年 9 月 11 日 星期一
2017 年 12 月 11 日 星期一
2018 年 6 月 11 日 星期一
2019 年 2 月 11 日 星期一
2019 年 3 月 11 日 星期一
2019 年 11 月 11 日 星期一
```

# 5.7 正则表达式

## 5.7.1 基础知识

### 1. 正则表达式简介

正则表达式是一种强大而灵活的字符串处理工具，它能以编程方式构造出复杂的字符模式，并对输入字符串进行搜索，找到匹配该模式的部分进行处理，一般有以下 3 种用途。

（1）**验证**。检验输入字符串是否符合某个给定的模式。例如，校验一个电话号码是否遵循格式"(000)0000-0000"（此处的 0 表示一个数字）。

（2）**解析**。分析输入字符串以分解出它所包含的要素。例如，用模式"(*):(*)"分解出在 HTTP 头中普遍应用的"Key:Value"格式的头信息。

（3）**文本处理**。应用程序常常需要有文本处理功能，比如单词的查找替换、电子邮件的格式化或 XML 文档的集成等，这些操作通常会涉及模式匹配的问题，要借助正则表达式。

正则表达式用来描述特定的字符串模式，例如，表达式 a{3}表示由 3 个字符"a"构成的字符串"aaa"；表达式"\d"表示一位数字。

### 2. 特殊字符

在正则表达式中，一些字符具有特殊含义，参见表 5.5。

表 5.5 正则表达式中的特殊字符

| 特殊字符 | 含 义 |
|---|---|
| [abc] | a、b 和 c 的任意一个字符 |
| [^abc] | 除了 a、b 和 c 之外的任意字符（否定） |
| [a-zA-Z] | 从 a 到 z 或从 A 到 Z 的任意字符（范围） |
| [abc[hij]] | 任意 a、b、c、h、i 和 j 字符（并集） |
| [a-z&&[hij]] | 任意 h、i 或 j（交集） |
| \s | 空白符（空格、tab、换行或回车） |

续表

| 特殊字符 | 含 义 |
| --- | --- |
| \S | 非空白符（[^\s]） |
| \d | 数字[0-9] |
| \D | 非数字[0-9] |
| \w | 单词字符（数字[0-9]、26 个英文字母和下画线_） |
| . | 除换行符\n 之外的任何一个字符（要匹配“.”字符本身，请使用“\.”） |
| \\\\ | 反斜线字符\ |
| \uhhhh | 十六进制表示的 unicode 值为 hhhh 的字符 |

以下对表 5.5 中的每一个特殊字符列举一个示例，如下：

```
System.out.println("b".matches("[abc]"));                    // 打印 true
System.out.println("b".matches("[^abc]"));                   // 打印 false
System.out.println("A".matches("[a-zA-Z]"));                 // 打印 true
System.out.println("A".matches("[a-z[A-Z]]"));               // 打印 true
System.out.println("R".matches("[A-Z&&[RFG]]"));             // 打印 true
System.out.println("\n\t".matches("\\s{2}"));                // 打印 true
System.out.println(" ".matches("\\S"));                      // 打印 false
System.out.println("3".matches("\\d"));                      // 打印 true
System.out.println("&".matches("\\D"));                      // 打印 true
System.out.println("a_8".matches("\\w{3}"));                 // 打印 true
System.out.println("\n".matches("."));                       // 打印 false
System.out.println("\\u0041\\\\".matches("A\"));             // 打印 true
```

### 3. 量词

量词决定表达式将被匹配的次数，以简化表达式的编写，表 5.6 列出了一些量词所表示字符的出现次数。

**表 5.6 量词**

| 量 词 | 描 述 |
| --- | --- |
| X* | 0 个或多个 X（最大匹配） |
| X+ | 1 个或多个 X（最大匹配） |
| X? | 0 个或 1 个 X（最大匹配） |
| X{n} | 恰好 n 个 X |
| X{n,} | 至少 n 个 X |
| X{n,m} | 至少 n 个 X，不多于 m 个 X |
| X*? | 0 个或多个 X（最小匹配） |
| X+? | 1 个或多个 X（最小匹配） |
| X?? | 0 个或 1 个 X（最小匹配） |
| XY | X 后跟 Y |
| X\|Y | X 或 Y |
| (X) | 定义捕获组 |
| \n | 与第 n 个捕获组相匹配的字串 |

以下就表 5.6 中的几个典型量词列举一些示例，如下：

```
System.out.println("aaaa".matches("a*"));                    // 打印 true
System.out.println("aaaa".matches("a+"));                    // 打印 true
System.out.println("aaaa".matches("a?"));                    // 打印 false
System.out.println("".matches("a?"));                        // 打印 true
System.out.println("aaaa".matches("a{4}"));                  // 打印 true
System.out.println("abcabcabc".matches("(abc){2,}"));        // 打印 true
System.out.println("4563456257".matches("\\d{3,10}"));       // 打印 true
```

#### 4. 常用表达式设计

下面的位置匹配，用于匹配串中的位置。

（1）(?=X)：与这样的位置相匹配，其右部能匹配 X。

（2）(?!X)：与这样的位置相匹配，其右部不能匹配 X。

（3）(?<=X)：与这样的位置相匹配，其左部能匹配 X。

（4）(?<!X)：与这样的位置相匹配，其左部不能匹配 X。

运用以上正则式规则，可设计如下常用的正则表达式。

（1）**数字串**：\d+，在 Java 中表示为“\\d+”。

（2）**英文单词**：[a-z A-Z]+，在 Java 中表示为“[a-z A-Z]+”。

（3）**一个汉字**：[\u4e00- \u9fa5]，在 Java 中表示为“[\\u4e00-\\u9fa5]”。

（4）**汉字串**：[\u4e00- \u9fa5]+，在 Java 中表示为“[\\u4e00-\\u9fa5]+”。

（5）**IP 地址**：(\d{1,3}\.){3}\d{1,3}，在 Java 中表示为“(\\d{1,3}\\.){3}\\d{1,3}”。

（6）**重复字符压缩**：将字符串中连续重复的字符压缩成一个。例如，String s ="aaabbbcccddd11122++***…33"压缩成“abcd12+*.3”。相关代码是：String rs = s.replaceAll("(.)(\\1)*", "$1");。

**说明**：(.)表示一号组，匹配任何一个字符，\1 表示与一号组相同的字符，$1 表示在 replaceAll()方法中与一号组相匹配的那个子串。

（7）**特定子串提取**：例如，

String s = "%...%CXLL=add1,31,123.12%CXLL=add2,32,124% CXLL=,33,125.12%LL=-121.11";

从中提取出%CXLL=add1,31,123,123.12，%CXLL=add2,32,124,12，%CXLL=,33,125.12。提取的正则式设计成“%CXLL=.*?(?=%)”，Java 中表示为“%CXLL=.*?(?=%)”。

**说明**：“.*?”表示以最小匹配方式去匹配任何串（若没有“?”表示最大匹配，则内部将包含有“%”）；“(?=%)”表示必须与这样的位置相匹配，其右部有一个字符%。

（8）**串格式**：不能以 bug 打头但可以由字母、数字组成的 8～12 个数的字符串。正则式为“(?!bug)[a-zA-Z0-9]{8-12}”。

#### 5. Java 处理正则表达式的类

Java 提供了 java.util.regex 包来构造功能强大的正则表达式对象，该包中有两个类。

（1）**Pattern 类**

Pattern 类代表了一个以字符串形式指定的正则表达式，表达式必须先被编译成 Pattern 对象才能使用。把想要检索的字符串传入 Pattern 对象的 matcher()方法，该方法会生成一个 Matcher 对象，Matcher 对象再根据正则表达式与任意字符序列进行匹配。Pattern 类的主要方法如下。

● static Pattern compile(String regex, int flags)

编译正则表达式，被编译的表达式以 String 类型给出。参数 regex 表示输入的正则表达式，flags 表示模式类型，如 DOTALL、CASE_INSENSITIVE、MULTILINE、UNICODE_CASE 等。此方法返回一个 Pattern 的实例（对象）。

- Matcher matcher(CharSequence input)

创建匹配给定输入与此模式的匹配器。参数 input 表示待匹配的字符序列。

- static boolean matches(String regex, CharSequence input)

编译给定正则表达式并尝试将给定输入与其匹配。

（2）**Matcher 类**

Matcher 类的实例用于根据给定的模式，对字符串进行匹配。使用 CharSequence 接口把输入的字符串提供给匹配器，以便支持来自不同输入源的字符串的匹配。当创建了匹配器之后，就可以用它来执行以下 3 类不同的匹配操作：

- matches()方法试图根据此模式，对整个输入序列进行匹配；
- lookingAt()方法试图根据此模式，从开始处对输入序列进行匹配；
- find()方法将扫描输入序列，寻找下一个与此模式匹配的地方。

## 5.7.2 正则表达式的应用

下面结合实例介绍 Java 中正则表达式类的几个典型应用。

### 1. 字符串匹配

【例 5.12】使用正则表达式匹配输入的字符串。

TestRegex.java

```
package regex;
import java.util.regex.*;
public class TestRegex {
    public static void main(String[] args) {
        if (args.length < 2) {
            System.out.println("Usage:\njava TestRegex "
                    + "characterSequence regularExpression+");
            System.exit(0);
        }
        System.out.println("Input: \"" + args[0] + "\"");
        for (String arg : args) {
            System.out.println("Regular expression: \"" + arg + "\"");
            Pattern p = Pattern.compile(arg);
            Matcher m = p.matcher(args[0]);
            while (m.find()) {
                System.out.println("Match \"" + m.group() + "\" at positions "
                        + m.start() + "-" + (m.end() - 1));
            }
        }
    }
}
```

用第 2 章介绍的操作方法（见图 2.1）打开“Run Configurations”窗口，配置程序运行时的输入参数，在“Arguments”标签页的“Program arguments”栏输入“abcabcabcdefabc "abc+" "(abc)+" "(abc){2,}”，然后单击“Run”按钮运行程序，结果为：

```
Input: "abcabcabcdefabc"
Regular expression: "abcabcabcdefabc"
Match "abcabcabcdefabc" at positions 0-14
Regular expression: "abc+"
Match "abc" at positions 0-2
Match "abc" at positions 3-5
Match "abc" at positions 6-8
Match "abc" at positions 12-14
Regular expression: "(abc)+"
Match "abcabcabc" at positions 0-8
Match "abc" at positions 12-14
Regular expression: "(abc){2,}"
Match "abcabcabc" at positions 0-8
```

**说明**：第一个控制台参数用来搜索匹配的输入字符串，后面多个参数都是正则表达式，它们将被用来在输入的第一个字符串中查找匹配。

### 2. 字符串分析

**【例 5.13】**用正则表达式对一个由数字和非数字组成的字符串进行分析。要求：将其中每段连续的数字字符转换成一个整数，若连续的数字字符个数超过 4 个，则以 4 个数字为一组进行转换，转换生成的整数依次存入整型数组中。例如，对“c789yz45!786*+56abc123456789”分析后得到的数组内容为：789、45、786、56、1234、5678、9。

GetNumber.java

```java
package regex;
import java.util.regex.*;
public class GetNumber {
    public static void main(String[] args) {
        int[] arr = new int[10];                          // 创建 1 个整型数组
        Pattern p = Pattern.compile("(\\d{1,4})");      // 编译正则表达式，要求 1 个到 4 个数字
        String s = "c789yz45!786*+56abc123456789";
        Matcher m = p.matcher(s);                         // 对字符串进行匹配
        int i =0;
        while(m.find()) {                                 // 寻找与指定模式匹配的下一个子序列
            int j = 0;
            j = Integer.parseInt(m.group());              // 将字符串类型转换为整型
            arr[i]= j;
            i++;
        }
        for(int c = 0;c<i;c++) {
            System.out.println(arr[c]);                   // 打印数组的内容
        }
    }
}
```

程序运行结果：

```
789
45
786
```

```
56
1234
5678
9
```

### 3. 文本替换

正则表达式最擅长替换文本，有多种方法实现，具体如下。

- replaceFirst(String replacement)：以 replacement 替换掉第一个匹配成功的部分。
- replaceAll(String replacement)：以 replacement 替换掉所有匹配成功的部分。
- appendReplacement(StringBuffer buf, String replacement)：执行渐进式替换，允许再调用其他方法来生成或处理 replacement，能够以编程的方式将目标分隔成组，从而实现更为强大的替换功能。
- appendTail(StringBuffer buf)：在执行了一次或多次 appendReplacement()之后，调用此方法可以将输入字符串余下的部分复制到 buf 中。

【例 5.14】将字符串奇数序列的“java”替换为小写，偶数序列的“java”替换成大写。

TestReplace.java

```
package regex;
import java.util.regex.*;
public class TestReplace {
	public static void main(String[] args) {
		Pattern p = Pattern.compile("java", Pattern.CASE_INSENSITIVE); // 不区分大小写
		Matcher m = p.matcher("Java java JAva JAVA I love JAVA you dislike Java ");
		StringBuffer buf = new StringBuffer();
		int i=0;
		while(m.find()) {
			i++;
			if(i%2 == 0) {
				m.appendReplacement(buf, "JAVA");		// 偶数序列的转换成大写
			} else {
				m.appendReplacement(buf, "java");		// 奇数序列的转换成小写
			}
		}
		m.appendTail(buf);
		System.out.println(buf);
	}
}
```

程序运行结果：

```
java JAVA java JAVA I love java you dislike JAVA
```

### 4. Scanner 定界符

Scanner 的构造器可以接受任何类型的输入对象。有了 Scanner，所有的输入、分词及翻译操作都隐藏在不同类型的 next()方法中，而所有的 next()方法只有在找到一个完整的分词之后才返回。Scanner 还有相应的 hasNext()方法，用以判断下一个输入分词是否为所需的类型。在默认情况下，Scanner 根据空白字符对输入进行分词，也可以用正则表达式指定自己所需的定界符。

【例 5.15】使用“.”作为 IP 地址的定界符。

TestScanner.java

```
package regex;
import java.util.*;
public class TestScanner {
    public static void main(String[] args){
        Scanner scanner = new Scanner("192.168.1.99");
        scanner.useDelimiter("\\s*\\.\\s*");                    // 使用"."作为定界符
        while(scanner.hasNextInt())
            System.out.println(scanner.nextInt());
    }
}
```

程序运行结果：

```
192
168
1
99
```

## 5.8 数组实用类

Java 的数组实用类提供了一系列的静态方法，用于操作数组。

### 5.8.1 复制数组

java.lang.System 类有一个很有用的 arraycopy()方法能用来复制数组，语法格式为：

```
static void arraycopy(Object src, int srcPos, Object dest, int destPos, int length)
```

**功能**：从指定源数组 src 中复制元素值到目标数组 dest，从 src 的 srcPos 位置开始复制到 dest 的 destPos 位置，被复制的元素数量等于 length 参数，即源数组中位置在 srcPos 到 srcPos+length−1 之间的元素被分别赋值到目标数组的 destPos 到 destPos+length−1 位置。

**【例 5.16】**使用 arraycopy()方法把一个数组的内容复制到另一个数组。

CopyingArrays.java

```
package org.arrays;
import java.util.Arrays;
public class CopyingArrays {
    public static void main(String[] args) {
        int[] i1 = new int[] { 6, 18, 24 };
        int[] i2 = new int[10];
        System.arraycopy(i1, 1, i2, 5, 2);                        // 复制数组的元素
        for (int i = 0; i < i2.length; i++) {
            System.out.print(i2[i]+"    ");
        }
        System.out.println();
        Integer[] array1 = { 3, 5, 9, 15 };
        Integer[] array2 = new Integer[10];
        System.arraycopy(array1, 1, array2, 5, 3);
        for (int i = 0; i < array2.length; i++) {
            System.out.print(array2[i] + " ");
```

```
            }
            System.out.println();
            System.out.print(Arrays.deepToString(array2) + " ");            // 显示数组的元素
            System.out.println();
            Person[] p1 = new Person[] { new Person("Tom", 18),
                new Person("Jack", 20), new Person("Lucy", 24) };
            Person[] p2 = new Person[3];
            System.arraycopy(p1, 0, p2, 0, p1.length);
            for (int i = 0; i < p2.length; i++) {
                System.out.println("name=" + p2[i].name + "," + "age=" + p2[i].age);
            }
            System.out.println("name=" + p1[1].name + "," + "age=" + p1[1].age);
            System.out.print(Arrays.deepToString(p1) + " ");
        }
}
class Person {
        String name;
        int age;
        Person(String x, int y) {
            this.name = x; this.age = y;
        }
        public String toString() {
            return "name=" + name + "," + "age=" + age;
        }
}
```

程序运行结果：

```
0  0  0  0  0  18  24  0  0  0
null null null null null 5 9 15 null null
[null, null, null, null, null, 5, 9, 15, null, null]
name=Tom,age=18
name=Jack,age=20
name=Lucy,age=24
name=Jack,age=20
[name=Tom,age=18, name=Jack,age=20, name=Lucy,age=24]
```

## 5.8.2 数组排序

java.util.Arrays 类使用内置的排序方法可以对任意类型的数组进行排序，Java 8 又为原来每种排序方法增加了以“parallel”打头的对应新方法。新方法与老方法功能相同，但在底层实现上充分利用了 CPU 并行的能力来提高排序运算的性能。

【例 5.17】随机生成 10 个整数值，并使用 Java 8 新的排序方法对数组排序。

ArraysSort.java

```
package org.arrays;
import java.util.*;
public class ArraysSort {
        public static void main(String[] args) {
            Random r = new Random();
```

```
        int[] a = new int[10];
        System.out.println("排序前: ");
        for (int i = 0; i < 10; i++) {
            a[i] = r.nextInt(100);  // 获取在 0 到 100 之间的整型随机数
            System.out.print(a[i] + " ");
        }
        System.out.println();
        Arrays.parallelSort(a);        // 功能等价于原来的 sort()方法，从小到大对数组进行排序
        System.out.println("排序后: ");
        for (int i = 0; i < 10; i++) {
            System.out.print(a[i] + " ");
        }
    }
}
```

程序运行结果：

```
排序前:
21 68 24 20 63 75 48 90 60 86
排序后:
20 21 24 48 60 63 68 75 86 90
```

## 5.8.3　数组元素的查找

如果数组已经排好序，就可以使用 Array.binarySearch()方法执行快速查找。

**【例 5.18】**对无序的 10 个整数值进行排序，再用二叉查找法进行检索。

ArraySearch.java

```
package org.arrays;
import java.util.*;
public class ArraySearch {
    public static void main(String[] args) {
        Scanner scanner = new Scanner(System.in);                // 从控制台获取要检索的值
        int[] array = { 23, 4, 6, 21, 60, 99, 42, 69, 53, 36 };
        System.out.println("排序前: ");
        for (int i = 0; i < array.length; i++)
            System.out.print(array[i] + " ");
        System.out.println();
        Arrays.parallelSort(array);                              // 对数组进行排序
        System.out.println("排序后: ");
        for (int i = 0; i < array.length; i++)
            System.out.print(array[i] + " ");
        System.out.println("\n 请输入查找值: ");
        int key = scanner.nextInt();
        int find = -1;
        if ((find = Arrays.binarySearch(array, key)) > -1) {
            System.out.println("找到值位于索引 " + find + " 位置");
        } else
            System.out.println("找不到指定值");
```

```
        }
}
```

程序运行结果：

```
排序前:
23 4 6 21 60 99 42 69 53 36
排序后:
4 6 21 23 36 42 53 60 69 99
请输入查找值:
42
找到值位于索引 5 位置
```

# 第 6 章 Java 语言新特性

Java 语言自诞生以来经历过两次较大的革新：第一次是在 2004 年，Java SE 5.0 引入了枚举类型、注解和泛型；第二次就是最新 Java 8（2014 年）引入的 lambda 表达式。本章就来专题介绍这些 Java 语言自身的更新特性。

## 6.1 枚　举

### 6.1.1 定义枚举类型

Java SE 5.0 引入一个新的关键字 enum 表示枚举类型。定义一个枚举类型很简单，下面是一个枚举类型的示例。

```
public enum Season {
        SPRING, SUMMER, AUTUMN, WINTER;
}
```

上面创建了一个名为 Season 的枚举类型，它有 4 个成员。由于枚举类型的实例是常量，因此按命名习惯它们都用大写字母表示。为了使用 enum，需要创建一个该类型的引用，并将其赋值给某个实例。例如：

```
Season season = Season.SUMMER;
```

在创建一个 enum 的实例后，编译器会自动创建一些有用的方法。ordinal()方法用来返回某个特定 enum 常量的索引；values()方法用来按照 enum 常量的声明顺序产生由这些常量值构成的数组。例如：

```
for (Season season : Season.values()) {
    System.out.println(season+",ordinal "+season.ordinal());
}
```

输出

```
SPRING, ordinal 0
SUMMER, ordinal 1
AUTUMN, ordinal 2
WINTER, ordinal 3
```

定义枚举本质上是在定义一个 final 类型的类，该类从 java.lang.Enum 继承，而每个枚举成员其实就是该枚举类的一个实例。这些工作由编译器来完成，所以枚举像类一样可以拥有自己的数据成员、构造方法、初始化代码块、成员方法和内部类。

**【例 6.1】**用 enum 模拟交通信号灯。

TrafficLight.java

```
package org.enums;
enum Signal {
    GREEN, YELLOW, RED;
}
public class TrafficLight {
```

```
        Signal color = Signal.RED;
        public void change() {
                switch (color) {
                        case RED:color = Signal.GREEN; break;       // 注意：在 case 中不能写成 Signal.RED
                        case GREEN:color = Signal.YELLOW; break;
                        case YELLOW:color = Signal.RED; break;
                }
        }
        public String toString() {
                return "The traffic light is " + color;
        }
        public static void main(String[] args) {
                TrafficLight t = new TrafficLight();
                for(int i = 0;i< 7;i++){
                        System.out.println(t);
                        t.change();
                }
        }
}
```

程序运行结果：

```
The traffic light is RED
The traffic light is GREEN
The traffic light is YELLOW
The traffic light is RED
The traffic light is GREEN
The traffic light is YELLOW
The traffic light is RED
```

### 6.1.2 enum 构造方法

枚举像类一样也可以有构造方法，这样在定义其成员变量时就可以用构造方法来进行初始化。在定义枚举时，必须将枚举常量定义在最前面，并以分号“;”与其他成员隔开。若 enum 是 public 类型且在类外部定义，则文件名必须与 enum 的名字相同，且文件中不能再定义其他 public 类型的类。

**注意：**
enum 的构造方法必须是 private，否则出错。

【例 6.2】在 enum 中定义它的构造方法和普通方法。

Orientation.java

```
package org.enums;
public enum Orientation {
        EAST("shanghai"),SOUTH("shenzhen"),WEST("xian"),NORTH("beijing");
        private String city;
        Orientation(String city) {            // enum 的构造方法，编译程序自动加上 private 修饰符
                this.city = city;
        }
        public String getCity() {             // enum 的普通方法
                return city;
```

```
    }
    public static void main(String[] args) {
        Orientation or1 = Orientation.EAST;
        Orientation or2 = Orientation.SOUTH;
        Orientation or3 = Orientation.WEST;
        Orientation or4 = Orientation.NORTH;
        System.out.println(or1.getCity());
        System.out.println(or2.getCity());
        System.out.println(or3.getCity());
        System.out.println(or4.getCity());
    }
}
```

程序运行结果：

```
shanghai
shenzhen
xian
Beijing
```

**注意：**

可以由枚举的名字串构造一个相应的枚举对象，即由 String 直接转换成枚举对象，如由名字串“EAST”转换成的枚举对象 EAST 为：

```
Orientation or1 = Orientation.valueOf("EAST");
```

此时，or1 与 Orientation.EAST 是同一个对象。

### 6.1.3 使用 EnumMap

EnumMap 是一种特殊的 Map（将在第 7 章介绍），它要求所有的键（Key）都必须来自同一个枚举，该枚举在创建 EnumMap 时显式或隐式地指定。EnumMap 在内部表示为数组，这种表示形式非常紧凑且高效，故可放心地使用 enum 实例在 EnumMap 中进行查找。不过，只能将 enum 实例作为键来调用 put()方法，其他操作与使用一般的 Map 差不多。

**【例 6.3】**通过使用 EnumMap 的键对象来取得值对象。

EnumMapTest.java

```
package org.enums;
import java.util.*;
enum Size {
    Small,Medium,Large;
}
public class EnumMapTest {
    public static void main(String[] args) {
        /** 创建一个键类型为枚举 Size 的空枚举映射，键对象为枚举 Size 型，
        值对象为 Integer 型，参数为键类型的 Class 对象 */
        Map<Size, Integer> map = new EnumMap<Size, Integer>(Size.class);
        map.put(Size.Small, 36);
        map.put(Size.Medium, 40);
        map.put(Size.Large, 42);
        for (Size size : Size.values()) {
```

```
                System.out.println(map.get(size));
            }
            for (int value : map.values()) {
                System.out.println(value);
            }
        }
}
```

程序运行结果：

```
36
40
42
36
40
42
```

**说明**：从程序运行结果可以看出，enum 实例定义时的次序决定了其在 EnumMap 中的顺序，并且 enum 的每个实例作为一个键总是存在的，但是如果没有为这个键调用 put()方法插入相应值的话，其对应的值就是 null。

## 6.2 注 解

注解（Annotation，又称元数据）也是 Java SE 5.0 引入的重要语言变化之一。注解是写在代码里的特殊标记，它以标准化和结构化的方式，采用能被 Java 编译器检查、验证的格式存储有关程序的额外信息，并可由自动化工具读取、执行相应的处理。在程序中使用注解的优点有：

- 提供了一种结构化的、且具有类型检查能力的新途径，以编写更为健壮的代码；
- 通过使用注解，程序员可以在不改变源程序逻辑的情况下为代码加入元数据；
- 用于附属文件的自动生成，例如部署描述符或 bean 信息类；
- 用于测试、日志、事务语义等代码的生成。

按产生方式和功能的不同，Java 程序的注解可分为内置注解、自定义注解和元注解。

### 6.2.1 内置注解

内置注解是指 Java 语言内部已定义好的注解，可直接使用。Java SE 5.0 预定义了 3 种标准注解（在 java.lang 包中），具体如下。

- @Override：表示当前的方法将重写父类中的方法。如果不小心拼写错误或者签名对不上父类的方法，编译器就会发出错误提示。
- @Deprecated：表示某个程序元素（类、方法等）已过时。当其他程序使用已过时的类、方法时，编译器将会发出警告。
- @SuppressWarnings：关闭指定的编译器警告信息。

Java 7 新增@SafeVarargs 来抑制“堆污染”警告；Java 8 又增加了@FunctionalInterface 修饰函数式接口。使用注解时要在其前面写上@符号，并把它当成一个修饰符使用，通常放在修饰符前面，单独成为一行或多行。

#### 1. @Override

@Override 告诉编译器某个方法必须重写父类中的方法，编译器得知后，在编译程序时如果发现该方法并非是重写的父类方法，就会报错。该注解只能应用于方法。

【例 6.4】使用@Override 注解。

OverrideTest.java

```
package org.annotations;
class Person {
	String name;
	int age;
	Person(String str, int i) {
		name = str;
		age = i;
	}
	@Override								// 重写从 Object 类继承过来的 equals()方法
	public boolean Equals(Object obj) {
		Person p = null;
		if (obj instanceof Person)
			p = (Person) obj;
		else
			return false;
		if (p.name == this.name && p.age == this.age)
			return true;
		else
			return false;
	}
}
public class OverrideTest {
	public static void main(String[] args) {
		Person p1 = new Person("Tom", 18);
		Person p2 = new Person("Tom", 18);
		System.out.println(p1.equals(p2));
	}
}
```

**说明**：Person 类的 equals()方法是重写 Object 类中的 equals()方法，但由于疏忽误写成 Equals()，这在编译程序时并不会出现任何错误，编译器只当是定义了一个普通的 Equals()方法。

程序运行结果：

```
false
```

这显然是不对的。现在对 Equals()方法加上@Override 注解，要求编译器必须检查这个方法究竟是不是重写父类的某个方法，编译器通过检查发现父类 Object 中其实并没有这个方法，于是报错。Eclipse 在用户编辑代码的阶段就直接显出错误提示，如图 6.1 所示。

经过查看源程序，发现把 equals()方法误写成 Equals()，改正之后图中的错误提示消失，再次编译运行程序，显示结果为 true。

### 2. @Deprecated

@Deprecated 告诉编译器某个程序元素已经不建议使用，如果试图使用或重新定义该元素，则发出警告。

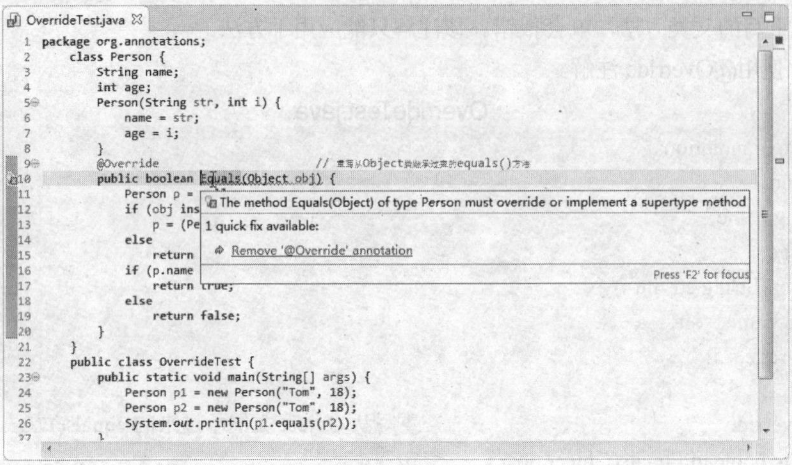


图 6.1　使用@Override 注解

【例 6.5】使用@Deprecated 注解。

DeprecatedTest.java

```
package org.annotations;
public class DeprecatedTest extends Service {
    @Override
    public void doSomething() {
        System.out.println("do something in DeprecatedTest class");
    }
    public static void main(String[] args) {
        DeprecatedTest sub = new DeprecatedTest();
        sub.doSomething();
    }
}
class Service {
    @Deprecated
    public void doSomething() {
        System.out.println("do something");
    }
}
```

**说明**：程序中有一个 Service 类，其中定义了 doSomething()方法，经过一段时间之后，考虑不建议使用这个方法，因而将它注解为@Deprecated。DeprecatedTest 类试图在继承这个类后重新定义 doSomething()方法，程序编译时就会出现如图 6.2 所示的警告信息。

```
C:\Users\Administrator\workspace\MyProject_06\src\org\annotations>javac DeprecatedTest.java
注: DeprecatedTest.java使用或覆盖了已过时的 API。
注: 有关详细信息, 请使用 -Xlint:deprecation 重新编译。
```

图 6.2　使用@Deprecated 注解

但是含有标记@Deprecated 的类仍然可以被 JVM 执行。程序运行结果为：

```
do something in DeprecatedTest class
```

3. @SuppressWarnings

@SuppressWarnings 用于有选择地关闭编译器对类、方法、成员变量、变量初始化的警告，这类警告并不一定表示程序错误。例如，当使用一个容器类又没有提供它的类型时，编译器将发出“unchecked warning”警告，通常这种情况需要查看引起警告的代码，若它真的错了当然要纠正；但有时代码并无错，又无法避免这种警告，此时@SuppressWarnings 就派上用场了，在调用的方法前增加该注解告诉编译器停止对此方法的警告。该注解有一个类型为 String[]的成员，其值为被禁止的警告名，每个编译器都有它所支持的警告名。另外，建议在最里层的嵌套程序元素上施加这个注解，例如，对某个类施加了该注解就意味着类中所有的成员都被施加了这个注解。

下面的方法 f()中定义了一个 ArrayList 类，但同时会出现警告信息。

```
public void f() {
    List list = new ArrayList();
    list.add("hello");
}
```

警告信息表示 List 类必须使用泛型才是安全的，为消除警告须将这个方法作如下改写：

```
public void f() {
    List<String> list = new ArrayList<String>();
    list.add("hello");
}
```

但如果实际的程序并无很高的安全需求，如此写法就显得烦冗，可又不想看到警告信息，于是使用@SuppressWarnings 注解，如下：

```
@SuppressWarnings (value = {"unchecked"})
public void f() {
    List list = new ArrayList();
    list.add("hello");
}
```

与@Override 和@Deprecated 注解不同，@SuppressWarnings 有一个类型为 String[]的元素。注解的语法允许在注解名后跟括号，括号中是使用逗号分隔的“name = value”对，用来为注解的成员赋值。按照约定，单一元素（只有一个元素）的名字建议取为“value”，而这里@SuppressWarnings 类型只定义了一个单一成员，故只有一个简单的“value = {...}”作为“name = value”对，这种情况还可更进一步省去“value =”，例如：

```
@SuppressWarnings({"unchecked","deprecation"})
```

由于成员值是一个数组，故使用大括号来声明数组值。

当@SuppressWarnings 所声明的被禁止警告个数为 1 时，还可省去大括号，如下：

```
@SuppressWarnings("unchecked")
```

【例 6.6】使用@SuppressWarnings 注解。

SuppressWarningsTest.java

```
package org.annotations;
import java.util.*;
import java.time.*;
public class SuppressWarningsTest {
    @SuppressWarnings("unchecked")
    public static void main(String[] args) {
        Map map = new TreeMap();
```

```
            map.put("hello", LocalDateTime.now());
            System.out.println(map.get("hello"));
            List list = new ArrayList();
            list.add("annotation");
            System.out.println(list);
        }
    }
```

**说明**：在程序中创建了 TreeMap 和 ArrayList 类的实例，由于没有使用泛型，编译器将提示警告信息，为抑制警告，使用了@SuppressWarnings 注解。

程序运行结果：

```
2015-05-12T11:14:27.795
[annotation]
```

### 6.2.2 自定义注解

Java 语言本身提供的注解并不多，但它有一个强大的机制给用户自定义注解。现实中程序员更多的是使用开发环境或 IDE 定义的注解，它们数量众多、功能强大，是编程的有力工具。注解类型的定义可看作是一种特殊的接口定义，只是在 interface 关键字前加了一个@符号。编译器在编译注解的定义时，会自动从 java.lang.annotation.Annotation 接口继承该注解，故不必（也不允许）在注解定义语句后边再加 extends 子句。

**注意：**

程序员人为地定义一个从 Annotation 继承的接口是不会被编译器当作注解的，因此注解的定义只能使用@interface。在任何可能定义接口的地方都可以定义注解，接口的修饰符也都可用于修饰注解，就连访问权限的范围也一样。例如：

```
public @interface MyAnnotation { }
```

这是个最简单的注解，它没有任何元素，也可理解为是一个标记注解。当然，也可以定义有元素的注解，如下：

```
public @interface MyAnnotation {
    public int id();
    public String value() default "java world";
}
```

id 和 value 类似方法定义，value 元素有一个默认值，如果在注解某个方法时没有给出 value 的值，该注解的处理器会使用这个默认值。

可以按如下方式使用自定义的注解 MyAnnotation：

```
@MyAnnotation(id = 12, value = "java")
public void f() { … }
```

**说明**：在注解内部还可定义常量、类、接口、enum 及其他标准类型。

### 6.2.3 元注解

注解在 Java 语言中也和类、接口一样是程序的基本组成部分，既然可以对类（接口）进行注解，当然也可对注解本身进行注解。这种特殊的注解称为元注解（Meta Annotation），它是被用来对注解（Annotation 类型）进行注解的。Java 8 在 java.lang.annotation 包下提供了 6 个元注解，具体如下。

- @Target：指定被修饰的注解能用于哪些程序元素类型。其参数 ElementType 表示所适用的元素类型，取值有：CONSTRUCTOR（构造器）、FIELD（成员变量）、LOCAL_VARIABLE（局部变量）、METHOD（方法）、PACKAGE（包）、PARAMETER（参数）、TYPE（类、接口、注解类型或枚举），以及 ANNOTATION_TYPE（标准注解）。

- @Retention：指定被修饰注解的保存级别。其参数 RetentionPolicy 表示保存级别，取值有：SOURCE（只保留在源代码中，编译器直接丢弃这种注解）、CLASS（保存在 class 文件中，但运行时 JVM 不可获取注解信息）、RUNTIME（保存在 class 文件中且运行时 JVM 也可获取注解信息），默认保存级别为 CLASS。
- @Documented：指定被修饰的注解将被 javadoc 工具提取成文档。
- @Inherited：指定被修饰的注解（这里假设为@Xxx）具有继承性，即如果某个类使用了@Xxx 注解，则其子类也将自动被@Xxx 修饰。
- @Repeatable：用于定义 Java 8 新增的重复注解。

Type Annotation：类型注解，是 Java 8 新增的元注解，可用在任何用到类型的地方，让编译器执行最严格的类型检查。但目前尚未有第三方提供对这种注解的处理工具。

使用元注解对注解类型进行注解的方式与用注解对类、接口等进行注解的方式一样，这里逐一介绍下其中 4 个常用元注解的用法。

### 1. @Target

@Target 描述了被修饰注解所适用的程序元素的种类。当一个注解没有被@Target 修饰时可适用于所有的程序元素；而当存在@Target 时编译器会强制实施指定的类型限制。例如：

```
@Target(ElementType.METHOD)
@interface MyAnnotation {}
@MyAnnotation                                    // 不正确，不能为类注解
public class Comment {
    @MyAnnotation                                // 正确，可以为方法注解
    public void method()
}
```

**说明**：以上代码定义了一个注解 MyAnnotation 和一个类 Comment，并使用 MyAnnotation 分别对 Comment 和 method 进行注解。因为@Target 的参数 ElementType.METHOD 指定 MyAnnotation 只能为方法而不能为其他类型的任何元素注解，所以 MyAnnotation 是不能为 Comment 进行注解的。

@Target 还可以对其他元素（如构造方法、字段参数等）进行限制，若只允许对方法和构造方法进行注解，可以写成：

```
@Target({ElementType.METHOD, ElementType.CONSTRUCTOR})
@interface MyAnnotation {}
```

> **注意：**
> @Target 中元素的值不能重复出现，否则编译出错。

### 2. @Retention

@Retention 定义了注解信息被保留的时间长短，支持 3 种不同保存级别，写法如下：

```
/* 只保留在源代码中，被编译器丢弃 */
@Retention(RetentionPolicy.SOURCE) @interface MyAnnotation1 {}
/* 保存在 class 文件中，但 JVM 无法获取 */
@Retention(RetentionPolicy.CLASS) @interface MyAnnotation2 {}
/* 保存在 class 文件中，且 JVM 可以获取 */
@Retention(RetentionPolicy.RUNTIME) @interface MyAnnotation3 {}
```

**说明**：其中第一行代码并没有将注解保存在 class 文件中，也就是说像“//注释”一样在编译时就被过滤掉了；第二行代码只将注解保存在 class 文件中，在使用反射读取注解时忽略这些注解；第三行代码不仅将注解保存在 class 文件中，也可以通过反射读取。

3. @Documented

@Documented 注解和它的名字一样与文档有关。在默认情况下使用 javadoc 或其他类似工具自动生成文档时，源程序中的注解将被忽略掉。如果想在文档中也包含注解，就必须使用@Documented 修饰想要包含的注解。

4. @Inherited

@Inherited 表示注解类型会被自动继承。当一个使用@Inherited 修饰的注解被用于一个类时，它也将被自动地用于该类的所有子类。例如：

```
@Inherited
@interface MyAnnotation {}
@MyAnnotation
public class ParentClass {}
public class ChildClass extends ParentClass {}
```

在以上代码中，ChildClass 和 ParentClass 一样都已被 MyAnnotation 注解了。

【例 6.7】使用元注解读取 MyTest 类的信息。

MyReflection.java

```
package org.annotations;
import java.lang.reflect.Method;
public class MyReflection {
    public static void main(String[] args) throws Exception {
        MyTest myTest = new MyTest();
        Class<MyTest> c = MyTest.class;                    // 得到 MyTest 类的 Class 对象
        // 返回 Class 对象所表示的 MyTest 类指定方法 output()
        Method method = c.getMethod("output", new Class[] {});
        // 如果指定的注解存在于此方法中，则返回 true，否则返回 false
        if (method.isAnnotationPresent(MyAnnotation.class)) {
            method.invoke(myTest, new Object[] {});        // 调用指定对象 myTest 的方法
            // 返回方法 output 的注解
            MyAnnotation myAnnotation = method.getAnnotation(MyAnnotation.class);
            String hello = myAnnotation.hello();
            String world = myAnnotation.world();
            System.out.println(hello);
            System.out.println(world);
        }
    }
}
```

MyTest.java

```
package org.annotations;
@MyAnnotation(hello = "beijing", world = "shanghai")
public class MyTest {
    @MyAnnotation(hello = "beijing", world = "shanghai")
    @Deprecated
```

```
        @SuppressWarnings("unchecked")
        public void output() {
                System.out.println("output something");
        }
}
```

MyAnnotation.java

```
package org.annotations;
import java.lang.annotation.*;
@Retention(RetentionPolicy.RUNTIME)                    // 在运行期保存注解
public @interface MyAnnotation {
        String hello() default "nanjing";
        String world();
}
```

程序运行结果：

```
output something
beijing
shanghai
```

## 6.3 lambda 表达式

lambda 表达式是 Java 8 的特色，也是 Java 语言本身的重大变化，它增加的新语法元素提升了 Java 语言的表达能力，同时还导致 API 库中增加了很多相关功能，被认为极有可能在不久的将来改变 Java 编程的方式。

### 6.3.1 lambda 表达式简介

lambda 表达式在 Java 语言中引入了一个新的语法元素和操作符“-->”（有时被称为 lambda 操作符或箭头操作符），它将 lambda 表达式分成两个部分：左侧指定了 lambda 表达式需要的所有参数；右侧指定了 lambda 体，即 lambda 表达式要执行的动作。Java 8 定义了两种 lambda 体，一种只包含单独一个表达式，另一种包含一个代码块。这里先讨论第一种类型的 lambda 表达式，第二种将在稍后介绍。

首先看一个最简单的 lambda 表达式，它的计算结果是一个常量值，如下：

```
()->274.83
```

这个 lambda 表达式没有参数，所以参数列表为空，它返回常量值 274.83。因此，这个表达式的作用类似于下面的方法：

```
double myVal() { return 274.83; }
```

当然，lambda 表达式定义的方法没有名称。

当 lambda 表达式需要参数时，就要在操作符左侧的参数列表中加以指定。下面是一个简单的例子：

```
(value)->(value % 2) == 0
```

如果参数 value 的值是偶数，这个 lambda 表达式会返回 true。尽管可以显式指定参数类型（例如本例的 value），但通常不这么做，因为很多时候参数的类型是可以推断出来的。与命名方法一样，lambda 表达式可以指定需要用到的任意数量的参数。

### 6.3.2 函数式接口

函数式接口是指仅定义了一个抽象方法的接口。在 Java 8 中，可以为接口声明的方法指定默认行为，即默认方法（见 4.3.2 节），故如今只有当没有指定默认实现时，接口方法才是抽象方法。因为没有指定默认实现的接口方法隐式地是抽象方法，所以没有必要使用 abstract 修饰。用户可自定义函数式接口，也可以使用 Java 8 预定义的函数式接口。

（1）**定义和使用函数式接口**

定义函数式接口只能为其声明一个方法，例如：

```
public interface MyVal {
        double getValue();
}
```

其中，getValue()方法隐式地是抽象方法且是 MyVal 定义的唯一方法。因此，MyVal 是一个函数式接口，它的功能由 getValue()定义。

lambda 表达式构成了一个函数式接口定义的抽象方法的实现，而该函数式接口则定义了它的目标类型，所以只有在定义了 lambda 表达式的目标类型的上下文中，才能使用该表达式。当把一个 lambda 表达式赋给一个函数式接口的引用时，就创建了这样的上下文。

下面通过一个例子来说明如何在参数上下文中使用 lambda 表达式。首先，声明对函数式接口 MyVal 的一个引用：

```
MyVal myVal;
```

接下来，将一个 lambda 表达式赋给该引用：

```
myVal = ()->274.83;
```

当目标类型上下文中出现 lambda 表达式时，会自动创建实现了函数式接口的一个类的实例，函数式接口声明的抽象方法的行为由 lambda 表达式定义。当通过目标调用该方法时就会执行 lambda 表达式。可见，lambda 表达式提供了一种将代码段转换为对象的方式。上例中的 lambda 表达式成了 getValue()方法的实现。因此，下面的代码执行将显示 274.83：

```
System.out.println(myVal.getValue());
```

因为赋给 myVal 的 lambda 表达式返回值 274.83，所以调用 getValue()方法返回的值也是 274.83。总之，lambda 表达式的参数类型和数量必须与函数式接口中方法的参数兼容，且返回类型也必须兼容。

【例 6.8】使用 lambda 表达式实现自定义函数式接口。

MyIntPredicate.java

```
package org.lambda;
@FunctionalInterface                        // Java 8 新增注解，指定检查该接口必须是函数式接口
public interface MyIntPredicate {           // 自定义的函数式接口
    boolean test(int value);                // 唯一（只能有一个！）的抽象方法
}
```

LambdaDemo.java

```
package org.lambda;
public class LambdaDemo {
        public static void main(String[] args) {
                int n = Integer.parseInt(args[0]);
                MyIntPredicate isEven = (value)->(value % 2) == 0;      // 用 lambda 表达式实现接口
                if(isEven.test(n))                 // 调用接口方法返回值判断奇偶数
                        System.out.println(n + "是偶数");
                else
                        System.out.println(n + "是奇数");
        }
}
```

用第 2 章介绍的操作方法（见图 2.1）打开“Run Configurations”窗口，配置程序运行时的输入参数，在“Arguments”标签页的“Program arguments”栏输入“144”，然后单击“Run”按钮运行程序，结果为：

```
144 是偶数
```

读者还可输入其他不同的数进行验证。

（2）**使用 Java 8 预定义的接口**

Java 8 在 java.util.function 包下预定义了大量函数式接口，典型地包含如下 4 类。

- **XxxFunction**：这类接口中通常包含一个 apply()抽象方法对参数进行处理、转换（apply()方法的处理逻辑由 lambda 表达式来实现），然后返回一个值。该函数式接口通常用于对指定的数据进行转换处理。
- **XxxConsumer**：这类接口中通常包含一个 accept()抽象方法，它与 XxxFunction 接口的 apply()方法基本相似，也负责对参数进行处理，只是该方法不会返回处理的结果。
- **XxxxPredicate**：这类接口中通常包含一个 test()抽象方法，该方法用来对参数进行某种判断（其判断逻辑也由 lambda 表达式实现），然后返回一个 boolean 值。该接口常用于判断参数是否满足特定条件，以便筛滤数据。
- **XxxSupplier**：这类接口中通常包含一个 getAsXxx()抽象方法，此方法不需要输入参数，它会按某种逻辑算法（算法当然也是 lambda 表达式实现的）返回一个数据。

**【例 6.9】**用 Java 8 预定义的函数式接口实现奇偶数判断。

FuncInterfaceDemo.java

```
package org.lambda;
import java.util.function.*;                                    // 导入包含预定义接口的包
public class FuncInterfaceDemo {
    public static void main(String[] args) {
        int n = Integer.parseInt(args[0]);
        IntPredicate isEven = (value)->(value % 2) == 0;        // lambda 表达式实现预定义接口
        if(isEven.test(n))
            System.out.println(n + "是偶数");
        else
            System.out.println(n + "是奇数");
    }
}
```

**说明**：本例 lambda 表达式实现的接口 IntPredicate 是 Java 8 预先定义好的，位于 Java 的 API 类库中，即上面所说 XxxxPredicate 类型的函数式接口。

运行程序，结果同【例 6.8】。

综上所述，不难发现 lambda 表达式的本质很简单，其实就是使用简洁的语法来创建函数式接口的实例，然后调用其中方法完成某个功能。

### 6.3.3 lambda 表达式与匿名内部类

lambda 表达式是匿名内部类（见 3.5.2 节）的一种简化，因此它可以部分取代匿名内部类的作用，两者存在如下相同点。

- lambda 表达式与匿名内部类一样，都可以直接访问 final 局部变量，以及外部类的成员变量（包括实例变量和类变量）。

- lambda 表达式创建的对象与匿名内部类生成的对象一样，都可以直接调用从接口中继承的默认方法。

但 lambda 表达式与匿名内部类又存在一些区别，具体如下。

- 匿名内部类可以为任意接口创建实例——不管接口包含多少个抽象方法，只要匿名内部类实现所有的抽象方法即可；但 lambda 表达式只能为函数式接口创建实例。
- 匿名内部类可以为普通类创建实例而 lambda 表达式不能。
- 匿名内部类实现的抽象方法的方法体允许调用接口的默认方法；但 lambda 表达式不允许调用接口的默认方法。

【例 6.10】分别用匿名内部类和 lambda 表达式实现同一个函数式接口的功能。

MyStringFunction.java

```
package org.lambda;
public interface MyStringFunction {                    // 定义函数式接口
    String reverse(String str);                         // 抽象方法（用于字符串反转的功能）
}
AnonymousTest.java
package org.lambda;
public class AnonymousTest {
    public void display(String str, MyStringFunction myStr) {
        System.out.println(myStr.reverse(str));         // 显示反序后的字符串
    }
    public static void main(String[] args) {
        AnonymousTest ano = new AnonymousTest();
        ano.display("！程编 8 avaJ 爱我", new MyStringFunction() {
            /* 匿名内部类实现接口 */
            public String reverse(String str) {
                String result = "";
                for(int i = str.length()-1; i >= 0; i--)
                    result += str.charAt(i);
                return result;
            }
        });
    }
}
```

LambdaTest.java

```
package org.lambda;
public class LambdaTest {
    public void display(String str, MyStringFunction myStr) {
        System.out.println(myStr.reverse(str));         // 显示反序后的字符串
    }
    public static void main(String[] args) {
        LambdaTest lmd = new LambdaTest();
        lmd.display("！程编 8 avaJ 爱我", (str)->{
            /* lambda 表达式实现接口 */
            String result = "";
            for(int i = str.length()-1; i >= 0; i--)
```

```
                result += str.charAt(i);
            return result;
        });
    }
}
```

以上两种方式实现接口的程序运行结果都一样，结果为：

```
我爱 Java 8 编程!
```

但很显然，用 lambda 表达式实现的程序代码更简洁。

## 6.3.4 方法引用

如果 lambda 表达式的代码块只有一条语句，还可以使用“方法引用”的方式进一步简化代码。比如上面的例子，考虑到在 Java 字符串 StringBuffer 类中就有一个现成的 reverse()实例方法，于是我们可以用 lambda 表达式直接引用此方法而不必自己去实现。

【例 6.11】用 lambda 表达式引用 StringBuffer 类中的方法，实现字符串反序输出。

MyStrBufFunction.java

```
package org.lambda;
public interface MyStrBufFunction {                          // 定义函数式接口
    StringBuffer reverse(StringBuffer str);                  // 抽象方法（用于字符串反转的功能）
}
```

MethodRefTest.java

```
package org.lambda;
public class MethodRefTest {
    public void display(StringBuffer str, MyStrBufFunction myStr) {
        System.out.println(myStr.reverse(str));
    }
    public static void main(String[] args) {
        MethodRefTest mref = new MethodRefTest();
        String s = "! 程编 8 avaJ 爱我";
        StringBuffer strb = new StringBuffer(s);
        //mref.display(strb, (str)->str.reverse());          // 直接引用 StringBuffer 类对象的实例方法
        mref.display(strb, StringBuffer::reverse);           // 方法引用代替 lambda 表达式
    }
}
```

程序运行结果同前，略。

# 第 7 章 容器和泛型

Java 有多种方式保存对象，如在第 2 章学习的数组。但数组一旦创建，其长度就不能改变，可一般情况下写程序前并不知道需要创建多少个对象，而且数组无法保存具有映射关系的数据，例如学生成绩：

"王林—89，程明—97，李红庆—100，…"

这类数据看上去像两个数组，原则上也可拆分成两个数组来保存，但这两个数组的元素之间又有很强的关联关系（或称关联数组），如此处理会破坏这种关联。可见，数组仅限于保存一组数目有限且孤立的基本类型数据，若用来保存数量不确定、相互间存在关联的对象就不适宜了。为此，Java 提供了一套相当完备的容器（又称集合）来解决这个问题。Java 容器大致可分为：Set、List、Queue 和 Map4 种，所有的容器类都位于 java.util 包下，其中的接口及类之间的关系如图 7.1 所示（实线表示继承，虚线表示实现接口）。为了能"记住"容器中对象的数据类型并安全地使用容器，自 Java SE 5.0 开始引入了泛型。

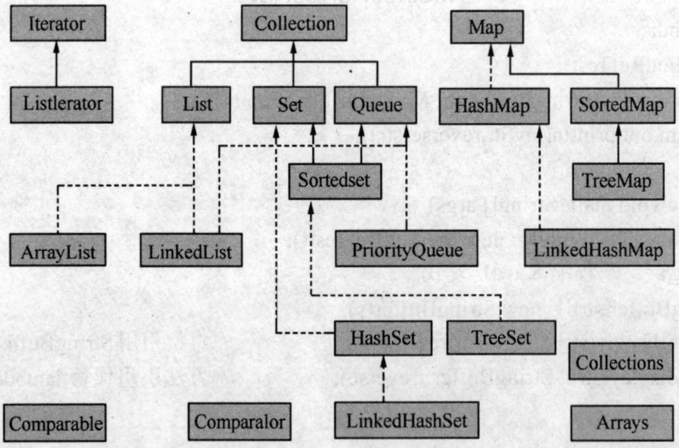


图 7.1 Java 容器类（接口）体系

## 7.1 Collection 与 Iterator 接口

Collection 是 List、Set、Queue 的根接口，它表示一组对象（也称为 Collection 元素）。List 类型的容器允许加入重复对象，并按对象在容器中的索引位置排序、检索；Set 容器中的对象是无序的，且不允许加入重复对象。Map 并没有继承 Collection 接口，Map 容器中的每一个元素都包含一对键对象和值对象，键对象不可重复，值对象可以重复。表 7.1 列出了 Collection 接口中的常用方法。

表 7.1 Collection 的常用方法

| 方法 | 描述 |
|---|---|
| boolean add(E e) | 向容器中添加一个元素 |
| boolean addAll(Collection<? extends E> c) | 向容器中添加参数中所有的元素 |
| void clear() | 移除容器中的所有元素 |
| boolean contains(Object o) | 判定此 collection 是否包含指定的元素，有则返回 true |
| boolean containsAll(Collection<?> c) | 判定此 collection 是否包含指定 collection 中的所有元素，是则返回 true |
| boolean isEmpty() | 判定此容器是否为空，是则返回 true |
| Iterator<E> iterator() | 返回一个 Iterator<T>，用来遍历容器中的所有元素 |
| boolean remove(Object o) | 如果容器中存在此元素，则删除它 |
| Boolean removeAll(Collection<?> c) | 删除容器 c 里包含的所有元素，成功删除一个（或以上）元素则返回 true |
| boolean retainAll(Collection<?> c) | 将此 Collection 与参数 c 的交集存入此 Collection 中 |
| int size() | 返回此 collection 中的元素数目 |
| Object[] toArray() | 返回包含此 collection 中所有元素的数组 |

Collection 接口的 iterator()和 toArray()方法都用于获得容器中所有元素，前者返回一个 Iterator 对象，后者返回一个包含容器中所有元素的数组。

Iterator 接口中声明了如下方法。

- boolean hasNext()：判断容器中的元素是否遍历完毕，没有则返回 true。
- next()：返回迭代的下一个元素。
- void remove()：从迭代器指向的 Collection 中移除上一次 next()方法返回的元素。
- void forEachRemaining(Consumer action)：这是 Java 8 为 Iterator 新增的默认方法，该方法支持使用 lambda 表达式来遍历容器中的元素。

【例 7.1】向容器中添加一组元素，用 iterator()方法遍历容器中的元素。

UseCollection.java

```
package org.container;
import java.util.*;
public class UseCollection {
    public static void main(String[] args) {
        Collection<String> collection = new ArrayList<String>(Arrays.asList(
                                "A", "B", "C", "D", "E"));          // 创建容器
        String[] strArray = {"F", "G", "H", "I", "J"};
        Iterator it;                                              // 声明 Iterator 接口
        collection.addAll(Arrays.asList(strArray));               // 向容器中添加元素
        Collections.addAll(collection, "M", "N", "O", "P", "Q");
        System.out.println(collection);
        for(it = collection.iterator(); it.hasNext();)            // 迭代容器中的每一个元素
            System.out.print(it.next() + " ");
        System.out.println();
        it = collection.iterator();
        it.forEachRemaining((obj)->System.out.print(obj + " "));// 用 lambda 表达式遍历元素
        System.out.println();
        collection.remove("A");                                   // 移除一个元素
```

```
            it = collection.iterator();
            it.forEachRemaining((obj)->System.out.print(obj + " "));
            System.out.println();
            Collection<String> part = new ArrayList<String>(Arrays.asList("B", "C", "D", "E"));
            collection.retainAll(part);                             // 保存相同的元素
            for(String str:collection)
                System.out.print(str + " ");
            System.out.println();
            Object[] o = collection.toArray();                      // 返回一个数组
            System.out.println(Arrays.deepToString(o));
            collection.removeAll(collection);                       // 移除所有元素
            System.out.println(collection.size());
        }
}
```

**说明：**在程序中使用 Arrays.asList()方法接收一个用逗号分隔的元素列表，并将其转换为 ArrayList 对象；Collections.addAll()方法接收一个 Collection 对象，以及一个用逗号分隔的列表，将元素添加到 Collection 中；Java 8 为 Iterator 新增了一个 forEachRemaining(Consumer action)方法，其所需的 Consumer 参数是一个函数式接口，当程序调用此方法遍历元素时，会依次将容器中元素传给 Consumer 的 accept(T t)方法（该接口中唯一的抽象方法）。

程序运行结果：

```
[A, B, C, D, E, F, G, H, I, J, M, N, O, P, Q]
A B C D E F G H I J M N O P Q
A B C D E F G H I J M N O P Q
B C D E F G H I J M N O P Q
B C D E
[B, C, D, E]
0
```

## 7.2 Collections 实用类

java.util.Collections 类有一些实用的 static 方法，其中一部分专门用于操纵 List 类型容器，还有一些方法可用于操纵所有的 Collection 或 Map 容器。

List 代表长度可变的线性表，Collections 的以下方法适用于 List 类型。

- copy(List<? super T> dest, List<? extends T> src)：将所有元素从一个列表复制到另一个列表。
- fill(List<? super T> list, T obj)：使用指定元素替换指定列表中的所有元素。
- nCopies(int n, T o)：返回由指定对象的 *n* 个副本组成的不可修改的列表。
- shuffle(List<?> list)：使用默认随机源对指定列表进行置换。
- sort(List<T> list)：根据元素的自然顺序对指定列表按升序排序。

【例 7.2】使用 Collections 的 nCopies()、min()、max()、binarySearch()等常用方法。

CollectionsOfList.java

```
package org.container;
import java.util.*;
class StringAddress {
    private String s;
```

```
        public StringAddress(String s) {
            this.s = s;
        }
        public String toString() {
            return super.toString() + " " + s;
        }
    }
    public class CollectionsOfList {
        public static void main(String[] args) {
            // Collections.nCopies()方法返回由指定的 4 个 StringAddress 对象所组成的不可变列表
            List<StringAddress>  list  =  new  ArrayList<StringAddress>(Collections.nCopies(4,  new
StringAddress("Hello")));
            System.out.println(list);
            Collections.fill(list, new StringAddress("World!"));
            System.out.println(list);
            List<String> list1 = Arrays.asList(new String[] { "spring", "summer","autumn", "winter" });
            Collections.sort(list1);                                    // 把 List 中的元素自然排序
            System.out.println(Collections.max(list1));                 // 显示 winter
            System.out.println(Collections.min(list1));                 // 显示 automn
            System.out.println(Collections.binarySearch(list1, "spring")); // 显示 1
            System.out.println(Arrays.toString(list1.toArray()));
            Collections.shuffle(list1);                                 // 重新随机调整 List 中元素的位置
            System.out.println(Arrays.toString(list1.toArray()));       // 随机显示
        }
    }
```

程序运行结果：

```
[org.container.StringAddress@19e0bfd Hello, org.container.StringAddress@19e0bfd Hello, org.container.StringAddress@
19e0bfd Hello, org.container.StringAddress@19e0bfd Hello]
[org.container.StringAddress@139a55 World!, org.container.StringAddress@139a55 World!, org.container.
StringAddress@139a55 World!, org.container.StringAddress@139a55 World!]
winter
autumn
1
[autumn, spring, summer, winter]
[winter, autumn, summer, spring]
```

**说明**：这个程序展示了两种使用单个对象的引用来填充 Collection 的方式：第一种是使用 Collections.nCopies()创建传递给 ArrayList 构造器的 list；第二种是使用 Collections.fill()填充，使得 List 中每一个元素都是 StringAddress 对象。输出 list 时，自动调用元素 StringAddress 对象的 toString()方法。

## 7.3　Set（集合）

Set 不接受重复的元素，如果试图将相同对象的多个实例添加到 Set 中，那么它就会阻止。所谓相同对象指的是：若 e1.equals(e2)，则称 e1 与 e2 是相同对象。Set 中最常被使用的是测试归属性，可以很容易地检测某个对象是否在某个 Set 中。正因如此，查找就成了 Set 中最重要的操作，通常会选择一个 HashSet 的实现，它专门针对快速查找进行了优化。Set 具有与 Collection 完全一样的接口，Set 的子接口是 SortedSet，实现类有 HashSet、TreeSet 与 LinkedHashSet。

### 7.3.1 HashSet

HashSet 类按照哈希算法来存取容器中的对象，具有很好的存取和查找性能。当向容器中加入一个对象时，HashSet 会调用该对象的 hashCode()方法来获取哈希码，然后根据这个哈希码进一步计算出对象在容器中的存放位置。在 Object 类中定义了 hashCode()和 equals()方法，equals()方法按对象的内存地址比较对象是否相等，如果 object1.equals(object2)为 true，表明 object1 和 object2 实际上引用的是同一个对象，那么它们的哈希码也相同。为保证 HashSet 能正常工作，要求当两个对象用 equals()方法比较的结果为 true 时，它们的哈希码也相等。例如，如果 object1.equals(object2)为 true ，那么以下表达式的结果也应为 true：

```
object1.hashCode() == object2.hashCode();
```

如果用户定义的类覆盖了 Object 类的 equals()方法但没有覆盖 hashCode()方法，就可能导致 object1.equals(object2)为 true 时它们的哈希码不一样，这会使 HashSet 无法正常工作。

【例 7.3】测试不同时重载 Object 类的 equals()和 hashCode()方法。

HashSetTest.java

```
package org.container;
import java.util.*;
class Person {
        private String name;
        private int age;
        public Person(String n, int a) {
                this.name = n;
                this.age = a;
        }
        public boolean equals(Object obj) {
                if (obj instanceof Person) {
                        Person p = (Person) obj;
                        return (name.equals(p.name)) && (age == p.age);
                }
                return super.equals(obj);
        }
        /* 该注释取消后重新运行程序，可得正确结果
        public int hashCode() {
                int i;
                i = (name == null ? 0 : name.hashCode());
                i = 10 * i + age;
                return i;
        }
        */
}
public class HashSetTest {
        public static void main(String[] args) {
                Collection c = new HashSet();
                c.add(new Person("Jack", 20));
                c.add(new Person("Jack", 20));
```

```
            System.out.println(c.size());
            System.out.println(c);
            c.add(new Integer(25));
            c.add("Hello World");
            c.remove(new Integer(25));
            c.remove("Hello World");
            System.out.println(c.remove(new Person("Jack", 20)));
        }
}
```

程序运行结果：

```
2
[org.container.Person@19e0bfd, org.container.Person@139a55]
false
```

**说明**：上面程序加入了两个相同对象到 Set 中，由于没有覆盖 hashCode()方法，创建的两个 Person 对象的哈希码不一样，因此 HashSet 为它们计算不同的存放位置，存放在容器的不同地方。可见，为保证 HashSet 能正常工作，如果 Person 类覆盖了 equals()方法就要同时覆盖 hashCode()方法，且保证两个相等的 Person 对象的哈希码也一样。如果取消程序的注释，重新运行，结果为：

```
1
[org.container.Person@15f180a]
true
```

## 7.3.2 TreeSet

TreeSet 类实现了 SortedSet 接口，能对容器中的对象进行排序。当向 TreeSet 中加入一个对象后，会继续保持对象间的次序，例如：

```
Set set = new TreeSet();
set.add(new String("spring"));
set.add(new String("summer"));
set.add(new String("autumn"));
set.add(new String("winter"));
System.out.println(set);
```

运行结果：

```
[autumn, spring, summer, winter]
```

TreeSet 支持两种排序方式：自然排序和指定排序，默认采用自然排序方式。

### 1. 自然排序

在 JDK 类库中有一部分类实现了 java.lang.Comparable 接口，如 Integer、Double 和 String 等。Comparable 接口有一个 compareTo(Object o)方法，它返回整数类型。x.compareTo(y)如果返回值为 0，表示 x 和 y 相等；如果返回值大于 0，表示 x 大于 y；如果返回值小于 0，表示 x 小于 y。TreeSet 调用对象的 compareTo()方法比较容器中对象的大小，然后进行升序排列。表 7.2 列出了实现 Comparable 接口的一些类的排序方式。

表 7.2　实现 Comparable 接口的类的排序方式

| 类 | 排 序 方 式 |
|---|---|
| BigDecimal、Byte、Double、Float、Integer、Long 、Short | 按数字大小排序 |

续表

| 类 | 排序方式 |
|---|---|
| Character | 按字符的 Unicode 值的数字大小排序 |
| String | 按字符串字符的 Unicode 值排序 |

使用自然排序时，只能向 TreeSet 容器中加入同类型的对象而且要求这些对象的类必须实现 Comparable 接口。以下写法是不对的：

```
Set set = new TreeSet();
set.add(new Integer(1));
set.add(new String("spring"));
System.out.println(set);                    // 抛出 java.lang.ClassCastException 异常
```

【例 7.4】向 TreeSet 容器中加入 4 个雇员信息，并按工资的多少进行升序排列。

Employee.java

```
package org.container;
import java.util.*;
class Employee implements Comparable {
    private String name;
    private int salary;
    public Employee(String name, int age) {
        this.name = name;
        this.salary = age;
    }
    public String toString() {
        return "name=" + name + ", " + "salary=" + salary;
    }
    public boolean equals(Object o) {                    // 重写 equals()方法
        if (!(o instanceof Employee))
            return false;
        Employee employee = (Employee) o;
        if (this.name.equals(employee.name) && this.salary ==employee.salary)
            return true;
        else
            return false;
    }
    public int hashCode() {                    // 重写 hashCode()方法
        int result;
        result = (name == null ? 0 : name.hashCode());
        return result;
    }
    public int compareTo(Object o) {                    // 重写 compareTo()方法
        Employee e = (Employee) o;
        int result = salary > e.salary ? 1 : (salary == e.salary ? 0 : -1);
        if (0 == result) {
            result = name.compareTo(e.name);
        }
        return result;
```

```
    }
    public static void main(String[] args) {
        Set<Employee> set = new TreeSet<Employee>();
        set.add(new Employee("Lucy", 2800));
        set.add(new Employee("John", 4000));
        set.add(new Employee("Mary", 3000));
        set.add(new Employee("Lily", 3000));
        Iterator<Employee> it = set.iterator();
        while (it.hasNext()) {
            Employee student = it.next();
            System.out.println(student);
        }
    }
}
```

**说明**：为保证 TreeSet 能正确排序，Employee 类必须实现 Comparable 接口，其 compareTo()方法与 equals()方法按相同的规则比较两个对象是否相等。

程序运行结果：

```
name=Lucy, salary=2800
name=Lily, salary=3000
name=Mary, salary=3000
name=John, salary=4000
```

### 2. 指定排序

Java.util.Comparator<Type>接口提供具体的排序方式，<Type>指定被比较对象的类型，Comparator 接口的 compare(T o1, T o2)方法用于比较两个对象的大小，当方法返回值大于 0 时表示 o1 大于 o2；返回值等于 0 表示 o1 等于 o2；而返回值小于 0 则表示 o1 小于 o2。

**【例7.5】**实现 Comparator 接口，加入 TreeSet 容器中的对象以 brand 降序排列、以 place 升序排列。

ComputerComparator.java

```
package org.container;
import java.util.*;
public class ComputerComparator implements Comparator<Computer> {
    public int compare(Computer c1, Computer c2) {
        if (c1.brand.compareTo(c2.brand) > 0)          // brand 按降序排列
            return -1;
        else if (c1.brand.compareTo(c2.brand) < 0)
            return 1;
        else
            return c1.place.compareTo(c2.place);       // place 按升序排列
    }
    public static void main(String[] args) {
        Set<Computer> set = new TreeSet<Computer>(new ComputerComparator());
        Computer computer1 = new Computer("dell", "shanghai");
        Computer computer2 = new Computer("hp", "shenzhen");
        Computer computer3 = new Computer("hp", "Guangzhou");
        Computer computer4 = new Computer("lenovo", "Beijing");
        Computer computer5 = new Computer("dell", "Beijing");
```

```
        set.add(computer1);                              // 向容器中加入元素
        set.add(computer2);
        set.add(computer3);
        set.add(computer4);
        set.add(computer5);
        Iterator<Computer> it = set.iterator();          // 返回一个迭代器
        while (it.hasNext()) {
            Computer computer = it.next();
            System.out.println(computer);
        }
    }
}
class Computer {
    String brand;
    String place;
    public Computer(String b, String p) {
        this.brand = b;
        this.place = p;
    }
    public String toString() {
        return "computer brand: " + brand + ",    place:" + place;
    }
    public boolean equals(Object o) {                    // 重写 equals()
        if (!(o instanceof Computer))
            return false;
        Computer c = (Computer) o;
        if (this.brand.equals(c.brand) && this.place == c.place)
            return true;
        else
            return false;
    }
    public int hashCode() {                              // 重写 hashCode()
        int result;
        result = (brand == null ? 0 : brand.hashCode());
        return result;
    }
}
```

程序运行结果：

```
computer brand: lenovo,    place: Beijing
computer brand: hp,    place: Guangzhou
computer brand: hp,    place: shenzhen
computer brand: dell,    place: Beijing
computer brand: dell,    place: shanghai
```

## 7.4 List（列表）

像数组一样，List 也能建立数字索引与对象的关联，表达的是数据结构中线性表的概念。List 的主要特征是以线性方式存储元素，且容器中允许存放重复对象。List 接口的常用实现类是：ArrayList 和 LinkedList。

## 7.4.1 ArrayList

ArrayList 代表长度可变的数组，允许对元素进行随机的快速访问，但是向 ArrayList 中插入与删除元素的速度较慢。ArrayList 是线程不安全的，若要成为线程安全的，可用：

```
List list = Collections.synchronizedList(new ArrayList());
```

【例 7.6】运用 ArrayList 类的各种方法，并展示相似方法的异同点。

ArrayListTest.java

```
package org.container;
import java.util.*;
public class ArrayListTest {
    public static void main(String[] args) {
        Random rand =new Random(49);
        List<String> list =new ArrayList<String>();                    //（a）
        list.add(new String("rat"));
        list.add(new String("monkey"));
        list.add(new String("pig"));
        list.add(new String("rabbit"));
        System.out.println("1:"+list);
        String str=new String("horse");
        list.add(str);
        System.out.println("2:"+list);
        System.out.println("3:"+list.contains(str));                   //（b）
        System.out.println("4:"+list);
        String str2=list.get(2);
        System.out.println("4:"+str2+"    "+list.indexOf(str2));
        String str3=new String("goat");
        System.out.println("5:"+list.indexOf(str3));
        System.out.println("6:"+list.remove(str3));
        System.out.println("7:"+list.remove(str2));                    //（c）
        System.out.println("8:"+list);
        list.add(3,new String("mouse"));
        System.out.println("9:"+list);
        List<String> sub =list.subList(1, 4);                          //（d）
        System.out.println("subList:"+sub);
        System.out.println("10:"+list.containsAll(sub));
        Collections.sort(sub);                                         //（e）
        System.out.println("sorted subList:"+sub);
        System.out.println("11:"+list.containsAll(sub));
        System.out.println("12:"+list);                                //（f）
        Collections.shuffle(sub,rand);
        System.out.println("shuffle subList:"+sub);
        System.out.println("13:"+list);
        System.out.println("14:"+list.containsAll(sub));
        List<String>copy =new ArrayList<String>(list);
```

```
            System.out.println("15:"+copy);
            List<String>sub1=Arrays.asList(list.get(0),list.get(4));
            System.out.println("sub1:"+sub1);
            copy.retainAll(sub1);                                   //（g）
            System.out.println("16:"+copy);
            copy=new ArrayList<String>(list);
            copy.remove(2);
            System.out.println("17:"+copy);
            copy.removeAll(sub1);
            System.out.println("18:"+copy);
            copy.set(1, new String("Mouse"));
            System.out.println("19:"+copy);
            copy.addAll(1,sub1);                                    //（h）
            System.out.println("20:"+copy);
            System.out.println("21:"+list.isEmpty());
            list.clear();
            System.out.println("22:"+list);
            list.add(new String("rat"));
            list.add(new String("monkey"));
            list.add(new String("pig"));
            list.add(new String("rabbit"));
            System.out.println("23:"+list.isEmpty());
            System.out.println("24:"+list);
            Object[] obj=list.toArray();                            //（i）
            System.out.println("25:"+obj[0]);
            String[] str4 =list.toArray(new String[0]);             //（j）
            System.out.println("26:"+str4[1]);
      }
}
```

**说明**：该程序用到了 ArrayList 的多个方法。

（a）创建了一个 ArrayList 类型的容器，通过 add 方法添加 4 个 String 类型的对象。

（b）容器中含有 horse 对象，contains ()方法返回 true。

（c）使用 remove()方法移除用 get()方法得到的 pig 对象。

（d）用 subList()方法得到从 fromIndex（包括）和 toIndex（不包括）之间的部分视图。

（e）Collections.sort(sub)语句对容器中的对象按字母进行排序。

（f）Collections.shuffle(sub,rand)语句使用指定的随机源对指定列表进行置换。

（g）retainAll()方法保留所有同时在 copy 与 sub 中的元素（是一种“交集”操作）。

（h）将指定 Collection 中的所有元素插入列表中的指定位置。

（i）执行 list.toArray()语句返回一个数组，该数组包含容器中的所有元素。

（j）执行 list.toArray(new String[0])语句返回一个数组，该数组包含容器中的所有元素，返回数组运行时的类型与参数数组的类型完全相同，而不是单纯的 Object。

程序运行结果：

```
1: [rat, monkey, pig, rabbit]
2: [rat, monkey, pig, rabbit, horse]
3: true
```

```
4: [rat, monkey, pig, rabbit, horse]
5: pig    2
6: -1
7: false
8: true
9: [rat, monkey, rabbit, horse]
10: [rat, monkey, rabbit, mouse, horse]
subList:[monkey, rabbit, mouse]
11 :true
sorted subList:[monkey, mouse, rabbit]
12: true
13: [rat, monkey, mouse, rabbit, horse]
shuffle subList:[mouse, rabbit, monkey]
14: [rat, mouse, rabbit, monkey, horse]
15: true
16: [rat, mouse, rabbit, monkey, horse]
sub1:[rat, horse]
17: [rat, horse]
18: [rat, mouse, monkey, horse]
19: [mouse, monkey]
20: [mouse, Mouse]
21: [mouse, rat, horse, Mouse]
22: false
23: []
24: false
25:.[rat, monkey, pig, rabbit]
26: rat
27: monkey
```

### 7.4.2 LinkedList

LinkedList 在内部采用双向循环链表实现，插入与删除元素速度较快，随机访问则较慢。LinkedList 单独有 addFirst()、addLast()、getFirst()、getLast()、removeFirst()和 removeLast()方法，使它可作为堆栈、队列和双向队列使用，方法彼此间只是名称有些差异，以使这些名字在特定用法的上下文环境（如 Queue）中更为适用。LinkedList 也是线程不安全的。

**【例 7.7】** 测试 LinkedList 类的一些方法的异同点。

LinkedListTest.java

```
package org.container;
import java.util.*;
public class LinkedListTest {
    public static void main(String[] args) {
        Random rand =new Random(49);
        LinkedList<String> list =new LinkedList<String>();
        list.add(new String("rat"));
        list.add(new String("monkey"));
        list.add(new String("pig"));
        list.add(new String("rabbit"));
```

```
        System.out.println("list:"+list);
        System.out.println("list.getFirst():"+list.getFirst());
        System.out.println("list.element():"+list.element());
        System.out.println("list.peek():"+list.peek());
        System.out.println("list.remove:"+list.remove());
        System.out.println("list.removeFirst():"+list.removeFirst());
        System.out.println("list.poll():"+list.poll());
        System.out.println("List:"+list);
        list.addFirst(new String("mouse"));
        System.out.println("After addFirst():"+list);
        list.offer(new String("dog"));
        System.out.println("After offer():"+list);
        list.add(new String("rabbit"));
        System.out.println("After add():"+list);
        list.addLast(new String("goat"));
        System.out.println("After addLast():"+list);
        System.out.println("list.removeLast():"+list.removeLast());
        System.out.println("After removeLast():"+list);
    }
}
```

程序运行结果：

```
list:[rat, monkey, pig, rabbit]
list.getFirst():rat
list.element():rat
list.peek():rat
list.remove:rat
list.removeFirst():monkey
list.poll():pig
List:[rabbit]
After addFirst():[mouse, rabbit]
After offer():[mouse, rabbit, dog]
After add():[mouse, rabbit, dog, rabbit]
After addLast():[mouse, rabbit, dog, rabbit, goat]
list.removeLast():goat
After removeLast():[mouse, rabbit, dog, rabbit]
```

**说明**：getFirst()与 element()功能完全一样，都返回列表头（第一个元素），但并不移走它，若 List 为空则抛出 NoSuchElementException 异常。remove()与 removeFirst()也完全一样，它们移除并返回列表的头，在列表为空时抛出 NoSuchElementException 异常。add()与 addLast()相同，都是将某个元素插入列表尾部，addFirst()则是将元素插入列表头部。

## 7.4.3 栈的实现

“栈”是后进先出（先进的则后出）的容器，因 LinkedList 本身具有能实现栈功能的方法，可以直接将其作为栈来使用。

【例 7.8】用 LinkedList 实现栈的功能。

MyStack.java

```
package org.container;
import java.util.*;
public class MyStack {
    LinkedList linkedlist = new LinkedList();
    public void push(Object obj) {
        linkedlist.addFirst(obj);
    }
    public Object pop() {                    // 返回第一个元素，并删除栈中该元素
        return linkedlist.removeFirst();
    }
    public Object peek() {                   // 返回栈中第一个元素
        return linkedlist.getFirst();
    }
    public boolean empty() {                 // 判断栈是否为空
      return linkedlist.isEmpty();
    }
    public String toString() { return linkedlist.toString(); }
    public static void main(String[] args) {
    MyStack ms=new MyStack();
        ms.push("Spring");
         ms.push("Summer");
        ms.push("Autumn");
    ms.push("Winter");
    System.out.println(ms.pop());
    System.out.println(ms.peek());
    System.out.println(ms.pop());
    System.out.println(ms.empty());
    System.out.println(ms);
    }
}
```

程序运行结果：

```
Winter
Autumn
Autumn
false
[Summer, Spring]
```

# 7.5 Queue（队列）

队列是一个典型的“先进先出”容器，即从容器一端放入的对象从另一端取出，且对象放入与取出的顺序是相同的。它常被当作一种将对象从程序某个区域传输到另一个区域的可靠途径。

## 7.5.1 LinkedList 实现

LinkedList 也提供了方法支持队列行为，并且实现了 Queue 接口，故可用作队列的一种实现，通过将 LinkedList 向上转型成为 Queue。

【例 7.9】用 LinkedList 实现队列。

QueueTest.java

```
package org.container;
import java.util.*;
public class QueueTest {
        public static void printQ(Queue queue) {
                while(queue.peek() != null)
                        System.out.print(queue.remove() + " ");                // 返回并移取队列的元素
                        System.out.println();
        }
        public static void main(String[] args) {
                Queue<Integer> queue = new LinkedList<Integer>();
                Random rand = new Random(99);
                for(int i = 0; i < 10; i++)
                        queue.offer(rand.nextInt(i + 10));
                printQ(queue);                                          // 输出队列元素
                Queue<Character> qc = new LinkedList<Character>();
                // 将字符串转换为字符数组，放入到队列中
                for(char c : "Brontosaurus".toCharArray())
                        qc.offer(c);
                printQ(qc);
        }
}
```

程序运行结果：

```
7 10 9 8 8 2 13 0 14 4
B r o n t o s a u r u s
```

**说明：** offer()方法在允许的情况下将一个元素插入队尾或返回 false。peek()和 element()都是在不移除元素的情况下返回队首元素的，但 peek()在队列为空时返回 null，而 element()则抛出 NoSuchElementException 异常。poll()和 remove()移除并返回队列的头元素，但 poll()在队列为空时返回 null，而 remove()会抛出 NoSuchElementException 异常。

### 7.5.2 PriorityQueue

优先级队列是基于优先级堆的无界队列。队首元素是队列中“最小”的元素，所谓“最小”指的是“最高优先级”，它是由元素的“自然顺序”或“人为指定顺序”决定的。例如，若元素是线程对象，“人为指定顺序”是线程执行优先级，则队首“最小”元素代表队列中具有最高优先级的线程。优先级队列下一个弹出的总是最重要（具有最高优先级）的元素，比如，构建了一个消息系统，某些消息比其他消息更重要，应该更快地得到处理，那么它们何时得到处理就与其到达队列的时刻无关了。

> **注意：**
> 优先级队列并不是一个有序队列，即它的遍历器不能保证也按优先级次序遍历所有元素。

PriorityQueue 类实现了优先级队列，调用它的 offer()方法插入一个对象时，该对象会在队列中被排序，默认按自然顺序，但是可以通过提供 Comparator 来改变这个顺序。PriorityQueue 确保当调用 peek()、poll()和 remove()方法时，获取的总是队列中优先级最高的元素。PriorityQueue 队列不允许有 null 元素，另外它也不是线程安全的（对应的线程安全版本是 java.util.concurrent.PriorityBlockingQueue）。

【例 7.10】使用 PriorityQueue 获取优先级最高的元素。

PriorityQueueTest.java

```
package org.container;
import java.util.*;
import org.container.QueueTest;
public class PriorityQueueTest{
    public static void main(String[] args) {
        PriorityQueue<Integer> priorityQueue = new PriorityQueue<Integer>();
        Random rand = new Random(99);
        for(int i = 0; i < 10; i++)
            priorityQueue.offer(rand.nextInt(i + 10));      // 将一个随机数插入到随机队列中
        QueueTest.printQ(priorityQueue);                     // 输出队列的元素
        List<Integer> list = Arrays.asList(20, 18, 16,14, 12, 9, 6, 1, 1, 2, 6, 9, 14, 16, 18, 12, 20);
        priorityQueue = new PriorityQueue<Integer>(list);
        QueueTest.printQ(priorityQueue);
        priorityQueue = new PriorityQueue<Integer>(list.size(), Collections.reverseOrder());// 逆序
        priorityQueue.addAll(list);                          // 向队列中加入元素
        QueueTest.printQ(priorityQueue);
        String fact = "EDUCATION SHOULD ESCHEW OBFUSCATION";
        List<String> strings = Arrays.asList(fact.split("")); // 分裂字符串并返回字符数组
        PriorityQueue<String> stringPQ = new PriorityQueue<String>(strings);
        QueueTest.printQ(stringPQ);
        stringPQ = new PriorityQueue<String>(strings.size(), Collections.reverseOrder());
        stringPQ.addAll(strings);
        QueueTest.printQ(stringPQ);
    }
}
class QueueTest {
    // 输出队列的元素
    public static void printQ(Queue queue) {
        while (queue.peek() != null)
            System.out.print(queue.remove() + " ");          // 获取并移除队列的头元素
        System.out.println();
    }
}
```

程序运行结果：

```
0 2 4 7 8 8 9 10 13 14
1 1 2 6 6 9 9 12 12 14 14 16 16 18 18 20 20
20 20 18 18 16 16 14 14 12 12 9 9 6 6 2 1 1
    A A B C C C D D E E E F H H I I L N N O O O O S S S T T U U U W
W U U U T T S S S O O O O N N L I I H H F E E E D D C C C B A A
```

**说明：**可以看到，优先级队列允许重复元素，如果多个重复元素都是“最小”值，则队首放置的是它们中的一个元素，且选择方法是任意的。

### 7.5.3 双向队列

双向队列（或称双端队列）就像是一个队列，可在任何一端添加或移除元素，在 LinkedList 中包

含支持双向队列的方法。

【例 7.11】在双向队列的两端分别加入、删除元素。

ByQueueTest.java

```
package org.container;
import java.util.*;
class ByQueue<T> {
    private LinkedList<T> queue = new LinkedList<T>();
    public void addFirst(T e) {                    // 向队列的头部加入元素
        queue.addFirst(e);
    }
    public void addLast(T e) {                     // 向队列的尾部加入元素
        queue.addLast(e);
    }
    public T getFirst() {                          // 返回队列的头部元素
        return queue.getFirst();
    }
    public T getLast() {                           // 返回队列的尾部元素
        return queue.getLast();
    }
    public T removeFirst() {                       // 移去并返回队列的头元素
        return queue.removeFirst();
    }
    public T removeLast() {                        // 移去并返回队列的尾元素
        return queue.removeLast();
    }
    public int size() {                            // 返回队列的元素数
        return queue.size();
    }
    public String toString() {
        return queue.toString();
    }
}
public class ByQueueTest {
    static void fillElement(ByQueue<Integer> queue) {
        for (int i = 1; i < 7; i++)
            queue.addFirst(i);                     // 在队列的头部加入元素
        for (int i = 20; i < 25; i++)
            queue.addLast(i);                      // 在队列的尾部加入元素
    }
    public static void main(String[] args) {
        ByQueue<Integer> q = new ByQueue<Integer>();
        fillElement(q);
        System.out.print(q);
        System.out.println();
        while (q.size() != 0)
            System.out.print(q.removeFirst() + " ");// 在队列的头部移除元素
        System.out.println();
```

```
        fillElement(q);
        while (q.size() != 0)
            System.out.print(q.removeLast() + " "); // 在队列的尾部移除元素
    }
}
```

程序运行结果：

```
[6, 5, 4, 3, 2, 1, 20, 21, 22, 23, 24]
6 5 4 3 2 1 20 21 22 23 24
24 23 22 21 20 1 2 3 4 5 6
```

# 7.6　Map（映射）

Map 是一种把键和值进行关联（映射）的容器，它的每一个元素都包含了一对键和值对象，而值对象仍可以是 Map 类型，……，依此类推可形成多级映射。向 Map 容器中加入元素时必须提供一对键和值，而从 Map 中检索元素时只要给出键就会返回其对应的值对象。在 Map 中每个键最多只能映射一个值。

## 7.6.1　HashMap

HashMap 是基于哈希表的 Map 接口实现，它提供所有可选的映射操作并允许使用 null 值和 null 键，但不保证映射的顺序。HashMap 是基于 HashCode 的，若想正确使用它就需要重写 hashCode()和 equals()方法。HashMap 不是线程安全的，若要线程安全，可用：

```
Map m = Collections.synchronizedMap(new HashMap());
```

【例 7.12】设计一个程序，统计任意给定的一个字符串中每个英文字母的使用频度。

AlphaDegree.java

```
package org.container;
import java.util.*;
public class AlphaDegree {
    public static void main(String[] args) {
        String s = "afasdfassgdfgdfgdfgsdfg";
        char[] num = s.toCharArray();                // 将字符串转换为 char 数组
        int i = num.length - 1;
        HashMap map = new HashMap();                 // 创建一个 HashMap 对象
        map.put(num[0], 1);
        for(int k = 1; k <= i; k++) {
            if(map.containsKey(num[k])) {            // 如果在容器中已存在该字母，字母数加 1
                Integer j = (Integer)map.get(num[k]);
                map.put(num[k], ++j);
            }
            else
                map.put(num[k], 1);                  // 如果不存在，将该字母加入到容器中
        }
        // 使用 Java 8 为 Map 新增的 forEach()方法来遍历 Map 集合
        map.forEach((key, value)->System.out.print(key + "=" + value + "    "));
    }
}
```

程序运行结果：

```
a=3    s=4    d=5    f=6    g=5
```

## 7.6.2 TreeMap

使用 SortedMap 接口可以确保键处于排序状态，该接口提供如下方法。

- Comparator compartor()：返回当前 Map 使用的 Comparator，若返回 null 表示以自然方式排序。
- firstKey()：返回 Map 中的第一个键。
- lastKey()：返回 Map 中的最后一个键。
- SortedMap subMap(fromKey, toKey)：生成此 Map 的子集，由键小于 toKey 的所有键值对组成。
- SortedMap tailMap(fromKey)：生成此 Map 的子集，由键大于或等于 toKey 的所有键值对组成。

TreeMap 类是 SortedMap 的唯一实现，基于红黑树数据结构，它根据键的自然顺序或创建映射时提供的 Comparator 进行排序（取决于 compartor()方法返回值）。TreeMap 是唯一带有 subMap()方法的 Map，它可以返回一个子树。

**【例 7.13】** 对一个由数字和非数字组成的字符串，将其中连续的数字字符转换成一个整数。若连续数字个数超过 4，则以 4 个数字为一组进行转换。转换生成的整数依次存放在数组中。如字符串“c123yz45!786*+56abc123456789”分析后的数组内容为：123、45、786、56、1234、5678、9。

Statistic.java

```
package org.container;
import java.util.*;
public class Statistic {
    public static void main(String[] args) {
        String s = "c789yz45!786*+56abc123456789";
        TreeMap map = new TreeMap();
        char[] arr = s.toCharArray();                // 将字符串转换为字符数组
        int i = arr.length;                          // 获取字符数组的长度
        int k = 0;
        int p = 0;                                   // 记下数字字符的开始位置
        int q = 0;                                   // 记下数字字符的结束位置
        boolean b = false;
        for (int j = 0; j < i; j++) {
            k = arr[j];
            if (47 < k && k < 58) {
                if (b == false) {
                    p = j;                           // 是数字字符的开始位置，记下该位置
                    b = true;
                }
                q = j;
                System.out.print(arr[j]);
                if (q != p) {
                    map.put(p, q);                   // 将开始位置和结束位置放入到 Map 容器中
                }
            }else{
                b= false;
            }
        }
```

```
        System.out.println(map);
        Iterator<Map.Entry<Integer, Integer>> it = map.entrySet().iterator();
                                                        // 返回一个迭代器
        int []array= new int[10];
        int a = 0;
        while(it.hasNext()) {
            Map.Entry entry = it.next();
            int u = (Integer)entry.getKey();          // 获取键对象
            int v = (Integer)entry.getValue()+1;      // 获取值对象
            if((v-u)<=3) {
                String s1 = s.substring(u,v);
                array[a++]=Integer.parseInt(s1);
            }else {
                String s2 = s.substring(u,v);
                int g = s2.length();
                int h =0;
                while(h+4<g) {
                    String s3 = s2.substring(h, h+4);
                    array[a++] = Integer.parseInt(s3);
                    h = h+4;
                }
                String s4 = s2.substring(h, g);      // 取出最后不足 4 个的数字字符
                array[a++] = Integer.parseInt(s4);
            }
        }
        for(int c = 0; c<a; c++) {
            System.out.println(array[c]);
        }
    }
}
```

程序运行结果：

```
7894578656123456789{1=3, 6=7, 9=11, 14=15, 19=27}
789
45
786
56
1234
5678
9
```

# 7.7 泛　型

## 7.7.1 泛型的基本概念

Java SE 5.0 引入了“泛型”的概念，泛型实现了参数化类型，使代码可以应用于多种类型，让类或方法具备了更广泛的表达能力。

【例 7.14】指定其持有 Object 类型的对象。

BasicType.java

```
package org.generics;
public class BasicType {
    private Object obj;
    public BasicType(Object obj)
    {   this.obj= obj;   }
    public void setObj(Object obj)
    {   this.obj = obj;   }
    public Object getObj()
    {   return obj;   }
    public static void main(String[] args) {
        BasicType type = new BasicType(new A());
        A a = (A)type.getObj();                          // 强制类型转换
        type.setObj(new Double(3.14));
        Double d   = (Double)type.getObj();
        type.setObj(new String("before use generics"));
        String s = (String)type.getObj();
        Double b= (Double)type.getObj();                 // 运行时异常
    }
}
class A {
    A() {
        System.out.println("A");
    }
}
```

程序运行结果：

```
A
Exception in thread "main" java.lang.ClassCastException: java.lang.String cannot be cast to java.lang.Double
    at org.generics.BasicType.main(BasicType.java:17)
```

**说明：** BasicType 类可以存储任何类型的对象，但要想得到所存储的对象必须强制转换到正确的类型。例如，当试图把存储的对象强制转换为 Double 型时，编译器不会检查到错误，但在运行时却会抛出 ClassCastException 异常。Java 泛型机制可以解决此类问题，它要求编译期的严格类型检查。

【例 7.15】使用泛型类指定其持有的对象类型。

BasicGeneric.java

```
package org.generics;
public class BasicGeneric<T> {                           // T 是类型参数
    private T a;
    public BasicGeneric(T a)
    {   this.a = a;   }
    public void set(T a)
    {   this.a = a;   }
    public T get()
    {   return a;   }
```

```
        public static void main(String[] args) {
                BasicGeneric<B> generic1    = new BasicGeneric<B>(new B());
                B b = generic1.get();
                BasicGeneric<Double> generic2    = new BasicGeneric<Double>(3.14);
                Double d = generic2.get();
                System.out.println(d);
                BasicGeneric<String> generic3    = new BasicGeneric<String>("use generic");
                String s = generic3.get();
                System.out.println(s);
        }
}
class B {
        B() {
                System.out.println(" Class B");
        }
}
```

程序运行结果：

```
Class B
3.14
use generic
```

以上程序中，T 是类型参数，所以在创建 BasicGeneric 对象时必须指明其想持有什么类型的对象（置于尖括号内），例如：

```
BasicGeneric<B> generic1    = new BasicGeneric<B>(new B());
```

然后，就只能在 generic1 中存入 B 类型的对象了（此时的 T 即引用类型 B），故通过 get()方法就能自动获得 B 类型而无须强制类型转换。接下来，在创建 generic2 时 T 变成 Double 型，而创建 generic3 的时候 T 又变成了 String 型。

Java 7 开始引入“菱形”语法，允许在构造器后不需要带完整的泛型信息，只要给出一对尖括号（<>）即可，这样上面的语句就可以简写为：

```
BasicGeneric<B> generic1    = new BasicGeneric<>(new B());
BasicGeneric<Double> generic2    = new BasicGeneric<>(3.14);
BasicGeneric<String> generic3    = new BasicGeneric<>("use generic");
```

Java 能够推断出尖括号里应该是什么泛型信息，改写后的程序运行结果一样，今后本书在写泛型程序时都将采用这种新的简写形式。

一个泛型类就是具有一个或多个类型变量的类，即泛型类可以带有两个及以上类型参数，参数之间用逗号分隔。

**【例 7.16】**带有两个类型参数 T1、T2 的泛型类。

ComplexGeneric.java

```
package org.generics;
public class ComplexGeneric<T1, T2> {
        private T1 first;
        private T2[] second;                                          // 数组类型
        public void setFirst(T1 f) {
                this.first = f;
        }
        public T1 getFirst() {
```

```
            return first;
        }
        public void setSecond(T2[] s) {
            this.second = s;
        }
        public T2[] getSecond() {
            return second;
        }
        public static void main(String[] args) {
            ComplexGeneric<Integer, String> generic = new ComplexGeneric<>();
            String[] season = { "spring", "summer", "autumn","winter"};
            generic.setFirst(new Integer(9));
            generic.setSecond(season);
            System.out.println(generic.getFirst());
            String[] strs = generic.getSecond();
            for (String str : strs) {
                System.out.println(str);
            }
        }
}
```

程序运行结果：

```
9
spring
summer
autumn
winter
```

## 7.7.2 泛型方法

前面介绍的都是如何定义一个泛型类，其实还可以定义泛型方法，只需将泛型参数列表置于方法返回值之前即可。

【例 7.17】在 GenericMethods 类中定义泛型方法 f()。

GenericMethods.java

```
package org.generics;
public class GenericMethods {
    public <T> void f(T x) {
        System.out.println(x.getClass().getName());        // 显示传递的参数类型的类名
    }
    public static void main(String[] args) {
        GenericMethods gm = new GenericMethods();
        gm.<Boolean>f(true);
        gm.<String>f("use generic");
        gm.<Integer>f(3);
        gm.<Float>f(3.14f);
        gm.<Double>f(3.14);
        gm.f(gm);
```

```
    }
}
```

程序运行结果：

```
java.lang.Boolean
java.lang.String
java.lang.Integer
java.lang.Float
java.lang.Double
org.generics.GenericMethods
```

**说明：** 这个泛型方法是在普通类（而不是泛型类）中定义的，其类型变量放在修饰符的后面、返回类型的前面。

Java 8 改进了泛型方法的类型推断能力，主要体现在如下两方面：

- 可通过调用方法的上下文来推断类型参数的目标类型；
- 可在方法调用链中，将推断得到的类型参数传递到最后一个方法。

就本例来说，其代码还可进一步简写为：

```
…
gm.f(true);
gm.f("use generic");
gm.f(3);
gm.f(3.14f);
gm.f(3.14);
gm.f(gm);
…
```

运行结果是一样的。需要指出的是，虽然 Java 8 增强了泛型推断的能力，但它也不是万能的，在某些情形下仍需要用户显式指定类型参数。究竟何时可简写何时又必须指定，并没有固定的规则可循，需要读者在实际编程中多尝试，能简化代码固然好，但要在保证程序正确的前提下进行。

可变参数也可用于泛型方法，表示声明一个接受可变数目参数的泛型方法。注意，可变参数必须是方法声明中的最后一个参数。

**【例 7.18】** 在泛型方法中使用可变参数。

GenericVarargs.java

```
package org.generics;
import java.util.*;
public class GenericVarargs {
    public static <T> List<T> showList(String a,T... args) {
        System.out.print(a);
        ArrayList<T> list = new ArrayList<>();
        for(T item : args)
            list.add(item);
        return list;
    }
    public static void main(String[] args) {
        List<String> list = showList("one parameter:","A");                  // 传递 1 个参数
        System.out.println(list);
        list = showList("three parameters:" ,"A", "B", "C");                 // 传递 3 个参数
        System.out.println(list);
```

```
            list = showList( "more parameters:","ABCDEF".split(""));           // 传递多个参数
            System.out.println(list);
        }
    }
```

程序运行结果：

```
one parameter:[A]
three parameters:[A, B, C]
more parameters:[A, B, C, D, E, F]
```

### 7.7.3 受限泛型

在定义泛型类型时，若没有指定其参数类型继承的类（接口），就默认继承自 Object，所以任何类型都可作为参数传入来实例化该泛型。但如果想要限制使用此泛型的类别，可以在定义参数类型时使用 extends 关键字指定这个类型的父类（或实现的接口），以确保没有用不适当的类型来实例化类型参数。这么做至少有以下两点好处：

- 人为设定参数类型的范围，增加了静态类型检查功能，就能保证泛型类型的每次实例化都符合所设定的范围；
- 因为知道类型参数的每次实例化都是这个范围之内的子类，故可以放心地调用类型参数实例出现在这个范围内的任何方法。

【例 7.19】使用 extends 关键字限制泛型的可用参数类型。

BoundedGeneric.java

```
package org.generics;
import java.util.*;
public class BoundedGeneric<T extends List> {
    private T Array;
    public void setArray(T Array) {
        this.Array =Array;
    }
    public T getArray() {
        return Array;
    }
    public static void main(String[] args) {
        BoundedGeneric<LinkedList> generic1 = new BoundedGeneric<>();
        BoundedGeneric<ArrayList> generic2 = new BoundedGeneric<>();
        LinkedList linkedList = new LinkedList(Arrays.asList(1,2,3,4,5));
        generic1.setArray(linkedList);
        generic1.getArray().push(6);
        System.out.println(generic1.getArray());
        generic1.getArray().poll();
        System.out.println(generic1.getArray());
        //generic1.getArray().trimToSize();                    // LinkedList 类没有此方法
        ArrayList arrayList = new ArrayList(Arrays.asList(1,2,3,4,5));
        generic2.setArray(arrayList);
        generic2.getArray().add(6);
        System.out.println(generic2.getArray());
        generic2.getArray().set(1, 9);
```

```
            System.out.println(generic2.getArray());
            //generic2.getArray().poll();                                      // ArrayList 类没有此方法
            generic2.getArray().trimToSize();
        }
    }
```

程序运行结果：

```
[6, 1, 2, 3, 4, 5]
[1, 2, 3, 4, 5]
[1, 2, 3, 4, 5, 6]
[1, 9, 3, 4, 5, 6]
```

**说明：** BoundedGeneric 的类型参数继承了 List，程序创建了 BoundedGeneric 类的两个实例：一个实例的类型参数是 LinkedList，另一个是 ArrayList。这样就限制了只能调用这个类型子集中的方法。

## 7.7.4　通配符与受限通配符

考虑下面一个简单的泛型类，该类中只有简单的 setXXX()和 getXXX()方法，如下：

```
public class Generics<T> {
        private T obj;
        public void setObj(T obj) {
                this.obj = obj;
        }
        public T getObj() {
                return obj;
        }
}
```

给上面这个泛型类定义两个引用：

```
Generics<Integer> gen1 = null;
Generics<String> gen2 = null;
```

那么 gen1 就只接收 Generics<Integer>的对象，gen2 只接收 Generics<String>的对象。现在有一个需求，希望有一个名为 gen 的引用可以接收所有下面的对象：

```
gen = new Generics<ArrayList>();
gen = new Generics<LinkedList>();
```

简言之，参数化类型必须是 List 或其子类型，要满足这种要求，可以使用“?”通配符配合“extends”关键字来限定参数化类型，如下：

```
Generics<? extends List> gen = null;
gen = new Generics<ArrayList>();
gen = new Generics<LinkedList>();
```

若指定的不是 List 或其子类型，编译器会报错，比如：

```
Generics<? extends List> gen = new Generics<HashMap>();  // 编译出错
```

如果只指定了<?>而不使用“extends”关键字，默认是 Object 及其子类（也就是所有的类了）。那么为何不直接用 Generics 而非要用 Generics<?>呢？因为通过使用通配符可限制对它加入新的信息，只能获取或是移除它的信息，例如：

```
Generics<String> gen = new Generics<>();
gen.setObj("cat");
Generics<?> gen2 = gen;
System.out.println(gen2.getObj());                         // 可以获取信息
```

```
gen2.setObj(null);                              // 可通过 gen2 来移除 gen 的信息
gen2.setObj("dog");                             // 不能通过 gen2 来设定新的信息给 gen
```

所以使用<?>或<? extends SomeClass>方式意味着只能通过该名称来取得或移除所引用对象的信息，而不能增加它的信息，因为编译器只“知道”当中放置的是 SomeClass 子类的对象，并不“知道”是具体哪个类的对象，故不让新对象加入。其实，若允许加入新对象，就还得记住取回对象是什么类型的并转换为相应类型方可操作，也失去了使用泛型的意义。

当要限定父类的类型时，可使用“?”通配符配合“super”关键字，如下：

```
Generics<? super LinkedHashSet> ge = null;
ge = new Generics<HashSet>();
```

【例 7.20】通配符与受限通配符的使用。

GenericsTest.java

```
package org.generics;
import java.util.*;
public class GenericsTest<T> {
    private T value;
    public T getValue() {
        return value;
    }
    public void setValue(T value) {
        this.value = value;
    }
    public static void main(String[] args) {
        GenericsTest<? extends Map> gen = null;
        gen = new GenericsTest<TreeMap>();
        gen = new GenericsTest<HashMap>();
        //gen = new GenericTest<ArrayList>();           // 不是 Map 的子类型
        GenericsTest<? super LinkedHashMap> gen2 = null;
        gen2 = new GenericsTest<HashMap>();             // HashMap 是 LinkedHashMap 的父类
        GenericsTest<String> gen3 = new GenericsTest<>();
        gen3.setValue("java generic test");
        System.out.println(gen3.getValue());
        GenericsTest<? extends Object> gen4 = gen3;
        System.out.println(gen4.getValue());
        gen4.setValue(null);
        System.out.println(gen4.getValue());
        //gen4.setValue("hello");                       // 不能加入信息
    }
}
```

程序运行结果：

```
java generic test
java generic test
null
```

## 7.7.5 子类泛型

泛型与普通类一样，子类泛型可继承父类泛型，还可以实现父类泛型接口。例如：

```
public interface ParentInterface<T1, T2> {
    public void setValue1(T1 value1);
    public void setValue2(T2 value2);
    public T1 getValue1();
    public T2 getValue2();
}
public class Son<T1, T2> implements ParentInterface<T1, T2> {    // 子类泛型实现父类泛型接口
    private T1 value1;
    private T2 value2;
    public void setValue1(T1 value1) {
        this.value1 = value1;
    }
    public T1 getValue1() {
        return value1;
    }
    public void setValue2(T2 value2) {
        this.value2 = value2;
    }
    public T2 getValue2() {
        return value2;
    }
}
```

**【例 7.21】**子类泛型继承父类泛型。

Child.java

```
package org.generics;
class Parent<T1, T2> {
    private T1 value1;
    private T2 value2;
    public T1 getValue1() {
        return value1;
    }
    public void setValue1(T1 value1) {
        this.value1 = value1;
    }
    public T2 getValue2() {
        return value2;
    }
    public void setValue2(T2 value2) {
        this.value2 = value2;
    }
}
public class Child<T1, T2, T3> extends Parent<T1, T2> {         // 子类泛型继承父类泛型
    private T3 value3;
    public void setValue3(T3 value3) {
        this.value3 = value3;
    }
    public T3 getValue3() {
```

```
            return value3;
        }
        public static void main(String[] args) {
            Child<String,Integer,Boolean> child = new Child<>();
            child.setValue1("subclass extends parent");
            child.setValue2(10);                                // 设置对象的属性值
            child.setValue3(true);
            System.out.println(child.getValue1());              // 取出对象的属性值
            System.out.println(child.getValue2());
            System.out.println(child.getValue3());
        }
    }
```

程序运行结果：

```
subclass extends parent
10
true
```

### 7.7.6 泛型数组

Java 本身并不能创建泛型数组，一种解决办法是在需要创建数组的地方使用 ArrayList，如下：

```
public class Generic<T> {
    private List<T> arr = new ArrayList<T>();
    public void add(T item) {
        arr.add(item);
    }
    public T get(int index){
        return arr.get(index);
    }
}
```

其中，Generic 类获得数组的行为以及由泛型提供的编译期类型安全。但有时仍旧希望能创建泛型类型的数组，这时可定义一个引用，如下：

```
class Generic<T>{}
public class ArrayReference{
    static Generic<Integer>[] ga;
}
```

编译器将接受它而不会产生警告，但是不能创建这个确切类型的数组（包括类型参数），数组的运行时类型只能是 Object[]，若立即将其转为某种类型 T[]，那么在编译期该数组的实际类型将会丢失。

【例 7.22】测试泛型数组。

GenericArray.java

```
package org.generics;
import java.util.Arrays;
public class GenericArray<T> {
    private Object[] array;
    public GenericArray(int index) {
        array = new Object[index];
```

```
    }
    public void put(int index, T item) {
        array[index] = item;
    }
    //抑制警告
    @SuppressWarnings("unchecked")
    public T get(int index) {
        return (T) array[index];
    }
    @SuppressWarnings("unchecked")
    public T[] mat() {
        return (T[]) array;
    }
    public static void main(String[] args) {
        GenericArray<Integer> ga = new GenericArray<>(10);
        for (int i = 0; i < 10; i++)
            ga.put(i, i);                                   // 向容器中放入元素
        for (int i = 0; i < 10; i++)
            System.out.print(ga.get(i) + " ");              // 取出容器中的元素
        System.out.println();
        try {
            Object[] arr = ga.mat();
            System.out.println(Arrays.toString(arr));       // 返回此数组内容的字符串表示形式
            Integer[] arr1 = ga.mat();                      // 类型转换异常
        } catch (Exception e) {
            System.out.println(e);
        }
    }
}
```

程序运行结果：

```
0 1 2 3 4 5 6 7 8 9
[0, 1, 2, 3, 4, 5, 6, 7, 8, 9]
java.lang.ClassCastException: [Ljava.lang.Object; cannot be cast to [Ljava.lang.Integer;
```

## 7.8 综合实例

查询容器中某个学生信息，如果存在则打印该学生信息，并将容器中的 5 个学生信息依总学分的升序打印出来。

**思路：**由于 TreeMap 容器中的值对象是 Student，需要一一取出它们，计算总学分，再以总学分作为键对象放入 TreeMap 容器中，值对象依然是 Student。TreeMap 容器会自动以自然顺序对键值对进行排序。

MapTest.java

```
package test;
import java.util.*;
class Student {
    public int id ;                                 // 学号
```

```
        public String name;                                        // 姓名
        public int math_score;                                     // 数学成绩
        public int english_score;                                  // 英语成绩
        public int computer_score;                                 // 计算机成绩
        public Student(int id,String name,int math_score,int english_score,int computer_score) {
            this.id = id;
            this.name = name;
            this.math_score = math_score;
            this.english_score= english_score;
            this.computer_score = computer_score;
        }
}
public class MapTest {
        public static void main(String[] args) {
            TreeMap<Integer, Student> map = new TreeMap<>();
            int total = 0;
            int[] grade = new int[5];
            Student[] s = new Student[5];
            s[0] = new Student(150001, "王军", 85, 75, 95);
            s[1] = new Student(150002, "李计", 90, 70, 80);
            s[2] = new Student(150003, "严红", 92, 80, 80);
            s[3] = new Student(150004, "马莉", 80, 87, 76);
            s[4] = new Student(150005, "刘燕", 80, 70, 60);
            map.put(150001, s[0]);                                 // 将对象放入到容器中
            map.put(150002, s[1]);
            map.put(150003, s[2]);
            map.put(150004, s[3]);
            map.put(150005, s[4]);
            int[] arr = new int[5];
            int i = 0;
            int j = Integer.parseInt(args[0]);                     // 将字符串转换为整型
            System.out.println("学号    姓名    计算机成绩    数学成绩    英语成绩    总学分");
            if(map.containsKey(j)) {
                System.out.println("你要查找的学生信息是：");
                Student stu = map.get(j);                          // 从容器中取出一个学生
                System.out.print(stu.id+"        ");
                System.out.print(stu.name+"                    ");
                System.out.print(stu.computer_score+"                    ");
                System.out.print(stu.english_score+"                    ");
                System.out.print(stu.math_score+"                    ");
                total = stu.computer_score + stu.english_score + stu.math_score;    // 计算总学分
                System.out.print(total);
            }
            System.out.println();
            TreeMap<Integer, Student> tp = new TreeMap<>();
            Iterator<Map.Entry<Integer, Student>> it = map.entrySet().iterator();    // 返回一个迭代器
            System.out.println("按总学分排序前：");
```

```
            while (it.hasNext()) {
                Map.Entry entry = it.next();
                arr[i] = (Integer) entry.getKey();                          // 获取键对象
                s[i] = (Student) entry.getValue();                          // 获取值对象
                System.out.print(s[i].id+"        ");
                System.out.print(s[i].name+"                    ");
                System.out.print(s[i].computer_score+"                  ");
                System.out.print(s[i].english_score+"                   ");
                System.out.print(s[i].math_score+"                  ");
                total = s[i].computer_score + s[i].english_score + s[i].math_score;
                System.out.print(total);
                System.out.println();
                grade[i] = total;
                tp.put(grade[i], s[i]);
                i++;
            }
            i=0;
            System.out.println("按总学分排序后：");
            Iterator<Map.Entry<Integer, Student>> iter = tp.entrySet().iterator();
            while(iter.hasNext()) {
                Map.Entry entry1 = iter.next();
                arr[i] = (Integer) entry1.getKey();
                s[i] = (Student) entry1.getValue();
                System.out.print(s[i].id+"        ");
                System.out.print(s[i].name+"                    ");
                System.out.print(s[i].computer_score+"                  ");
                System.out.print(s[i].english_score+"                   ");
                System.out.print(s[i].math_score+"                  ");
                total = s[i].computer_score + s[i].english_score + s[i].math_score;
                System.out.print(total);
                System.out.println();
            }
        }
}
```

用第 2 章介绍的操作方法（见图 2.1）打开“Run Configurations”窗口，配置程序运行时的输入参数，在“Arguments”标签页的“Program arguments”栏输入“150003”，然后单击“Run”按钮运行程序，结果为：

```
学号      姓名          计算机成绩          数学成绩        英语成绩        总学分
你要查找的学生信息是:
150003    严红              80              80              92              252
按总学分排序前:
150001    王军              95              75              85              255
150002    李计              80              70              90              240
150003    严红              80              80              92              252
150004    马莉              76              87              80              243
150005    刘燕              60              70              80              210
按总学分排序后:
```

| | | | | | |
|---|---|---|---|---|---|
| 150005 | 刘燕 | 60 | 70 | 80 | 210 |
| 150002 | 李计 | 80 | 70 | 90 | 240 |
| 150004 | 马莉 | 76 | 87 | 80 | 243 |
| 150003 | 严红 | 80 | 80 | 92 | 252 |
| 150001 | 王军 | 95 | 75 | 85 | 255 |

# 第 8 章 异常处理

程序运行时不可避免地会发生错误或出现异常，因此一门成熟的编程语言应提供对这类情况的处理机制。Java 从 C++继承了以面向对象方式处理错误的机制，用对象的形式来表示一个（或一类）异常，该对象不仅封装了错误信息，还包含了错误发生时的“上下文”信息，便于程序员更好地管理和处理异常，写出具有容错性的健壮的程序。

## 8.1 异常概述

所谓异常，是指在程序运行中由代码产生的一种错误。在 Java 中，任何异常都是 java.lang.Throwable 类或其子类的对象，Throwable 类是 Java 异常类体系中的根类，如图 8.1 所示，它有两个子类：Error 和 Exception。

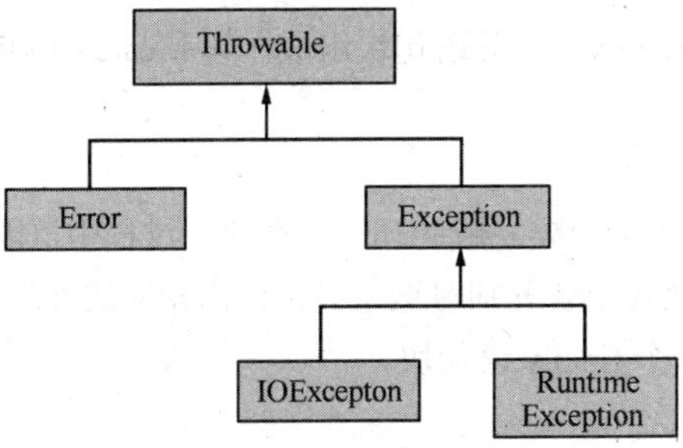


图 8.1　Java 异常类体系结构

● **Error 类**：系统错误类，代表程序运行时 Java 系统内部错误，这种错误程序员一般不用关心，因它们通常由硬件或操作系统所引发，一旦发生，程序员除了告知用户并关闭程序之外，别无他法。

● **Exception 类**：异常类，该类（及其子类）的对象表示的错误往往是因算法考虑不周或由于编程过程中疏忽大意、未考虑到某些特殊情形而引起的，需要程序员认真对待并尽可能地加以处理。Exception 有许多子类，其中 RuntimeException 类表示 Java 程序运行时产生的异常，如数组下标越界、对象类型强制转换错、空指针访问等；IOException 类及其子类则表示各种 I/O 错误。但不管什么原因，Exception 类与 Error 类错误的性质是根本不同的，它表示程序员在设计程序时犯了错误，故程序员有责任改正程序以消除这类异常。

为严格规范程序员的行为，避免其犯错，Java 的异常被分为两大类：**Checked**（必须要检查的）异常和 **Runtime**（运行时）异常。Error 和 RuntimeException 类及其子类的实例是 Runtime 异常，编译器对这类异常不做检查；而一切非 Runtime 的异常（主要为 Exception 及其子类如 IOException 等的实例）都属于 Checked 异常，编译器在编译程序时要检查程序是否对这类异常做了处理（如用 try 捕获或 throws 抛出），若没有处理，程序就无法通过编译，编译器“强制”要求程序员必须对此做出处理。

# 8.2 异常处理机制

## 8.2.1 异常的捕获与处理

Java 使用 try-catch-finally 语句来捕获并处理异常，该语句的语法格式如下：

```
try {
    // 可能会产生异常的程序代码
}catch(Exception_1 e1) {
    // 处理异常 Exception_1 的代码
}catch(Exception_2 e2) {
    // 处理异常 Exception_2 的代码
}
…
catch(Exception_n en) {
    // 处理异常 Exception_n 的代码
}finally {
    // 通常是释放资源的程序代码
}
```

整个语句由 try、catch 和 finally 3 部分语句块组成，其中 catch 和 finally 都是可以默认的，但 Java 规范不允许两者同时默认。

（1）**try 语句块**

该段代码是程序正常情况下应该要完成的功能，在执行过程中可能会产生并抛出一种或几种类型的异常对象，它后面的 catch 语句块要分别对这些异常做出相应的处理。try 语句块后通常跟 0 或多个 catch 语句块，还可以有至多一个 finally 语句块。

（2）**catch 语句块**

每个 catch 语句块声明其能处理的一种特定类型的异常并提供处理代码。当异常发生时，程序会中止当前流程，根据获取异常的类型去执行相应的 catch 语句块。在 catch 中声明的异常对象（catch(Exception_n en)）封装了异常事件发生的信息，在 catch 语句块中可以使用该对象的一些方法来获取这些信息。例如下面的方法：

- getMessage()：用来得到有关异常事件的信息；
- printStackTrace()：用来跟踪异常事件发生时执行堆栈的内容。

（3）**finally 语句块**

无论 try 语句块是否抛出异常，finally 语句块都要被执行，它为异常处理提供一个统一的接口，使得在控制流程转到程序其他部分以前，能够对程序的状态做出统一管理。通常在 finally 语句块中进行资源释放，如关闭打开的文件、删除临时文件等。

try-catch-finally 语句的语义如下。

首先执行 try 语句块中的代码，若一切正常，则跳过 catch 语句块，执行 finally 语句块中的代码，执行完后，整个 try-catch-finally 语句才算执行完成。若执行 try 语句块时产生异常，则立即跳转到 catch 语句块。JVM 会把实际抛出的异常对象依次与各 catch 语句块所声明的异常类型匹配，若为某个异常类（或其子类）的对象，就执行这个 catch 语句块，并且不再执行其他的 catch 语句块，之后，跳转到 finally 语句块执行，完毕后整个语句才算执行完成。图 8.2 展示了捕获和没有捕获到异常时程序的执行流程。

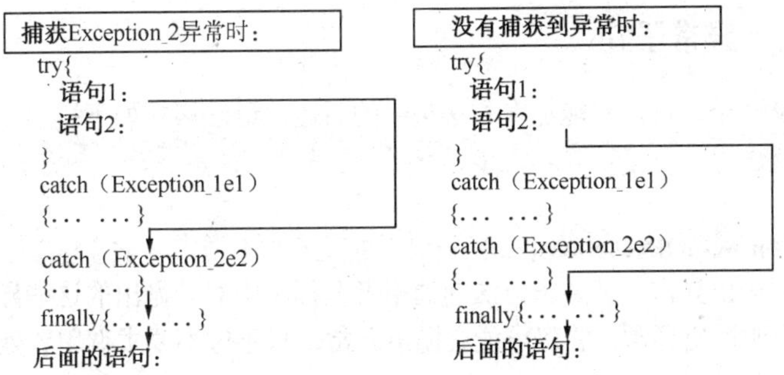
捕获Exception_2异常时：
try{
语句1：
语句2：
}
catch（Exception_1e1）
{… …}
catch（Exception_2e2）
{… …}
finally{… …}
后面的语句：
没有捕获到异常时：
try{
语句1：
语句2：
}
catch（Exception_1e1）
{… …}
catch（Exception_2e2）
{… …}
finally{… …}
后面的语句：

图 8.2 异常处理的执行流程

在 Java 7 以前，每个 catch 语句块只能捕获一种异常，但从 Java 7 开始支持在一个 catch 语句块中捕获多种类型的异常，多个异常类型之间以竖线（|）隔开，写法如下：

```
try {
    // 可能会产生异常的程序代码
}catch(Exception_1 | Exception_2 |…| Exception_n e) {
    // 统一处理异常 Exception_1、Exception_2、…、Exception_n 的代码
}finally {
    // 释放资源的程序代码
}
```

【例 8.1】算术运算异常的捕获和处理。

UseException.java

```
import java.io.*;
public class UseException {
    public static void main(String[] args) {
        try {
            int a, b;
            a = Integer.parseInt(args[0]);
            b = Integer.parseInt(args[1]);
            System.out.println(a + " /" + b + " = " + (a/b));
        } catch (IndexOutOfBoundsException|NumberFormatException|ArithmeticException e)
{System.out. println("捕获到一个异常，可能是数组越界、数字格式错、算术异常（如除数不能为 0）之一。
");
        }
    }
}
```

用第 2 章介绍的操作方法（见图 2.1）打开“Run Configurations”窗口，配置程序运行时的输入参数，在“Arguments”标签页的“Program arguments”栏输入“20 5”，然后单击“Run”按钮运行程序，结果为：

```
20 /5 = 4
```

按同样步骤，当输入“20 0”时，结果为：

```
捕获到一个异常，可能是数组越界、数字格式错、算术异常（如除数不能为 0）之一。
```

若输入“20 s”（除数为字母），会引发 NumberFormatException（数字格式异常），该异常同样会被捕获，程序输出结果同上。

## 8.2.2 声明抛出异常子句

声明抛出异常是一个子句，只能加在方法头部的后边，语法格式如下：

```
throws <异常列表>
```

例如，

```
public int read() throws IOException { ... }
```

若一个方法声明抛出异常，就要求方法的调用者在程序中对其抛出的这些异常加以注意并处理。即使一个方法没有声明抛出异常，它仍可能会抛出异常，只不过不要求调用者处理而已。方法抛出的异常也不一定都在其所声明的异常列表之中，但通常异常列表中列出的都是要调用者在程序中明确加以处理的异常，处理方式可以是用 try-catch-finally 语句，或用 try-catch-finally 捕获后再次抛出，留给后继调用者去处理，从而形成异常处理链。

**【例 8.2】**从键盘读入字符，然后输出至控制台。

ThrowsExceptionTest.java

```
import java.io.*;
public class ThrowsExceptionTest {
    public static void main(String[] args) throws IOException {
        int c;
        while ((c = System.in.read()) != -1)                    // 从键盘读入数据
            System.out.println(c);
    }
}
```

运行程序，输入任意字符串“abcde”回车，则在控制台上输出其机内码如下：

```
97
98
99
100
101
13
10
```

**说明**：最后的数值 13 和 10 是回车和换行的值。因为 System.in.read()方法会抛出 IOException 异常而程序中并没有用 try-catch-finally 语句进行捕获处理，故必须在 main()方法头部加上“throws IOException”以明确表示对该异常程序不想处理，交由调用者处理。而 main()方法的调用者是 JVM，一旦有异常，程序即运行结束。

> **注意：**
>
> 若一个异常是属于 Checked 异常，而在方法内部却没有用 try 语句捕获，就必须要用 throws 子句在方法的头部声明抛出它。如本例中的 IOException 是一个 Checked 异常而方法代码中又没有进行捕获，就必须声明抛出，但对 Runtime 异常则不必这么做。

## 8.2.3 抛出异常

上节讲的“声明抛出异常子句”只是个说明性的语句，表明方法可能会抛出异常，而真正抛出异常的动作却是由“抛出异常”语句来完成的，语法格式如下：

```
throw <异常对象>;
```

其中，<异常对象>必须是 Throwable 类或其子类的对象，例如：

```
throw new Exception("这是一个异常对象");
```

而下面的语句在编译时会产生语法错误：

```
throw new String("这是一个异常对象");          // 异常对象不能是 String 类型
```

这是因为 String 类并不是 Throwable 的子类。

又如：

```
public void f() throws MyException{
    …
        if( a < 0 ) throw new MyException("这是一个异常对象");
    …
}
```

由于 f()方法可能会抛出 MyException 异常且该方法调用者应该重视它，故 f()方法首先声明抛出 MyException，要求编译器对调用者使用该方法时是否明确处理 MyException 异常进行强制检查。当执行到 if( a < 0 )时，若条件为真，立即抛出 MyException 异常对象并立即结束此方法，而该 if()语句到方法结束之间的代码不会被执行。

【例 8.3】从键盘读入字符，显示出其码值。若按了 a 键，则立即抛出异常。

ThrowExceptionTest.java

```
import java.io.*;
public class ThrowExceptionTest {
    public static void main(String[] args) {
        int c;
        try {
            while ((c = System.in.read()) != -1) {
                if (c != 'a')
                    throw new Exception("请输入字母 a!");
                System.out.println(c);
            }
        } catch (IOException e) {
            System.out.println(e);
        } catch (Exception e) {
            System.out.println(e);
        }
    }
}
```

运行程序，输入除字母 a 的任意字母，结果为：

```
s
java.lang.Exception: 请输入字母 a!
```

## 8.3 自定义异常类

Java 内置的异常类已经能够描述编程中出现的绝大多数异常情况，但有时候需要描述用户程序自身所特有的异常信息，以区别于其他程序的异常，这时就需要自定义异常类。自定义的异常类必须是 Throwable 的子类，通常是从 Exception 或其子类继承。在程序中使用自定义的异常类，大体可分为以下几个步骤。

（1）创建自定义异常类。

（2）在方法中通过 throw 关键字抛出异常对象。

（3）若想在当前方法中就处理该异常，可使用 try-catch 语句；否则，在方法的声明处通过 throw 关键字指明要抛出给方法调用者的异常，继续下一步。

（4）由方法调用者捕获并处理异常。

【例 8.4】使用自定义的异常类，当 a 的值小于 10 或大于 100 时产生异常。

MyExceptionTest.java

```
/** 由于是从 Exception 类继承，故 MyException 是一个 Checked 异常，必须加以处理，否则编译通
不过！ */
class MyException1 extends Exception {
    int num;
    MyException1(int a) {
        num = a;
    }
    public String toString() {
        return num + "<10!\r\n 值必须大于 10";
    }
}
// MyException2 也是一个 Checked 异常
class MyException2 extends Exception {
    int num;
    MyException2(int a) {
        num = a;
    }
    public String toString() {
        return num + ">100!\r\n 值必须小于 100";
    }
}
// 必须要加以声明，因为代码内部只抛出了异常，但没有处理
class MyExceptionTest {
    static void makeException(int a) throws MyException1, MyException2 {
        if (a < 10)
            throw new MyException1(a);
        if (a > 100)
            throw new MyException2(a);
        System.out.println("没有产生例外");
    }
    public static void main(String args[]) {
        int a;
        try {
            a = Integer.parseInt(args[0]);
            makeException(a);
            System.out.println("a=" + a);
        } catch (MyException1 e) {
            System.out.println("产生第一个例外：\r\n" + e);
        } catch (MyException2 e) {
```

```
                System.out.println("产生第二个例外:\r\n" + e);
            }
        }
    }
```

用第 2 章介绍的操作方法（见图 2.1）打开“Run Configurations”窗口，配置程序运行时的输入参数，在“Arguments”标签页的“Program arguments”栏输入“9”，然后单击“Run”按钮运行程序，结果为：

```
产生第一个例外:
9<10!
值必须大于 10
```

# 第 9 章 Java 输入/输出系统

输入/输出（即 I/O）处理是程序设计语言中很重要的部分。Java 不是在语言层面上对输入/输出提供支持，而是将这个任务交由类库来完成，这样类库设计者可充分、灵活地运用各种输入/输出技术。

在 Java 中，把一组有序的数据序列称为流，流又分为输入流和输出流两种。可从中读出数据的对象称输入流，而能向其中写入数据的对象则称为输出流。输入流和输出流是相对于程序而言的，程序从输入流读取数据而向输出流写入数据。如果流中最小的数据单元是字节，那么这种流是字节流；如果最小的数据单元是字符，则为字符流。在 I/O 类库中，java.io.InputStream 和 java.io.OutputStream 分别表示字节输入流和输出流，java.io.Reader 和 java.io.Writer 分别表示字符输入流和输出流。流还可分为节点流和过滤流，用于直接操作目标设备所对应的流叫作节点流；通过一个间接流去调用节点流类，以达到更加灵活方便地读/写各种类型的数据，这个间接流就是过滤流。

## 9.1 字节流

在 java.io 包中，InputStream 表示字节输入流，它是抽象类，不能实例化，其作用是用来表示那些从不同数据源产生输入的类。这些数据源有：字节数组、String 对象、文件、管道等，每一种数据源都有相应的 InputStream 子类，类层次结构如图 9.1 所示。

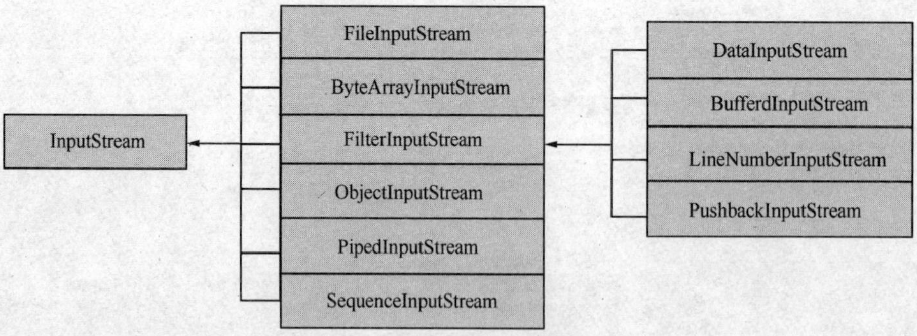


图 9.1　字节输入流的类层次结构

InputStream 中读取数据的方法如下。

- abstract int read() throws IOException：读取一个字节数据，并返回读到的数据，若返回-1，表示读到了流的末尾。
- int read(byte[] b) throws IOException：从流中读取一定数量的字节，存储在缓冲区数组 b 中，并以整数形式返回实际读取的字节数，若返回-1，表示读到了流的末尾。
- int read(byte[] b, int off, int len) throws IOException：将数据读入一个字节数组，同时返回实际读取字节数，若返回-1，表示读到了流的末尾。off 指定在数组 b 中存放数据的起始偏移位置，len 指定读取的最大字节数。若返回-1，表示读到了流的末尾。
- long skip(long n) throws IOException：跳过（放弃）此流中的 n 个字节，返回跳过的字节数。若

n 为负，则不跳过任何字节。默认实现是先创建一个 byte 数组，然后重复将字节读入其中，直到读够 n 个或到达流末尾为止。

- int available() throws IOException：返回此流下一个方法调用可不受阻塞地从流中读取（或跳过）的估计字节数。
- void close()：关闭流并释放与之相关的系统资源。

java.io.OutputStream 表示字节输出流，它也是抽象类，不能被实例化。字节输出流的种类与字节输入流是大致对应的，其类层次结构如图 9.2 所示。

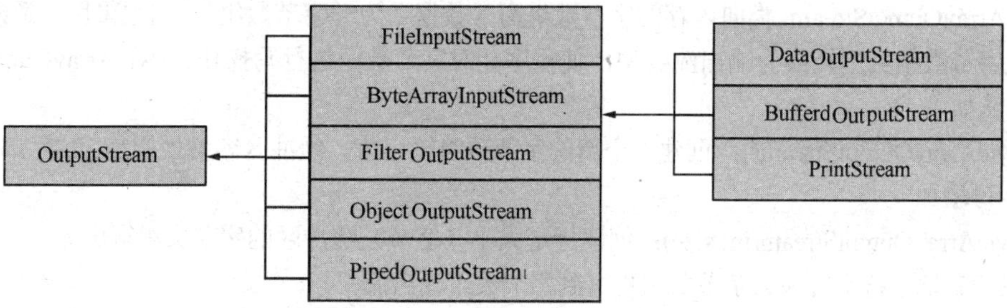


图 9.2　字节输出流的类层次结构

OutputStream 中写入数据的方法如下。

- abstract void write(int b) throws IOException：将 b 的最低一个字节写入此流，高位字节（3 个）丢弃。
- void write(byte[] b) throws IOException：将 b.length 个字节从指定的 byte 数组写入此流。
- void write(byte[] b,int off,int len)throws IOException：将指定 byte 数组中从偏移量 off 开始的 len 个字节写入此流。
- void flush()throws IOException：刷新此流并强制写出所有缓冲的输出字节。
- void close()throws IOException：关闭此流并释放与之相关的系统资源。

## 9.1.1　字节数组输入流

ByteArrayInputStream 类从内存的字节数组中读取数据（数据源是一个字节数组），它本身采用适配器设计模式，把字节数组转换为输入流类型，使程序能对字节数组进行读操作。

【例 9.1】使用 ByteArrayInputStream 读取数组中的字节。

ByteArrayInputStreamDemo.java

```
package org.iostream;
import java.io.*;
public class ByteArrayInputStreamDemo {
    public static void main(String[] args) throws IOException {
        String str = "abcdefghijk";
        byte[] strBuf = str.getBytes();                    // 把字符串转换为字节数组
        ByteArrayInputStream bais = new ByteArrayInputStream(strBuf);
        int data = bais.read();                            // 从字节数组输入流读取字节
        while (data != -1) {
            char upper = Character.toUpperCase((char) data);  // 小写转换为大写
            System.out.print(upper + " ");
            data = bais.read();
```

```
            }
            bais.close();
        }
}
```

程序运行结果：

```
ABCDEFGHIJK
```

### 9.1.2 字节数组输出流

ByteArrayOutputStream 类向内存的字节数组写入数据（为一字节数组），它也采用了适配器设计模式，把字节数组类型转换为输出流类型，使程序能对字节数组进行写操作。ByteArrayOutputStream 的构造方法如下。

- ByteArrayOutputStream()：创建一个新的字节数组输出流。缓冲区容量最初是 32 字节，如有必要可增加。
- ByteArrayOutputStream(int size)：创建指定大小（字节）缓冲区的字节数组输出流。

【例 9.2】把字符串转换为字节数组再写到字节数组输出流中。

ByteArrayOutputStreamDemo.java

```
package org.iostream;
import java.io.*;
class ByteArrayOutputStreamDemo {
    public static void main(String args[]) throws IOException {
        ByteArrayOutputStream baos = new ByteArrayOutputStream();
        String s = "welcome to use ByteArrayOutputStream.";
        byte buf[] = s.getBytes();
        baos.write(buf);                        // 将指定字节数组中的数据写入此流
        System.out.println(baos.toString());    // 通过解码字节将缓冲区内容转换为字符串输出
        // 创建一个新分配的字节数组，并将缓冲流中的内容复制到该数组中
        byte b[] = baos.toByteArray();
        for (int i = 0; i < b.length; i++)
            System.out.print((char) b[i]);
    }
}
```

程序运行结果：

```
welcome to use ByteArrayOutputStream.
welcome to use ByteArrayOutputStream.
```

### 9.1.3 文件输入流

FileInputStream 类用于从二进制文件（如图像之类的原始字节流）读取数据，它的构造方法如下。

- FileInputStream(File file) throws FileNotFoundException：打开一个到实际文件的连接来创建文件输入流，该文件通过文件系统的 File 对象指定。
- FileInputStream(String name)throws FileNotFoundException：打开一个到实际文件的连接来创建文件输入流，该文件通过文件系统的路径名 name 指定。

【例 9.3】使用文件输入流把文本文件 t1.txt 中的三角形图案输出至屏幕。

FileInputStreamDemo.java

```
package org.iostream;
```

```
import java.io.*;
class FileInputStreamDemo {
        public static void main(String[] args) {
                String filename;
                int ch = 0;
                filename = "C:/Users/Administrator/workspace/MyProject_09/src/org/iostream/t1.txt";
                try {
                        FileInputStream fis = new FileInputStream(filename);
                        while ((ch = fis.read()) != -1) {                    // 从文件输入流读取数据
                                System.out.print((char) ch);
                        }
                        fis.close();                                          // 关闭文件输入流
                } catch (IOException e) {
                        System.out.println("File not found");
                }
        }
}
```

程序运行结果：

```
        *
       ***
      *****
     *******
    *********
```

## 9.1.4 文件输出流

FileOutputStream 类用于向二进制文件（如图像之类的原始字节流）写入数据，它的构造方法如下。

- FileOutputStream(String name) throws FileNotFoundException：创建一个向指定名字的文件中写入数据的流。若文件已存在，原有内容被清除。
- FileOutputStream(String name, boolean append) throws FileNotFoundException：创建一个向指定名字的文件中写入数据的流。若第二个参数为 true，则以添加方式写入字节，文件中原有的内容不会被清除。
- FileOutputStream(File file)throws FileNotFoundException：创建一个向指定 File 对象表示的文件中写入数据的流。
- FileOutputStream(File file, boolean append)throws FileNotFoundException：创建一个向指定 File 对象表示的文件中写入数据的流。若第二个参数为 true，则将字节写入文件末尾处而不是文件开始处。

【例 9.4】使用文件输出流将 100～200 之间能被 3 整除的数写到文本文件中，要求每 10 个数一行。

FileOutputStreamDemo.java

```
package org.iostream;
import java.io.*;
public class FileOutputStreamDemo {
        public static void main(String[] args) throws IOException {
                int n = 0;
                int num = 0;
                int i = 0;
```

```
        String filename = "C:/Users/Administrator/workspace/MyProject_09/src/org/iostream/t2.txt";
        FileOutputStream fos = null;
        FileInputStream fis = null;
        try {
            fos = new FileOutputStream(filename,true);
            for (n =100;n<=200;n++) {
                if (n % 3 ==0) {
                    i++;
                    String str = String.valueOf(n);            // 返回整型值的字符串表示形式
                    String str1 = str+"      ";                // 两数之间保留一定空隙
                    byte[] buff = str1.getBytes();             // 把字符串转换为字节数组
                    fos.write(buff);
                    if(i%10==0) {
                        str = "\r\n";                          // 按回车键换行
                        byte[] buf = str.getBytes();
                        fos.write(buf);
                    }
                }
            }
            fos.close();
        } catch (FileNotFoundException e1) {
            System.out.println(e1);
        } catch (IOException e2) {
            System.out.println(e2);
        }
    }
}
```

运行程序，符合要求的数被写入 t2.txt 文件中，打开 t2.txt 可看到内容如下：

```
102   105   108   111   114   117   120   123   126   129
132   135   138   141   144   147   150   153   156   159
162   165   168   171   174   177   180   183   186   189
192   195   198
```

### 9.1.5 管道流

PipedOutputStream 向管道中写入数据，PipedInputStream 从管道中读取数据，这两个类主要用来完成线程之间的通信。一个 PipedInputStream 对象必须与一个 PipedOutputStream 对象连接从而产生一个通信管道，通常用一个线程向管道输出流写数据，另一个线程则从管道输入流读数据。当线程 A 执行管道输入流的 read()方法时，若暂时还没有数据，线程 A 就会被阻塞，只有当线程 B 向管道输出流写了数据后，线程 A 才恢复运行。有关线程的详细内容请参考第 10 章。

**【例 9.5】**用管道输出流向管道中写入字节，再用管道输入流读取管道中的字节。

Receiver.java

```
package org.iostream;
import java.io.*;
import java.util.*;
//********** 向管道输出流写数据的线程 *****************
```

```
class Sender extends Thread {                                    // 继承 Thread 类来创建线程
    private PipedOutputStream out = new PipedOutputStream();
    public PipedOutputStream getPipedOutputStream() {
        return out;
    }
    public void run() {
        String s = "use PipedInputStream and PipedOutputStream to communication.";
        try {
            out.write(s.getBytes());
            out.close();
        } catch (Exception e) {
            throw new RuntimeException(e);
        }
    }
}
//**********管道输入流读数据的线程 ******************
public class Receiver extends Thread {
    private PipedInputStream in;
    public Receiver(Sender sender) throws IOException {
        in = new PipedInputStream(sender.getPipedOutputStream());
    }
    public void run() {
        try {
            int data;
            while ((data = in.read())!= -1)
                System.out.print((char)data);
            in.close();
        } catch (Exception e) {
            throw new RuntimeException(e);
        }
    }
    public static void main(String args[]) throws Exception {
        Sender sender = new Sender();
        Receiver receiver = new Receiver(sender);
        sender.start();                                          // 启动线程
        receiver.start();
    }
}
```

运行程序，线程 Sender 向管道中写入字节，而线程 Receiver 从中读出字节，且 Sender 写入的字节序列与 Receiver 读出的相同。程序运行结果：

```
use PipedInputStream and PipedOutputStream to communication.
```

## 9.2 过滤流

前面介绍的节点流类只能操作字节数据，但实际应用中可能操作各种类型的数据，如使用文件流类的情况下，就必须先将其他类型数据转换成字节数组后写入文件或把从文件中读取的字节转换成其他类型，这就需要一个中间类提供读/写各种数据类型的方法。当需要写入其他类型的数据时，只要调用中间类的对应方法，将其他数据类型转换成字节数组，然后调用底层的节点流将这个字节数组写入目标设备即可。这个中间类称为过滤流（处理流）类，它又分过滤输入流（FilterInputStream）类和过滤输出流（FilterOutputStream）类两种，每种又分别有多个子类。

## 9.2.1 缓冲流类

BufferedInputStream 和 BufferedOutputStream 类将一个字节流转变成带缓冲的字节流，从而使流具有缓冲能力并支持 skip()和 reset()操作。创建 BufferedInputStream 的对象时在内部同时创建一个字节数组用作缓冲，当从字节输入流用 read()/skip()操作时，自动从缓冲区读取并在需要时从最初的字节输入流中一次读取多个字节来填充缓冲区。由于提供了缓冲机制，把任意输入/输出流串接到缓冲流上能获得性能的提高。生成 BufferedInputStream 和 BufferedOutputStream 对象时，除了指定所串接的输入/输出字节流外，还可以指定内部缓冲区的大小（默认是 8192 字节），可设为内存页或磁盘块等的整数倍以进一步提高性能。对于 BufferedInputStream，当读取数据时，数据按块读入缓冲区，其后的操作就直接访问缓冲区；而在使用 BufferedOutputStream 输出时，数据也是先写入缓冲，当缓冲区满时，其中的数据再写入所串接的输出流，但用该类的 flush()方法可强制将缓冲区的内容全部写入输出流。

（1）BufferedInputStream 类的构造方法如下。

- BufferedInputStream(InputStream in)：创建一个 BufferedInputStream 并保存其参数，同时创建一个内部缓冲区数组并将其存储在其中。
- BufferedInputStream(InputStream in, int size)：创建具有指定缓冲区大小的 BufferedInputStream 并保存其参数，同时创建一个长度为 size 的内部缓冲区数组并将其存储在其中。

（2）BufferedOutputStream 类的构造方法如下。

- BufferedOutputStream(OutputStream out)：创建一个新的缓冲输出流，以将数据写入指定的底层输出流。
- BufferedOutputStream(OutputStream out, int size)：创建一个新的缓冲输出流，以将具有指定缓冲区大小的数据写入指定的底层输出流。

**【例 9.6】**将数 p 以内的所有质数写入文本文件，要求 s 个数一行。

TestPrime.java

```
package org.iostream;
import java.io.*;
public class TestPrime {
        BufferedInputStream bis = null;
        BufferedOutputStream bos = null;
        String filename = "C:/Users/Administrator/workspace/MyProject_09/src/org/iostream/t3.txt";
        static int s,p;
        boolean isPrime(int n) {
                for (int i = 2; i <= n / 2; i++)
                        if (n % i == 0) return false;
                return true;
        }
        void printPrime(int m) throws IOException {
                bos = new BufferedOutputStream(new FileOutputStream(filename));
                int j = 0;
                for (int i = 2; i <= m; i++) {
```

```
                if (isPrime(i)) {
                    j++;
                    if(j%s==0) {
                        String s= String.valueOf(i)+"    ";
                        bos.write(s.getBytes());          // 将字符串转换为字节数组
                        bos.write("\r\n".getBytes());     // 写入回车换行符
                    }else {
                        String s= String.valueOf(i)+"    ";
                        bos.write(s.getBytes());
                    }
                }
            }
            bos.flush();                                  // 强制刷新流
            bos.close();                                  // 关闭输出流
        }
        void getPrime() throws Exception {
            bis = new BufferedInputStream(new FileInputStream(filename));
            int c =bis.read();                            // 读取输入流
            while( c!=-1) {
                char ch = (char)c;                        // 将整型转换为 char 类型
                System.out.print(ch);
                c = bis.read();
            }
            bis.close();
        }
        public static void main(String[] args) throws Exception {
            TestPrime pn = new TestPrime();
            p = Integer.parseInt(args[0]);                // 将字符串类型转换为整型
            s = Integer.parseInt(args[1]);
            pn.printPrime(p);                             // 打印出 100 之内的所有质数
            pn.getPrime();                                // 读取文本文件中的 p 个质数
        }
    }
```

用第 2 章介绍的操作方法（见图 2.1）打开“Run Configurations”窗口，配置程序运行时的输入参数，在“Arguments”标签页的“Program arguments”栏输入“100 10”，然后单击“Run”按钮运行程序，100 之内的所有质数将被写到文件 t3.txt 中，再通过输入流将写入的质数打印至控制台。最终，t3.txt 文件的内容如下：

```
2   3   5   7   11   13   17   19   23   29
31  37  41  43  47   53   59   61   67   71
73  79  83  89  97
```

**说明：**在关闭过滤流时，会自动关闭它所串接的底层字节流。

## 9.2.2　数据流类

DataInputStream 和 DataOutputStream 类提供了读/写各种基本数据类型以及 String 对象的方法。

（1）DataInputStream 类的所有读方法都以“read”开头，具体如下。

- readByte()：从输入流中读取 1 字节，把它转换为 byte 类型的数据。
- readFloat()：从输入流中读取 4 字节，把它转换为 float 类型的数据。
- readLong()：从输入流中读取 8 字节，把它转换为 long 类型的数据。
- readUTF()：从输入流中读取若干字节，把它转换为 UTF-8 编码的字符串。

**注意：**

readUTF()方法能够从输入流中读取采用 UTF-8 编码的字符串。UTF-8 是 Unicode 字符编码的变体，Unicode 把所有字符都存储为 2 字节，若实际要存储的字符是 ASCII 字符（只占 7 位），采用 Unicode 编码会浪费存储空间。UTF-8 编码能更有效地利用存储空间，它对 ASCII 字符采用一个字符形式的编码，而对非 ASCII 字符则采用两个（或以上）字符形式的编码。

（2）DataOutputStream 类的所有方法都以“write”开头，具体如下。

- writeByte()：向输出流中写入 byte 类型的数据。
- writeLong()：向输出流中写入 long 类型的数据。
- writeFloat()：向输出流中写入 float 类型的数据。
- writeUTF()：向输出流中写入按 UTF-8 编码的数据。

【例 9.7】用 DataInputStream 正确读取 DataOutputStream 写入的格式化数据。

DataStreamDemo.java

```
package org.iostream;
import java.io.*;
public class DataStreamDemo {
	public static void main(String[] args) throws IOException {
		FileOutputStream fos = new FileOutputStream(
				"C:/Users/Administrator/workspace/MyProject_09/src/org/iostream/t4.txt");
		BufferedOutputStream bos = new BufferedOutputStream(fos);
		DataOutputStream dos = new DataOutputStream(bos);
		dos.writeByte(75);
		dos.writeLong(10000);
		dos.writeChar('a');
		dos.writeUTF("北京");
		dos.close();
		FileInputStream fis = new FileInputStream(
				"C:/Users/Administrator/workspace/MyProject_09/src/org/iostream/t4.txt");
		BufferedInputStream bis = new BufferedInputStream(fis);
		DataInputStream dis = new DataInputStream(bis);
		System.out.print(dis.readByte() + " ");
		System.out.print(dis.readLong() + " ");
		System.out.print(dis.readChar() + " ");
		System.out.print(dis.readUTF() + " ");
		dis.close();
	}
}
```

程序运行结果：

```
75 10000 a 北京
```

该程序的数据流向如图 9.3 所示。

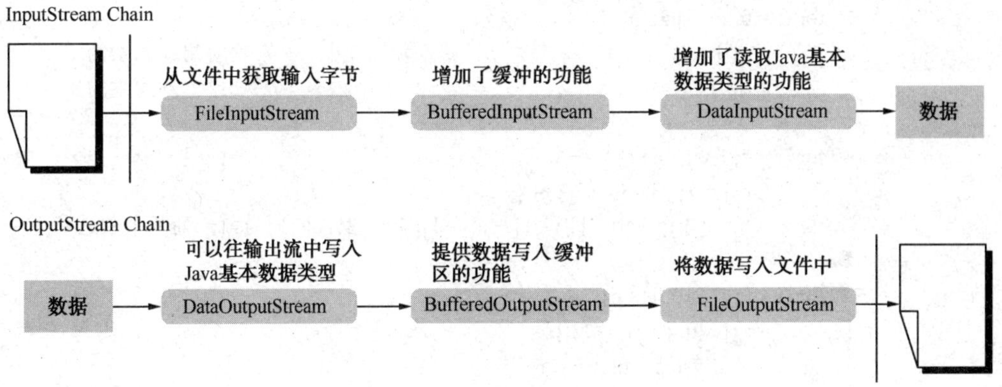


图 9.3　【例 9.7】的数据流向

## 9.2.3　PrintStream 类

PrintStream 类为其他输出流添加了功能，使它们能够方便地显示各种表示形式的数据值。PrintStream 支持自动刷新，这意味着可在写入字节数组之后自动调用 flush()方法，还可调用其中一个 println()方法或写入一个换行符或字节（'\n'）。PrintStream 显示的所有字符都是使用平台默认的字符编码转换为字节的。

PrintStream 写数据的方法都以“print”开头，具体如下。

- print(int i)：向输出流写入一个 int 类型的数据，按照平台默认的字节编码，将 String.valueOf(int i)全部写入这些字节。
- print(String s)：向输出流写入一个 String 类型的数据，采用本地操作系统的默认字符编码。
- println(int i)：向输出流写入一个 int 类型的数据和换行符。
- println(String s)：向输出流写入一个 String 类型的数据，采用本地操作系统的默认字符编码和换行符。

【例 9.8】把 PrintStream 流串接到 FileOutputStream 流，并向 t5.txt 文件中写入杨辉三角形，要求写 10 行。

PrintStreamDemo.java

```
package org.iostream;
import java.io.*;
public class PrintStreamDemo {
    public static void main(String[] args) {
        int[][] a = new int[10][10];
        PrintStream ps = null;
        try {
            FileOutputStream fos = new FileOutputStream(
                    "C:/Users/Administrator/workspace/MyProject_09/src/org/iostream/t5.txt");
            ps = new PrintStream(fos);
            if (ps != null) {
                System.setOut(ps);                              // 使标准输出重定向
            }
            int i = 0;
            int j = 0;
```

```
                for (i = 0; i < 10; i++) {
                    a[i][i] = 1;                                    // 使对角线元素为 1
                    a[i][0]= 1;                                     // 使第一列元素为 1
                }
                for (i = 2; i < 10; i++)
                    for (j = 1; j <= i - 1; j++) {
                        a[i][j] = a[i - 1][j - 1] + a[i - 1][j]; // 上行同列与前一列两个数之和
                    }
                for (i = 0; i < 10; i++) {
                    for (j = 0; j <=i; j++) {
                        System.out.print(a[i][j] + " \t");
                    }
                    System.out.println();
                }
            } catch (IOException e) {
                e.printStackTrace();
            }
        }
    }
```

运行上面的程序，t5.txt 文件中将被写入 10 行杨辉三角形，如下：

```
1
1    1
1    2    1
1    3    3    1
1    4    6    4    1
1    5    10   10   5    1
1    6    15   20   15   6    1
1    7    21   35   35   21   7    1
1    8    28   56   70   56   28   8    1
1    9    36   84   126  126  84   36   9    1
```

## 9.3 字 符 流

前述字节流中数据的最小单元为字节，而 Java 采用 Unicode 字符编码，对每个字符 JVM 会为其分配 2 字节的内存，故用字节流类读/写字符文本会很不方便，为此 java.io 包中提供了 Reader/Writer 类，分别表示字符输入流和输出流。

在读/写文本文件时，最主要的问题是进行字符编码的转换。文本文件中的字符有可能采用各种类型的编码，如 GBK、UTF-8 等。String 类的 getBytes(String encode)方法能返回字符串的特定类型的编码，其中的 encode 参数指定编码类型，而 String 类不带参数的 getBytes()方法则使用本地操作系统的默认字符编码。

在 Java 程序中，以下两种方式都能获得本地平台的字符编码类型：

```
System.getProperty("file.encoding");                    // 方式一
Charset cs =Charset.defaultCharset();                   // 方式二
System.out.println(cs);
```

若为中文 Windows 操作系统，以上代码一般会显示“GBK”；而在中文 Linux 平台上，通常会显示“UTF-8”。Charset 类位于 java.nio.charset 包中。

Reader 类能够将输出流中采用其他编码类型的字节流转换为 Unicode 字符，然后在内存中为这些字符分配内存。Writer 类能够把内存中的 Unicode 字符转换为其他编码类型的字节流，再写到输出流中。在默认情况下，Reader 和 Writer 会在本地平台的字符编码和 Unicode 码之间进行转换。

如果要输入/输出采用特定类型编码的字节流，可使用 InputStreamReader 和 OutputStreamWriter 类，在它们的构造方法中可以指定输入流或输出流的字符编码。由于 Reader/Writer 采用了编码转换技术，Java I/O 系统能正确地访问采用各种字符编码的文本文件，另外，在分配内存时，JVM 对字符统一采用 Unicode 编码，故 Java 对字符的处理具有平台无关性。

### 9.3.1 转换流类

字符流建立在字节流基础之上，Java 内部可将字节流与字符流互相转换。InputStreamReader 将一个字节流中的若干字节解码成字符；而 OutputStreamWriter 则将字符编码成若干字节后写入一个字节流。

（1）InputStreamReader 类的构造方法如下。

- InputStreamReader(InputStream in)：使用当前平台的字符集编码，将字节输入流转换成字符输入流。
- InputStreamReader(InputStreamin, StringcharsetName) throws UnsupportedEncodingException：使用指定的字符集编码，将字节输入流转换成字符输入流。

（2）OutputStreamWriter 类的构造方法如下。

- OutputStreamWriter(OutputStream out)：使用当前平台字符集编码，将字节输出流转换成字符输出流。
- OutputStreamWriter(OutputStreamout, StringcharsetName) throws UnsupportedEncodingException：使用指定的字符集编码，将字节输出流转换成字符输出流。

**【例 9.9】**使用字符输入流和字符输出流。

ConverseStreamDemo.java

```
package org.iostream;
import java.io.*;
public class ConverseStreamDemo {
    public static void main(String[] args) {
        String filename = " C:/Users/Administrator/workspace/MyProject_09/src/org/iostream/t6.txt";
        try {
            OutputStreamWriter osw= new OutputStreamWriter(new FileOutputStream(filename));
            osw.write("中国北京");
            System.out.println(osw.getEncoding());                // 显示默认字符集编码
            osw.close();
            osw = new OutputStreamWriter(new FileOutputStream(filename, true),"GB2312");
            osw.write("中国北京");
            System.out.println(osw.getEncoding());                // 显示指定字符集编码
            osw.close();
        } catch (IOException e) {
            e.printStackTrace();
        }
        try {
```

```
                InputStreamReader isr = new InputStreamReader(new FileInputStream(
                        filename), "GB2312");
                int c;
                while ((c = isr.read()) != -1)
                    System.out.print((char) c);
                System.out.println();
            } catch (IOException e) {
                e.printStackTrace();
            }
        }
}
```

程序运行结果：

```
GBK
EUC_CN
中国北京中国北京
```

### 9.3.2 FileReader 和 FileWriter

FileReader 类用于读字符文件，每次读取一个字符或一个字符数组；FileWriter 类用于写字符文件，每次写入一个字符、一个数组或一个字符串。通常将 FileReader 对象看成是一个以字符为基本单位的无格式字符输入流；将 FileWriter 对象看成一个以字符为基本单位的无格式字符输出流。FileReader/ FileWriter 只能按平台默认的编码进行字符的读/写，若要指定字符编码，请使用 InputStreamReader/ OutputStreamWriter。

（1）FileReader 的构造方法如下。

- FileReader(String fileName) throws FileNotFoundException：在给定从中读取数据的文件名的情况下创建一个新的 FileReader。
- FileReader(File file) throws FileNotFoundException：在给定从中读取数据的 File 的情况下创建一个新的 FileReader。

（2）FileWriter 的构造方法如下。

- FileWriter(File file, boolean append) throws IOException：根据给定的 File 对象构造一个 FileWriter 对象。若第二个参数为 true，则将字符以添加方式写入文件末尾处；若为 false，则原有文件内容被清除，以便写入新内容。
- FileWriter(String fileName, boolean append) throws IOException：根据给定的文件名以及指示是否附加写入数据的 boolean 值来构造 FileWriter 对象，若 append 为 false，则原有文件内容被清除。

【例 9.10】将九九乘法表写入文本文件 t7.txt 中。

MultiplicationTable.java

```
package org.iostream;
import java.io.*;
public class MultiplicationTable {
    public static void main(String[] args) throws IOException {
        String filename = "C:/Users/Administrator/workspace/MyProject_09/src/org/iostream/t7.txt";
        FileReader fr = new FileReader(filename);
        FileWriter fw = new FileWriter(filename,true);
        for (int i = 1; i <= 9; i++) {
            for (int j = 1; j <= i; j++) {
```

```
                String s = i + "*" + j + "=" + i * j + " ";
                fw.write(s);
            }
            fw.write("\r\n");                              // 写入回车换行符
        }
        fw.flush();                                        // 强制刷新流
        int c;
        while ((c = fr.read()) != -1) {                    // 将九九乘法表读取出来
            System.out.print((char)c);
        }
    }
}
```

程序运行结果：

```
1*1=1
2*1=2 2*2=4
3*1=3 3*2=6 3*3=9
4*1=4 4*2=8 4*3=12 4*4=16
5*1=5 5*2=10 5*3=15 5*4=20 5*5=25
6*1=6 6*2=12 6*3=18 6*4=24 6*5=30 6*6=36
7*1=7 7*2=14 7*3=21 7*4=28 7*5=35 7*6=42 7*7=49
8*1=8 8*2=16 8*3=24 8*4=32 8*5=40 8*6=48 8*7=56 8*8=64
9*1=9 9*2=18 9*3=27 9*4=36 9*5=45 9*6=54 9*7=63 9*8=72 9*9=81
```

### 9.3.3 BufferedReader 和 BufferedWriter

文本行是以回车/换行结束的字符序列，有时以文本行为单位读取与处理文本更方便。BufferedReader/BufferedWriter 是带缓冲的字符流，可用于以文本行为单位处理文本的场合。如要求从键盘读入一个整数值 123，可将键盘看成一个带缓冲的字符输入流，一次读入字符串"123"，然后用 Integer.parseInt("123")转换成整数 123。表 9.1 列出了 BufferedReader 类的常用方法，其他方法都是重写 Reader 类的方法；表 9.2 列出了 BufferedWriter 类的常用方法，其他方法都是重写 Writer 类的方法。

表 9.1　BufferedReader 类的方法

| 方　法 | 功　能 |
| --- | --- |
| BufferedReader(Reader in) | 将输入流 in 转换成带缓冲的字符流，缓冲区大小为系统默认 |
| BufferedReader(Reader in，int sz) | 将输入流 in 转换成带缓冲的字符流，缓冲区大小为 sz |
| String readLine() throws IOException | 从输入流中读取一行字符，行结束标志为回车('\r')/换行('\n')或连续的回车换行符('\r''\n')。若读到流结束，则返回 null。若流中暂时无数据可读，则该方法进入阻塞状态。注意：返回的字符串中不含行结束符 |

表 9.2　BufferedWriter 类的方法

| 方　法 | 功　能 |
| --- | --- |
| BufferedWriter(Writer out) | 将输出流 out 转换成带缓冲的字符流，缓冲区大小为系统默认 |
| BufferedWriter(Writer out，int sz) | 将流 out 转换成带缓冲的字符流，缓冲区大小为 sz |
| void newLine() throws IOException | 写入行结束标记，该标记不是简单的换行符('\n')，而是由系统定义的属性 line.separator |

【例 9.11】将 100 以内所有的质数写入文本文件，要求每 10 个数一行。

PrimeNumber.java

```
package org.iostream;
import java.io.*;
public class PrimeNumber {
    BufferedWriter bw =null;
    String filename = "C:/Users/Administrator/workspace/MyProject_09/src/org/iostream/t8.txt";
    boolean isPrime(int n) {
        for (int i = 2; i <= n / 2; i++)
            if (n % i == 0)
                return false;
        return true;
    }
    void printPrime(int m) throws IOException {
        bw = new BufferedWriter(new FileWriter(filename));
        int j = 0;
        for (int i = 2; i <= m; i++) {
            if (isPrime(i)) {
                j++;
                String s = String.valueOf(i);
                String s1 = s +"    ";
                bw.write(s1);                        // 写入文本文件中
                if(j == 10) {
                    j = 0;
                    bw.newLine();                    // 写入一个行分隔符
                }
            }
        }
        bw.flush();                                  // 强制刷新流
        bw.close();
    }
    public static void main(String[] args) throws IOException {
        PrimeNumber pn = new PrimeNumber();
        pn.printPrime(100);                          // 打印出 100 以内所有的质数
    }
}
```

运行程序，文件 t8.txt 的内容如下：

```
2  3  5  7  11  13  17  19  23  29
31  37  41  43  47  53  59  61  67  71
73  79  83  89  97
```

## 9.3.4 PrintWriter 类

文本文件的输出流有 FileWriter 类，该类通常是以字符为单位写入文本文件，但有时需要以 Java 的基本数据类型为单位进行文本写入（如将实数值 12.6 以文本形式写入文本文件），尽管也可使用 FileWriter 写入，但处理起来不是很方便，为此 Java 引入 PrintWriter 类进行此类文本的输出。PrintWriter 是文本流中使用频率很高的流，其构造方法如下。

- PrintWriter(Writer out)：将任意一个字符输出流 out 串接成一个 PrintWriter 对象，不自动刷空流。
- PrintWriter(Writer out, boolean autoFlush)：将任意一个字符输出流 out 串接成一个 PrintWriter 对象，若 autoFlush 为 true 则自动刷空流。
- PrintWriter(OutputStream out)：将任意一个字节输出流 out 串接成一个 PrintWriter 对象，不自动刷空流。
- PrintWriter(OutputStream out, boolean autoFlush)：将任意一个字节输出流 out 串接成一个 PrintWriter 对象，若 autoFlush 为 true 则自动刷空流。

【例 9.12】运用 PrintWriter 类将满足条件的四位数写入文本文件中。该四位数是 11 的倍数，且十位数字加上百位数字刚好等于千位数字。

PrintWriterDemo.java

```
package org.iostream;
import java.util.*;
import java.io.*;
public class PrintWriterDemo {
    public static void main(String[] s) throws Exception {
        int A = 0;                                   // 千位上的数
        int B = 0;                                   // 百位上的数
        int C = 0;                                   // 十位上的数
        int num = 0;
        String filename = "C:/Users/Administrator/workspace/MyProject_09/src/org/iostream/t9.txt";
        FileWriter fw = new FileWriter(filename);
        PrintWriter pw = new PrintWriter(fw);
        for (int i = 1000; i < 10000; i++) {
            A = i / 1000;
            B = i /100 % 10;
            C = i / 10 % 10;
            if (i % 11 == 0 && A == B + C) {
                pw.print(i + "    ");
                if (++num % 7 == 0) {
                    pw.println();                    // 写入回车换行符
                }
            }
        }
        fw.close();
    }
}
```

运行程序，将满足条件的四位数写入文件 t9.txt，如下：

```
1012   1100   2024   2112   2200   3036   3124
3212   3300   4048   4136   4224   4312   4400
5148   5236   5324   5412   5500   6061   6248
6336   6424   6512   6600   7073   7161   7348
7436   7524   7612   7700   8085   8173   8261
8448   8536   8624   8712   8800   9097   9185
9273   9361   9548   9636   9724   9812   9900
```

# 9.4 标准 I/O

Java 的 I/O 流并不存在于整个程序运行的生命周期中，通常在 I/O 操作完毕时就应该适时地关闭 I/O 流。但对于某些操作（如向控制台不时地输出信息），若每次都要重新打开 I/O 流，再关闭，会很不方便，为此，java.lang.System 类提供 3 个静态常量。

- static final InputStream in：“标准”输入流，此流已打开并准备提供输入数据。通常此流对应键盘输入或者由主机环境或用户指定的另一个输入源。
- static final PrintStream out：“标准”输出流，此流已打开并准备接受输出数据。通常此流对应显示器输出或者由主机环境或用户指定的另一个输出目标。
- static final PrintStream err：“标准”错误输出流。此流已打开并准备接受输出错误信息。通常此流对应显示器输出或者由主机环境或用户指定的另一个输出目标。

以上 3 个流由 JVM 在启动程序时自动创建，它们存在于程序运行的整个生命周期中。程序在任何时候都可通过它们来输入/输出数据，故所有的输入都可来自标准输入，所有输出也都可发送到标准输出，而所有的错误信息则发送到标准错误输出流。

## 9.4.1 重新包装标准 I/O

在前面章节中，常常直接使用 System.out 将数据写到标准输出，这是因为 System.out 已事先被包装成了 PrintStream 对象，System.err 同样也是 PrintStream，但 System.in 却是一个未被包装的 InputStream（仅是个原始的字节流）。

【例 9.13】用 BufferedReader 包装 System.in，这需要中间类 InputStreamReader 把 System.in 转换成 Reader。

PackStandardIO.java

```
package org.iostream;
import java.io.*;
public class PackStandardIO {
    public static void main(String[] args) throws IOException {
        BufferedReader br = new BufferedReader(new InputStreamReader( System.in));
        PrintWriter out = new PrintWriter(System.out,true);                // 包装标准输出
        String s;
        while ((s = br.readLine()) != null && s.length() != 0)
            out.println(s.toUpperCase());                                   // 把字符串转换为大写
    }
}
```

程序运行结果：

```
abcdefghijk
ABCDEFGHIJK
```

## 9.4.2 标准 I/O 重定向

在默认情况下，标准输入流从键盘读取数据，标准输出流和标准错误输出流向控制台输出数据。Java 的 System 类提供了一些简单的静态方法调用，允许对标准输入/输出和错误 I/O 进行重定向。

- static void setIn(PrintStream in)：对标准输入流重定向。
- static void setOut(PrintStream out)：对标准输出流重定向。

● static void setErr(PrintStream err)：对标准错误输出流重定向。

【例 9.14】测试标准 I/O 的重定向，将标准输入附接到文件上，而将标准输出和标准错误输出重定向到另一个文件。

StandardIORedirect.java

```
package org.iostream;
import java.io.*;
public class StandardIORedirect {
    public static void main(String[] args) throws IOException {
        PrintStream console = System.out;
        BufferedInputStream in = new BufferedInputStream(new FileInputStream(
        "C:/Users/Administrator/workspace/MyProject_09/src/org/iostream/StandardIORedirect.java"));
        PrintStream out = new PrintStream(new BufferedOutputStream(new FileOutputStream(
                "C:/Users/Administrator/workspace/MyProject_09/src/org/iostream/t10.txt")));
        System.setIn(in);                                   // 对标准输入流重定向
        System.setOut(out);
        System.setErr(out);
        BufferedReader br = new BufferedReader(new InputStreamReader(System.in));
        String s;
        while ((s = br.readLine()) != null)                 // 从 BufferedReader 类中读取一行数据
            System.out.println(s);
        out.close();
        System.setOut(console);
    }
}
```

运行该程序，源代码将被复制到 t10.txt 中。

## 9.5　随机访问文件类

在 Java 中，RandomAccessFile 类提供了对随机读/写文件的支持，它没有继承 InputStream/OutputStream，而是直接继承自 Object 并实现了 DataInput/DataOutput 接口。在生成一个 RandomAccessFile 对象时，除了要指明文件对象或文件名外，还需指明读/写模式。例如：

```
RandomAccessFile raf  = new RandomAccessFile("c:/t.dat","r");
```

表示对 C 盘根目录 t.dat 文件进行随机读操作。又如：

```
RandomAccessFile raf = new RandomAccessFile("c:/t2.dat","rw");
```

表示对文件 C 盘根目录 t2.dat 文件进行随机读/写操作。

可将二进制文件看成一个“巨大的字节数组”，随机读/写操作就是对这个虚拟的字节数组进行的，而数组下标就是所谓的文件指针，故随机读/写文件的首要操作即移动文件指针，其操作有以下 3 种。

● long getFilePointer()：获得当前文件指针的位置。

● void seek(long pos)：移动文件指针到指定的位置，从 0 开始计算位置。

● int skipBytes(int n)：将文件指针向文件末尾移动指定的 n 个字节，返回实际移动的字节数，若 n<0 则不发生移动。

【例 9.15】向 C 盘根目录 t.dat 文件写入 10 个 double 型的实数，然后运用 RandomAccessFile 随机修改其中的数值。

RandomRW.java

```
package org.iostream;
import java.io.*;
public class RandomRW {
    public static void main(String[] args) throws Exception {
        RandomAccessFile raf = new RandomAccessFile("c:/t.dat", "rw");
        final int DOUBLE_SIZE = 8;
        for (int i = 0; i < 10; i++) {                    // 写入 10 个 Double 数值
            raf.writeDouble(i);
            System.out.print("    " + (double) i);
        }
        System.out.println();
        raf.close();
        RandomAccessFile raf1 = new RandomAccessFile("c:/t.dat", "rw");
        raf1.seek(3 * DOUBLE_SIZE);                       // 修改第 3 个 double 值
        raf1.writeDouble(300);
        raf1.seek(5 * DOUBLE_SIZE);                       // 修改第 5 个 double 值
        raf1.writeDouble(500);
        raf1.close();
        // 验证是否已修改
        RandomAccessFile raf2 = new RandomAccessFile("c:/t.dat", "r");
        for (int i = 0; i < 10; i++) {
            System.out.print("    " + raf2.readDouble());
        }
        System.out.println();
        raf2.close();
    }
}
```

程序运行结果：

```
0.0   1.0   2.0   3.0   4.0   5.0   6.0   7.0   8.0   9.0
0.0   1.0   2.0   300.0   4.0   500.0   6.0   7.0   8.0   9.0
```

【例 9.16】创建 10 个点对象，写入 C 盘根目录 t1.dat 中，然后随机修改对象内容。

RandomPointRW.java

```
package org.iostream;
import java.io.*;
class Point {
    private int x;
    private int y;
    public Point(int x, int y) {
        this.x = x;
        this.y = y;
    }
    public String toString() {
        return "[" + x + "," + y + "]";
    }
    //*******在当前位置写点(x,y)对象****************************
```

```
        public void writePoint(RandomAccessFile f) throws IOException {
            f.writeInt(x);
            f.writeInt(y);
        }
        //********在指定的第 n 位置写点(x,y)，n 值从 0 开始************
        public void writePoint(RandomAccessFile f, int n) throws IOException {
            f.seek(n * 8);    // 移到第 n 个点的位置，一个点对象大小是 8 个字节（两个 int 型）
            f.writeInt(x);
            f.writeInt(y);
        }
        //********在当前位置读点对象******************************
        public static Point readPoint(RandomAccessFile f) throws IOException {
            int x = f.readInt();
            int y = f.readInt();
            return new Point(x, y);
        }
        //*******在指定的第 n 个位置读点对象******************************
        public static Point readPoint(RandomAccessFile f, int n) throws IOException {
            f.seek(n * 8);
            int x = f.readInt();
            int y = f.readInt();
            return new Point(x, y);
        }
    }
    public class RandomPointRW {
        public static void main(String[] args) throws Exception {
            Point pt;
            RandomAccessFile raf = new RandomAccessFile("c:/t1.dat", "rw");
            for (int i = 0; i < 10; i++) {
                pt = new Point(i, i);                          // 创建点对象
                pt.writePoint(raf);                            // 点对象写入文件
                System.out.print("    " + pt);
            }
            System.out.println();
            raf.close();
            RandomAccessFile raf1 = new RandomAccessFile("c:/t1.dat", "rw");
            pt = new Point(300, 300);
            pt.writePoint(raf1, 3);                            // 修改第 3 个点对象值
            pt = new Point(500, 500);
            pt.writePoint(raf1, 5);                            // 修改第 5 个点对象值
            raf1.close();
            //********验证是否已成功修改*****************
            RandomAccessFile raf2 = new RandomAccessFile("c:/t1.dat", "r");
            for (int i = 0; i < 10; i++) {
                pt = Point.readPoint(raf2);
                System.out.print("    " + pt);
            }
```

```
            System.out.println();
            raf2.close();
        }
    }
```

程序运行结果：

```
[0,0]  [1,1]  [2,2]  [3,3]  [4,4]  [5,5]  [6,6]  [7,7]  [8,8]  [9,9]
[0,0]  [1,1]  [2,2]  [300,300]  [4,4]  [500,500]  [6,6]  [7,7]  [8,8]  [9,9]
```

## 9.6 对象序列化

Java 程序运行过程中会有许多对象同时存在，但当程序运行结束或 JVM 停止运行时，这些对象也消失了。如何将对象保存起来以便程序下一次运行时再从外存将它们读入内存中重建？或者如何将对象通过网络传输给另一端的 Java 程序？实施对象的这类操作称为“对象序列化（持久化）”。基本数据类型的包装类、所有容器类甚至 Class 对象都可以被序列化。但是用户自定义的对象默认是不能序列化的，若要使一个用户自定义类的对象也具备序列化的能力，必须明确实现 java.io.Serializable 接口，该接口定义为：

```
public interface Serializable{ }
```

可见这个接口中未定义任何方法，只是个标记型接口，但只要一个类声明实现了该接口，Java 系统就“认为”该类可以序列化，该类的对象也就可以存盘或通过网络传输了。那么如何对对象进行序列化读/写操作呢？首先要创建某些 OutputStream 对象，然后将其包装在一个 ObjectOutputStream 对象内。这时只需调用 writeObject()即可将对象序列化并发送给 OutputStream；若要反向该过程（即将一个序列还原为一个对象），只须将一个 InputStream 包装在 ObjectInputStream 内，再调用 readObject()即可。

默认的序列化机制只将对象的非静态成员变量进行序列化，而任何成员方法和静态成员变量都不参与序列化。序列化时保存的只是变量的值，而变量的任何修饰符都不能保存。对于用 transient 关键字修饰的成员变量，不参与序列化过程。

**【例 9.17】**创建 10 个点对象将它们写入 t11.obj 文件中，然后再从文件中读取这 10 个对象并在屏幕上显示出来。

ObjectSerializableDemo.java

```
package org.serializable;
import java.io.*;
import java.util.*;
class Point implements Serializable {
    private int x;
    private int y;
    private transient int z;
    public Point(int x, int y,int z) {
        this.x = x;
        this.y = y;
        this.z = z;
    }
    public String toString() {
        return "(" + x + "," + y + "," + z   + ","+")";
    }
}
```

```
public class ObjectSerializableDemo {
    public static void main(String[] args) throws Exception {
        String filename = "C:/Users/Administrator/workspace/MyProject_09/src/org/iostream/t11.obj";
        // 将二进制文件串接成一个对象输出流
        ObjectOutputStream oos = new ObjectOutputStream(new FileOutputStream(filename));
        for (int k = 0; k < 10; k++) {
            oos.writeObject(new Point(k, 2 * k,3*k));          // 将点对象写入文件中
        }
        oos.flush();
        oos.close();
        // 将点对象写入文件中
        ObjectInputStream ois = new ObjectInputStream(new FileInputStream(filename));
        for (int k = 0; k < 10; k++) {
            Point pt = (Point) ois.readObject();               // 从文件中读出点对象
            System.out.print(pt + " ");
        }
        ois.close();
    }
}
```

程序运行结果：

```
第1章 (0,0,0,) (1,2,0,) (2,4,0,) (3,6,0,) (4,8,0,) (5,10,0,) (6,12,0,) (7,14,0,) (8,16,0,) (9,18,0,)
```

## 9.7 File 类

File（文件）类既代表一个特定文件的名字，又能代表一个目录下的一组文件的名称。若它指的是一个文件集，就可以对此文件集调用 list()方法，该方法会返回一个字符串数组。File 类可用来查看文件或目录的信息，还可以创建或删除文件和目录，它的构造方法如下。

- File(String pathname)：以 pathname 为路径创建 File 对象。
- File(String parent, String child)：以 parent 为父路径，child 为子路径创建 File 对象。

Flie 类还有以下一些常用方法。

- boolean canRead()：判断能否对 File 对象所代表的文件进行读。
- boolean canWrite()：判断能否对 File 对象所代表的文件进行写。
- boolean exists()：判断该 File 对象所代表的文件或目录是否存在。
- boolean isDirectory()：判断该 File 对象是否代表一个目录。
- boolean isFile()：判断该 File 对象是否代表一个文件。
- boolean createNewFile() throws IOException：如果该 File 对象代表文件但该文件不存在，则创建它。
- boolean mkdir()：在文件系统中创建由该 File 对象表示的目录。
- boolean mkdirs()：在文件系统中创建由该 File 对象表示的目录。如果该目录的父目录不存在，则创建该目录所有的父目录。

【例 9.18】使用 File 类的常用方法。

UseFile.java

```
package org.iostream;
import java.io.*;
```

```
import java.util.Date;
public class UseFile {
    public static void main(String args[]) throws Exception{
        File dir1 = new File("D:/dir1");
        if(!dir1.exists())
            dir1.mkdir();
        File dir2 = new File(dir1,"dir2");
        if(!dir2.exists())
            dir2.mkdirs();
        File dir4 = new File(dir1,"dir3/dir4");
        if(!dir4.exists())
            dir4.mkdirs();
        File file = new File(dir2,"test.txt");
        if(!file.exists())
            file.createNewFile();
        listDir(dir1);
        deleteDir(dir1);
    }
    public static void listDir(File dir) {
        File[] lists = dir.listFiles();
        //*********显示当前目录下包含的所有子目录和文件的名字*********
        String info="目录:" + dir.getName() + "(";
        for(int i = 0; i < lists.length; i++)
            info += lists[i].getName() + " ";
        info += ")";
        System.out.println(info);
        //*********显示当前目录下包含的所有子目录和文件**************
        for(int i = 0; i < lists.length; i++) {
            File f = lists[i];
            if(f.isFile())
                System.out.println("文件:" + f.getName() + " canRead:" + f.canRead()
                                + " lastModified:" + new Date(f.lastModified()));
            else
                listDir(f);          // 如果为目录，就递归调用 listDir()方法
        }
    }
    public static void deleteDir(File file) {
        //**********如果 file 代表文件，就删除该文件**********
        if(file.isFile()) {
            file.delete();
            return;
        }
        //**********如果 file 代表目录，先删除目录下的所有子目录和文件*********
        File[] lists = file.listFiles();
        for(int i = 0; i < lists.length; i++)
            deleteDir(lists[i]);
        file.delete();                  // 删除当前目录
```

```
    }
}
```

**说明**：以上 UseFile 类的 main()方法首先创建了一个子文件夹树形结构，接着调用 List(dir1)方法查看 dirl 目录及它包含的子目录和文件的信息，最后调用 deleteDir(dir1)方法删除 dir1 目录及它包含的子目录和文件。程序运行结果：

```
目录:dir1(dir2 dir3 )
目录:dir2(test.txt )
文件:test.txt canRead:true lastModified:Wed May 20 16:20:47 CST 2015
目录:dir3(dir4 )
目录:dir4()
```

## 9.8　综合实例

设计一个程序，将数 p 和数 s 之间的质数写入文本文件，要求 t 个数一行，程序运行的参数 p、s 和 t 由键盘输入。计算出每行质数之和，同样打印到同一个文本文件中。

PrimeDemo.java

```
package org.iostream;
import java.io.*;
import java.util.regex.*;
public class PrimeDemo {
    BufferedWriter bw = null;
    String filename = "C:/Users/Administrator/workspace/MyProject_09/src/org/iostream/t20.txt";
    static int s, p, t;
    static long num;                                    // 一行质数之和
    boolean isPrime(int n) {                            // 判断是否是质数
        for (int i = 2; i <= n / 2; i++)
            if (n % i == 0)
                return false;
        return true;
    }
    void printPrime(int m,int n) throws IOException {
        bw = new BufferedWriter(new FileWriter(filename));
        int j = 0;
        for (int i = m; i <= n; i++){
            if (isPrime(i)) {
                j++;
                if(j%t == 0) {
                    System.out.print(" " + i);
                    System.out.print(" " +num);
                    System.out.println();
                    num = num + i;
                    String s = String.valueOf(i);
                    String s1 = s +"    ";
                    String s2 = String.valueOf(num);
                    bw.write(s1);
                    bw.write(s2);
```

```
                bw.newLine();                   // 写入一个行分隔符
                num = 0;
            }
            else {
                String s = String.valueOf(i);
                String s3 = s + "    ";
                bw.write(s3);
                num = num + i;
                System.out.print(" " + i);
            }
        }
    }
    String s4 = String.valueOf(num); // 最后不足 k 个质数的一行的累加和也写入文本文件中
    System.out.println(" " + num);
    bw.write(s4);
    bw.flush();                                 // 强制刷新流
    bw.close();
  }
  public static void main(String[] args) throws IOException {
    PrimeDemo pn = new PrimeDemo();
    int[] arr = new int[10];
    BufferedReader br = new BufferedReader(new InputStreamReader( System.in));
    String s1;
    while ((s1 = br.readLine()) != null && s1.length() != 0) {
        Pattern p1 = Pattern.compile("(\\d{1,3})");  // 编译正则表达式，要求 1～3 个数字
        Matcher m = p1.matcher(s1);             // 对字符串进行匹配
        int i = 0;
        while(m.find()) {                       // 寻找与指定模式匹配的下一个子序列
            int j = 0;
            j = Integer.parseInt(m.group());    // 将字符串类型转换为整型
            arr[i] = j;
            i++;
        }
        p = arr[0];                             // 区间整数的起始位置
        s = arr[1];                             // 区间整数的结束位置
        t = arr[2];                             // 每一行的质数个数
        pn.printPrime(p, s);                    // 打印出 100 之内的所有质数
    }
  }
}
```

运行程序，在控制台输入“101 200 10”，按下回车键。程序运行结果为：

```
101 103 107 109 113 127 131 137 139 149 1067
151 157 163 167 173 179 181 191 193 197 1555
199 199
```

# 第10章 多线程

运行中的应用程序称为“进程”，进程中能够独立执行的控制流的称为“线程”。一个进程可由多个线程组成，它们分别执行不同的任务。当进程的多个线程同时运行时，这种运行方式叫作“并发”。许多服务器程序（如数据库服务器、Web 服务器等）都支持并发运行，能同时响应来自不同客户的请求。实际运行的多线程可由拥有多处理器的硬件支持，也可由单处理器硬件轮流支持。

线程与进程的主要区别：每个进程都要求操作系统为其分配独立的内存地址空间，而同一进程中的所有线程则在同一块地址空间中工作，它们可共享进程的状态和资源，比如共享一个对象或者已经打开的一个文件。

## 10.1 线程的创建与启动

当用 java 命令启动一个 JVM 进程时，JVM 都会创建一个主线程，该线程从程序入口（main()方法）开始运行。用户也可以创建 Thread 的实例来创建新的线程，它将与主线程并发运行。创建线程有两种方式：继承 java.lang.Thread 类和实现 Runnable 接口。

### 10.1.1 继承 java.lang.Thread 类

Thread 类代表线程类，它的常用方法如下。

- static Thread currentThread()：返回当前正在运行的线程对象的引用。
- static void yield()：暂停当前正在运行的线程对象，并运行其他线程。
- static void sleep(long millis) throws InterruptedException：在指定的毫秒数内让当前正在运行的线程休眠（暂停执行），此操作受系统计时器和调度程序精度和准确性的影响。该线程不执行释放对象锁的操作。millis 表示以毫秒为单位的休眠时间。
- void start()：启动线程，JVM 调用该线程的 run()方法使其与其他的线程并发运行。
- void run()：如果线程是通过实现 Runnable 接口的对象构造，则调用该 Runnable 对象的 run()方法；否则该方法不执行任何操作并返回。Thread 的子类应重写该方法。
- void interrupt()：设置线程的中断标记位，请求线程停止运行。
- final void setPriority(int newPriority)：更改线程的优先级。
- final int getPriority()：返回线程的优先级。
- final void setName(String name)：设置线程的名称为 name。
- final String getName()：返回线程的名称。
- final void join()throws InterruptedException：等待该线程终止。
- final void setDaemon(boolean on)：将该线程标记为守护线程或用户线程。当正在运行的线程都是守护线程时，JVM 退出。该方法必须在启动线程前调用。
- long getId()：返回线程 ID（即线程标识符），它是一个正的长整数，在创建线程时生成。线程 ID 是唯一的且在线程终止之前保持不变。但线程终止后，该线程的 ID 还可以被重新使用。

用户的线程类只须继承 Thread 类并重写其 run()方法即可，通过调用用户线程类的 start()方法即可启动用户线程。

【例 10.1】继承 Thread 类实现多线程。

TestThread.java

```
package org.concurrency.expansion;
class MyThread extends Thread {
        private int a = 0;
        public void run() {
                for (int a = 0; a < 10; a++) {
                        System.out.println(currentThread().getName() + ":" + a);
                        try {
                                sleep(100);                          // 给其他线程运行的机会
                        } catch (InterruptedException e) {
                                throw new RuntimeException(e);
                        }
                }
        }
}
public class TestThread {
        public static void main(String[] args) {
                MyThread thread = new MyThread();       // 创建用户线程对象
                thread.start();                          // 启动用户线程
                thread.run();                            // 主线程调用用户线程对象的 run()方法
        }
}
```

程序的一种可能运行结果：

```
main:0
Thread-0:0
main:1
Thread-0:1
main:2
Thread-0:2
main:3
Thread-0:3
main:4
Thread-0:4
Thread-0:5
main:5
main:6
Thread-0:6
main:7
Thread-0:7
main:8
Thread-0:8
main:9
Thread-0:9
```

**说明**：当运行 java TestThread 命令时，JVM 首先创建并启动主线程，主线程从 main()方法开始运行，然后创建并启动一个用户线程。Thread 类的 currentThread()静态方法返回当前线程的引用，getName()方法则返回线程的名字。每个线程都有个默认的名字，主线程默认名为“main”。用户创建的第一个线程默认名为“Thread-0”，第二个默认名为“Thread-1”，……，依次类推。为了让每个线程轮流获得 CPU，在 run()方法中还调用了 Thread 类的 sleep()静态方法，它让当前线程主动放弃 CPU 并睡眠若干时间。

### 10.1.2 实现 Runnable 接口

另一种创建线程的方式是实现 java.lang.Runnable 接口，它只有一个 run()方法。当使用 Thread(Runnable thread)方式创建线程对象时，须为该方法传递一个实现了 Runnable 接口的对象，这样创建的线程将调用实现 Runnable 接口的对象的 run()方法。

**【例 10.2】**实现 Runnable 接口的方式实现多线程。

TestThread1.java

```
package org.concurrency.expansion;
public class TestThread1 {
    public static void main(String args[]) {
        MyThread1 mt = new MyThread1();
        Thread t = new Thread(mt);                    // 创建用户线程
        t.start();                                    // 启动用户线程
        for (int a = 0; a < 10; a++) {
            System.out.println(Thread.currentThread().getName() + ":" + a);
            try {
                Thread.sleep(100);
            } catch (InterruptedException e) {
                throw new RuntimeException(e);
            }
        }
    }
}
class MyThread1 implements Runnable {                // 通过实现 Runnable 接口来创建线程
    public void run() {
        for (int a = 0; a < 10; a++) {
            System.out.println(Thread.currentThread().getName() + ":" + a);
            try {
                Thread.sleep(100);
            } catch (InterruptedException e) {
                throw new RuntimeException(e);
            }
        }
    }
}
```

程序的一种可能运行结果：

```
Thread-0:0
main:0
main:1
```

```
Thread-0:1
main:2
Thread-0:2
main:3
Thread-0:3
main:4
Thread-0:4
Thread-0:5
main:5
main:6
Thread-0:6
main:7
Thread-0:7
main:8
Thread-0:8
main:9
Thread-0:9
```

直接继承 Thread 类或实现 Runnable 接口都能实现多线程，在实际应用中究竟用哪种方式为好呢？这里给出一个参考意见：如果只是为了实现 Thread 的执行过程，那么没必要从 Thread 中派生。这是因为实现 Runnable 接口的对象代表的是一个计算任务，该任务通常交由其他线程（如线程池中的线程）去执行，故 Runnable 对应要完成的任务，而 Thread 则对应任务执行者。另外，若一个类已有了父类，那么只能实现 Runnable 接口来参与多线程的运行；若要使用并扩展 Thread 类的功能，则可选择从 Thread 类继承。

## 10.2 线程的状态转换

线程在它的生命周期中会处于各种状态：新建、就绪、阻塞和死亡。

### 1．新建状态（New）

用 new 操作符创建一个线程对象（如 new Thread(t)）时，线程还没开始运行，此时它处在新建状态，程序尚未执行线程中的代码，在线程可以运行之前可能还有一些工作要做。

### 2．就绪状态（Runnable）

当一个线程对象被创建后，其他线程调用了它的 start()方法，该线程就进入就绪状态。这种状态下，只要调度器把时间片分配给它，线程就能运行，JVM 为它创建方法调用栈和程序计数器。处于这个状态的线程位于运行池中，等待获得 CPU 的使用权。Java 不区分就绪态和运行态。

### 3．阻塞状态（Blocked）

阻塞状态是指线程因为某些原因放弃 CPU，暂时停止运行的状态，此时 JVM 不会再给线程分配 CPU，直到它重新进入就绪状态才有机会得到 CPU。例如，一个线程使用同步 socket 操作读取网络数据，而恰恰此时网络繁忙，或者远程主机无法响应，该线程就会由于等待而进入阻塞状态。一个线程进入阻塞状态可能有如下原因。

（1）通过调用 sleep(milliseconds)使线程进入休眠状态，线程在指定的时间内不会运行。

（2）通过调用 wait()方法使线程挂起，直到它得到 notify()或 notifyAll()消息才会重新进入就绪状态。

（3）线程在等待某个输入/输出完成。

（4）线程试图在某个对象上调用同步控制方法，但对象锁不可用，因为另一个对象已经获取了这个锁。

**4．死亡状态（Dead）**

当线程退出 run()方法时就进入死亡状态，它的生命周期结束。一个线程可能是正常执行完 run()方法退出，但也有可能是遇到异常而退出 run()方法。

【例 10.3】调用 sleep()方法使主线程睡眠，进入阻塞状态，让客户线程得到 CPU。

TestBlocked.java

```
import java.util.*;
public class TestBlocked {
    public static void main(String[] args) {
        MyThread thread = new MyThread();
        thread.start();
        try {
            Thread.sleep(10000);                    // 主线程睡眠 10 秒
        } catch (InterruptedException e) {
        }
        thread.interrupt();                         // 中断客户线程
    }
}
class MyThread extends Thread {
    boolean flag = true;
    public void run() {
        while (flag) {
            System.out.println("...." + new Date() + "...");
            try {
                sleep(1000);
            } catch (InterruptedException e) {      // 接收到中断请求，立即结束 run()方法
                return;
            }
        }
    }
}
```

程序运行结果：

```
....Wed May 20 18:05:41 CST 2015...
....Wed May 20 18:05:42 CST 2015...
....Wed May 20 18:05:43 CST 2015...
....Wed May 20 18:05:44 CST 2015...
....Wed May 20 18:05:45 CST 2015...
....Wed May 20 18:05:46 CST 2015...
....Wed May 20 18:05:47 CST 2015...
....Wed May 20 18:05:48 CST 2015...
....Wed May 20 18:05:49 CST 2015...
....Wed May 20 18:05:50 CST 2015...
```

# 10.3 线程调度

在运行池中，会有多个处于就绪状态的线程在等待 CPU，JVM 的一项任务就是负责线程的调度。线程调度是指按特定机制为多个线程分配 CPU 的使用权。有两种调度模型：分时调度和抢占式调度。分时调度是让所有线程轮流获得 CPU，且平均分配每个线程占用 CPU 的时间片；抢占式调度是指优先让运行池中优先级高的线程占用 CPU，如果运行池中线程的优先级相同，那么就随机地选择一个线程占用 CPU，处于运行状态的线程会一直运行，直至它放弃 CPU。JVM 采用的是抢占式调度模型。如果希望明确地让一个线程给另一个线程运行的机会，可采取以下办法之一：

- 调整各个线程的优先级；
- 让处于运行状态的线程调用 Thread.sleep()方法；
- 让处于运行状态的线程调用 Thread.yield()方法；
- 让处于运行状态的线程调用另一个线程的 join()方法。

## 10.3.1 调整线程优先级

所有处于就绪状态的线程根据优先级存放于运行池中，优先级低的线程获得较少的运行机会，反之有较多的运行机会。Thread 类的 setPriority(int)和 getPriority()方法分别用来设置和读取优先级。优先级用整数（取值 1～10）表示，Thread 类有以下 3 个静态常量。

- MAX_PRORITY：取值为 10，表示最高的优先级。
- MIN_PRIORITY：取值为 1，表示最低的优先级。
- NORM_PRIORITY：取值为 5，表示默认优先级。

【例 10.4】调整线程对象 t2 的优先级为最高级。

TestPriority.java

```
import java.util.Date;
public class TestPriority {
        public static void main(String[] args) {
                Thread t1 = new Thread(new MyThread1());
                Thread t2 = new Thread(new MyThread2());
                t2.setPriority(Thread.MAX_PRIORITY);          // 设置线程对象 t2 为最高级
                t1.start();                                   // 启动线程 t1
                t2.start();
        }
}
class MyThread1 extends Thread {                              // 通过继承 Thread 类来创建线程类
        public void run() {
                //*******获取线程的优先级***********
                for (int i = 0; i < 10; i++) {
                        System.out.println(currentThread().getName() + ":"+currentThread().getPriority());
                }
        }
}
class MyThread2 extends Thread {
        public void run() {
                for (int i = 0; i < 10; i++) {
```

```
                System.out.println(currentThread().getName() + ":"+currentThread().getPriority());
            }
        }
    }
```

**说明：**客户线程 t2 优先级比 t1 高，但主线程先启动 t1，可能在主线程一启动 t1（尚未启动 t2）时就将 CPU 使用权让给 t1，所以 t1 仍然可能先于 t2 得到执行。

程序的一种可能运行结果：

```
Thread-1:5
Thread-3:10
Thread-3:10
Thread-3:10
Thread-3:10
Thread-3:10
Thread-3:10
Thread-3:10
Thread-3:10
Thread-3:10
Thread-3:10
Thread-1:5
Thread-1:5
Thread-1:5
Thread-1:5
Thread-1:5
Thread-1:5
Thread-1:5
Thread-1:5
Thread-1:5
```

## 10.3.2　线程让步

线程让步指当前运行的线程调用 yield()方法暂时放弃 CPU，给其他线程一个执行的机会，但这种方式只给相同或更高优先级的线程以执行机会，如果当前系统中没有相同或更高优先级的线程，yield()方法调用不会产生任何效果，当前线程依然继续占用 CPU。

【例 10.5】当前线程调用 yield()方法暂时放弃 CPU，给其他线程运行的机会。

YieldThread.java

```
public class YieldThread extends Thread {
    public void run() {
        for (int i = 1; i <= 10; i++) {
            System.out.println(currentThread().getName() + " " );
            yield();                              // 暂时放弃 CPU ，给其他线程运行的机会
        }
    }
    public static void main(String[] args) {
        YieldThread m1 = new YieldThread();
        YieldThread m2 = new YieldThread();
        m1.start();
```

```
            m2.start();
        }
}
```

程序的一种可能运行结果：

```
Thread-0
Thread-0
Thread-0
Thread-0
Thread-0
Thread-1
Thread-1
Thread-1
Thread-1
Thread-1
Thread-1
Thread-1
Thread-0
Thread-1
Thread-0
Thread-1
Thread-0
Thread-1
Thread-0
Thread-0
```

sleep()方法和 yield()方法都是 Thread 类的静态方法，都会使当前处于运行状态的线程放弃 CPU，把运行机会让给别的线程。二者的区别如下。

（1）sleep()方法给其他线程运行机会时不考虑线程的优先级，因此可能给较低优先级的线程运行机会；而 yield()方法只会给相同或更高优先级的线程运行机会。

（2）当线程执行了 sleep(long millis)方法后，将转入阻塞状态，参数 millis 指定睡眠时间；而执行了 yield()方法后，线程仍处于就绪态（随时可投入运行）。

### 10.3.3 合并线程

一个线程可在其他线程上调用 join()方法，则当前运行的线程将被挂起，直到目标线程执行结束它才恢复运行。也可以在调用 join()方法时带上一个超时参数，这样若目标线程在指定时间到时还未结束的话，join()方法也总能返回。

**【例 10.6】**主线程调用客户线程的 join()方法，等到客户线程运行结束才恢复运行。

JoinThread.java

```
public class JoinThread {
        public static void main(String[] args) {
                MyThread4 mt = new MyThread4();
                mt.start();
                try {
                        mt.join();                          // 挂起主线程，等待客户线程执行结束
                } catch (InterruptedException e) {
                }
```

```
            for (int i = 1; i <= 5; i++) {
                System.out.println("main Thread ");
            }
        }
}
class MyThread4 extends Thread {
        public void run() {
            for (int i = 1; i <= 5; i++) {
                System.out.println(currentThread().getName());
            }
        }
}
```

程序运行结果：

```
Thread-0
Thread-0
Thread-0
Thread-0
Thread-0
main Thread
main Thread
main Thread
main Thread
main Thread
```

## 10.4　后台线程

后台线程是为其他线程提供服务的线程，也称守护线程，比如 JVM 的垃圾回收线程就是一个典型的后台线程。与之相对的，主线程在默认情况下是前台线程，由前台线程创建的线程在默认情况下也是前台线程。可通过调用 Thread 类的 setDaemon(true)方法把一个前台线程设置为后台线程，而 isDaemon()方法则用来判断一个线程是否是后台线程。

【例 10.7】将 daemon 线程设为后台线程。

SimpleDaemons.java

```
public class SimpleDaemons implements Runnable {
        int i = 0;
        public void run() {
            try {
                while (i < 10) {
                    i++;
                    System.out.println(Thread.currentThread());
                }
            } catch (Exception e) {
                System.out.println("sleep() interrupted");
            }
        }
        public static void main(String[] args) throws Exception {
            Thread daemon = new Thread(new SimpleDaemons());
```

```
            daemon.setDaemon(true);                    // 将 daemon 线程设置为后台线程
            daemon.start();                            // 启动后台线程
            System.out.println("main end");
        }
}
```

程序运行结果：

```
main end
Thread[Thread-0,5,main]
Thread[Thread-0,5,main]
Thread[Thread-0,5,main]
Thread[Thread-0,5,main]
Thread[Thread-0,5,main]
Thread[Thread-0,5,main]
Thread[Thread-0,5,main]
Thread[Thread-0,5,main]
Thread[Thread-0,5,main]
Thread[Thread-0,5,main]
```

**说明：**主线程 main()方法中的代码执行完毕时，由于只剩下了后台线程，无论 daemon 是否运行结束，main()主线程都结束，这意味着整个程序运行结束。若 daemon 没有被设为后台线程，则当 main()方法执行完毕时就不会立即结束，而是会一直等到 deamon 线程运行完了它才结束。

## 10.5 线程互斥

当两个或以上的线程进入某些程序段（称为“临界区”）读/写同一个共享变量时，如何保证其中一个线程在临界区操作时，不让其他的线程进入临界区，这就是线程互斥。

### 10.5.1 临界区

所谓临界区，就是读/写同一个共享变量的程序段。最常见的典型情况是：两个或多个线程共享同一个数据区，有些线程对该数据区写，有些对该数据区读，还有些对该数据区既读又写，这个共享的数据区是一个共享变量，对它进行读/写的程序段就是临界区。

【例 10.8】测试对临界区不加特别考虑会产生什么样的后果。

Test.java

```
package org.concurrency.critical;
//这是一个共享变量，由 3 个线程共享，一个做加 1 操作，另两个做减 1 操作
class Share{
        private int a;
        public Share() {
            a = 0;                                          // 共享变量
        }
        public Share(int d){
            a = d;
        }
        //临界区 1，对共享变量数据加 1
        public void add() {
            try{
```

```
                Thread.sleep(10);
            }catch(Exception e) {
                System.out.println(e.getMessage());
            }
            a = a +1;
            System.out.println("Add："+a);
        }
        //临界区 2，对共享变量数据减 1
        public void dec() {
            if(a>0) {
                try {
                    Thread.sleep(10);
                }catch(Exception e) {
                    System.out.println(e.getMessage());
                }
                a = a - 1;
                System.out.println("Dec：" + a);
            }
        }
    }
    //对共享变量做加 1 操作的线程
    class AddThread extends Thread {
        private Share s1;
        public AddThread(Share s3) {
            s1 = s3;
        }
        public void run() {
            for(int i = 0; i <= 100; i++) {
                s1.add();                              // 做加 1 操作
            }
        }
    }
    //对共享变量做减 1 操作的线程
    class DecThread extends Thread {
        private Share s2;
        public DecThread(Share s4) {
            s2 = s4;
        }
        public void run() {
            for(int i = 0; i <= 100; i++) {
                try{
                    Thread.sleep(10);
                }catch(Exception e) {
                    System.out.println(e.getMessage());
                }
                s2.dec();                              // 做减 1 操作
            }
```

```
        }
}
public class Test {
        public static void main(String[] args) {
                Share share = new Share();
                new AddThread(share).start();
                new DecThread(share).start();
                new DecThread(share).start();
        }
}
```

程序运行的一种可能的结果：

```
Add：1
Add：2
Dec：1
Dec：0
Add：1
…
Dec：2
Dec：1
Dec：0
Dec：-1
```

运行结果出现负值，这并不是所期望的。问题的根源在于当 AddThread 线程执行 add()方法时，由于这个 add()操作不是一个原子操作，即该操作是由若干条指令组成的，当这些指令只执行了一部分（如：刚执行完 a = a + 1;），CPU 就切换给了 DecThread 线程，而 DecThread 所执行的 dec()操作也不是原子操作，可能在刚执行完 a>0 的判别时，CPU 又切换给了另外一个 DecThread 线程，这样，当两个 DecThread 都执行完各自的 dec()操作时，a 的值就变成-1 了。可见临界区问题关联着两个因素：一个是共享的变量（如上例的变量 a）；另一个是对共享变量进行读/写的程序段（如上例的 add()与 dec()方法）。为解决这个问题，需要将对程序段中共享变量的访问操作（即临界区代码）变成一个原子操作（是逻辑意义而非物理上不可打断的原子操作），故 Java 引入了“对象锁”机制。

### 10.5.2 对象锁机制

Java 中的每一个对象都拥有一把“对象锁”，当线程 AddThread 准备进入临界区 1 访问共享变量时，它首先要试图获取共享变量所关联对象的“对象锁”。若获取成功，则线程 AddThread 正式进入临界区 1 访问共享变量。此时若有另一个线程 DecThread 也准备进入临界区 1 访问同一个变量，它首先也要获取该变量对象的“对象锁”，但由于对象锁只有一把且已被线程 AddThread 取走，线程 DecThread 将由于取不到对象锁而进入阻塞状态，Java 系统将把它放到该共享变量的对象锁等待队列中。当线程 AddThread 执行完临界区 1 中代码后自动归还对象锁，Java 系统再将该对象锁等待队列中的所有线程（均处于阻塞状态）唤醒，从中选择一个线程获得对象锁并执行。

那么如何实现上述的对象锁机制呢？Java 在语言层次上引入 synchronized 关键字和显式的 Lock 对象来表示临界区。synchronized 有两种格式：

```
synchronized(任何对象) {                    // 格式一
    // 临界区
}
```

```
public synchronized void method() {                  // 格式二
    // 临界区
}
```

其中，“任何对象”指程序员在设计代码时，对每一个共享变量都人为地关联一个对象（如 Object lock = new Object();），只要同一个共享变量的所有临界区都是对同一个对象（如上述的 lock）加锁，就能达到互斥的目的。由于共享变量通常以对象形式存在，因此常见的做法是直接使用该对象来进行加锁操作。

【例 10.9】用关键字 synchronized 解决【例 10.8】程序的问题。

SynTest.java

```
package org.concurrency.synchronize;
class Share {
    private int a;                                   // 共享变量
    public Share() {
        a = 0;
    }
    public Share(int  i) {
        a = i;
    }
    //临界区 1，对共享变量加 1
    public void add() {
        synchronized(this) {                         // 共享变量 a 所属的对象 this 加锁
                a = a + 1;
                System.out.println("Add: " + a);
        }
    }
    //临界区 2，对共享变量减 1
    public void dec() {
        synchronized(this) {                  // 必须对同一个对象加锁
            if(a > 0) {
                a = a - 1;
                System.out.println("Dec: " + a);
            }
        }
    }
}
//对共享变量做加 1 操作的线程
class AddThread extends Thread {
    private Share s1;
    public AddThread(Share s3) {
        s1 = s3;
    }
    public void run() {
        for(int i = 0; i <= 100; i++) {
            s1.add();
        yield();
        }
```

```
        }
}
//对共享变量做减 1 操作的线程
class DecThread extends Thread {
            private Share s2;
    public DecThread(Share s4) {
        s2 = s4;
    }
    public void run() {
        for(int i = 0; i <=100; i++) {
            s2.dec();
            yield();
        }
    }
}
public class SynTest {
    public static void main(String[] args) {
        Share share = new Share();
        new AddThread(share).start();
        new DecThread(share).start();
        new DecThread(share).start();
    }
}
```

程序运行的一种可能结果：

```
Add：1
Add：2
Add：3
Add：4
…
Dec：3
Dec：2
Dec：1
Dec：0
```

也可以直接用格式二，将 add()和 dec()定义为 synchronized 方法。

对 synchronized 的进一步讨论如下。

（1）synchronized 锁定的是一个具体对象，通常是共享变量的对象。用 synchronized 括起来的程序段是访问该共享变量的临界区，即 synchronized 代码块。由于所有锁定同一个对象的线程在 synchronized 代码块上是互斥的，即它们各自 synchronized 代码块之间是串行执行，从而保证了 synchronized 代码块操作的原子性。但 synchronized 代码块与所有线程的非 synchronized 代码块之间以及非 synchronized 代码块之间都是并发（互相交替穿插）执行的，故 synchronized 代码块操作的原子性只是逻辑上的，而非物理上不可打断。

（2）每个 Java 对象都有且只有一个对象锁，任何时刻一个对象锁只能被一个线程所拥有。若线程锁定的不是同一个对象，则它们的 synchronized 代码块是可以并发执行的。

（3）所有非 synchronized 代码块或方法都可自由调用。如线程 A 获得了对象锁，调用需要该对象锁的 synchronized 代码块，其他线程仍然可以调用所有非 synchronized 方法。

（4）若线程 A 获得了对象 O 的锁并调用 O 的 synchronized 代码块，则 A 仍然可以调用其他任何需要对象 O 的锁的 synchronized 代码块或方法，这是因为 A 已获得对象 O 的锁了。若 A 同时可以调用需要另一个对象 K 的锁的 synchronized 代码块，则意味着线程 A 同时拥有对象 O 和对象 K 的锁。

（5）只有当一个线程执行完（无论正常执行完还是异常抛出）它所调用的 synchronized 代码块或方法时，该线程才会释放所持的对象锁。

（6）synchronized 并不必然地保护数据。程序员应仔细分析、识别出程序中所有的临界区，并对它们施加 synchronized 机制，若有遗漏，共享变量中的数据就会产生错误。

（7）临界区中的共享变量应定义为 private 型，否则，其他类的方法可能直接访问和操作该变量，导致 synchronized 的保护失去意义，故只能通过临界区访问共享变量，被锁定的对象通常是 this（形如 synchronized(this){…}）。

（8）一定要保证所有对共享变量的访问与操作均在 synchronized 代码块中进行。

（9）通常共享变量都是实例变量。如果共享变量为一类变量会使问题复杂化，因为类方法与实例方法均可访问类变量，而 synchronized 锁定的又只能是对象而不能是类，建议这种情况采用类方法来访问操作该类变量，这样这个类方法就成为一个临界区，必须将它定义为 synchronized 方法。此外，所有要访问该共享类变量的实例方法也都应通过调用定义为 synchronized 的类方法来实现，若实例方法一定想要不通过 synchronized 的类方法而直接访问共享类变量，就只能通过 synchronized(类名.class){…}的方式访问类锁。Java 中每个类都有一个类对象，这个类对象实际是 java.lang.Class 的一个实例对象，所谓类锁即是这个类对象的一把锁（注意：类锁与这个类的实例对象的对象锁是不同的锁）。所有像 synchronized(类名.class()){=同步代码块}这样锁定的类对象（注意：不是锁定类的某一个实例对象），其中的 synchronized 代码块都是串行执行的，使用类锁要仔细考虑和权衡。

（10）当一个线程进入死亡状态，它所拥有的所有对象锁都会被释放。

### 10.5.3 显式 Lock 对象

Java SE 5.0 引入了 java.util.concurrent.lock 类库，作为解决互斥的另一种机制。用 ReentrantLock 类创建一个 Lock 对象来保护临界区，代码块的基本结构如下：

```
private Lock locker = new ReentrantLock();
locker.lock();                              // 加锁
try {
    …
}finally {
    locker.unlock();                        // 解锁
}
```

lock()与 unlock()必须配套使用，且确保 lock()对应的 unlock()一定会得到执行，故必须把 unlock()放在 finally 块中。

**【例 10.10】**使用 Lock 对象实现线程互斥。

LockTest.java

```
package org.concurrency.lock;
import java.util.concurrent.locks.*;
class Share {
    private int a;                          // 共享变量
    public Share() {
        a = 0;
```

```
        }
        public Share(int  i) {
            a = i;
        }
        private Lock locker = new ReentrantLock();
        public void add() {                          /* 临界区 1，对共享变量加 1 */
            locker.lock();                           // 加锁
            try{
                a = a + 1;                           // 进入临界区 1
                System.out.println("Add："+a);
            }finally {
                locker.unlock();                     // 解锁
            }
        }
        public void dec() {                          /* 临界区 2，对共享变量减 1 */
            locker.lock();                           // 加锁
            try{                                     // 进入临界区 2
                if(a > 0) {
                    a = a - 1;
                    System.out.println("Dec：" + a);
                }
            }finally {
                locker.unlock();                     // 解锁
            }
        }
    }
    class AddThread extends Thread {                 /* 对共享变量做加 1 操作的线程 */
        private Share s1;
        public AddThread(Share s3) {
            s1 = s3;
        }
        public void run() {
            for(int i = 0; i <= 10; i++) {
                s1.add();
                yield();
            }
        }
    }
    class DecThread extends Thread {                 /* 对共享变量做减 1 操作的线程 */
        private Share s2;
        public DecThread(Share s4) {
            s2 = s4;
        }
        public void run() {
            for(int i = 0; i <= 10; i++) {
                s2.dec();
                yield();
```

```
            }
        }
    }
    public class LockTest {
        public static void main(String[] args) {
            Share    share = new Share();
            new AddThread(share).start();
            new DecThread(share).start();
        }
    }
```

程序运行的一种可能结果：

```
Add：1
Add：2
Add：3
Add：4
…
Dec：3
Dec：2
Dec：1
Dec：0
```

## 10.6　线程同步

synchronized 主要用于标识临界区使之成为一种逻辑上的原子操作，以达到线程间的互斥。线程之间还需要相互协作来共同完成一些任务，这就是线程同步。除了前述简单的同步机制 join()方法外，Java 还提供了功能更强、更灵活的 wait()、notify()或 notifyAll()方法用于同步线程。join()是 Thread 类的方法，而 wait()、notify()、notifyAll()是 java.lang.Object 类的方法，这意味着任何一个 Java 对象（包括线程对象）都有 wait()、notify()、notifyAll()方法，但只有线程对象才有 join()方法。

（1）**wait()方法**

只有当拥有对象的对象锁时，线程才能调用该对象的 wait()方法。该方法使调用者（线程）释放对象锁并进入阻塞状态，Java 系统将这个调用者（线程）放入该对象的 wait 等待队列。当另外一个线程调用该对象的 notify()、notifyAll()方法时，唤醒这个对象 wait 等待队列中的线程，进入运行态。线程被唤醒后能否沿原来断点处继续执行，取决于它能否重新得到该对象的对象锁。若得不到，则根据 synchronized 获取锁的机制将进入阻塞状态，并被放入该对象的对象锁等待队列中，等到有其他线程归还对象锁时会自动唤醒它。wait()方法有两种格式，如下：

```
public final void wait() throws InterruptedException                    // 格式一
public final void wait(long timeout) throws InterruptedException        // 格式二
```

如前所述，另一个线程若调用该线程的 interrupt()方法唤醒它，它将结束阻塞状态而进入运行态，但只有重新获取到该对象的锁时才会抛出 InterruptedException 异常给该线程。wait()方法使该线程只释放这个对象的锁并进入该对象的 wait 等待队列，若该线程同时还拥有其他对象的锁，那些锁是不会被释放的。及时释放对象锁可尽量降低产生线程间死锁的概率。以上语句“格式二”的参数 timeout 单位是毫秒，表示只有当指定的时间到了，线程才被唤醒进入运行态；若 timeout=0，则等同于“格式一”。

（2）**notify()/notifyAll()方法**

notify()方法的格式为：

```
public final void notify()
```

只有拥有该对象的锁的线程才能调用该对象的 notify()方法，从该对象的 wait 等待队列中任意选择一个线程唤醒它。wait()与 notify()是配套成对使用的，若对一个 wait()程序员忘记用相应的 notify()去唤醒，会极大地增加产生死锁的概率。为避免这种情况发生，通常建议使用 notifyAll()方法唤醒该对象 wait 等待队列中的所有线程，其格式为：

```
public final void notifyAll()
```

【例 10.11】线程间的同步。

Test.java

```
package org.concurrency.communication;
class Share {
private int[] data = new int[10];
    private int pos = 0;                            // 指向第一个空闲空间，用于放入值
    //**********临界区：向共享变量中放入值*************
    public synchronized void put(int v) {
        while(pos > 9) {                            // 空间已满
            try{
                System.out.println(Thread.currentThread().getName() + ":Producer wait");
                this.wait();                        // 进入阻塞状态，等待消费者线程取值后唤醒
        } catch(InterruptedException e) { }
    }
    data[pos++] = v                                 // 放入值
    this.notifyAll();                               // 不能忘记：有责任唤醒该临界区对象上可能有的
                                                    // 等待取值的消费者线程，告之已有值可供取走
}
//**********临界区：从共享变量中取值*************
public synchronized int get() {
    int value;
        while(pos <= 0) {                           // 空间全空，无值可取
            try {
                System.out.println(Thread.currentThread().getName() + ":Consumer wait");
                this.wait();                        // 进入阻塞状态，等待生产者线程放入值后唤醒
            } catch(InterruptedException e) {
                e.printStackTrace();
            }
        }
        value = data[--pos];                        // 取值
        /*不能忘记：有责任唤醒该临界区对象上可能有的等待可用空间的生产者线程，告之已有空闲空间*/
        this.notifyAll();
        return value;
    }
}
class Producer extends Thread {                     // 生产者线程
private Share s1;
    public Producer(Share s3)
    {    s1 = s3;    }
    public void run() {
```

```
            for (int i = 0; i < 100; i++ ) {
                s1.put(i);
                System.out.println("生产者: " + i);
            }
        }
}
class Consumer extends Thread {                          // 消费者线程
        private Share s2;
            public Consumer(Share s4) {
                s2 = s4;
            }
            public void run() {
                int v = 0;
            for (int i = 0; i < 100; i++ ) {
                v = s2.get();
                System.out.println("消费者: " + v);
            }
        }
}
public class Test {
        public static void main(String[] args) {
            Share share = new Share();                   // 产生一个含有共享变量的对象
            Producer p = new Producer(share) ;           // 产生一个生产者线程
            Consumer c = new Consumer(share);            // 产生一个消费者线程
            p.start();
            c.start();
        }
}
```

程序运行的一种可能结果：

```
生产者: 0
生产者: 1
生产者: 2
生产者: 3
生产者: 4
生产者: 5
生产者: 6
生产者: 7
生产者: 8
生产者: 9
生产者: 10
Thread-0:Producer wait
消费者: 0
消费者: 10
…
```

**说明：**Share 类中的 put()与 get()方法是临界区，故要定义为 synchronized 方法。因为当线程从 wait()中被唤醒时，可能是用 notify()/notifyAll()也可能是 interrupt()唤醒的，被唤醒后不一定保证它继续执行的条件已满足，故要用 while()不断测试。若被唤醒后，发现往下执行的条件仍不具备则将又一次调用 wait()进入等待队列，只有在被唤醒后终于发现继续执行的条件已满足时，while()语句才结束。但是在线程执行紧跟在 while()语句之后的代码时，必须保证 CPU 不能被切换到其他“能改变当前线程继续往下执行条件”的线程，否则，前面的 while()测试就失去意义了。这就是为何 wait()/notify()/notifyAll()都必须且只能放在 synchronized 代码块中的原因之一。另一个原因是，只有拥有该对象的锁的线程才能调用 wait()/notify()/notifyAll()方法，而线程要获取对象锁，唯一的办法是试图执行该对象的 synchronized 代码块或方法。

对 wait()/notify()/notifyAll()的小结如下。

（1）必须保证每一个 wait()都有相应的 notify()/notifyAll()。

（2）wait()/notify()/notifyAll()是任何一个 Java 对象都具有的方法，只有拥有该对象的锁的线程才能调用 wait()/notify()/notifyAll()方法。

（3）wait()/notify()/notifyAll()方法必须且只能放在 synchronized 代码块或方法中，且 wait()通常放在 while()语句中。

（4）线程 A 调用对象 K 的 wait()方法进入 K 的等待队列时，只释放其持有的对象 K 的锁，而它所拥有的其他对象的锁并不会释放。

若一个 Java 程序的所有线程都因申请不到它们所需要的资源而全部进入阻塞状态时，整个程序将被挂起而再不能继续前进，这种现象被称为“死锁”。例如，线程 A 已拥有资源 R1，还需要资源 R2，于是 A 申请 R2。但 R2 已被线程 B 所拥有，于是 A 进入阻塞状态，被放入“等待资源 R2”的队列中，但 A 在进入阻塞状态前并未先释放它拥有的资源 R1。而恰在此时，线程 B（已拥有资源 R2）又需要资源 R1，但 R1 已为 A 所拥有，于是 B 也进入阻塞状态，被放入“等待资源 R1”的队列中，但 B 在进入阻塞状态前同样没有先释放它拥有的资源 R2。于是线程 A 和 B 都想得到对方的资源却都没有先释放自己拥有的资源，结果造成谁也得不到，从而进入“死锁”的状态。若不配套使用 wait()/notifyAll()就很容易造成死锁。如将前面线程同步示例中的生产者与消费者程序 put()和 get()方法中的 notifyAll()去掉（去掉一个或两个均可），程序就会进入死锁，请读者自己分析产生这个死锁的过程。

到目前为止，Java 尚未有技术能自动发现死锁，也没有技术来解除死锁，死锁问题只能靠程序员自己小心注意，大部分的死锁都是由于程序设计考虑不周引起，可以避免。

## 10.7 综合实例

在一个 Web 应用程序中，每当一个用户请求连接时，服务器就要启动一个线程为该用户服务，为避免频繁创建和销毁线程的开销，一般采用“线程池”技术，即当服务器接受了一个新的请求后，从线程池中挑选一个等待的线程来执行请求处理，处理完毕后线程并不结束，而是转为阻塞状态再次被放入线程池中……本例就来实现这一过程。

（1）**定义、实现任务接口**

Task.java

```
package org.concurrency.collation;
public interface Task {
    void execute();
}
```

线程将负责执行 execute()方法，具体的任务是由以下 CalculateTask 和 TimerTask 类实现的，具体如下。

CalculateTask.java

```
package org.concurrency.collation;
public class CalculateTask implements Task {
    private static int count = 0;                          // 线程个数
    private int num = count;                               // 线程序号
    public CalculateTask() {
        count++;
    }
    public void execute() {
        System.out.println("[CalculateTask " + num + "] start...");
        try {
            Thread.sleep(3000);
        } catch (InterruptedException ie) {
        }
        System.out.println("[CalculateTask " + num + "] done.");
    }
}
```

TimerTask.java

```
package org.concurrency.collation;
public class TimerTask implements Task {
    private static int count = 0;                          // 线程个数
    private int num = count;                               // 线程序号
    public TimerTask() {
        count++;
    }
    public void execute() {
        System.out.println("[TimerTask " + num + "] start...");
        try {
            Thread.sleep(2000);
        } catch (InterruptedException e) {
            e.printStackTrace();
        }
        System.out.println("[TimerTask " + num + "] done.");
    }
}
```

（2）**创建任务队列**

TaskQueue 创建一个队列，客户端将请求放入队列，服务器线程从队列中取出任务。

TaskQueue.java

```
package org.concurrency.collation;
import java.util.*;
public class TaskQueue {
    private List queue = new LinkedList();                 // 创建队列
    //********取出任务并从队列中移除该任务*********
    public synchronized Task getTask() {
        while (queue.size() == 0) {
```

```
                try {
                    this.wait();                              // 等待客户端新的请求
                } catch (InterruptedException e) {
                    e.printStackTrace();
                    return null;
                }
            }
            return (Task) queue.remove(0);                    // 移除当前任务
        }
        //*********把当前任务放入队列中**********
        public synchronized void putTask(Task task) {
            queue.add(task);
            this.notifyAll();                                 // 等待服务器处理
        }
    }
```

（3）**工作者线程**

服务器线程 WorkerThread 真正执行任务。queue.getTask()是个阻塞方法，线程可能在此 wait()一段时间。此外，WorkerThread 还有一个 shutdown()方法用于安全结束线程。

WorkerThread.java

```
package org.concurrency.collation;
public class WorkerThread extends Thread {
    private static int count = 0;
    private boolean busy = false;
    private boolean stop = false;
    private TaskQueue queue;
    public WorkerThread(ThreadGroup group, TaskQueue queue) {
        super(group, "worker-" + count);
        count++;
        this.queue = queue;
    }
    //*******安全结束线程*********************
    public void shutdown() {
        stop = true;
        this.interrupt();                                     // 中断线程
        try {
            this.join();                                      // 等待该线程结束
        } catch (InterruptedException e) {
            e.printStackTrace();
        }
    }
    public boolean isIdle() {                                 // 判断是否忙
        return !busy;
    }
    public void run() {
        System.out.println(getName() + " start.");
        while (!stop) {
```

```
                Task task = queue.getTask();                    // 从队列中取出一个个任务
                if (task != null) {
                    busy = true;
                    task.execute();                             // 执行任务
                    busy = false;
                }
            }
            System.out.println(getName() + " end.");
        }
    }
```

（4）**实现线程池**

ThreadPool（线程池）负责管理所有的服务器线程，可向其中动态增加或减少线程数。currentStatus()方法显示出所有线程的当前状态。

ThreadPool.java

```
package org.concurrency.collation;
import java.util.*;
public class ThreadPool extends ThreadGroup {
    private List threads = new LinkedList();
    private TaskQueue queue;
    public ThreadPool(TaskQueue queue) {
        super("Thread-Pool");
        this.queue = queue;
    }
    /********启动一个新的线程*****************************
    public synchronized void addWorkerThread() {
        Thread t = new WorkerThread(this, queue);
        threads.add(t);
        t.start();                                          // 启动线程
    }
    public synchronized void removeWorkerThread() {
        if (threads.size() > 0) {
            WorkerThread t = (WorkerThread) threads.remove(0);
            t.shutdown();                                   // 安全关闭线程
        }
    }
    /**********线程当前状态*******************************/
    public synchronized void currentStatus() {
        System.out.println("----------------------------------------------");
        System.out.println("Thread count = " + threads.size());
        Iterator it = threads.iterator();                   // 返回一个迭代器
        while (it.hasNext()) {
            WorkerThread t = (WorkerThread) it.next();
            System.out.println(t.getName() + ": "+ (t.isIdle() ? "idle" : "busy"));
        }
        System.out.println("----------------------------------------------");
    }
```

```
}
```

（5）**测试程序**

ThreadTest.java

```
package org.concurrency.collation;
public class ThreadTest {
    public static void main(String[] args) {
        TaskQueue queue = new TaskQueue();
        ThreadPool pool = new ThreadPool(queue);
        for (int i = 0; i < 10; i++) {
            queue.putTask(new CalculateTask());
            queue.putTask(new TimerTask());
        }
        pool.addWorkerThread();                          // 加入线程池中
        pool.addWorkerThread();
        doSleep(8000);                                   // 睡眠一段时间
        pool.currentStatus();                            // 获取线程池的当前状态
    }
    private static void doSleep(long ms) {
        try {
            Thread.sleep(ms);
        } catch (InterruptedException e) {
            e.printStackTrace();
        }
    }
}
```

程序运行的一种可能结果：

```
worker-0 start.
worker-1 start.
[CalculateTask 0] start...
[TimerTask 0] start...
[TimerTask 0] done.
[CalculateTask 1] start...
[CalculateTask 0] done.
[TimerTask 1] start...
[CalculateTask 1] done.
[CalculateTask 2] start...
[TimerTask 1] done.
[TimerTask 2] start...
[TimerTask 2] done.
[CalculateTask 3] start...
----------------------------------------------
Thread count = 2
worker-0: busy
worker-1: busy
----------------------------------------------
[CalculateTask 2] done.
[TimerTask 3] start...
```

```
[TimerTask 3] done.
[CalculateTask 4] start...
[CalculateTask 3] done.
[TimerTask 4] start...
[TimerTask 4] done.
[CalculateTask 5] start...
[CalculateTask 4] done.
[TimerTask 5] start...
[CalculateTask 5] done.
[CalculateTask 6] start...
[TimerTask 5] done.
[TimerTask 6] start...
[TimerTask 6] done.
[CalculateTask 7] start...
[CalculateTask 6] done.
[TimerTask 7] start...
[CalculateTask 7] done.
[CalculateTask 8] start...
[TimerTask 7] done.
[TimerTask 8] start...
[TimerTask 8] done.
[CalculateTask 9] start...
[CalculateTask 8] done.
[TimerTask 9] start...
[TimerTask 9] done.
[CalculateTask 9] done.
```

# 第 11 章 AWT 图形用户界面编程

在可视化程序设计中，人机对话主要是通过窗口和对话框来实现的，因此，设计和构造图形用户界面是软件开发中的一项重要工作。图形用户界面（Graphics User Interface，GUI），生动、直观、操作简单，是计算机程序设计的发展方向。

Java 语言完全支持图形用户界面，它是通过 AWT（Abstract Window Toolkit，抽象窗口工具包）和 Java 基础类（JFC 或更常用的 Swing）来提供这些 GUI 部件的。其中 AWT 是最原始的 GUI 工具包，存放在 java.awt 包中。现在有许多功能已被 Swing 取代并得到了很大的增强与提高，但是 AWT 中还是包含了最核心的功能。基本 AWT 库采用将处理用户界面元素的任务委派给每个目标平台（Windows、Solaris、Macintosh 等），由本地 GUI 工具箱负责用户界面元素的创建和动作。例如，如果使用最初的 AWT 的 Java 窗口放置一个文本框，就会有一个底层的“对等体”文本框，用来实际处理文本输入。从理论上说，结果程序可以运行在任何平台上，但感观的效果却依赖于目标平台。AWT 中的图形元素可以分为两类：基本组件 Component 和容器 Container。如图 11.1 所示列出了 AWT 中的主要类及相应包之间的层次关系。

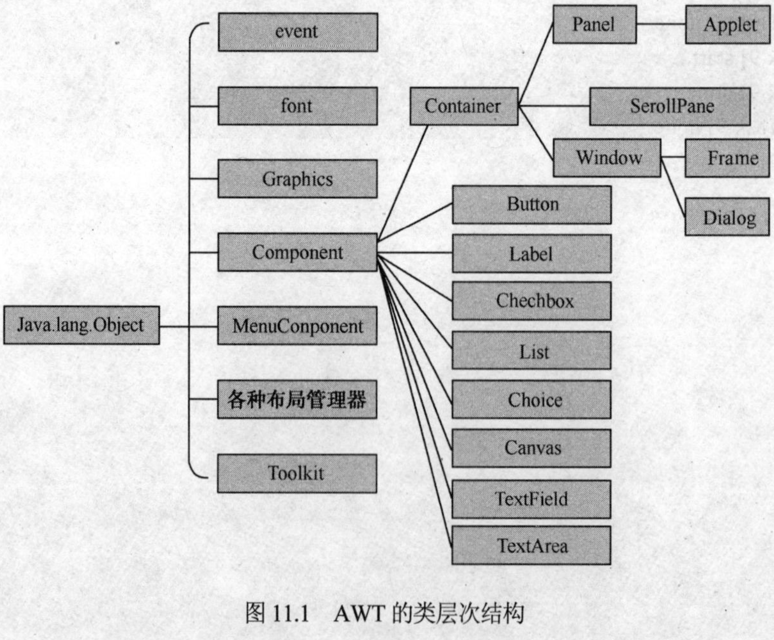


图 11.1　AWT 的类层次结构

## 11.1　AWT 容器

容器是用来组织其他容器和基本组件的。一个容器可以容纳多个容器和基本组件，并使它们成为一个整体。容器可以简化图形界面的设计与管理。容器本身也是一个组件，具有组件的所有性质。

### 11.1.1 Window 和 Frame

Window 是不依赖于其他容器而独立存在的容器。Window 有两个子类：Frame 和 Dialog。Frame 带有标题，而且可以调整大小。Dialog 可以被移动，但是不能改变大小。Frame 有一个构造方法 Frame(String title)，通过它可以创建一个以参数为标题的 Frame 对象。Frame 的 add()方法向容器中加入其他组件。Frame 被创建后是不可见的，必须通过以下步骤使它成为可见。

（1）调用 setSize(int width,int height)显式设置 Frame 的大小，或者调用 pack()自动确定 Frame 的大小。pack()方法确保 Frame 容器中的组件与窗体相适应的大小。

（2）调用 setVisible(true)方法使 Frame 成为可见。

**【例 11.1】** 创建一个 Frame 对象并使用 Frame 类的常用方法。

MyFrame.java

```
package org.awt;
import java.awt.*;
public class MyFrame {
    public static void main(String args[]) {
        Frame fr = new Frame();
        fr.setTitle("This is a Frame");            // 设定窗体标题
        fr.setSize(400,300);                       // 设定窗体的宽度为 400，高度为 300
        fr.setBackground(Color.green);             // 设定窗体的背景色为绿色
        fr.setLocation(300,500);                   // 设定窗体左上角的初始位置为(300,500)
        fr.setResizable(false);                    // 设定窗体为不可调整大小
        fr.setVisible(true);                       // 将窗体设为可见
    }
}
```

程序运行结果如图 11.2 所示。

图 11.2 程序运行结果

### 11.1.2 Panel

面板 Panel 是一个通用的容器，它没有边框或其他可见的边界，不能移动、放大、缩小或关闭，不能单独存在，只能存在于其他容器（Window 或其子类）中。一个 Panel 对象代表一个区域，其中可容纳其他组件。Panel 的 add()方法向 Panel 中添加组件。如要使 Panel 成为可见的，必须通过 Frame 或 Window 的 add()方法把它添加到 Frame 或 Window 中。Frame 的 setBounds (int x,int y,int width,int height)

方法移动组件并调整其大小，由 x 和 y 指定左上角的新位置，由 width 和 height 指定新的大小。

【例 11.2】创建 4 个 Panel 对象，并将它们添加到窗体上。

MyMultiPanel.java

```
package org.awt;
import java.awt.*;
public class MyMultiPanel {
    public static void main(String args[]) {
        new NewFrame("This is a Pane",300,300,400,300);
    }
}
class NewFrame extends Frame{
    private Panel p1,p2,p3,p4;
    NewFrame(String s,int x,int y,int w,int h){
        super(s);
        setLayout(null);
        p1 = new Panel(null);
         p2 = new Panel(null);
        p3 = new Panel(null);
         p4 = new Panel(null);
        p1.setBounds(0,0,w/2,h/2);                    // 设置 Panel 对象的大小和位置
        p2.setBounds(0,h/2,w/2,h/2);
        p3.setBounds(w/2,0,w/2,h/2);
        p4.setBounds(w/2,h/2,w/2,h/2);
        p1.setBackground(Color.Blue);
        p2.setBackground(Color.Green);
        p3.setBackground(Color.Yellow);
        p4.setBackground(Color.Magenta);
        add(p1);add(p2);add(p3);add(p4);
        setBounds(x,y,w,h);                           // 设置窗体的大小和位置
        setVisible(true);
    }
}
```

程序运行结果如图 11.3 所示。

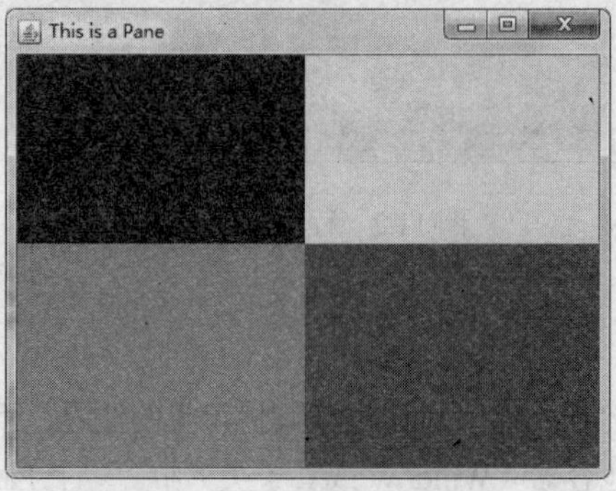


图 11.3 窗体加载 Panel

# 11.2 布局管理器

Java 为了实现跨平台的特性并获得动态的布局效果，将容器内所有组件的大小、位置、顺序、间隔等交给布局管理器负责，共有 5 种布局管理器：FlowLayout、BorderLayout、GridLayout、CardLayout 和 GridBagLayout。所有的容器都会引用一个布局管理器实例，通过它来自动进行组件的布局管理。

（1）**默认布局管理器**

当一个容器被创建后，它们有相应的默认布局管理器。Window、Frame 和 Dialog 的默认布局管理器是 BorderLayout，Panel 的默认布局管理器是 FlowLayout。

（2）**取消布局管理器**

如果不希望通过布局管理器来管理布局，可以调用容器的 setLayout(null)方法，这样布局管理器就被取消了。但接下来必须调用容器中每个组件的 setLocation()、setSize()或 setBounds()方法，为它们在容器中一一定位。

### 1. 流式布局管理器

FlowLayout 是把组件从左向右、从上向下，一个接一个地放到容器中，组件之间的默认间隔（水平和垂直）为 5 个像素，对齐方式为居中。组件的大小由布局管理器根据组件的最佳尺寸来决定。

● **FlowLayout 的构造方法：**

```
FlowLayout(int align,int hgap,int vgap)
```

其中，参数 align 用来决定组件在每行中相对于容器边界的对齐方式，可选值有：FlowLayout.LEFT（左对齐）、FlowLayout.RIGHT（右对齐）和 FlowLayout.CENTER（居中对齐）；参数 hgap 和 vgap 分别设定组件之间的水平和垂直间距。

### 2. 边界布局管理器

BorderLayout 将容器分成东、南、西、北、中五个区域来安排组件。

● **BorderLayout 的构造方法：**

```
BorderLayout(int hgap,int vgap)
```

其中，参数 hgap 和 vgap 分别设定组件之间的水平和垂直间距。对于采用 BorderLayout 的容器，当它用 add()方法添加一个组件时，应该指定组件在容器中的区域，如下：

```
void add(Component comp,Object constraints)
```

这里的 constraints 是 String 类型，可选值为 BorderLayout 提供的 5 个常量（分别表示 5 个布局区域）：EAST（东）、SOUTH（南）、WEST（西）、NORTH（北）和 CENTER（中），如果不指定 constraints，默认把组件放在中区域。向同一个区域加入的多个组件，只有最后加入的组件是可见的。

### 3. 网格布局管理器

GridLayout 将容器分成一个个格子，按行依次排列组件，各组件大小相同。

● **GridLayout 的构造方法：**

```
GridLayout(int rows ,int cols,int hgap,int vgap)
```

其中，rows 代表行数，cols 代表列数，hgap 和 vgap 规定网格之间的水平和垂直间距。

### 4. 卡片布局管理器

CardLayout 将界面看成一系列卡片，在任何时候只有其中一张卡片是可见的，这张卡片占据容器的整个区域。

● **CardLayout 的构造方法：**

```
CardLayout(int hgap,int vgap)
```

其中，参数 hgap 表示卡片与容器左右边界的间距，参数 vgap 表示卡片与容器上下边界的间距。对于采用 CardLayout 的容器，当用 add()方法添加一个组件时，需要同时为组件指定所在卡片的名字，如下：

```
void add(Component comp,Object constraints)
```

这里的 constraints 参数是一个字符串，表示卡片的名字。默认情况下，容器显示第一个用 add()方法加入其中的组件，也可通过 CardLayout 的 show(Container parent,String name)方法指定显示哪张卡片，参数 parent 指定容器，参数 name 指定卡片名字。

【例 11.3】结合多种布局管理器设计一个计算器程序的界面。

MyLayout.java

```
package org.awt;
import java.awt.*;
public class MyLayout {
    public static void main(String args[]) {
        Frame fr = new Frame("计算器");                // 主窗口 fr 使用默认的 BorderLayout 布局
        Panel p1 = new Panel();                        // 面板 p1 使用默认的 FlowLayout 布局
        // 向 p1 中添加两个组件（文本框和“计算”按钮），以 FlowLayout 横向布局
        p1.add(new TextField(16));
        p1.add(new Button("计算"));
        fr.add(p1, BorderLayout.NORTH);                // 将 p1 添加到窗口 NORTH 区域（即顶部）
        Panel p2 = new Panel();                        // 创建面板 p2
        p2.setLayout(new GridLayout(4, 5, 3, 3));      // 设置 p2 使用 GridLayout 布局
        String[] name = {"7", "8", "9", "÷", "√", "4", "5", "6", "×", "%"
                    , "1", "2", "3", "－", "1/x", "0", ".", "C", "＋", "±"};
        for(int i = 0; i<name.length; i++) {           // 向 p2 中依次添加 20 个按钮
            p2.add(new Button(name[i]));
        }
        fr.add(p2);                                    // 默认将 p2 添加到窗口中（CENTER）区域
        fr.pack();                                     // 设置窗口为最佳大小
        fr.setVisible(true);
    }
}
```

程序运行结果如图 11.4 所示。

图 11.4 布局“计算器”界面

# 11.3　事件处理机制

当用户与 GUI 交互（如单击鼠标、拖动鼠标、敲击键盘）时，GUI 应该能够接受到相应的事件并适时处理。用户对组件的一个操作称为一个事件，触发事件的组件称作事件源，每种事件都对应有专门的监听器，负责接受和处理这种事件。一个事件源可触发多种事件，只要它注册了相应事件的监听器，这种事件就会被接受和处理。在 Java 中，监听器是一个实现了特定监听接口的类的实例，事件源是一个能注册监听器并发送事件对象的对象。当事件发生时，事件源将事件对象传递给所有注册的监听器，监听器利用事件对象中的信息决定如何对事件作出响应，典型的过程如图 11.5 所示。

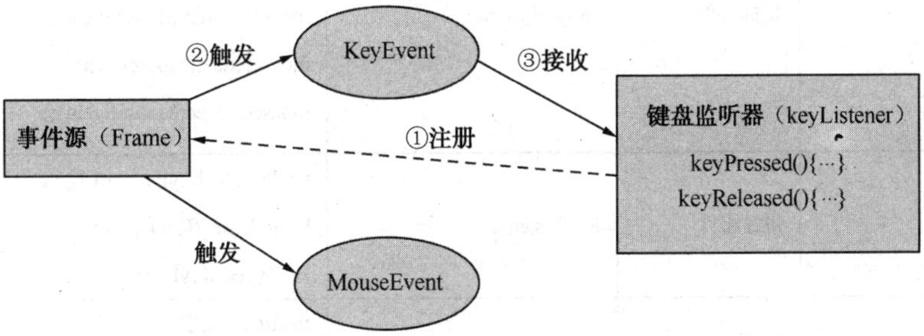


图 11.5　Frame 触发事件的过程

图 11.5 中 Frame 是一个事件源，它可以触发键盘事件和鼠标事件等。键盘事件对应一个键盘监听器，它会在键被按下或释放时响应。Frame 注册了键盘监听器，所以它触发的键盘事件将被处理，而对于 Frame 触发的鼠标事件，由于没有注册相应的监听器，故不会被处理。

## 11.3.1　AWT 事件与监听器

每个具体的事件都是某种事件类的实例，事件类包括：ActionEvent、ItemEvent、MouseEvent、KeyEvent 和 WindowEvent 等，事件类的层次结构如图 11.6 所示。

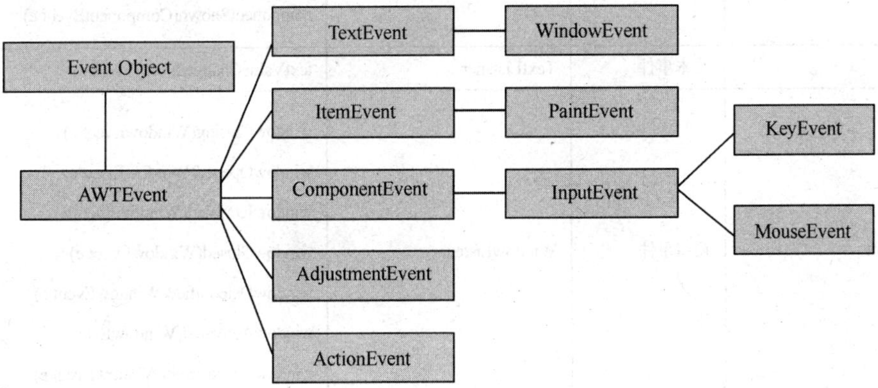


图 11.6　事件类的层次结构

要处理一个对象所产生的事件，首先必须注册该对象的监听者。java.awt.event 包按照不同的事件类型定义了 11 个监听器接口，每类事件都有对应的监听器，监听器是接口，其中定义了事件发生时可调用的方法，一个类可以实现监听器的一个或多个接口。表 11.1 列出了 AWT 事件的监听器接口。

表 11.1 AWT 事件的监听器接口

| 事 件 类 | 说 明 | 接 口 名 | 方 法 |
|---|---|---|---|
| ActionEvent | 动作事件 | ActionListener | actionPerformed(ActionEvent e) |
| ItemEvent | 选项事件 | ItemListener | itemStateChanged(ItemEvent e) |
| MouseEvent | 鼠标移动事件 | MouseMotionListener | mouseGragged(MouseEvent e)<br>mouseMoved(MouseEvent e) |
| MouseEvent | 鼠标事件 | MouseListener | mousePressed(MouseEvent e)<br>mouseReleased(MouseEvent e)<br>mouseEntered(MouseEvent e)<br>mouseExited(MouseEvent e)<br>mouseClicked(MouseEvent e) |
| KeyEvent | 键盘事件 | KeyListener | keyPressed(KeyEvent e)<br>keyReleased(KeyEvent e)<br>keyTyped(KeyEvent e) |
| FocusEvent | 焦点事件 | FocusListener | focusGained(FocusEvent e)<br>focusLost(FocusEvent e) |
| AdjustmentEvent | 移动滚动条 | AdjustmentListener | AdjustmentValueChanged<br>(AdjustmentEvent e) |
| ContainerEvent | 容器事件 | ContainerListener | componentAdded(ContainerEvent e)<br>componentRemoved(ContainerEvent e) |
| ComponentEvent | 组件动作事件 | ComponentListener | componentMoved(ComponentEvent e)<br>componentHidden(ComponentEvent e)<br>componentResized(ComponentEvent e)<br>componentShown(ComponentEvent e) |
| TextEvent | 文本事件 | TextListener | textValueChanged(TextEvent e) |
| WindowEvent | 窗口事件 | WindowListener | windowClosing(WindowEvent e)<br>windowOpened(WindowEvent e)<br>windowIconified(WindowEvent e)<br>windowClosed(WindowEvent e)<br>windowDeiconified(WindowEvent e)<br>windowActivated(WindowEvent e)<br>windowDeactivated(WindowEvent e) |

## 11.3.2 窗口事件

WindowEvent 类对应窗口事件，包括用户单击“关闭”按钮、窗口得到与失去焦点、窗口最小化等。窗口事件对应的监听器是 WindowListener。

【例 11.4】一个数如果恰好等于它的因子之和，这个数就称为“完数”。例如，6 的因子为 1、2、3，而 6 = 1+2+3，因此 6 是“完数”。编程序找出 1000 以内的所有“完数”。

TestWindow.java

```
package org.awt;
import java.awt.*;
import java.awt.event.*;
public class TestWindow {
    static TextField tf = new TextField();
    static TextArea ta = new TextArea();
    public static void main(String[] args){
        Frame f = new Frame();
        ta.setBackground(Color.cyan);
        tf.setBackground(Color.cyan);
        f.setLayout(new BorderLayout());                    // 使用边界布局管理器
        f.add(tf,BorderLayout.SOUTH);
        f.add(ta,BorderLayout.NORTH);
        f.setVisible(true);
        f.pack();
        tf.addActionListener(new TFListener1());
        f.addWindowListener(new WindowAdapter() {           // 关闭窗口
            public void windowClosing(WindowEvent e) {
                System.exit(0);
            }
        });
    }
}
class TFListener1 implements ActionListener {
    public void actionPerformed(ActionEvent e) {
        String str = TestWindow.tf.getText().trim();        // 获取文本框中的内容
        int m = 0; int n = 0; int s = 0;     int i = 0;
        n = Integer.parseInt(str);                          // 将字符串类型转换为整型
        for (m = 2; m < n; m++) {
            s = 0;
            for (i = 1; i < m; i++)
                if ((m % i) == 0)
                    s = s + i;                              // 计算因子之和
            if (s == m) {         // 判断该数的因子之和是否等于该数自身
                TestWindow.ta.append("完数"+ m + "\t" + "它的因子是：");
                for (i = 1; i < m; i++) {
                    if (m % i == 0) {
                        TestWindow.ta.append(i+"     "); // 将信息添加到窗体上
                    }
                }
                TestWindow.ta.append("\n");                 // 添加回车符
            }
        }
    }
```

```
}
```

运行程序，在文本框中输入数字 1000，按下回车键，则将 1000 以内的所有完数及其构成因子写入文本区，如图 11.7 所示。

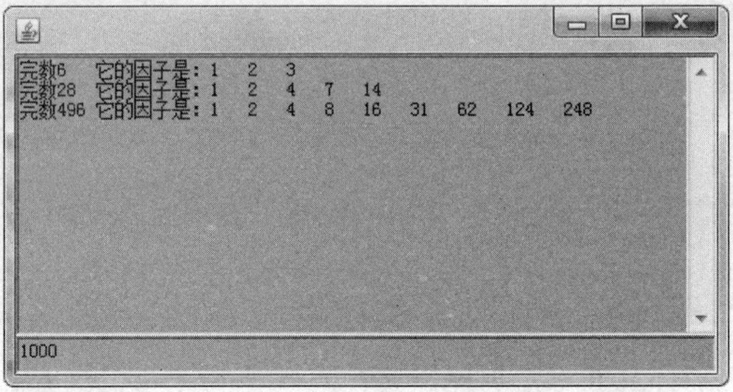


图 11.7 求 1000 以内的完数

## 11.3.3 鼠标事件

MouseEvent 类对应鼠标事件，包括鼠标按下、释放、单击等。鼠标事件对应的监听器是 MouseListener。

**【例11.5】**设计一个窗口，其上有个按钮，当鼠标移到按钮上单击时立即隐藏该按钮；而鼠标离开时又重新显示该按钮。

TestEvent.java

```
package org.awt;
import java.awt.*;
import java.awt.event.*;
import javax.swing.*;
public class TestEvent {
    static JButton bt = new JButton("隐藏按钮");
    public static void main(String[] args) {
        Frame f = new Frame();
        f.setLocation(300, 200);
        f.setSize(200,200);
        f.setLayout(null);                                  // 取消布局管理器
        bt.addMouseListener(new MouseMove());               // 注册鼠标事件监听器
        bt.setBackground(Color.cyan);
        bt.setBounds(new Rectangle(45, 100, 90, 30));
        f.add(bt);
        f.pack();
        f.addWindowListener(new WindowAdapter() {           // 关闭窗口
            public void windowClosing(WindowEvent e) {
                System.exit(0);
            }
        });
        f.setVisible(true);                                 // 设置窗体可见
    }
```

```
}
class MouseMove extends MouseAdapter{
    public void mouseClicked(MouseEvent e) {                    // 鼠标单击，按钮消失
        TestEvent.bt.setVisible(false);
    }
    public void mouseExited(MouseEvent e) {                     // 鼠标移开，按钮出现
        TestEvent.bt.setVisible(true);
    }
}
```

运行程序，效果如图 11.8 所示。

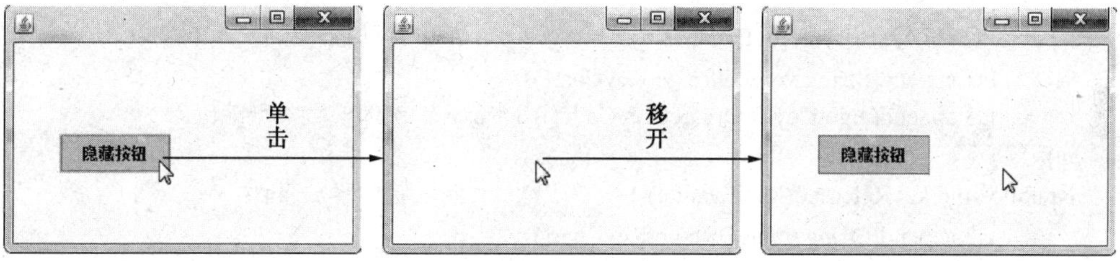


图 11.8　隐藏/重现按钮

## 11.3.4　键盘事件

Java 中与键盘事件有关的接口和类有 KeyListener、KeyAdapter 及 KeyEvent，其中 KeyListener 和 KeyAdapter 用于监听键盘事件的发生并将其传送到相应的事件处理方法中，而 KeyEvent 主要用于提供事件发生时的有关信息。

KeyListener 接口能够监听的事件有 3 种：键按下（Pressed）、键释放（Released）及键的按下并释放（Typed），相应的事件处理方法如下。

（1）public void keyTyped(KeyEvent e)：当键盘上一个键被按下并释放后该方法被调用。

（2）public void keyPressed(KeyEvent e)：当键盘上一个键被按下后该方法被调用。

（3）public void keyReleased(KeyEvent e)：当键盘上一个键被释放时该方法被调用。

KeyEvent 类中常用的方法如下。

（1）public int getKeyCode()：返回键盘事件中相关键的整数型键码。

（2）public char getKeyChar()：返回键盘事件中相关键的字符型键码，例如，对于 Shift+A 键返回的键码是 A。

（3）public static String getKeyText(int keyCode)：返回一个描述由参数 int keyCode 指定的键的字符串，如"HOME"、"F1" 或"A"等。

（4）public String paramString()：返回一个标识该事件的参数字符串。

**【例 11.6】** 创建 1 个文本框和 4 个文本区，文本框用来接受键盘输入并注册了键盘事件监听器，前 3 个文本区中分别显示在 Pressed、Released、Typed 方法中相关联的键所对应的字符。比如，如果按下的键是“A”则显示“A”，而如果是一些功能键如“HOME”则没有相对应的键符可以显示。此时用 e.getKeyText(e.getKeyCode())在第 4 个文本区中显示该功能键对应的描述性字符串，如 Home、Delete 等。

Key.java

```
package org.awt;
```

```
import java.awt.event.*;
import java.awt.*;
public class Key implements KeyListener {
    TextField tf = new TextField(20);
    TextArea ta1 = new TextArea("显示按下的键:\n", 7, 20);
    TextArea ta2 = new TextArea("显示释放的键:\n", 7, 20);
    TextArea ta3 = new TextArea("显示控制与功能键:\n", 7, 20);
    TextArea ta4 = new TextArea(null, 2, 20);
    public void keyTyped(KeyEvent e) {                    // 键的按下与释放事件
        ta4.append(String.valueOf(e.getKeyChar()));       // 将获取的字符类型编码写入文本区中
    }
    public void keyPressed(KeyEvent e) {                  // 键的按下事件
        ta1.append(String.valueOf(e.getKeyChar()));
        ta3.append(e.getKeyText(e.getKeyCode()) + "\n"); // 键的整数类型编码
    }
    public void keyReleased(KeyEvent e) {                 // 键的释放事件
        ta2.append(String.valueOf(e.getKeyChar()));
    }
    Key() {
        Frame f = new Frame();
        f.setBackground(Color.cyan);
        f.addWindowListener(new WindowAdapter() {   // 关闭窗体
            public void windowClosing(WindowEvent e) {
                System.exit(0);
            }
        });
        f.setLayout(new FlowLayout());                    // 使用流式布局管理器
        Panel p1 = new Panel();
        f.add(p1);
        p1.add(new Label("请在此编辑框内输入字符: "));
        p1.add(tf);
        tf.addKeyListener(this);                          // 注册事件监听器
        Panel p2 = new Panel();
        f.add(p2);
        p2.add(ta1); p2.add(ta2); p2.add(ta3);
        Panel p3 = new Panel();
        f.add(p3);
        p3.add(new Label("显示按下并释放的键盘: "));
        p3.add(ta4);
        f.setSize(500, 280);
        f.setVisible(true);
    }
    public static void main(String[] args) {
        new Key();
    }
}
```

运行程序，在文本框中依次输入 a、b、c、d、e 字符后，再按下“Delete”和“Home”两个功能键，这些键所对应的字符和描述将出现在相应的文本区中，如图 11.9 所示。

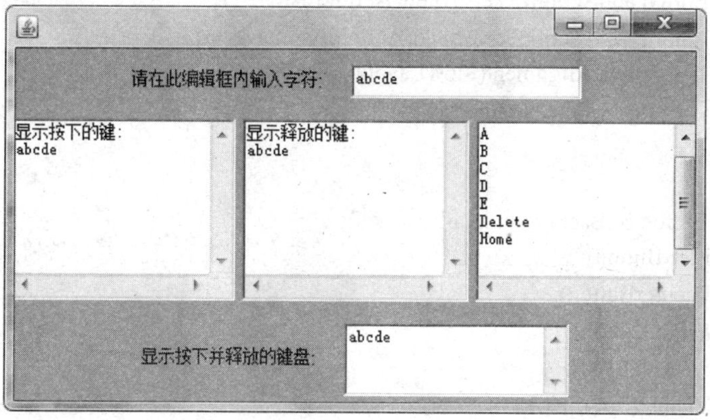


图 11.9　使用键盘事件

## 11.3.5　内部类实现监听接口

【例 11.7】Frame 采用 FlowLayout 布局，在其中加入 3 个 Button，分别在 3 个 Button 上注册监听器。单击“left”按钮，按钮以左对齐排列；单击“center”按钮，按钮以居中排列；单击“right”按钮，按钮以右对齐排列。

InnerListener.java

```
package org.awt;
import java.awt.*;
import java.awt.event.*;
public class InnerListener{
    public static void main(String args[]){
        final Frame f=new Frame("");
        f.setBackground(Color.green);                          // 设置窗体的颜色为绿色
        final FlowLayout fl=new FlowLayout();
        f.setLayout(fl);                                       // 使 Frame 采用 FlowLayout 布局
        Button leftButton=new Button("left");
        leftButton.setBackground(Color.green);
        leftButton.addActionListener(new ActionListener(){     // 注册事件监听器
            public void actionPerformed(ActionEvent event){
                fl.setAlignment(FlowLayout.LEFT);              // 左对齐
                fl.layoutContainer(f);                         // 使 Frame 重新布局
            }
        });
        Button centerButton=new Button("center");
        centerButton.setBackground(Color.green);
        centerButton.addActionListener(new ActionListener(){       // 注册事件监听器
            public void actionPerformed(ActionEvent event){
                fl.setAlignment(FlowLayout.CENTER);                // 居中对齐
                fl.layoutContainer(f);
            }
        });
```

```
            Button rightButton=new Button("right");
            rightButton.addActionListener(new ActionListener(){          // 注册事件监听器
                public void actionPerformed(ActionEvent event){
                    fl.setAlignment(FlowLayout.RIGHT);                   // 右对齐
                    fl.layoutContainer(f);
                }
            });
            rightButton.setBackground(Color.green);
            f.add(leftButton);                                           // 将按钮加到窗体上
            f.add(centerButton);
            f.add(rightButton);
            f.setSize(300,100);
            f.setVisible(true);
        }
}
```

运行程序，效果如图 11.10 所示。

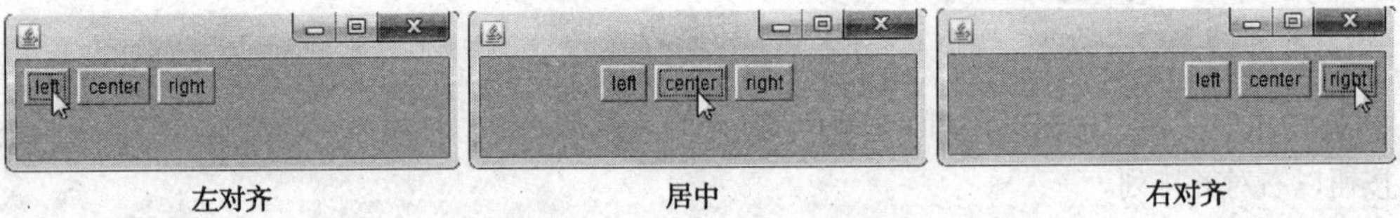


图 11.10　内部类实现监听接口

## 11.3.6　类自身实现监听接口

同样可以用类的自身实现监听接口。由于 Java 支持一个类实现多个接口，故类可以实现多个监听接口，类中的组件将类的实例本身注册为监听器。

【例 11.8】求所有满足条件的四位数，它是 11 的倍数，且十位数加百位数等于千位数。

ContainerListenerDemo.java

```
package org.awt;
import java.awt.*;
import java.awt.event.*;
public class ContainerListenerDemo extends Frame implements ActionListener {
    // 设置有垂直和水平滚动条的文本区
    static TextArea ta = new TextArea("", 5, 10, TextArea.SCROLLBARS_BOTH);
public ContainerListenerDemo() {
        Button bt = new Button("求四位数");
        bt.setBackground(Color.cyan);
        bt.addActionListener(this);        // 把 ContainerListener 本身注册为 Button 的监听器
        bt.setBounds(100, 40, 80, 30);
        setLayout(null);                                       // 取消布局管理器
        setBackground(Color.cyan);
        setBounds(20, 20, 300, 300);
        ta.setBounds(45, 75, 220, 200);
        add(bt);
        add(ta);
```

```
            setVisible(true);                                    // 设置窗口可见
        }
        public void actionPerformed(ActionEvent e) {
            int a = 0;                                           // 千位上的数字
            int b = 0;                                           // 百位上的数字
            int c = 0;                                           // 十位上的数字
            int num = 0;                                         // 这种四位数的个数
            int i = 110;
            for (i = 1000; i < 10000; i++) {
                a = i / 1000;
                b = (i % 1000 - i % 100) / 100;
                c = (i % 100 - i % 10) / 10;
                if ((i % 11 == 0) && (a == b + c)) {
                    String str = String.valueOf(i);              // 将整型转换为字符串类型
                    ta.append(str + " ");
                    if (++num % 4 == 0) {
                        ta.append("\n");
                    }
                }
            }
            String str2 = String.valueOf(num);
            ta.append(str2 + " ");
        }
        public static void main(String[] args) {
            ContainerListenerDemo cl = new ContainerListenerDemo();
        }
    }
```

运行程序，如图 11.11 所示，单击“求四位数”按钮，符合要求的数显示在文本区中。

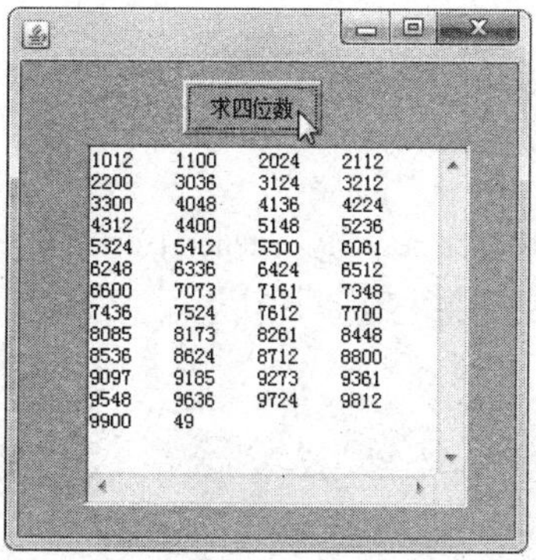


图 11.11　求四位数

## 11.3.7　外部类实现监听接口

用外部类来实现监听接口，优点是可以使处理事件的代码与创建 GUI 界面的代码分离；缺点是在监听类中无法直接访问组件。在监听类的事件处理方法中不能直接访问事件源，必须通过事件类的 getSource()方法来获得事件源。

【例11.9】在窗体上创建 3 个文本框，两个用于存放运算对象，另一个用于存放计算结果，下拉列表框可选择四则运算符号。

MultiplyOperation.java

```
package org.awt;
import java.awt.*;
import java.awt.event.*;
public class MultiplyOperation extends Frame {
    TextField num1;
    TextField num2;
    TextField sum;
    static Choice ch = new Choice();                          // 创建下拉列表框
    public static void main(String[] args) {
        MultiplyOperation test = new MultiplyOperation();
        test.operation();
        test.setBackground(Color.cyan);                       // 设置窗体的颜色
        test.setSize(280, 150);                               // 设置窗体的位置
        test.addWindowListener(new WindowHandler3());         // 注册事件监听器
    }
    public void operation() {
        num1 = new TextField();
        num2 = new TextField();
        sum = new TextField();
        ch.add("+");
        ch.add("-");
        ch.add("*");
        ch.add("/");
        num1.setColumns(5);                                   // 设置此文本框的列数
        num2.setColumns(5);
        sum.setColumns(5);
        setLayout(new FlowLayout());                          // 采用流式布局管理器
        Button btnEqual = new Button("=");
        btnEqual.setBackground(Color.cyan);
        btnEqual.addActionListener(new MyListener1(this));    // 注册事件监听器
        ch.addItemListener(new ChoiceHandler());              // 注册事件监听器
        add(num1);                                            // 将文本框加到窗体上
        add(ch);
        add(num2);
        add(btnEqual);
        add(sum);
        setVisible(true);                                     // 设置窗体可见
    }
}
class MyListener1 implements ActionListener {
    private MultiplyOperation mulp;
    public MyListener1(MultiplyOperation mulp) {
        this.mulp = mulp;
    }
```

```
        public void actionPerformed(ActionEvent e) {
            String s1 = mulp.num1.getText();                    // 获取文本框中的内容
            String s2 = mulp.num2.getText();
            int i1 = Integer.parseInt(s1);                      // 将字符串类型转换为整型
            int i2 = Integer.parseInt(s2);
            String itm;
            itm = mulp.ch.getSelectedItem();
            if (itm.equals("+")) {
                mulp.sum.setText(String.valueOf(i1 + i2));
            } else if (itm.equals("-")) {
                mulp.sum.setText(String.valueOf(i1 - i2));
            } else if (itm.equals("*")) {
                mulp.sum.setText(String.valueOf(i1 * i2));
            } else if (itm.equals("/")) {
                mulp.sum.setText(String.valueOf(i1 / i2));
            }
        }
    }
    class ChoiceHandler implements ItemListener {
        public void itemStateChanged(ItemEvent e) {
            String itm;
            itm = MultiplyOperation.ch.getSelectedItem();       // 获取所选项的名称
        }
    }
    class WindowHandler3 extends WindowAdapter {
        public void windowClosing(WindowEvent e) {              // 关闭窗口
            System.exit(-1);
        }
    }
```

运行程序，效果如图 11.12 所示。

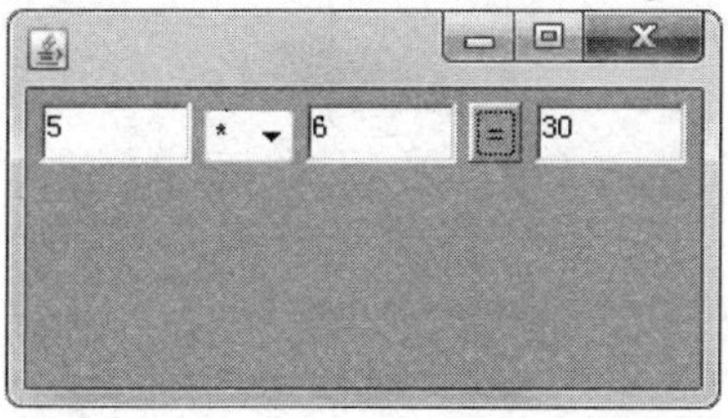


图 11.12　计算两数相乘的积

## 11.3.8　采用事件适配器

由于监听器实际上就是实现了相应接口的类，接口一般要求实现许多方法（如接口 WindowListener 中有 7 种方法），但并不是所有方法都是需要的，为了简化，Java 语言为一些接口提供了事件适配器（Adapter），它是抽象类，通过继承它来重写需要的方法，不用的方法无须重写。java.awt.event 包中提供了以下几个事件适配器。

ComponentAdapter　　　组件适配器

ContainerAdapter　　容器适配器
FocusAdapter　　焦点适配器
KeyAdapter　　键盘适配器
MouseAdapter　　鼠标适配器
MouseMotionAdapter　　鼠标移动适配器
WindowAdapter　　窗口适配器

**【例 11.10】** 在窗口上显示 3 个按钮，按钮标题分别是：红色、绿色、蓝色。当按下标题为“红色”的按钮时，3 个按钮的标题全变成红色；而按下“绿色”按钮则全变成绿色；按下“蓝色”按钮又全变成蓝色。

EventAdapter.java

```
package org.awt;
import java.awt.*;
import java.awt.event.*;
public class EventAdapter{
    public static Button bt1 = new Button("红色");
    public static Button bt2 = new Button("绿色");
    public static Button bt3 = new Button("蓝色");
    public static void main(String[] args) {
        Frame f = new Frame();
        f.setBackground(Color.cyan);
        f.setSize(new Dimension(330, 250));
        f.setLayout(null);                                  // 取消窗口布局管理器
        bt1.setBackground(Color.red);
        bt1.setBounds(new Rectangle(45, 180, 70, 25));
        bt3.setBackground(Color.blue);
        bt2.setBounds(new Rectangle(135, 180, 70, 25));
        bt2.setBackground(Color.green);
        bt3.setBounds(new Rectangle(220, 180, 70, 25));
        ActionListener insert = new InsertAction();
        f.setLocation(300,300);
        f.add(bt2);
        f.add(bt1);
        f.add(bt3);
        f.addWindowListener(new WindowHandler1());
        f.setVisible(true);
        bt1.addActionListener(insert);                      // 注册事件监听器
        bt2.addActionListener(insert);
        bt3.addActionListener(insert);
    }
}
//*******方法 windowClosing 就是当窗口关闭时的处理动作**********
class WindowHandler1 extends WindowAdapter {
    public void windowClosing(WindowEvent e) {
        System.exit(1);                                     // 关闭窗口
    }
```

```
}
class InsertAction implements ActionListener {
        public void actionPerformed(ActionEvent event) {
                String input = event.getActionCommand();            // 返回与此动作相关的命令字符串
                if(input.equals("红色")){
                        EventAdapter.bt1.setBackground(Color.red);
                        EventAdapter.bt2.setBackground(Color.red);
                        EventAdapter.bt3.setBackground(Color.red);
                }
                else if(input.equals("绿色")) {
                        EventAdapter.bt1.setBackground(Color.green);
                        EventAdapter.bt2.setBackground(Color.green);
                        EventAdapter.bt3.setBackground(Color.green);
                }
                else {
                        EventAdapter.bt1.setBackground(Color.blue);
                        EventAdapter.bt2.setBackground(Color.blue);
                        EventAdapter.bt3.setBackground(Color.blue);
                }
        }
}
```

运行程序，单击“绿色”按钮，3 个按钮都变成绿色，效果如图 11.13 所示。

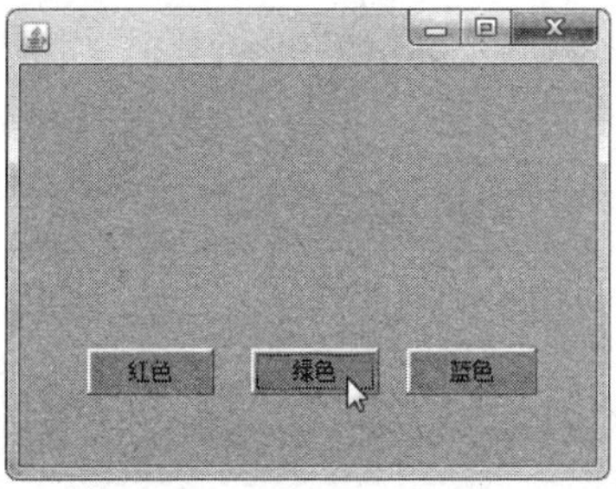


图 11.13　改变按钮的颜色

# 11.4　在 AWT 中绘图

## 11.4.1　Graphics 类

Graphics 类是 Java 图形处理的基础，它支持两种绘图方式：一种是基本的绘图，如画线、圆、矩形等；另一种是画图像（主要用于动画制作等）。Graphics 类代表画笔，提供了一系列的方法来实现基本图形元素的绘制，只要组合使用这些方法就可得到想要的任何复杂图形。Graphics 是个抽象类，它的方法大多也是抽象方法，常见的如下。

- drawLine(int x1,int y1,int x2,int y2)：画一条直线。
- drawString(String str,int left,int bottom)：写一个字符串。
- drawImage(Image image,int left,int top,ImageObserver observer)：画一个图片。
- drawRect(int left,int top,int width,int height)：画一个矩形。

- drawOval(int x,int y,int width,int height)：画一个椭圆。
- fillRect(int left,int top,int width,int height)：填充一个矩形。
- fillOval(int x,int y,int width,int height)：填充一个椭圆。

还可以为 Graphics 对象设置绘图颜色和字体属性，方法如下。

- setColor(Color color)：设置画笔的颜色。
- setFont(Font font)：设置画笔的字体。

如果程序没有显式调用 Graphics 对象的 setColor()方法，它将以组件的前景色作为默认的绘图颜色。drawString(String str, int x,int y)方法使用当前画笔的颜色和字体，将参数 str 的内容显示出来，且最左边字符的基线从坐标(x,y)开始。drawLine(int x1,int x2,int y1,int y2)画出一条直线，坐标(x1,y1)表示直线起始点，(x2,y2)表示直线的终点。

**【例 11.11】** 测试 Graphics 类的特性，在窗体上画一条直线并显示其两端的坐标。

DrawLine.java

```
package org.awt;
import java.awt.*;
import java.awt.event.*;
public class DrawLine extends Frame {
    Image img = null;
    Graphics og = null;
    public static void main(String[] args) {
        DrawLine d =new DrawLine();
        d.init();
        d.addWindowListener(new WindowHandler());
    }
    public void init() {
        setSize(400, 400);
        setVisible(true);
        Dimension d = getSize();
        img = createImage(d.width, d.height);
        og = img.getGraphics();
        addMouseListener(new MouseAdapter() {
            int x;                                  // 横坐标
            int y;                                  // 纵坐标
            public void mousePressed(MouseEvent e) {
                x = e.getX();
                y = e.getY();
            }
            public void mouseReleased(MouseEvent e) {
                Graphics g = getGraphics();
                g.setColor(Color.blue);             // 设置绘图颜色为蓝色
                g.setFont(new Font("隶书", Font.ITALIC | Font.BOLD, 30));
                // 显示鼠标按下时的坐标
                g.drawString(new String(x + "," + y), x, y);
                //显示鼠标释放时的坐标
                g.drawString(new String(e.getX() + "," + e.getY()), e.getX(), e.getY());
                g.drawLine(x, y, e.getX(), e.getY());
```

```
                og.setColor(Color.blue);
                og.setFont(new Font("隶书", Font.ITALIC | Font.BOLD, 30));
                og.drawString(new String(x + "," + y), x, y);
                og.drawString(new String(e.getX() + "," + e.getY()), e.getX(),e.getY());
            og.drawLine(x, y, e.getX(), e.getY());
            }
        });
    }
    public void paint(Graphics g) {
        if (img != null)
            g.drawImage(img, 0, 0, this);
    }
}
class WindowHandler extends WindowAdapter {
    public void windowClosing(WindowEvent e) {
        System.exit(1);
    }
}
```

运行程序，在窗体中用鼠标任意画一条直线，窗体上会显示按下鼠标时的位置（直线起始坐标）；鼠标释放时同样在窗体上留下位置（直线的终点坐标），如图 11.14 所示。

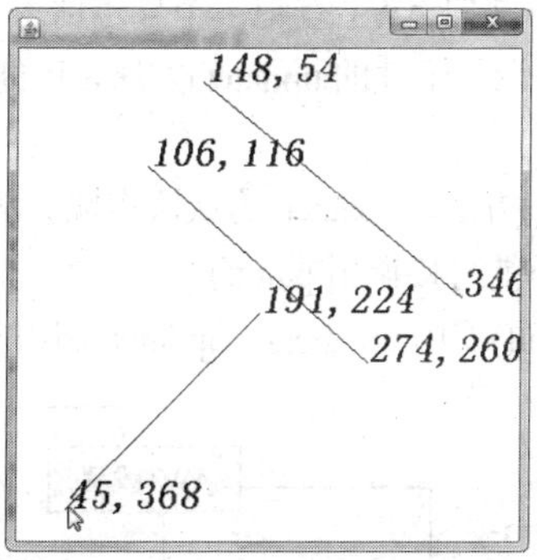


图 11.14　Graphics 类的使用

## 11.4.2　AWT 绘图实现原理

在 AWT 中有两种绘画操作：系统触发的绘画和程序触发的绘画。在系统触发的绘画操作中，系统需要一个组件显示它的内容，通常是由于下列原因。

- 组件第一次在屏幕上显示。
- 组件的大小改变了。
- 组件显示的内容受损需要维护（如先前挡住组件的物体移走了，于是组件被挡住的部分暴露出来）。

程序触发的绘画操作是组件自己决定要更新自身的内容，因为组件内部状态改变了。比如，检测到鼠标按钮已按下，那么它就需要去画出按钮被按下时的样子。

对于这两种触发的绘图要求，AWT 都是利用“回调”机制来实现绘制。这意味着程序应该在一个特定的可重写方法中放置那些绘制组件自身的代码，在需要绘制的时候，工具包就会调用这个方法。

这个可重写的方法在 java.awt.Component 中声明：

```
public void paint(Graphics g)
```

程序必须使用 Graphics（或其派生类）对象进行绘制，并且可以根据自己的需要任意改变 Graphics 对象的属性值。下面是一个回调绘制的例子，在组件的内部画一个实体圆。

```
public void paint(Graphics g){
        Dimension size = getSize();                    // 根据组件的大小，动态计算圆的尺寸信息
        int d = Math.min(size.width,size.height);      // 直径
        int x = (size.width - d) / 2;
        int y = (size.height – d) / 2;
        g.fillOval(x,y,d,d);
        g.setColor(Color.black);
        g.drawOval(x,y,d,d);
}
```

一般情况下，程序应避免把绘制代码放在 AWT 回调机制作用范围之外被调用的位置上。这是因为可能在不适宜进行绘制的时候却调用了那些代码，例如，在组件变为可见之前。为了能够让程序触发绘制操作，AWT 提供了 repaint()方法，这样程序就可以提出一个异步的绘画请求：

```
public void repaint()
```

那么由程序触发的绘制过程如下。

（1）程序确定是一部分还是全部组件需要重绘以反映内部状态的改变。

（2）程序调用组件的 repaint()方法向 AWT 登记一个异步请求，当前组件需要重绘。

（3）AWT 促使事件分派线程去调用组件的 update()方法，可能会将多个 repaint()请求合并为一个，仅调用一次 update()方法。

（4）如果组件没有重写 update()方法，update()的默认实现会清除部件背景，然后只是简单地调用 paint()。应用程序触发的绘制操作不能直接调用 paint()。

这 3 个方法调用关系为：repaint()调用 update()、update()调用 paint()，如图 11.15 所示。

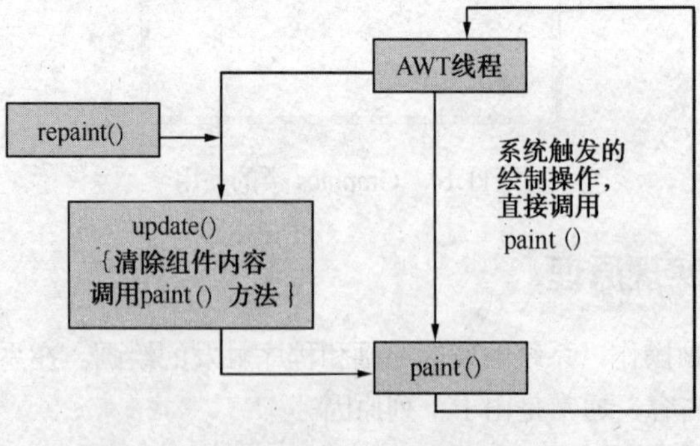


图 11.15　paint()、update()与 repaint()的关系

**【例 11.12】**测试 AWT 的绘图机制。

AWTDraw.java

```
package org.awt;
import java.awt.*;
import java.awt.event.*;
public class AWTDraw extends Frame {
        private Color color = Color.BLUE;
        private int times;                                        // 跟踪调用 update()方法的次数
```

```
    public AWTDraw(String title) {
        super(title);
        Button button = new Button("change color");
        button.addActionListener(new ActionListener() {
            public void actionPerformed(ActionEvent event) {
                //更换画笔的颜色
                color = (color == Color.BLUE) ? Color.ORANGE : Color.BLUE;
                repaint();                                          // 刷新组件
            }
        });
        add(button, BorderLayout.SOUTH);
        setSize(200, 200);
        setVisible(true);
    }
    public void update(Graphics g) {
        super.update(g);
        // 跟踪 update()方法被调用的次数
        System.out.println("call update " + (++times) + " times");
    }
    public void paint(Graphics g) {
        g.setColor(color);                                          // 设置画笔的颜色
        g.fillRect(0, 0, 200, 200);                                 // 画一个矩形
    }
    public static void main(String args[]) {
        AWTDraw draw = new AWTDraw("AWT 绘图");
    }
}
```

运行程序，如图 11.16 所示，每单击一下按钮，控制台输出一行信息表示 update()方法又被调用了一次，如下：

```
call update 1 times
call update 2 times
call update 3 times
call update 4 times
call update 5 times
…
```

图 11.16　AWT 绘图

## 11.5　综合实例

下面的综合实例将运用 AWT 的各种事件处理机制来实现学生信息的注册和查看。在“学生信息”窗口中，单击“注册”按钮，弹出“信息注册”窗口，填入学生学号和姓名；单击“确定”完成该生

信息的注册；若单击“取消”按钮，则取消注册。已注册的学生，单击“查看”按钮时，其信息将出现在文本区中。

这个程序灵活地运用了 AWT 的各种事件处理机制，包括：在“注册”和“确定”按钮上注册类自身的监听器；在“查看”按钮上注册鼠标事件适配器；在“关闭”和“取消”按钮上注册内部类监听器。

程序如下：

StudentInfo.java

```
package org.awt;
import java.awt.*;
import java.awt.event.*;
import java.util.*;
public class StudentInfo extends Frame implements ActionListener{
    static HashMap map = new HashMap();
    Button bt1 = new Button();
    Button bt2 = new Button();
    TextArea textArea1 = new TextArea();
    Button bt3 = new Button();
    public StudentInfo() {
        try {
            initialize();
        } catch (Exception e) {
            e.printStackTrace();
        }
    }
    public static void main(String[] args) {
        StudentInfo student = new StudentInfo();
        student.setBackground(Color.cyan);
        student.setVisible(true);
        student.setSize(new Dimension(400, 250));                // 指定宽度和高度
        student.setTitle("学生信息");
    }
    private void initialize() throws Exception {
        this.setLayout(null);
        bt1.setLabel("注册");
        bt1.setBackground(Color.cyan);
        bt1.setBounds(new Rectangle(85, 200, 70, 25));
        bt1.addActionListener(this);                             // 本身实现监听接口
        bt2.setBounds(new Rectangle(170, 200, 70, 25));
        bt2.addMouseListener(new actionAdapter(this));           // 外部类实现监听接口
        bt2.setLabel("查看");
        bt2.setBackground(Color.cyan);
        textArea1.setEditable(false);
        textArea1.setText("");
        textArea1.setBackground(Color.white);
        textArea1.setBounds(new Rectangle(80, 40, 250, 150));
        bt3.setLabel("关闭");
```

```
            bt3.setBackground(Color.cyan);
            //********内部类实现监听接口************************
            bt3.addActionListener(new ActionListener(){
                public void actionPerformed(ActionEvent evt){
                    System.exit(0);
                }
            });
            bt3.setBounds(new Rectangle(255, 200, 70, 25));
            this.setResizable(false);
            this.add(textArea1);
            this.add(bt2);
            this.add(bt1);
            this.add(bt3);
        }
        //********实现监听器 ActionListener 的 actionPerformed 方法****
        public void actionPerformed(ActionEvent e) {
            RegisterFrame regf = new RegisterFrame();
            regf.setTitle("信息注册");
            regf.setVisible(true);
            regf.setSize(new Dimension(350, 180));
            regf.setBackground(Color.cyan);
        }
    }
    class RegisterFrame extends Frame implements ActionListener {
        Label label1 = new Label();
        TextField textField1 = new TextField();
        Label label2 = new Label();
        TextField textField2 = new TextField();
        Button button1 = new Button();
        Button button2 = new Button();
        public RegisterFrame() {
            try {
                register();
            } catch (Exception e) {
                e.printStackTrace();
            }
        }
        private void register() throws Exception {
            this.setLayout(null);
            label1.setText("学生学号：");
            label1.setBackground(Color.cyan);
            label1.setBounds(new Rectangle(50, 50, 60, 20));
            textField1.setText("");
            textField1.setBounds(new Rectangle(120, 50, 140, 20));
            label2.setBounds(new Rectangle(50, 80, 60, 20));
            label2.setText("学生姓名：");
            label2.setBackground(Color.cyan);
```

```
            textField2.setText("");
            textField2.setBounds(new Rectangle(120, 80, 140, 20));
            button1.setLabel("确定");
            button1.setBackground(Color.cyan);
            button1.setBounds(new Rectangle(85, 120, 70, 25));
            button1.addActionListener(this);
            button2.setBounds(new Rectangle(180, 120, 70, 25));
            button2.setBackground(Color.cyan);
            button2.addActionListener(new ActionListener(){                  // 内部类
                public void actionPerformed(ActionEvent evt){
                    System.exit(0);
                }
            });
            button2.setLabel("取消");
            this.setResizable(false);
            this.add(button2,);
            this.add(label1);
            this.add(label2);
            this.add(textField2);
            this.add(textField1);
            this.add(button1);
        }
        //********事件监听器******************************
        public void actionPerformed(ActionEvent e) {
            String id = textField1.getText();
            String name = textField2.getText();
            StudentInfo.map.put(id, name);
            this.dispose();
        }
}
/*********鼠标事件适配器******************************/
class actionAdapter extends MouseAdapter{
        StudentInfo studentAdapter;
        public actionAdapter(StudentInfo studentInfo) {
            this.studentAdapter = studentInfo;
        }
        public void mouseClicked(MouseEvent evt) {
            Button button = (Button)evt.getSource();
            studentAdapter.textArea1.setText("");
            Iterator iter = studentAdapter.map.keySet().iterator();          // 遍历 map 容器
            while (iter.hasNext()) {
                String id = iter.next().toString();
                studentAdapter.textArea1.append("学号：" + id + "            姓名："
                            + studentAdapter.map.get(id).toString() + '\n');
            }
        }
}
```

运行程序，单击“注册”按钮，出现“信息注册”窗口，如图 11.17 所示，在文本框中输入学生学号和姓名，单击“确定”按钮，完成学生信息的注册。

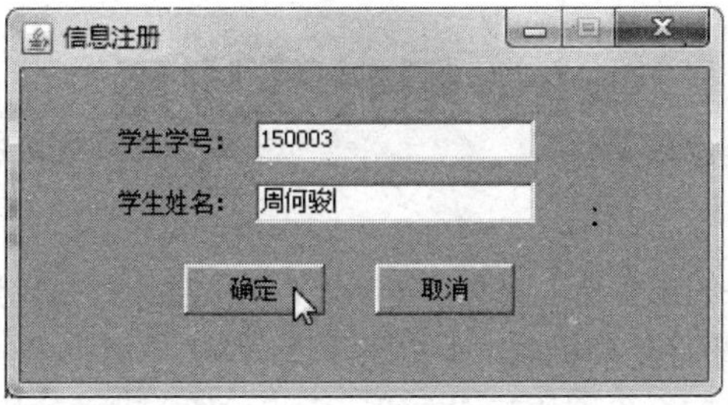


图 11.17　学生信息注册

多次单击“注册”按钮，可以完成多个学生的信息注册。单击“查看”按钮，已注册的学生信息将出现在文本区中，如图 11.18 所示。

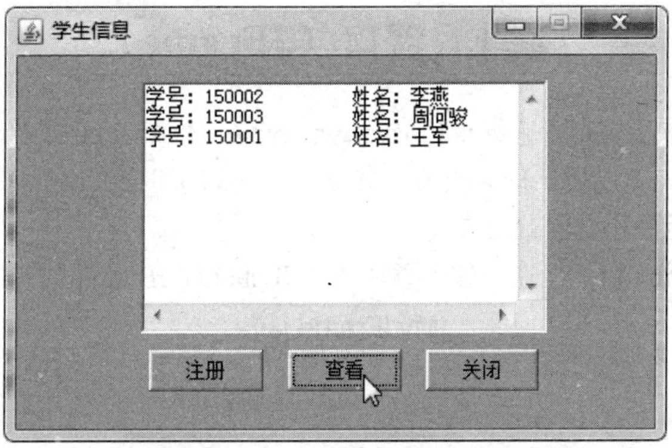


图 11.18　查看已注册的学生信息

# 第12章 Swing组件及应用

Swing是建立在AWT上的组件库，它利用了AWT的下层组件（包括图形、颜色、字体、布局管理器等），依旧使用AWT的事件处理机制，但提供了比AWT丰富得多的GUI组件。Swing组件几乎都是轻量级，采用了与AWT完全不同的工作方式，它将按钮、菜单这样的GUI元素绘制在空白窗口上，而下层“对等体”只需创建和绘制窗口，不再依赖于本地平台的图形界面接口，因此用Swing做出的程序在所有平台上的外观和动作都一样，而且还可以方便地选择与设计自己需要的GUI风格，带来了更多灵活性和更为强大的功能。

## 12.1 窗口（JFrame）

JFrame是带标题的顶层窗口，它继承自java.awt.Frame，每个JFrame都有一个与之关联的内容面板（contentPane），从Java 5以后，Java改写了JFrame的add()和setLayout()等方法，程序可直接调用它们往内容面板中加入组件和设置布局方式。

【例12.1】创建JFrame窗体，在窗体上添加两个JLabel和JButton。

MyJFrame.java

```
package org.swing;
import java.awt.*;
import javax.swing.*;
import java.awt.event.*;
public class MyJFrame extends JFrame {
    int i = 0, j = 0;
    JLabel jLabel1 = new JLabel(" " + i, JLabel.CENTER);
    JLabel jLabel2 = new JLabel(" " + j, JLabel.CENTER);
    public MyJFrame() {
        JButton jButton1 = new JButton("ADD");
        JButton jButton2 = new JButton("ADD");
        jButton1.addActionListener(new ActionListener() {     // 注册监听器
            public void actionPerformed(ActionEvent e) {
                i++;
                jLabel1.setText(" " + i);                      // 字符串值与整型值连接成为字符串值
            }
        });
        jButton2.addActionListener(new ActionListener() {
            public void actionPerformed(ActionEvent e) {
                j++;
                jLabel2.setText(" " + j);
            }
        });
        this.setLayout(new GridLayout(2, 2));                  // 使用网格布局管理器
```

```
            this.add(jLabel1);
            this.add(jLabel2);
            this.add(jButton1);
            this.add(jButton2);
            this.setTitle("This is a JFrame");
            this.setSize(300,300);
            this.setVisible(true);
        }
        public static void main(String[] args) {
            new MyJFrame().setDefaultCloseOperation(JFrame.EXIT_ON_CLOSE); // 关闭窗体
        }
    }
```

程序运行结果如图 12.1 所示。

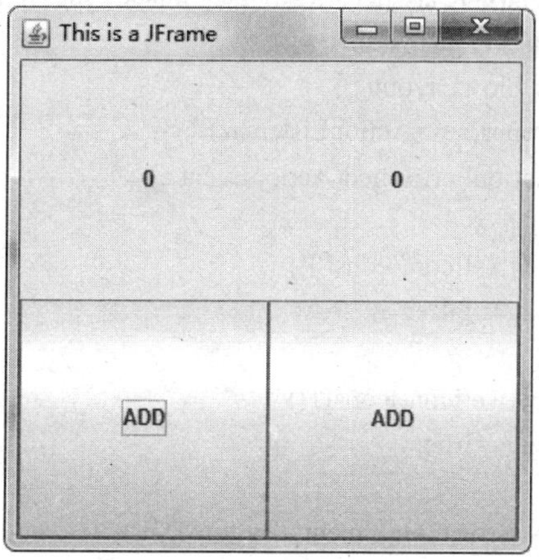


图 12.1　一个 JFrame

## 12.2　Swing 基本组件

Swing 提供了许多基本组件，包括按钮、文本框、复选框、单选按钮、列表框等。

### 12.2.1　按钮（JButton）

所有的按钮组件都继承自 AbstractButton 类，包括复选框（JCheckBox）、普通按钮（JButton）、单选按钮（JRadioButton），甚至菜单项（JMenuItem）等。在按钮中可以显示图标，ImageIcon 类表示图标。AbstractButton 提供了以下和设置图标有关的方法。

- setIcon(Icon icon)：设置按钮有效状态下的图标。
- setRolloverIcon(Icon icon)：设置鼠标移动到按钮区域的图标。
- setPressedIcon(Icon icon)：设置按下按钮时的图标。
- setDisabledIcon(Icon icon)：设置按钮无效状态下的图标。

【例 12.2】创建两个 JButton，让其中一个在各个状态下使用不同的图标。

ButtonAndIcon.java

```
package org.swing;
import java.awt.*;
```

```
import java.awt.event.*;
import javax.swing.*;
public class ButtonAndIcon extends JFrame {
    private static Icon[] icons;
    private JButton jbt1, jbt2 = new JButton("Disable");
    private boolean flag = false;
    public ButtonAndIcon(String title) {
        super(title);
        icons = new Icon[] {
            new ImageIcon(getClass().getResource("image0.jpg")),
            new ImageIcon(getClass().getResource("image1.jpg")),
            new ImageIcon(getClass().getResource("image2.jpg")),
            new ImageIcon(getClass().getResource("image3.jpg")),
            new ImageIcon(getClass().getResource("image4.jpg")), };
        jbt1 = new JButton("Pet", icons[0]);
        this.setLayout(new FlowLayout());                    //使用流式布局管理器
        jbt1.addActionListener(new ActionListener() {        //注册监听器
            public void actionPerformed(ActionEvent e) {
                if (flag) {
                    jbt1.setIcon(icons[0]);
                    flag = false;
                } else {
                    jbt1.setIcon(icons[1]);
                    flag = true;
                }
                jbt1.setVerticalAlignment(JButton.TOP);
                jbt1.setHorizontalAlignment(JButton.LEFT);
            }
        });
        jbt1.setRolloverEnabled(true);
        jbt1.setRolloverIcon(icons[2]);
        jbt1.setPressedIcon(icons[3]);
        jbt1.setDisabledIcon(icons[4]);
        jbt1.setToolTipText("Click Me!");
        this.add(jbt1);
        jbt2.addActionListener(new ActionListener() {
            public void actionPerformed(ActionEvent e) {
                if (jbt1.isEnabled()) {
                    jbt1.setEnabled(false);                  //使按钮失效
                    jbt2.setText("Enable");
                } else {
                    jbt1.setEnabled(true);                   //使按钮有效
                    jbt2.setText("Disable");
                }
            }
        });
        this.add(jbt2);
```

```
        setDefaultCloseOperation(JFrame.EXIT_ON_CLOSE);          // 关闭窗体
        pack();
        setVisible(true);
    }
    public static void main(String[] args) {
        new ButtonAndIcon("use Buttons");
    }
}
```

**说明：**程序的 getClass().getResource("image0.jpg")方法从当前路径下加载图片文件，程序运行结果如图 12.2 所示。图中有两个按钮，Pet(jbt1)按钮显示图标，Disable(jbt2)按钮能够控制 Pet(jbt1)按钮是否有效。

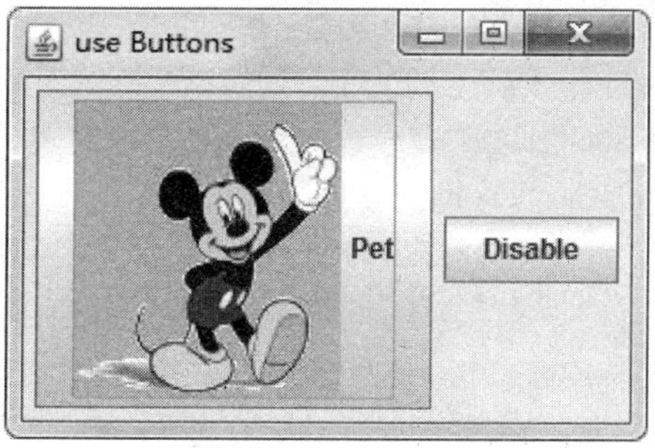


图 12.2　JButton 的使用

### 12.2.2　文本框（JTextField）

文本框是具有输入单行文本和编辑功能的组件，在文本框内输入回车将触发 ActionEvent 事件。把文本框添加到窗口中的常用方法是把它添加到面板或其他容器中，例如：

```
JPanel jPanel = new JPanel();
JTextField text = new JTextField("default input",20);
jPanel.add(text);
```

这段代码将添加一个文本框，同时通过放入一个字符串“default input”来对它进行初始化，构造器的第 2 个参数设置文本框的宽度为 20。

【例 12.3】求 a～b 之间的所有质数，每行显示 c 个。a、b、c 的值由 JTextField 输入，结果在文本区显示，并显示质数个数。

TextAreaDemo.java

```
package org.swing;
import javax.swing.*;
import java.awt.*;
import java.awt.event.*;
public class TextAreaDemo extends JFrame {
    static JTextField tf1 = new JTextField();
    static JTextField tf2 = new JTextField();
    static JTextField tf3 = new JTextField();
    static TextArea ta = new TextArea();
    static JTextField tf4 = new JTextField();
    static int num = 0;
```

```
    //*******显示滚动条**************
    JScrollPane jp = new JScrollPane(ta, JScrollPane.VERTICAL_SCROLLBAR_ALWAYS,
        JScrollPane.HORIZONTAL_SCROLLBAR_AS_NEEDED);
    public TextAreaDemo() {
        setLayout(null);                                    // 取消布局管理器
        add(jp);
        setDefaultCloseOperation(JFrame.EXIT_ON_CLOSE);     // 关闭窗口
        setLocation(300, 300);
        setSize(new Dimension(500, 400));
        Button bt1 = new Button("求 a 到 b 之间的质数");
        bt1.addActionListener(new GetAction());             // 注册事件监听器
        Button bt2 = new Button("质数个数");
        JLabel l1 = new JLabel("输入 a 的值");
        JLabel l2 = new JLabel("输入 b 的值");
        JLabel l3 = new JLabel("每行显示个数");
        tf1.setBounds(new Rectangle(40, 50, 70, 25));
        tf2.setBounds(new Rectangle(130, 50, 70, 25));
        tf3.setBounds(new Rectangle(220, 50, 70, 25));
        ta.setEditable(true);
        ta.setText("");
        ta.setBackground(Color.white);                      // 设置文本区的颜色
        ta.setBounds(new Rectangle(40, 100, 400, 200));
        l1.setBounds(new Rectangle(40, 20, 60, 25));
        l2.setBounds(new Rectangle(130, 20, 60, 25));
        l3.setBounds(new Rectangle(220, 20, 120, 25));
        bt1.setBounds(new Rectangle(340, 20, 120, 25));
        bt2.setBounds(new Rectangle(40, 330, 50, 25));
        tf4.setBounds(new Rectangle(130, 330, 70, 25));
        add(l1);                                            // 加入组件
        add(l2);
        add(l3);
        add(bt1);
        add(bt2);
        add(ta);
        add(tf1);
        add(tf2);
        add(tf3);
        add(tf4);
        setVisible(true);                                   // 使窗口可见
    }
    public static void main(String[] args) {
        TextAreaDemo test = new TextAreaDemo();
    }
}
class GetAction implements ActionListener {
    public void actionPerformed(ActionEvent e) {
        String text1 = TextAreaDemo.tf1.getText();          // 获取文本框中的内容
```

```
            String text2 = TextAreaDemo.tf2.getText();
            String text3 = TextAreaDemo.tf3.getText();
            int a, b, c;
            a = Integer.parseInt(text1);                         // 将字符串类型转换为整型
            b = Integer.parseInt(text2);
            c = Integer.parseInt(text3);
            boolean flag;
            int m, p, count = 0;
            for (m = a; m <= b; m++) {
                flag = true;
                for (p = 2; p <= m / 2; p++)
                    if (m % p == 0) {                            // 判断是否是质数
                        flag = false;
                    break;
                }
                if (flag) {
                    String str = String.valueOf(m);              // 将整型转换为字符串类型
                    TextAreaDemo.ta.append(str + " ");           // 将质数写入到文本区中
                    count++;
                    TextAreaDemo.num++;
                    if (count % c == 0) {                        // 每行中只输出 c 个质数
                        TextAreaDemo.ta.append("\n");
                    }
                }
            }
            String str = String.valueOf(TextAreaDemo.num);
            TextAreaDemo.tf4.setText(str);
        }
    }
```

运行程序，在文本框中依次输入“5、500、7”，单击“求 a 到 b 之间的质数”按钮，将在文本区显示 5～500 之间的所有质数，并计算出质数个数，显示在下面的文本框中，程序运行结果如图 12.3 所示。

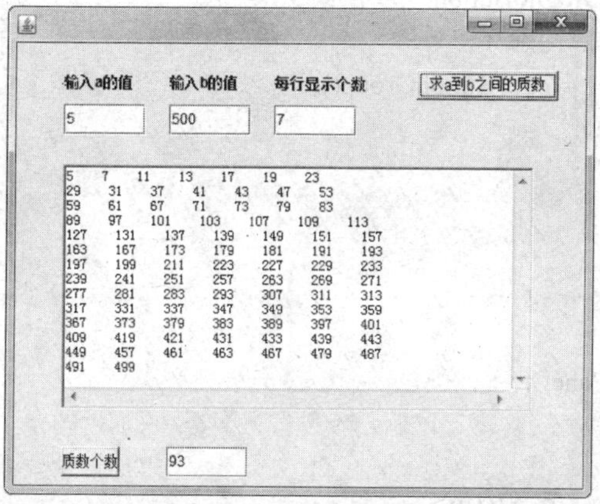


图 12.3　计算 5～500 的质数

### 12.2.3 复选框（JCheckBox）和单选按钮（JRadioButton）

JCheckBox 表示复选框，用户可同时选择多个选项；JRadioButton 表示单选按钮，通常把多个单选按钮加到一个按钮组（ButtonGroup），任何时候，用户只能选择组中的一个按钮。当用户选择了一个单选按钮时，将触发 ActionEvent 事件，由 ActionListener 来处理。

**【例 12.4】** 创建一个调查表的表单界面，其上包括多个复选框和单选按钮。用户选择的结果在列表框中显示。

MyCheckBox.java

```
package org.swing;
import javax.swing.*;
import java.awt.*;
import java.awt.event.*;
import java.io.*;
class Favrate extends JPanel {
        JCheckBox jCheck1, jCheck2, jCheck3, jCheck4;
        Favrate() {
                jCheck1 = new JCheckBox("运动");
                jCheck2 = new JCheckBox("电脑");
                jCheck3 = new JCheckBox("音乐");
                jCheck4 = new JCheckBox("读书");
                add(new JLabel("爱好"));
                add(jCheck1);                                   // 把 JCheckBox 加载到 JPanel 上
                add(jCheck2);
                add(jCheck3);
                add(jCheck4);
        }
}
class SexBox extends JPanel {
        JRadioButton jRadio1, jRadio2;
        SexBox() {
                jRadio1 = new JRadioButton("男");
                jRadio2 = new JRadioButton("女");
                add(new JLabel("性别"));
                ButtonGroup bg = new ButtonGroup();
                bg.add(jRadio1);
                bg.add(jRadio2);
                add(jRadio1);
                add(jRadio2);
        }
}
class NameBox extends JPanel {
        JTextField jText;
        NameBox() {
                jText = new JTextField(10);
                add(new JLabel("姓名"));
                add(jText);
```

```
    }
}
class ThreeButton extends JPanel {
    JButton jButton1, jButton2, jButton3;
    ThreeButton() {
        jButton1 = new JButton("List");
        jButton2 = new JButton("Save");
        jButton3 = new JButton("Exit");
        add(jButton1);
        add(jButton2);
        add(jButton3);
    }
}
class MyCheckBox extends JFrame implements ActionListener {
    Favrate favrate;
    SexBox sex;
    NameBox name;
    JTextArea JText;
    ThreeButton tb;
    MyCheckBox() {
        super("调查表");
        this.setDefaultCloseOperation(JFrame.EXIT_ON_CLOSE);
        this.setLayout(new FlowLayout());
        testInit();
        add(name);
        add(sex);
        add(favrate);
        add(new JScrollPane(JText));
        add(tb);
        this.setBounds(300, 200, 280, 300);
        this.setVisible(true);
    }
    void testInit() {
        favrate = new Favrate();
        sex = new SexBox();
        name = new NameBox();
        JText = new JTextArea(5, 22);
        tb = new ThreeButton();
        tb.jButton1.addActionListener(this);                // 注册自身的监听器
        tb.jButton2.addActionListener(this);
        tb.jButton3.addActionListener(this);
    }
    public void actionPerformed(ActionEvent e) {
        Object o = e.getSource();
        if (o == tb.jButton1) {
            StringBuffer ss = new StringBuffer("\n 姓名： " + name.jText.getText()
                + "\n 性别： ");
```

```
                if (sex.jRadio1.isSelected() == true)
                    ss.append("男");
                else if (sex.jRadio2.isSelected() == true)
                    ss.append("女");
                ss.append("\n 爱好：");
                if (favrate.jCheck1.isSelected() == true)
                    ss.append("运动");
                if (favrate.jCheck2.isSelected() == true)
                    ss.append("  电脑");
                if (favrate.jCheck3.isSelected() == true)
                    ss.append("  音乐");
                if (favrate.jCheck4.isSelected() == true)
                    ss.append("  读书");
                JText.setText(ss.toString());
            }
            else if (o == tb.jButton2) {
                try {
                    FileWriter out = new FileWriter("D:\\temp.txt", true);
                    out.write("\r\n" + JText.getText());
                    JOptionPane.showMessageDialog(this, "文件已保存!");
                    out.close();
                } catch (Exception ex) { }
            }
            else
                System.exit(0);
        }
        public static void main(String[] args) {
            new MyCheckBox();
        }
    }
```

运行该程序，在文本框中输入姓名，选择性别和爱好，单击“List”按钮，选择的信息将显示在列表框中，单击“保存”按钮信息将被保存到文件中，如图 12.4 所示。

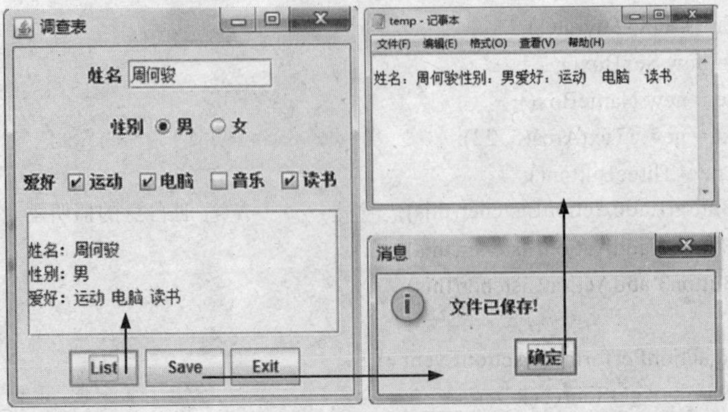


图 12.4　表单操作界面

## 12.2.4 列表框（JList）

列表框用于让用户在多个条目中作出选择，它的 setSelectionModel（int SelectionMode）方法用来设置选择模式，参数有以下可选值。

- ListSelectionModel.SINGLE_SELECTION：一次只能选择一项。
- ListSelectionModel.SINGLE_INTERVAL_SELECTION：允许选择连续范围内的多项。若用户选中某项，接着按住 Shift 键单击另一项，这两项之间的所有项都会被选中。
- ListSelectionModel.MULTIPLE_INTERVAL_SELECTION：这是列表框的默认选择模式。用户既可选择连续范围内的多项，也可选择不连续的多个项。只要按住 Ctrl 键，单击列表框的多个项，这些项都会被选中。

当在列表框中选择一些项时，将触发 ListSelectionEvent 事件，ListSelectionListener 监听器负责处理该事件。

**【例 12.5】** 创建一个列表框，采用默认的 MULTIPLE_INTERVAL_SELECTION 选择模式，用构造方法 JList(months)中的 months 参数传入所有选项。

MyJList.java

```
package org.swing;
import javax.swing.*;
import java.awt.*;
import java.awt.event.*;
import javax.swing.event.*;
public class MyJList extends JFrame {
        private String[] months = { "January", "February", "March", "April", "May",
                "June", "July", "August", "September", "October", "November","December" };
    private JList list = new JList(months);
    private JTextArea textArea = new JTextArea(5, 20);
    private ListSelectionListener listener = new ListSelectionListener() {
        public void valueChanged(ListSelectionEvent e) {
            if (e.getValueIsAdjusting())
                return;
            textArea.setText("");
            Object[] items = list.getSelectedValues();
            for (int i = 0; i < items.length; i++)
                textArea.append(items[i] + "\n");
        }
    };
    public MyJList(String title) {
        super(title);
        textArea.setEditable(false);
        list.setVisibleRowCount(5);                              // 在界面上显示 5 个选项
        setLayout(new FlowLayout());
        add(textArea);
        add(new JScrollPane(list));                              // 带滚动条
        list.addListSelectionListener(listener);
        setDefaultCloseOperation(JFrame.EXIT_ON_CLOSE);
        pack();
```

```
            setVisible(true);
        }
        public static void main(String[] args) {
            new MyJList("This is a JList");
        }
    }
```

运行程序，选择右边列表的元素，结果将显示在左边文本区中，如图 12.5 所示。

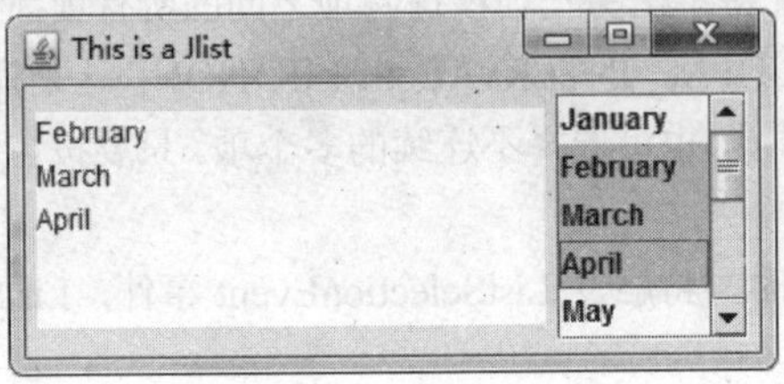


图 12.5　列表框界面

## 12.3　Swing 菜单程序设计

JMenuBar 和 JPopupMenu 都是用于创建菜单的，前者创建一个菜单条，后者创建弹出式菜单；而 JTabbedBox 用于创建页签面板；JToolBar 是将一些常用的功能用带文字和图标的形式在窗口显示出来的工具栏。

### 12.3.1　菜单条（JMenuBar）

菜单的组织方式为：一个菜单条 JMenuBar 中可以包含多个菜单 JMenu，一个菜单 JMenu 中可以包含多个菜单项 JMenuItem。有一些支持菜单的组件如 JFrame、JDialog 都有一个 setJMenuBar(JMenuBar bar)方法，可以用它来设置菜单条。

【例 12.6】创建两个菜单，多个菜单项。当选择某一菜单项时，在窗口中显示不同的卡片，同时在窗口底部显示所选的菜单项。当选中“状态栏”菜单项时，窗口底部的显示标签可见，否则不可见。有的菜单项加了快捷键，如 Shift+O、Ctrl+Shift+S、Ctrl+X 等。

JMenuTest.java

```
package org.swing;
import java.awt.*;
import java.awt.event.*;
import javax.swing.*;
public class JMenuTest {
    JFrame f = new JFrame("Swing 菜单的用法");
    JLabel stat = new JLabel("这里是状态栏");
    Font ft = new Font("Serif", Font.BOLD, 18);
    JLabel l1 = new JLabel("这里是西方", JLabel.CENTER);
    JLabel l2 = new JLabel("这里是中央", JLabel.CENTER);
    JLabel l3 = new JLabel("这里是东方", JLabel.CENTER);
    JPanel pc = new JPanel();
    CardLayout c = new CardLayout();            // 创建一个布局管理器 CardLayout 的对象 c
    JMenuBar menubar1 = new JMenuBar();         // 创建一个菜单条
```

```
JMenu menu1 = new JMenu("视图");            // 定义一个菜单对象 menu1，其标题为"视图"
JMenu menu2 = new JMenu("编辑");
// 定义一个菜单项 JMenuItem 的对象     mitm1，其标题为"西方"
JMenuItem mitm1 = new JMenuItem("西方");
JMenuItem mitm2 = new JMenuItem("中央");
JMenuItem mitm3 = new JMenuItem("东方");
JMenuItem mitm4 = new JMenuItem("剪下");
JMenuItem mitm5 = new JMenuItem("粘贴");
// 定义一个菜单项 JCheckBoxMenuItem 的对象 mitm6，其标题为"状态栏"，选中
JCheckBoxMenuItem mitm6 = new JCheckBoxMenuItem("状态栏", true);
JMenuItem mitm7 = new JMenuItem("退出");
public static void main(String args[]) {
    JMenuTest that = new JMenuTest();
    that.go();
}
public void go() {
    f.setSize(350, 300);
    menubar1.add(menu1);                    // 添加 menu1 到 MenuBar 中
    menubar1.add(menu2);
    menu1.add(mitm1);
    menu1.add(mitm2);
    // 为菜单项 mitm1 添加快捷键 Shift+O
    mitm1.setAccelerator(KeyStroke.getKeyStroke('O',KeyEvent.SHIFT_MASK,false));
    mitm2.setAccelerator(KeyStroke.getKeyStroke('S',KeyEvent.CTRL_MASK+KeyEvent.SHIFT_
MASK, false));                              // 为菜单项 mitm2 添加快捷键 Ctrl+Shift+S
    menu1.add(mitm3);
    menu1.addSeparator();                   // 添加一条分隔线
    menu1.add(mitm6);
    menu1.addSeparator();
    menu1.add(mitm7);
    mitm7.setAccelerator(KeyStroke.getKeyStroke('X', KeyEvent.CTRL_MASK, false));// 为菜单
项 mitm7 添加快捷键 Ctrl+X
    menu2.add(mitm4);
    menu2.add(mitm5);
    f.setJMenuBar(menubar1);                // 设定窗口 f 的菜单条为 menubar1
    f.add("Center", pc);                    // 将容器 pc 加到窗口 f 的中央
    f.add("South", stat);                   // 将标签 stat 加到窗口 f 的底部
    pc.setLayout(c);
    pc.add(l1, "west");
    pc.add(l2, "center");
    pc.add(l3, "east");
    // 将菜单项注册到监听器上，参数 1 代表 mitm1，参数 2 代表 mitm2，…，依次类推
    mitm1.addActionListener(new JMenuHandler(1));
    mitm2.addActionListener(new JMenuHandler(2));
    mitm3.addActionListener(new JMenuHandler(3));
    mitm4.addActionListener(new JMenuHandler(4));
    mitm5.addActionListener(new JMenuHandler(5));
```

```
        mitm7.addActionListener(new JMenuHandler(7));
        // JCheckBoxMenuItem 不响应 ActionEvent 事件，这里用 ItemEvent 事件
        mitm6.addItemListener(new JMenuDisp());
        f.addWindowListener(new WinHandler());
        l1.setFont(ft);                           // 设置菜单字体
        l2.setFont(ft);
        l3.setFont(ft);
        stat.setFont(ft);
        menu1.setFont(ft);
        menu2.setFont(ft);
        mitm1.setFont(ft);
        mitm2.setFont(ft);
        mitm3.setFont(ft);
        mitm4.setFont(ft);
        mitm5.setFont(ft);
        mitm6.setFont(ft);
        mitm7.setFont(ft);
        f.setVisible(true);
    }
    class JMenuDisp implements ItemListener {
        public void itemStateChanged(ItemEvent e) {
            //若菜单项被选择，即前面有一个标记，则将标签 stat 置为可见，否则置为不可见
            if (mitm6.getState())
            stat.setVisible(true);
            else
                stat.setVisible(false);
        }
    }
    class JMenuHandler implements ActionListener {
        private int ch;
        JMenuHandler(int select) {
            ch = select;
        }
        public void actionPerformed(ActionEvent e) {
            switch (ch) {
            case 1:
                c.show(pc, "west");       // 若选择了 mitm1，则显示名为 west 的卡片
                break;
            case 2:
                c.show(pc, "center");
                break;
            case 3:
                c.show(pc, "east");
                break;
            case 4:
            case 5:
                break;
```

```
                case 7:
                    System.exit(-1);
                }
                stat.setText("你选择的菜单项是：" + e.getActionCommand());
            }
        }
        class WinHandler extends WindowAdapter {
            public void windowClosing(WindowEvent e) {
                System.exit(-1);
            }
        }
    }
```

程序的运行结果如图 12.6 所示。

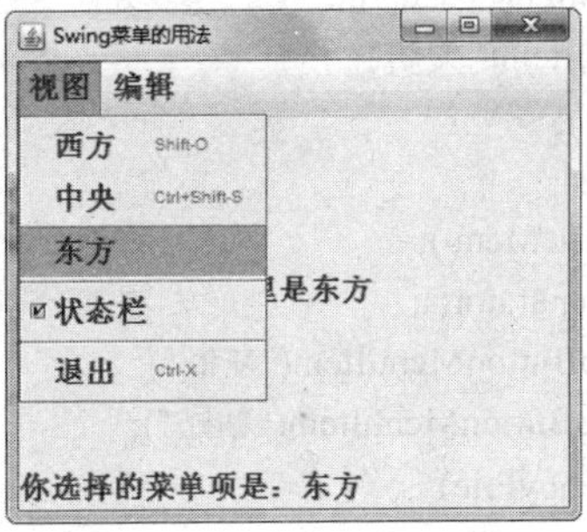


图 12.6　一个 JMenuBar

## 12.3.2　弹出式菜单（JPopupMenu）

从名称中就可看出，JPopupMenu 并不固定在菜单栏中，而是能够自由浮动。JPopupMenu 具有很好的环境相关特性，每个 JPopupMenu 都与相应的控件项关联，该控件被称作调用者。下面的代码创建一个带有标题的 JPopupMenu：

```
JPopupMenu      myJPopupMenu = new JPopupMenu("菜单");
```

可以使用 add()或 insert()方法向 JPopupMenu 中添加或插入 JMenuItem 与 JComponent。JPopupMenu 对添加到其中的每个菜单项都赋予一个整数索引，并根据其布局管理器调整菜单项显示的顺序。此外还可以使用 addSeparator()方法添加分割线，并且也会为分割线指定索引。若鼠标事件是平台的弹出式菜单触发的，则调用弹出式菜单对象的 show()方法来显示它。下面的 showJPopupMenu()方法在收到触发器事件时就会显示弹出式菜单，如下：

```
public void showJPopupMenu(MouseEvent e) {
    if (e.isPopupTrigger()) {          // 如果鼠标事件是由平台的弹出式菜单触发的
        myJPopupMenu.show(ivoker,e.getX(),e.getY());
    }
}
```

触发事件的判断建议放在鼠标按下（mousePressed）及释放（mouseReleased）中进行。

【例 12.7】创建一个弹出式菜单。

MyJPopupMenu.java

```
package org.swing;
import java.awt.*;
```

```
import javax.swing.*;
import java.awt.event.*;
public class MyJPopupMenu extends JFrame {
    JMenu fileMenu;
    JPopupMenu jPopupMenuOne;
    JMenuItem openFile, closeFile, exit;
    JRadioButtonMenuItem copyFile, pasteFile;
    ButtonGroup buttonGroupOne;
    public MyJPopupMenu() {
        jPopupMenuOne = new JPopupMenu();          // 创建 jPopupMenuOne 对象
        buttonGroupOne = new ButtonGroup();
        // 创建文件菜单及子菜单，并将子菜单添加到文件菜单中
        fileMenu = new JMenu("文件");
        openFile = new JMenuItem("打开");
        closeFile = new JMenuItem("关闭");
        fileMenu.add(openFile);
        fileMenu.add(closeFile);
        jPopupMenuOne.add(fileMenu);                 // 将 fileMenu 菜单添加到弹出式菜单中
        jPopupMenuOne.addSeparator();                // 添加分割符
        copyFile = new JRadioButtonMenuItem("复制");
        pasteFile = new JRadioButtonMenuItem("粘贴");
        buttonGroupOne.add(copyFile);
        buttonGroupOne.add(pasteFile);
        jPopupMenuOne.add(copyFile);                 // 将 copyFile 添加到 jPopupMenuOne
        jPopupMenuOne.add(pasteFile);                // 将 pasteFile 添加到 jPopupMenuOne
        jPopupMenuOne.addSeparator();
        exit = new JMenuItem("退出");
        jPopupMenuOne.add(exit);                     // 将 exit 添加到 jPopupMenuOne
        MouseListener popupListener = new PopupListener(jPopupMenuOne);
        this.addMouseListener(popupListener);        // 向主窗口注册监听器
        this.setTitle("This is a JPopupMenu");
        this.setBounds(100, 100, 250, 150);
        this.setVisible(true);
        this.setDefaultCloseOperation(JFrame.EXIT_ON_CLOSE);
    }
    public static void main(String args[]) {
        new MyJPopupMenu();
    }
    //***********添加内部类，其扩展了 MouseAdapter 类，用来处理鼠标事件**********
    class PopupListener extends MouseAdapter {
        JPopupMenu popupMenu;
        PopupListener(JPopupMenu popupMenu) {
            this.popupMenu = popupMenu;
        }
        public void mousePressed(MouseEvent e) {
            showPopupMenu(e);
        }
```

```
            public void mouseReleased(MouseEvent e) {
                showPopupMenu(e);
            }
            private void showPopupMenu(MouseEvent e) {
                if (e.isPopupTrigger()) {
                    popupMenu.show(e.getComponent(), e.getX(), e.getY());
                }
            }
        }
    }
```

运行程序，右击鼠标显示弹出式菜单，如图 12.7 所示。

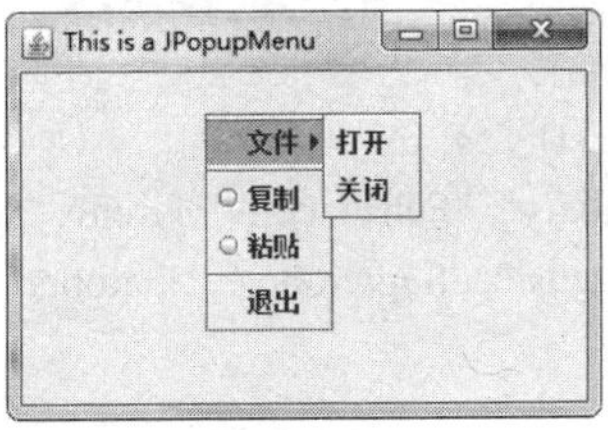


图 12.7 弹出式菜单界面

## 12.3.3 页签面板（JTabbedPane）

页签面板可以用来存放许多标签页，而每张标签页又可存放不同的容器或组件，用户只要单击面板上的标签便可切换至不同标签页。与页签面板关联的事件一般是：ChangeEvent，该事件所对应的接口是 ChangeListener，该接口提供了一个方法 stateChanged(ChangeEvent e)，当选择某个标签时将调用该方法。多数情况下，页签面板仅仅是存放容器或组件的，一般不需要响应用户的操作，故不需要给页签面板注册监听器。

【例 12.8】创建一个页签面板，存放 3 个组件 JTextArea、JList、JTextField。

MyJTabbedPane.java

```
package org.swing;
import java.awt.*;
import java.awt.event.*;
import javax.swing.*;
import javax.swing.event.*;
public class MyJTabbedPane {
    JFrame f = new JFrame("This is a JTabbedPane");
    JScrollPane jsp1 = new JScrollPane();
    JScrollPane jsp2 = new JScrollPane();
    JPanel p = new JPanel(new BorderLayout());
    JTextArea jta = new JTextArea(5, 10);
    JList list = new JList();
    JTabbedPane jPane = new JTabbedPane();          // 页签面板的标签放在顶部
    JButton bt = new JButton("确定");
    JTextField jtf = new JTextField(10);
    Font font = new Font("Serif", Font.BOLD, 16);
    JLabel label = new JLabel("你选择的是第 0 张标签页");
```

```
    void launch() {
        f.setSize(400, 300);
        f.getContentPane().add("Center", jPane);
        jPane.add("第 0 张", jsp1);
        // 同时将容器 jsp1 放置在该标签页上
        jPane.setToolTipTextAt(0, "单击这里将显示第 0 张");
        // 设置第 0 张标签页的提示信息为"单击这里将显示第 1 张"
        jPane.add("第 1 张", jsp2);
        jPane.setToolTipTextAt(1, "单击这里将显示第 1 张");
        jPane.add("第 2 张", p);
        p.add("North", bt);
        p.add("South", jtf);
        jsp1.getViewport().add(jta);
        jsp2.getViewport().add(list);
        String[] months = { "January", "February", "March", "April", "May",
            "June", "July", "August", "September", "October", "NovemberDecember" };
        list.setListData(months);
        list.setFont(font);
        jta.setFont(font);
        jPane.setFont(font);
        f.getContentPane().add("South", label);
        label.setFont(font);
        jPane.addChangeListener(new MyMonitor());
        f.setDefaultCloseOperation(JFrame.EXIT_ON_CLOSE);
        f.setVisible(true);
    }
    public static void main(String arg[]) {
         new MyJTabbedPane().launch();
    }
    class MyMonitor implements ChangeListener {
        public void stateChanged(ChangeEvent e) {
            int id = jPane.getSelectedIndex();
            label.setText("你选择的是第" + id + "张标签页");
        }
    }
}
```

运行程序，单击页签面板“第 1 张”标签页出现英文月份单词，如图 12.8 所示。

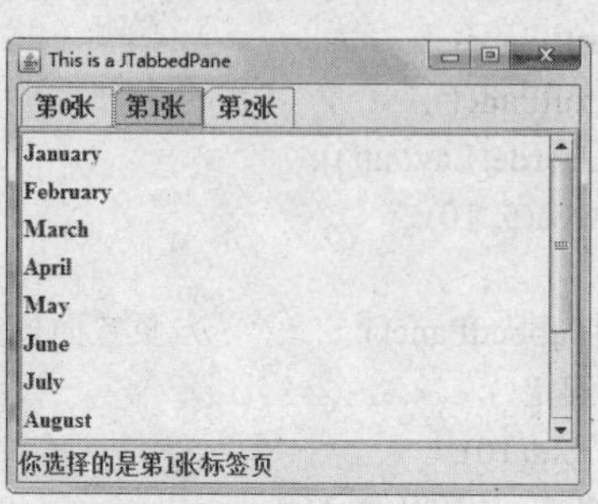


图 12.8　页签面板的使用

## 12.3.4　工具栏（JToolBar）

工具栏是现代 GUI 界面必备组件之一，旨在将菜单的一些常用功能用带文字和图标的按钮形式在窗口中显示以方便用户，它一般可让用户随意拖到窗口的四周或自成一个窗口。

【例 12.9】为【例 12.6】的程序添加工具栏。

JToolBarTest.java

```
…
public class JToolBarTest {
    JFrame f = new JFrame("工具栏 JToolBar");
    JLabel stat = new JLabel("这里是状态栏");
    …
    JMenuItem mitm7 = new JMenuItem("退出");
    JPopupMenu pmenu;
    JToolBar jtb = new JToolBar();                              // 定义一个工具栏对象 jtb
    Icon c1 =new ImageIcon(getClass().getResource("1.gif"));    // 定义工具栏按钮上的图片
    Icon c2 =new ImageIcon(getClass().getResource("2.gif"));
    Icon c3 =new ImageIcon(getClass().getResource("3.gif"));
    Icon c4 =new ImageIcon(getClass().getResource("4.gif"));
    Icon c5 =new ImageIcon(getClass().getResource("5.gif"));
    Icon c7 =new ImageIcon(getClass().getResource("6.gif"));
    JButton btn1 = new JButton(c1);                             // 定义工具栏上的按钮
    JButton btn2 = new JButton(c2);
    JButton btn3 = new JButton(c3);
    JButton btn4 = new JButton(c4);
    JButton btn5 = new JButton(c5);
    JButton btn7 = new JButton(c7);
    public static void main(String args[]) {
        JToolBarTest that = new JToolBarTest();
        that.go();
    }
    public void go() {
        f.setSize(350, 300);
        pmenu = menu1.getPopupMenu();                   // 将菜单 menu1 作为弹出式菜单 pmenu
        menubar1.add(menu1);
        …
        pc.add(l3, "east");
        f.add("North", jtb);                            // 将工具栏 jtb 加到窗口 f 的北部区域
        jtb.add(btn1);                                  // 在工具栏上添加按钮
        jtb.add(btn2);
        jtb.add(btn3);
        jtb.addSeparator();
        jtb.add(btn4);
        jtb.add(btn5);
        jtb.addSeparator();
        jtb.add(btn7);
        btn1.setToolTipText("显示第一张");              // 给按钮添加提示信息
```

```
        btn2.setToolTipText("显示第二张");
        //将按钮注册到监听器上，参数 1 表示按钮 btn1，参数 2 表示按钮 btn2，…，依次类推
        btn1.addActionListener(new JMenuHandler(1));
        btn2.addActionListener(new JMenuHandler(2));
        btn3.addActionListener(new JMenuHandler(3));
        btn4.addActionListener(new JMenuHandler(4));
        btn5.addActionListener(new JMenuHandler(5));
        btn7.addActionListener(new JMenuHandler(7));
        // 将菜单项注册到监听器上，参数 1 代表 mitm1，参数 2 代表 mitm2，…，依次类推
        …
        mitm6.addItemListener(new JMenuDisp());
        f.setDefaultCloseOperation(JFrame.EXIT_ON_CLOSE);
        // 将容器 pc 注册到监听器 MouseH 中，参数 1 表示是容器 pc
        pc.addMouseListener(new MouseH(1));
        // 将标签 stat 注册到监听器 MouseH 中，参数 2 表示不是容器 pc
        stat.addMouseListener(new MouseH(2));
        //将窗口 f 注册到监听器 MouseH 中，参数 2 表示不是容器 pc
        f.addMouseListener(new MouseH(2));
        l1.setFont(ft);                               // 设置菜单字体
        …
        f.setVisible(true);
    }
    class MouseH extends MouseAdapter {
        int sel;
        MouseH(int select) {
            sel = select;
        }
        public void mouseClicked(MouseEvent e) {
            if (sel == 1){                            // 当鼠标在容器 pc 上时
                // 若是鼠标右键，这里 MouseEvent.META_MASK 表示鼠标右键
                if (e.getModifiers() == MouseEvent.META_MASK) {
                    int x1, y1;
                // 获得鼠标所在组件相对于屏幕的 X 轴位置
                x1 = (int) e.getComponent().getLocationOnScreen().getX();
                // 获得鼠标所在组件相对于屏幕的 Y 轴位置
                y1 = (int) e.getComponent().getLocationOnScreen().getY();
                // 将弹出式菜单 pmenu 的位置设为鼠标所在位置
                pmenu.setLocation(x1 + e.getX(), y1 + e.getY());
                    pmenu.setVisible(true);     // 显示弹出式菜单 pmenu
                } else
                    pmenu.setVisible(false);    // 若不是鼠标右键则隐藏弹出式菜单 pmenu
            }
            if (sel == 2)                       // 当鼠标不在容器 pc 上时
                pmenu.setVisible(false);        // 隐藏弹出式菜单 pmenu
        }
    }
    class JMenuDisp implements ItemListener {
```

```
            public void itemStateChanged(ItemEvent e) {
                ...
                pmenu.setVisible(false);
            }
        }
        class JMenuHandler implements ActionListener {  // 实现监听器
            ...
            public void actionPerformed(ActionEvent e) {
                switch (ch) {
                case 1:
                    c.show(pc, "west");
                    pmenu.setVisible(false);
                    break;
                case 2:
                    c.show(pc, "center");
                    pmenu.setVisible(false);
                    break;
                case 3:
                    c.show(pc, "east");
                    pmenu.setVisible(false);
                    break;
                case 4:
                ...
            }
        }
    }
```

以上省略了与【例 12.6】相同的代码。运行程序，在工具栏中单击第 2 个按钮，运行结果如图 12.9 所示。

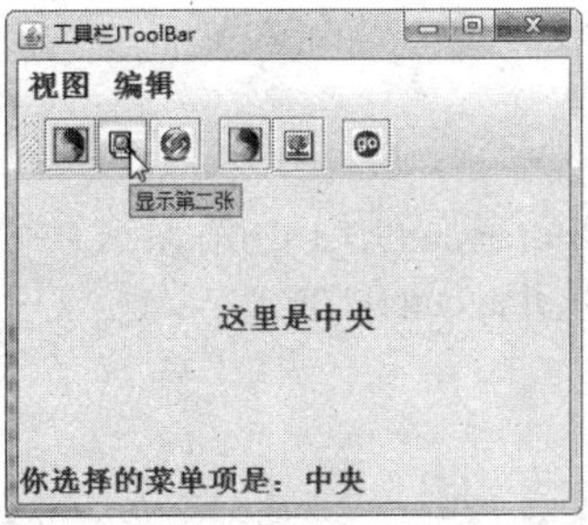


图 12.9　使用工具栏

## 12.4　Swing 数据管理组件

JTable 和 JTree 是 Swing 中的数据管理类组件，它们复杂且功能十分强大，程序员可根据需要对其进行充分灵活地定制。

## 12.4.1 表格（JTable）

表格是一种常用的数据输入和显示组件。在 Swing 中提供了 JTable 类来建立表格，其形式如同数据库中的表，可让用户来编辑数据，但不能与数据库关联。JTable 本身没有滚动条，当数据较多时一般要将它加到滚动容器 JScrollPane 上。JTable 主要控制数据的显示方式，而数据处理主要由 TableModel 负责。实际在建立表格时可设定表格的模型，通过各种类型的表格来实现所需的操作。Java 在 javax.swing.table 包中提供了几个表格模型，比较常用的是 DefaultTableModel。

【例 12.10】窗口上有 1 个表格、2 个按钮和 3 个标签，标签分别自动显示表格中当前单元格所在的行、列、数据值，单击“插入”按钮，往表格末尾添加一个空行；单击“删除”按钮，删除表格中的当前行。表格使用 MouseEvent 事件来自动捕获当前单元格所在的行、列及数据值。

JTableTest.java

```
import java.awt.event.*;
import java.awt.*;
import javax.swing.*;
import javax.swing.event.*;
import javax.swing.table.*;                          // 表格模板的定义在包 javax.swing.table 中
public class JTableTest{
    JFrame f=new JFrame("表格 JTable 的用法");
    JLabel row=new JLabel("当前行是",JLabel.CENTER);
    JLabel col=new JLabel("当前列是",JLabel.CENTER);
    JLabel val=new JLabel("数据值是",JLabel.CENTER);
    Font ft=new Font("Serif",Font.BOLD,18);
    String []field={"姓名","语文","数学","英语"};    //定义表格的列标题
    Object [][]data={{"王建军","88","95","91"},{"刘国民","84","79","83"}};// 定义表格的初始数据
    DefaultTableModel mod=new DefaultTableModel(data,field); // 用 field 和 data 来定义表格模型
    JTable tab=new JTable(mod);                      // 用模型 mod 来创建表格
    JScrollPane jsp=new JScrollPane();               // 创建一个滚动容器，因为表格本身没有滚动条
    JButton b1=new JButton("插入");
    JButton b2=new JButton("删除");
    JPanel pe=new JPanel(new GridLayout(3,1,10,30));
    JPanel ps=new JPanel(new GridLayout(1,2,30,10));
    void go(){
        f.add("Center",jsp);
        f.add("East",pe);
        f.add("South",ps);
        jsp.getViewport().add(tab);                  // 将表格加到滚动容器 jsp 中
        pe.add(row);pe.add(col);pe.add(val);
        ps.add(b1);ps.add(b2);
        b1.addActionListener(new ButtonH(1));
        b2.addActionListener(new ButtonH(2));
        f.setSize(300,250);f.setVisible(true);
        f.setDefaultCloseOperation(JFrame.EXIT_ON_CLOSE);
        b1.setFont(ft);b2.setFont(ft);row.setFont(ft);
        col.setFont(ft);val.setFont(ft);tab.setFont(ft);
```

```
        // 将表格注册到监听器 TableH 中，它实现了接口 MouseListener
    tab.addMouseListener(new TableH());
    }
    public static void main(String [] arg) {
        JTableTest that=new JTableTest();
        that.go();
    }
    class ButtonH implements ActionListener{
        int sel;
        ButtonH(int select){   sel=select; }
        public void actionPerformed(ActionEvent e){
            if(sel==1){                                    // 当单击了“插入”按钮时
                Object[] dt={null,null,null,null};         // 定义一个空白行
                mod.addRow(dt);                            // 在模型 mod 的末尾添加一行
            }
            if(sel==2)                                     // 当单击“删除”按钮时
                mod.removeRow(tab.getSelectedRow()); //在模型 mod 中删除表格 tab 的当前行
        }
    }
    class TableH extends MouseAdapter{
        public void mouseClicked(MouseEvent e){
            int rr,cc;String vv;
            rr=tab.getSelectedRow();                       // 取表格 tab 中的当前行号
            cc=tab.getSelectedColumn();                    // 取表格 tab 中的当前列号
            vv=(String)tab.getValueAt(rr,cc); // 取表格 tab 中的第 rr 行、cc 列的单元格的数据值
            row.setText("当前行是"+rr);
            col.setText("当前列是"+cc);
            val.setText("数据值是"+vv);
        }
    }
}
```

程序运行结果如图 12.10 所示。

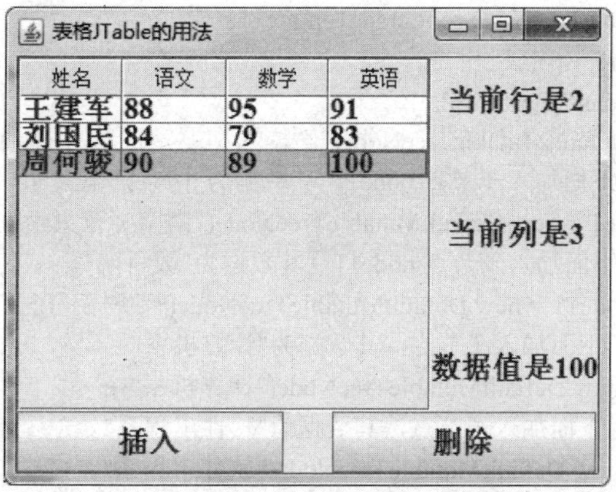


图 12.10　使用表格 JTable

## 12.4.2 树状视图（JTree）

树状视图是用树形结构分层次来组织和管理数据，具有直观和易于管理的特点。Windows 资源管理器对目录的管理就是采用树状视图。JTree 是由一系列 TreeNode（树节点）组成的，TreeNode 是 JTree 的关键组成部分，如同 TableColumn（表格列）是 JTable 的关键组成一样。JTree 的事件一般用 MouseEvnet 和 TreeSelectionEvent。在 TreeSelectionEvent 事件中实现了 TreeSelectionListener 接口，其中有一个方法 valueChanged，当在树状视图中选择节点时执行该方法。与 JList、JTable 一样，JTree 也没有滚动条，需要将它加到 JScrollPane 中使用。使用 JTree 时，先定义节点类型，然后加根节点，接着在根节点下加入子节点，再为每个子节点加入子节点，…，依次类推。

**【例 12.11】** 树状视图的根节点“学校”下有 3 个子节点：“南京师范大学”、“东南大学"、“河海大学”。在子节点“南京师范大学”下有 2 个子节点：“数科院”、“文学院”。在“数科院”下又有 3 个子节点：“计算机系”、“软件工程系”、“数学系”。在“文学院”下有 2 个子节点：“古代文学系”、“现代文学系”。在“东南大学”下有 2 个子节点：“建筑学院”、“计算机学院”。在“建筑学院”下有 3 个子节点：“设计系”、“材料系”、“力学系”。在“计算机学院”下有 2 个子节点：“网络系”、“计算机安全系”。

JTreeTest.java

```
package org.swing;
import java.awt.*;
import java.awt.event.*;
import javax.swing.*;
import javax.swing.event.*;
import javax.swing.tree.*;                    // 树状视图 JTree 类的定义在 javax.swing.tree 包中
public class JTreeTest {
    JFrame f = new JFrame("树状视图 JTree 的用法");
    JScrollPane jsp = new JScrollPane();
    JPanel jp = new JPanel(new GridLayout(3, 1, 5, 20));
    Font ft = new Font("Serif", Font.BOLD, 18);
    JTree tr;                                 // 定义一个树状视图对象
    void go() {
        // 定义节点类的对象，root 表示根节点，node1 代表子节点，node11 代表孙节点
        DefaultMutableTreeNode root, node1, node11;
        f.add("Center", jsp);
        jp.setBackground(Color.white);
        root = new DefaultMutableTreeNode("学校");              // 创建根节点
        // 在根节点下面加入子节点 node1，其数据为"南京师范大学"
        root.add(node1 = new DefaultMutableTreeNode("南京师范大学"));
        // 在 node1 下面加入子节点 node11，其数据为"数科院"
        node1.add(node11 = ncw DcfaultMutableTreeNode("数科院"));
        // 在 node11 下面加入子节点，其数据为"计算机系"
        node11.add(new DefaultMutableTreeNode("计算机系"));
        // 在 node11 下面加入子节点，其数据为"软件工程系"
        node11.add(new DefaultMutableTreeNode("软件工程系"));
        // 在 node11 下面加入子节点，其数据为"数学系"
        node11.add(new DefaultMutableTreeNode("数学系"));
        node1.add(node11 = new DefaultMutableTreeNode("文学院"));
```

```
            node11.add(new DefaultMutableTreeNode("古代文学系"));
            node11.add(new DefaultMutableTreeNode("现代文学系"));
            root.add(node1 = new DefaultMutableTreeNode("东南大学"));
            node1.add(node11 = new DefaultMutableTreeNode("建筑学院"));
            node11.add(new DefaultMutableTreeNode("设计系"));
            node11.add(new DefaultMutableTreeNode("材料系"));
            node11.add(new DefaultMutableTreeNode("力学系"));
            node1.add(node11 = new DefaultMutableTreeNode("计算机学院"));
            node11.add(new DefaultMutableTreeNode("网络系"));
            node11.add(new DefaultMutableTreeNode("计算机安全系"));
            node1 = new DefaultMutableTreeNode("河海大学");
            root.add(node1);
            tr = new JTree(root);                    // 以 root 作为根节点，创建树状视图
            tr.setFont(ft);                          // 设置树状视图的显示字体
            tr.setShowsRootHandles(true);
            jsp.getViewport().add(tr);               // 将树状视图加到滚动容器 jsp 中
            f.setSize(400, 350);
            f.setDefaultCloseOperation(JFrame.EXIT_ON_CLOSE);       // 关闭窗体
            f.setVisible(true);
        }
        public static void main(String arg[]) {
            JTreeTest that = new JTreeTest();
            that.go();
        }
}
```

运行程序，界面如图 12.11 所示。

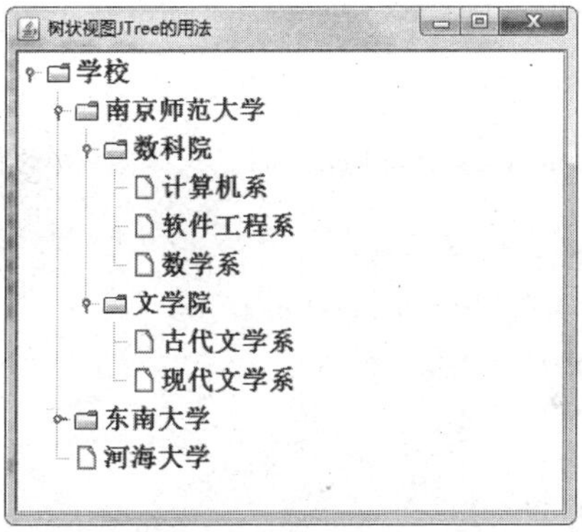


图 12.11　树状视图 JTree

## 12.5　Swing 标准对话框

JDialog、JOptionPane 和 JFileChooser 都是用来创建对话框，只是功能不同。

### 12.5.1　对话框（JDialog）

JDialog 是在现有窗口的基础上弹出的另一个窗口，用于显示提示信息或接收用户输入。JDialog

的默认布局管理器是 BorderLayout。

● **JDialog 的构造方法：**

```
public JDialog(Frame owner,String title,boolean modal)
```

参数 owner 表示对话框所属 Frame；title 表示对话框标题；modal 有以下两个可选值。

（1）**TRUE**：表示模式对话框，这是默认值。如果对话框被显示，那么其他窗口都处于不活动状态，只有关闭了该对话框才能操作其他窗口。

（2）**FALSE**：表示非模式对话框。当对话框被显示时，其他窗口照样处于活动状态。

【例 12.12】创建一个对话框。

MyJDialog.java

```
package org.swing;
import java.awt.*;
import javax.swing.*;
import java.awt.event.*;
public class MyJDialog extends JFrame implements ActionListener{
    public MyJDialog(){
        JButton bt=new JButton("显示对话框");
        bt.addActionListener(this);
        add(bt);
        setTitle("This is a JDialog");
        setSize(300,300);
        setLocation(400,400);
        setVisible(true);
    }
    public void actionPerformed(ActionEvent e){              // 响应窗体的按钮事件
        if(e.getActionCommand().equals("显示对话框")){
            MonitorDialog monitor=new MonitorDialog(this);
        }
    }
    class MonitorDialog implements ActionListener{
        JDialog jDialog=null;
        MonitorDialog(JFrame jf){
            jDialog=new JDialog(jf,"Dialog",true);
            JButton bt=new JButton("关闭");
            bt.addActionListener(this);
            jDialog.add(bt);
            jDialog.setSize(80,80);
            jDialog.setLocation(450,450);
            jDialog.setVisible(true);
        }
        public void actionPerformed(ActionEvent e){          // 响应对话框中的按钮事件
            if(e.getActionCommand().equals("关闭")){
                jDialog.dispose();
            }
        }
    }
    public static void main(String[] args){
```

```
        new MyJDialog();
    }
}
```

运行程序，单击“显示对话框”按钮，出现对话框，如图 12.12 所示。

图 12.12　对话框界面

## 12.5.2　消息框（JOptionPane）

消息框主要用于程序运行过程中，通过它来提示或让用户输入数据、显示结果、报错等。JOptionPane 有一系列静态 showXXXDialog()方法，用来生成各种类型的消息框。

- **确认消息框**

```
static int showConfirmDialog(Component comp,Object msg,String txt,int otype,int mtype)
```

其中，msg 表示在消息框中显示的信息，txt 表示消息框标题。otype 的值为 YES_NO_OPTION、YES_NO_CANCEL_OPTION，mtype 的值为 ERROR_MESSAGE、INFORMATION_MESSAGE、WARNING_MESSAGE、QUESTION_MESSAGE、PLAIN_MESSAGE。

- **输入消息框**

```
static String showInputDialog(Componentcomp,Object msg,String txt,int mtype,Icon ico,Object[] sVal,
Object initialValue)
```

其中，msg 表示在消息框中显示的信息，initialValue 表示输入的初始值，txt 表示消息框标题，mtype 的值为 ERROR_MESSAGE、INFORMATION_MESSAGE、WARNING_MESSAGE、QUESTION_MESSAGE、PLAIN_MESSAGE。ico 为消息框图标。sVal 为一个提供选择项的数组。

- **显示消息框**

```
static void showMessageDialog(Component comp,Object msg,String txt,int mtype,Icon ico)
```

其中，msg 表示在消息框中显示的信息，txt 表示消息框标题，ico 为消息框图标，mtype 的值为 ERROR_MESSAGE、INFORMATION_MESSAGE、WARNING_MESSAGE、QUESTION_MESSAGE、PLAIN_MESSAGE。

【例 12.13】测试以上确认消息框、输入消息框和显示消息框的用法。

MyJOptionPane.java

```
package org.swing;
import javax.swing.*;
import java.awt.event.*;
import java.awt.*;
class MyJOptionPane {
```

```
JFrame frame = new JFrame(" This is a JOptionPane");
JPanel panel = new JPanel(new GridLayout(1, 3, 10, 10));
JButton bt1 = new JButton("确认消息框");
JButton bt2 = new JButton("输入消息框");
JButton bt3 = new JButton("显示消息框");
JLabel label = new JLabel("你的选择或输入是", JLabel.CENTER);
Font font = new Font("Serif", Font.BOLD, 18);
public static void main(String args[]) {
	new MyJOptionPane().launch();
}
void launch() {
	frame.add("North", panel);
	panel.add(bt1);
	panel.add(bt2);
	panel.add(bt3);
	bt1.setFont(font);
	bt2.setFont(font);
	bt3.setFont(font);
	frame.add("Center", label);
	label.setFont(font);
	bt1.addActionListener(new ButtonMonitor(1));
	bt2.addActionListener(new ButtonMonitor(2));
	bt3.addActionListener(new ButtonMonitor(3));
	frame.setDefaultCloseOperation(JFrame.EXIT_ON_CLOSE);
	frame.setSize(400, 250);
	frame.setVisible(true);
}
class ButtonMonitor implements ActionListener {
	int sel;
	ButtonMonitor(int select) {
		sel = select;
	}
	public void actionPerformed(ActionEvent e) {
		if (sel == 1) {
			int n = JOptionPane.showConfirmDialog(null,
"这是一个确认消息框！返回值:\n0 表示 Yes、1 表示 No、2 选择 Cancel", "确认"
	, JOptionPane.YES_NO_CANCEL_OPTION, JOptionPane.INFORMATION_MESSAGE);
			String choice;
			if (n == 0)
				choice = "Yes";
			else if (n == 1)
				choice = "No";
			else
				choice = "Cancel";
			label.setText("你选择的是：" + choice);
		}
		if (sel == 2) {
```

```
                Object[] vals = { "Blue", "Yellow", "Brown", "Pink", "White" };
                String inpt = (String) JOptionPane.showInputDialog(null,
    "这是一个输入消息框！返回值表示你的输入或选择", "输入"
        , JOptionPane.QUESTION_MESSAGE, new ImageIcon("001.jpg"), vals, vals[2]);
                label.setText("你输入的是： " + inpt);
            }
            if (sel == 3) {
                JOptionPane.showMessageDialog(null,
    "这是一个显示消息框！没有返回值！", "显示"
        , JOptionPane.WARNING_MESSAGE, new ImageIcon("001.jpg"));
                label.setText("显示消息框没有返回值！");
            }
        }
    }
}
```

运行程序，结果如图 12.13 所示。

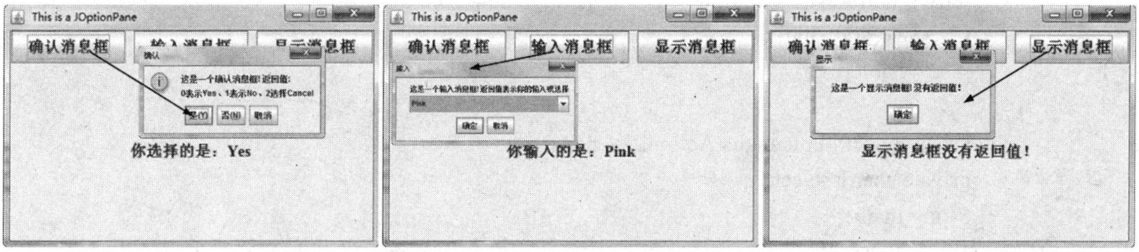


图 12.13　演示消息框

## 12.5.3　文件对话框（JFileChooser）

文件对话框是对文件进行存取时出现的对话框，方便用户选择打开与保存文件的路径。JFileChooser 类有以下两个静态方法。

- showOpenDialog()：显示用于打开文件的对话框。
- showSaveDialog()：显示用于保存文件的对话框。

【例 12.14】使用文件对话框。

MyJFileChooser.java

```
package org.swing;
import java.io.*;
import javax.swing.filechooser.*;
import javax.swing.*;
import java.awt.event.*;
import java.awt.*;
class MyJFileChooser {
    JTextArea jbl = new JTextArea();
    JScrollPane jsp = new JScrollPane();
    JPanel jp = new JPanel();
    JButton open = new JButton("打开");
    JButton save = new JButton("保存");
```

```
    JButton ret = new JButton("返回");
    public void launch() {
        JFrame jf = new JFrame("文件处理");
        jf.add("Center", jsp);
        jsp.getViewport().add(jbl);
        jf.add("North", jp);
        jp.add(open);
        jp.add(save);
        jp.add(ret);
        save.addActionListener(new Select('s'));
        open.addActionListener(new Select('o'));
        ret.addActionListener(new Select('r'));
        Font newf = new Font("TimesRoman", Font.PLAIN, 24);
        jbl.setFont(newf);
        open.setFont(newf);
        save.setFont(newf);
        ret.setFont(newf);
        jf.setSize(400, 500);
        jf.setVisible(true);
    }
    public class Select implements ActionListener {
        private char isselect;
        String fname;
        JFileChooser jfc;                           // 定义一个文件对话框 jfc
        File sf;
        public Select(char ch) {
            isselect = ch;
        }
        public void actionPerformed(ActionEvent e) {
            if (isselect == 'r')                    // 若是返回按钮，则结束程序运行
                System.exit(1);
            switch (isselect) {
            case 'o':                               // 若是“打开”按钮
                jfc = new JFileChooser("c:/");      // 文件对话框的默认目录为 C:\
                jfc.showOpenDialog(null);           // 显示打开文件对话框
                sf = jfc.getSelectedFile();         // 获得所选择的文件名
                fname = sf.getAbsolutePath();       // 获得含绝对路径的文件名
                String resl = "";
                try {
                    FileReader fr = new FileReader(fname);
                    // 以读方式打开文件，并将文件内容读到 resl 中
                    int rd;
                    rd = fr.read();
                    while (rd != -1) {
                        resl = resl + (char) rd;
                        rd = fr.read();
                    }
```

```
                        } catch (IOException e1) { };
                        jbl.setText(resl);                      // 在多行编辑框中显示文件内容 resl
                        break;
                case 's':                                       // 若是“保存”按钮
                        jfc = new JFileChooser("c:/");
                        jfc.showSaveDialog(null);               // 显示保存文件对话框
                        sf = jfc.getSelectedFile();
                        fname = sf.getAbsolutePath();
                        try {
                                FileWriter fw = new FileWriter(fname);
                                // 以写方式打开文件，并将多行编辑框中内容写到文件中
                                String sw;
                                sw = jbl.getText();
                                fw.write(sw);
                                fw.close();
                        } catch (IOException e2) { }
                        break;
                }
        }
    }
    public static void main(String args[]) {
        new MyJFileChooser().launch();
    }
}
```

运行程序，单击“打开”按钮将显示一个打开文件对话框，用户可选择目录、文件，单击“打开”按钮后将在多行编辑框中显示文件的内容，如图 12.14 所示。

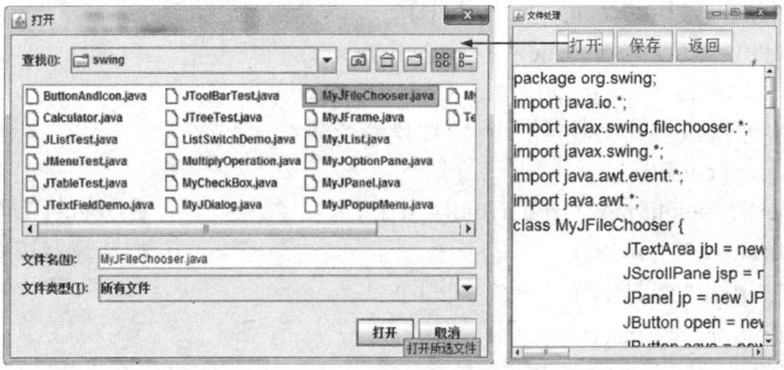

图 12.14　文件对话框界面

## 12.6　综合实例

在这个综合实例中，设计一个具备基本功能的计算器。

**思路：**程序创建一个窗体和 Panel，在 Panel 的上方添加一个按钮用于显示要计算的值和计算后的结果；在 Panel 下方添加 16 个按钮（10 个是数字 0～9，其余是运算符和小数点）。通过单击按钮进行数学运算，这就要求在按钮上注册事件监听器以获取相应的数值和运算符，从而算出结果。

Calculator.java

```
package org.swing;
import java.awt.*;
import java.awt.event.*;
import javax.swing.*;
class MyFrame extends JFrame {
    public MyFrame() {
        setTitle("计算器");
        MyPanel panel = new MyPanel();
        add(panel);
        pack();                              // 调整此计算器窗口的大小
    }
}
class MyPanel extends JPanel {
    private JButton display;                 // 显示单击计算器按钮的值和计算后的值
    private JPanel panel;                    // 计算器面板
    private double result;
    private String lastCommand;              // 计算器的命令按钮
    private boolean start;                   // 是否开始计算
    public MyPanel() {
        setLayout(new BorderLayout());
        result = 0;
        lastCommand = "=";
        start = true;
        display = new JButton("0");
        display.setEnabled(false);
        add(display, BorderLayout.NORTH);
        ActionListener insert = new InsertAction();
        ActionListener command = new CommandAction();
        // 以网格布局管理器管理 16 个计算器按钮，
        panel = new JPanel();
        panel.setLayout(new GridLayout(4, 4));            // 在 JPanel 布局 16 个计算器按钮
        addButton("7", insert);                           // 把计算器按钮加到计算器面板上
        addButton("8", insert);
        addButton("9", insert);
        addButton("/", command);
        addButton("4", insert);
        addButton("5", insert);
        addButton("6", insert);
        addButton("*", command);
        addButton("1", insert);
        addButton("2", insert);
        addButton("3", insert);
        addButton("-", command);
        addButton("0", insert);
        addButton(".", insert);
        addButton("=", command);
```

```
        addButton("+", command);
        add(panel, BorderLayout.CENTER);
    }
    //*********添加计算器按钮到计算器面板上*********************
    private void addButton(String label, ActionListener listener) {
        JButton button = new JButton(label);
        button.addActionListener(listener);                    // 注册事件监听器
        panel.add(button);
    }
    // 设置 display 的值为所单击的计算器按钮的值
    private class InsertAction implements ActionListener {
        public void actionPerformed(ActionEvent event) {
            String input = event.getActionCommand();           // 返回与此动作相关的命令字符串
            if (start) {
                display.setText("");
                start = false;
            }
            display.setText(display.getText() + input);        // 显示单击的计算器按钮的值
        }
    }
    //*********依次单击计算器上的内容执行命令********************
    private class CommandAction implements ActionListener {
        public void actionPerformed(ActionEvent event) {
            String command = event.getActionCommand();
            if (start) {
                if (command.equals("-")) {
                    display.setText(command);      // 若单击的是"-"按钮，说明是负数
                    start = false;
                } else
                    lastCommand = command;
            } else {
                // 把字符串转换为 Double 类型并计算结果
                calculate(Double.parseDouble(display.getText()));
                lastCommand = command;
                start = true;
            }
        }
    }
    // *********计算结果*******************************
    public void calculate(double x) {
        if (lastCommand.equals("+"))
            result += x;
        else if (lastCommand.equals("-"))
            result -= x;
        else if (lastCommand.equals("*"))
            result *= x;
        else if (lastCommand.equals("/"))
```

```
                    result /= x;
                else if (lastCommand.equals("="))
                    result = x;
                display.setText("" + result);
        }
}
public class Calculator {
        public static void main(String[] args) {
                MyFrame frame = new MyFrame();
                frame.setDefaultCloseOperation(JFrame.EXIT_ON_CLOSE);        // 关闭计算器窗口
                frame.setVisible(true);
        }
}
```

运行程序，单击任意数值和运算符，计算结果如图 12.15 所示。

图 12.15　一个计算器

# 第 13 章 Java 基础开发综合实习

到此为止，本书有关 Java 基础开发必备的内容已介绍完了。本章以 Hanoi（汉诺塔）问题为例，综合运用前面各章所学知识，做一个 GUI 程序来实现汉诺塔的搬运。汉诺塔起源于古印度的一个传说：有一个梵塔，塔内有 A、B、C 三个座，初始时 A 座上有 64 个盘子，大小不等，大的在下小的在上。有个老和尚想把这 64 个盘子从 A 座移到 C 座（可以利用 B 座），但每次只能移动一个盘子，且整个过程中三个座上都要始终保持大盘在下小盘在上。这里为简化处理，初始 A 座上只放 5 个盘子。

## 13.1 设计思路

盘子用 Button 按钮实现，5 个 Button 代表了 5 个盘子，用面板 JPanel 来实现梵塔。窗口上方是一个 Button，单击它程序自动搬运盘子（用递归方式）；窗口右边是信息条，其上输出搬运盘子的整个过程；窗口下方也是个 Button，单击它重新开始搬运。窗体布局如图 13.1 所示。

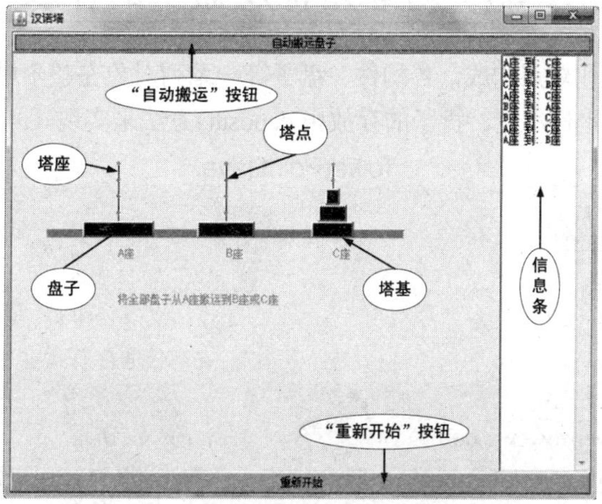


图 13.1　汉诺塔程序窗口的布局

## 13.2 汉诺塔上盘子模拟

汉诺塔上的盘子用 Button 按钮来模拟，手工把盘子从 A 座搬到 B（或 C）座上，就是要完成单击按钮、拖动按钮、放置按钮到目标塔座上的操作，实际上分别对应单击按钮的处理动作、拖曳按钮时的处理动作和释放按钮的处理动作。Button 按钮要能对外界这 3 个事件作出响应并加以处理，就要在其上注册鼠标事件监听器和鼠标移动事件监听器。

Disk.java

```
package org.hanoiTower;
import java.awt.*;
public class Disk extends Button {
```

```
    private int number;                                         // 盘子序号
    private boolean topHaving = false;
    public Disk(int number, HanoiTower con) {
        this.number = number;
        setBackground(Color.blue);                              // 设置盘子的背景色
        addMouseMotionListener(con);                            // 注册鼠标移动事件监听器
        addMouseListener(con);                                  // 注册鼠标事件监听器
    }
    public boolean isTopHaving() {                              // 判断上方是否有盘
        return topHaving;
    }
    public void setTopHaving(boolean b) {                       // 设置上方有盘
        topHaving = b;
    }
    public int getNumber() {                                    // 取得盘子的序号
        return number;
    }
}
```

## 13.3 对象定位及盘子的存放

汉诺塔由塔基、塔座和塔点构成，各构件、盘子等一系列对象在整个塔上的位置都需要确定，对象的定位由其横坐标和纵坐标决定。盘子的存放由 deposit()方法来实现。

TowerPoint.java

```
package org.hanoiTower;
import java.awt.*;
public class TowerPoint {
    private int x, y;                                           // 位置坐标
    private boolean having;                                     // 是否有盘子
    private Disk disk = null;
    private HanoiTower tower = null;                            // 汉诺塔
    public TowerPoint(int x, int y, boolean having) {
        this.x = x;
        this.y = y;
        this.having = having;
    }
    public boolean ishaving() {                                 // 判断是否有盘子
        return having;
    }
    public void setHaving(boolean having) {                     // 设置上方是否有盘子
        this.having = having;
    }
    public int getX() {
        return x;
    }
    public int getY() {
```

```
        return y;
    }
    public void deposit(Disk disk, HanoiTower tower) {        // 放置盘子
        this.tower = tower;
        tower.setLayout(null);
        this.disk = disk;
        tower.add(disk);
        int w = disk.getBounds().width;
        int h = disk.getBounds().height;
        disk.setBounds(x - w / 2, y - h / 2, w, h);           // 在指定位置画盘子
        having = true;
        tower.validate();                                     // 画面刷新
    }
    public Disk getDisk() {                                   // 获取盘子
        return disk;
    }
}
```

## 13.4 创建汉诺塔及实现手动搬运盘子

汉诺塔的创建实际上就是在 JPanel 组件上创建塔座、塔基、塔点和需要搬运的盘子。塔座用直线来模拟；为定位盘子的存放位置，还要在每条直线上画出 5 个椭圆来模拟塔点；塔基用矩形来模拟。手动搬运盘子的 3 个动作就是单击所要搬运的盘子、搬运该盘子、把它存放到目标塔座上。之前已经在 Button 按钮上注册了相应的事件监听器，其中，鼠标事件监听器用于对鼠标单击和释放按钮的动作作出响应和处理，而鼠标移动事件监听器则用于对鼠标拖曳按钮的动作作出响应和处理。

HanoiTower.java

```
package org.hanoiTower;
import javax.swing.*;
import java.awt.*;
import java.awt.event.*;
public class HanoiTower extends JPanel implements MouseListener,MouseMotionListener {
    TowerPoint point[];
    int x, y;
    boolean move = false;
    Disk disk[];                                              // 盘子
    int startX, startY;                                       // 盘子所处的位置
    int startI;                                               // 单击盘子的序号
    int count = 0;
    int width, height;
    char towername[] = { 'A', 'B', 'C' };
    TextArea textArea = null;                                 // 信息条
    public HanoiTower(int number, int w, int h, char[] name, TextArea text) {
        towername = name;                                     // 塔座的名字
        count = number;                                       // 盘子的数目
        width = w;                                            // 盘子的宽度
        height = h;                                           // 盘子的高度
```

```
        textArea = text;
        setLayout(null);                                        // 取消布局管理器
        addMouseListener(this);                                 // 注册鼠标事件监听器
        addMouseMotionListener(this);                           // 注册鼠标移动事件监听器
        disk = new Disk[count];
        point = new TowerPoint[3 * count];
        int space = 20;
        for (int i = 0; i < count; i++) {
            point[i] = new TowerPoint(40 + width, 100 + space, false);   // 创建左边的塔点
            space = space + height;
        }
        space = 20;
        for (int i = count; i < 2 * count; i++) {
            point[i] = new TowerPoint(160 + width, 100 + space, false);  // 创建中间的塔点
            space = space + height;
        }
        space = 20;
        for (int i = 2 * count; i < 3 * count; i++) {
            point[i] = new TowerPoint(280 + width, 100 + space, false);  // 创建右边的塔点
            space = space + height;
        }
        int tempWidth = width;
        int sub = (int) (tempWidth * 0.2);
        for (int i = count - 1; i >= 0; i--) {
            disk[i] = new Disk(i, this);                        // 创建盘子
            disk[i].setSize(tempWidth, height);                 // 设置盘子的大小
            tempWidth = tempWidth - sub;
        }
        for (int i = 0; i < count; i++) {
            point[i].deposit(disk[i], this);                    // 在左边的塔点上放置盘子
            if (i >= 1)
                disk[i].setTopHaving(true);                     // 设置上方有盘为 true
        }
    }
    //*********创建汉诺塔*****************                       //（a）
    public void paintComponent(Graphics g) {
        …
    }
    //**********单击盘子的处理动作*********                      //（b）
    public void mousePressed(MouseEvent e) {
        …
    }
    public void mouseMoved(MouseEvent e) {    }
    public void mouseEntered(MouseEvent e) {    }
    //**********搬运盘子时的处理动作*******                      //（c）
    public void mouseDragged(MouseEvent e) {
        …
```

```
    }
    //**********存放盘子的处理动作*********                         //（d）
    public void mouseReleased(MouseEvent e) {
        …
    }
    public void mouseExited(MouseEvent e) {    }
    public void mouseClicked(MouseEvent e) {    }
}
```

其中：

● （a）**创建汉诺塔**

```
public void paintComponent(Graphics g) {
    super.paintComponent(g);
    //第一个塔座
    g.drawLine(point[0].getX(), point[0].getY(), point[count - 1].getX(),point[count - 1].getY());
    g.drawLine(point[count].getX(), point[count].getY(), point[2 * count - 1]
            .getX(), point[2 * count - 1].getY());                   // 第二个塔座
    g.drawLine(point[2 * count].getX(), point[2 * count].getY(),
            point[3 * count - 1].getX(), point[3 * count - 1].getY());  // 第三个塔座
    g.drawLine(point[count - 1].getX() - width, point[count - 1].getY(),
            point[3 * count - 1].getX() + width, point[3 * count - 1].getY());
    int leftx = point[count - 1].getX() - width;                     // 获取塔基的横坐标
    int lefty = point[count - 1].getY();                             // 获取塔基的纵坐标
    int w = (point[3 * count - 1].getX() + width)- (point[count - 1].getX() - width);
                                                                     // 获取塔基的宽度
    int h = height / 2;                                              // 获取汉诺塔的高度
    g.setColor(Color.green);                                           // 设置汉诺塔的颜色
    g.fillRect(leftx, lefty, w, h);                                  // 创建塔基
    int size = 4;
    for (int i = 0; i < 3 * count; i++) {                            // 创建塔点
        g.fillOval(point[i].getX() - size / 2, point[i].getY() - size / 2,size, size);
    }
    g.drawString("" + towername[0] + "塔", point[count - 1].getX(),point[count - 1].getY() + 30);
    g.drawString("" + towername[1] + "塔", point[2 * count - 1].getX(),point[count - 1].getY() + 30);
    g.drawString("" + towername[2] + "塔", point[3 * count - 1].getX(),point[count - 1].getY() + 30);
    g.drawString("将全部盘子从" + towername[0] + "塔搬运到" + towername[1] + "塔或"
            + towername[2] + "塔", point[count - 1].getX(), point[count - 1].getY() + 80);
}
```

● （b）**单击盘子的处理动作**

```
public void mousePressed(MouseEvent e) {
    Disk disk = null;
    Rectangle rect = null;
    if (e.getSource() == this)
        move = false;
    if (move == false){
        if (e.getSource() instanceof Disk) {                    // 判断当前的对象是否是盘子
            disk = (Disk) e.getSource();
            startX = disk.getBounds().x;                        // 获取盘子的横坐标
```

```
                startY = disk.getBounds().y;
                rect = disk.getBounds();                                  // 获取盘子的纵坐标
                for (int i = 0; i < 3 * count; i++) {
                    int x = point[i].getX();                              // 获取塔点的横坐标
                    int y = point[i].getY();                              // 获取塔点的纵坐标
                    if (rect.contains(x, y)) {
                        startI = i;                                       // 获取鼠标单击的是哪个盘子
                        break;
                    }
                }
            }
        }
    }
```

● （c）**搬运盘子时的处理动作**

```
public void mouseDragged(MouseEvent e) {
    Disk disk = null;
    if (e.getSource() instanceof Disk) {
        disk = (Disk) e.getSource();
        move = true;
        e = SwingUtilities.convertMouseEvent(disk, e, this);      // 将鼠标事件从盘子转到当前塔
    }
    if (e.getSource() == this) {
        if (move && disk != null) {
            x = e.getX();
            y = e.getY();
            if (disk.isTopHaving() == false)
                disk.setLocation(x - disk.getWidth() / 2, y- disk.getHeight() / 2);
        }
    }
}
```

● （d）**存放盘子的处理动作**

```
public void mouseReleased(MouseEvent e) {
    Disk disk = null;
    move = false;
    Rectangle rect = null;
    if (e.getSource() instanceof Disk) {
        disk = (Disk) e.getSource();
        rect = disk.getBounds();
        e = SwingUtilities.convertMouseEvent(disk, e, this);
    }
    if (e.getSource() == this) {
    boolean containTowerPoint = false;
        int x = 0, y = 0;
        int endI = 0;
        if (disk != null) {
            for (int i = 0; i < 3 * count; i++) {
```

```
                x = point[i].getX();
                y = point[i].getY();
                if (rect.contains(x, y)) {
                    containTowerPoint = true;
                    endI = i;                                    // 获取盘子释放的塔点
                    break;
                }
            }
        }
        if (disk != null && containTowerPoint) {
            if (point[endI].ishaving() == true) {                // 盘子没拿走
                disk.setLocation(startX, startY);                // 放回原地
            } else {
                //如果是塔座的最低点，可直接放上盘子
                if (endI == count - 1 || endI == 2 * count - 1|| endI == 3 * count - 1) {
                        point[endI].deposit(disk, this);
                    if (startI != count - 1 && startI != 2 * count – 1&& startI != 3 * count - 1) {
                        (point[startI + 1].getDisk()).setTopHaving(false);    // 盘子已被取走
                        point[startI].setHaving(false);
                    } else {
                        point[startI].setHaving(false);
                    }
                } else {
                    if (point[endI + 1].ishaving() == true) {        // 判断下面是否有盘子
                        Disk tempDisk = point[endI + 1].getDisk();
                        // 如果上面的盘子比下面的盘子小，可以放上盘子
                        if ((tempDisk.getNumber() - disk.getNumber()) >= 1) {
                            point[endI].deposit(disk, this);
                            if (startI != count - 1&& startI != 2 * count - 1
                                && startI != 3 * count - 1) {
                                (point[startI + 1].getDisk()).setTopHaving(false);
                                point[startI].setHaving(false);  // 盘子已被取走
                                // endI+1 位置的上方 endI 的盘子就是刚刚放上的
                                tempDisk.setTopHaving(true);
                            } else {
                                point[startI].setHaving(false);  // 该方向的盘子已被取完
                                tempDisk.setTopHaving(true);
                            }
                        } else {
                            disk.setLocation(startX, startY);
                        }
                    } else {
                        disk.setLocation(startX, startY);
                    }
                }
            }
        }
```

```
            if (disk != null && !containTowerPoint) {
                disk.setLocation(startX, startY);
            }
        }
    }
```

HanoiTowerCarry.java 是主程序，布局整个窗体。

HanoiTowerCarry.java

```
package org.hanoiTower;
import javax.swing.*;
import java.awt.*;
import java.awt.event.*;
public class HanoiTowerCarry extends Frame implements ActionListener {
    HanoiTower tower = null;
    Button renew = null;
    char towername[] = { 'A', 'B', 'C' };
    int count, width, height;
    Thread thread;                                          // 线程
    TextArea textArea = null;                               // 信息条
    public HanoiTowerCarry () {
        count = 5;
        width = 80;
        height = 18;
        textArea = new TextArea(12, 12);
        textArea.setText(null);
        tower = new HanoiTower(count, width, height, towername, textArea);
        renew = new Button("重新开始");
        renew.setBackground(Color.cyan);
        renew.addActionListener(this);
        add(tower, BorderLayout.CENTER);
        add(renew, BorderLayout.SOUTH);
        add(textArea, BorderLayout.EAST);
        addWindowListener(new WindowAdapter() {             // 注册监听器
            public void windowClosing(WindowEvent e) {
                System.exit(0);
            }
        });
        setVisible(true);
        setBounds(60, 20, 670, 540);
        validate();                                         // 重新布局窗体
    }
    public void actionPerformed(ActionEvent e) {            // 判断单击的是哪个按钮
        if (e.getSource() == renew) {                       // 单击的是“重新开始”按钮
            this.remove(tower);
            textArea.setText(null);
            tower = new HanoiTower(count, width, height, towername, textArea);
            add(tower, BorderLayout.CENTER);
            validate();
```

```
            }
        }
        public static void main(String args[]) {
                new HanoiTowerCarry ().setTitle("汉诺塔");
        }
    }
```

运行 HanoiTowerCarry.java 程序，现在可以手动把 5 个盘子符合规则地搬到 B 座或 C 座，界面如图 13.2 所示。

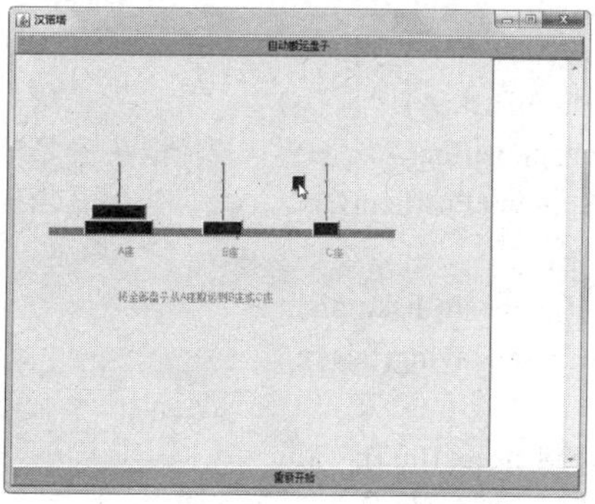


图 13.2　手动搬运盘子

## 13.5　自动搬运盘子

使用递归方式自动搬运盘子，那么递归的思路如何设计呢？如果 A 座上只有一个盘子，这个很容易，直接把它搬到 C 座即可。但是现在 A 座上有 5 个盘子，可考虑如下处理。

（1）将 A 座上的 4 个盘子借助 C 座先移到 B 座上。

（2）把 A 座上剩下的一个盘子移到 C 座上。

（3）将 4 个盘子从 B 座借助 A 座移到 C 座上。

为实现上述目标，设计算法如下：

```
void Hanoi( int n, char A, char B, char C) {
    if ( n = = 1)
        move(A ,C);                    // 只有一个盘子，直接从 A 座搬到 C 座上
    else {
        hanni (n-1,A,C ,B);            // 将 A 座上的 n−1 个盘子借助 C 座先移到 B 座上
        move(A ,C);
        hanni (n-1,B ,A,C);            // 将 n−1 个盘子从 B 座借助 A 座移到 C 座上
    }
}
```

上述算法的程序要实现这些功能：先判断塔座上的盘子数，如果就一个盘子，直接把它搬到目标塔座；如果不止一个盘子，则要使用递归方法分步搬运。但无论是一个还是多个盘子，搬运的实际动作需要后面的功能来完成：①获得在源塔座中最上面的盘子；②获取盘子在该塔座中的位置；③获取目标塔座最上方盘子的上方位置。为何需要后两项功能呢？因为汉诺塔的搬运有个要求，即大盘在下小盘在上。如果源塔座上的盘子比目标塔座上的要大，则不能搬运到目标塔座上。

实现此递归算法的程序 HanoiTower.java 如下所示（与 13.4 节相同的部分省略）。

HanoiTower.java

```
package org.hanoiTower;
import javax.swing.*;
import java.awt.*;
import java.awt.event.*;
public class HanoiTower extends JPanel implements MouseListener,MouseMotionListener {
    //*********自动搬运盘子**********************
    public void autoCarry(int count, char A, char B, char C) {
        if (count == 1) {
            textArea.append("" + A + "  到: " + C + "座\n");
            Disk disk = getTopDisk(A);                    // 在塔中获取最上面的盘子
            int startI = getTopPosition(A);               // 在塔中获取最上面盘子的位置
            int endI = getSupremePosition(C);             // 在塔中获取最上面盘子的上方位置
            if (disk != null) {
                point[endI].deposit(disk, this);
                point[startI].setHaving(false);
                try {
                    Thread.sleep(1000);
                } catch (Exception e1) {
                    e1.printStackTrace();
                }
            }
        } else {
            autoCarry(count - 1, A, C, B);       // 将 A 座的 count-1 个盘子借助 C 先移到 B 座
            textArea.append("" +A + "  到: " + C + "塔\n");
            Disk disk = getTopDisk(A);                    // 在塔中获取最上面的盘子
            int startI = getTopPosition(A);               // 在塔中获取最上面盘子的位置
            int endI = getSupremePosition(C);             // 在塔中获取最上面盘子的上方位置
            if (disk != null) {
                point[endI].deposit(disk, this);
                point[startI].setHaving(false);
                try {
                    Thread.sleep(1000);
                } catch (Exception e1) {
                    e1.printStackTrace();
                }
            }
            autoCarry(count - 1, B, A, C);       // 将 count-1 个盘子从 B 座借助 A 移到 C 座
        }
    }
    //********获得源塔座中最上方的盘子****************
    public Disk getTopDisk(char name) {
        Disk disk = null;
        if (name == towername[0]) {                   // 第一个塔座
            for (int i = 0; i < count; i++) {
                if (point[i].ishaving() == true) {        // 判断是否有盘子
                    disk = point[i].getDisk();            // 获取盘子
```

```
                    break;
                }
            }
        }
        if (name == towername[1]) {                          // 第二个塔座
            for (int i = count; i < 2 * count; i++) {
                if (point[i].ishaving() == true) {
                    disk = point[i].getDisk();
                    break;
                }
            }
        }
        if (name == towername[2]) {                          // 第三个塔座
            for (int i = 2 * count; i < 3 * count; i++) {
                if (point[i].ishaving() == true) {
                    disk = point[i].getDisk();
                    break;
                }
            }
        }
        return disk;
    }
    //*********获取盘子在该塔座中的位置***********
    public int getSupremePosition(char name) {
        int position = 0;
        if (name == towername[0]) {                          // 判断塔座的名字
            int i = 0;
            for (i = 0; i < count; i++) {
                if (point[i].ishaving() == true) {           // 判断是否有盘
                    position = Math.max(i - 1, 0);
                    break;
                }
            }
            if (i == count) {
                position = count - 1;
            }
        }
        if (name == towername[1]) {
            int i = 0;
            for (i = count; i < 2 * count; i++) {
                if (point[i].ishaving() == true) {
                    position = Math.max(i - 1, 0);
                    break;
                }
            }
            if (i == 2 * count) {
                position = 2 * count - 1;
```

```
            }
        }
        if (name == towername[2]) {
            int i = 0;
            for (i = 2 * count; i < 3 * count; i++) {
                if (point[i].ishaving() == true) {
                    position = Math.max(i - 1, 0);
                    break;
                }
            }
            if (i == 3 * count) {
                position = 3 * count - 1;
            }
        }
        return position;
    }
    //*********获取目标塔座中最上方盘子的上方位置*********
    public int getTopPosition(char name) {
        int position = 0;
        if (name == towername[0]) {                        // 判断塔座的名字
            int i = 0;
            for (i = 0; i < count; i++) {
                if (point[i].ishaving() == true) {         // 判断是否有盘
                    position = i;
                    break;
                }
            }
            if (i == count) {
                position = count - 1;
            }
        }
        if (name == towername[1]) {
            int i = 0;
            for (i = count; i < 2 * count; i++) {
                if (point[i].ishaving() == true) {
                    position = i;
                    break;
                }
            }
            if (i == 2 * count) {
                position = 2 * count - 1;
            }
        }
        if (name == towername[2]) {
            int i = 0;
            for (i = 2 * count; i < 3 * count; i++) {
                if (point[i].ishaving() == true) {
```

```
                    position = i;
                    break;
                }
            }
            if (i == 3 * count) {
                position = 3 * count - 1;
            }
        }
        return position;
    }
}
```

HanoiTowerCarry.java 是主程序，创建窗体等其他按钮组件。

HanoiTowerCarry.java

```
package org.hanoiTower;
import javax.swing.*;
import java.awt.*;
import java.awt.event.*;
public class HanoiTowerCarry extends Frame implements ActionListener, Runnable {
    HanoiTower tower = null;
    Button renew, auto = null;
    char towername[] = { 'A', 'B', 'C' };
    int count, width, height;
    Thread thread;                                          // 线程
    TextArea textArea = null;                               // 信息条
    public HanoiTowerCarry () {
        thread = new Thread(this);
        count = 5;
        width = 80;
        height = 18;
        textArea = new TextArea(12, 12);
        textArea.setText(null);
        tower = new HanoiTower(count, width, height, towername, textArea);
        renew = new Button("重新开始");
        renew.setBackground(Color.cyan);
        auto = new Button("自动搬运盘子");
        auto.setBackground(Color.cyan);
        renew.addActionListener(this);
        auto.addActionListener(this);
        add(tower, BorderLayout.CENTER);
        add(renew, BorderLayout.SOUTH);
        add(auto, BorderLayout.NORTH);
        add(textArea, BorderLayout.EAST);
        addWindowListener(new WindowAdapter() {             // 注册监听器
            public void windowClosing(WindowEvent e) {
                System.exit(0);
            }
        });
```

```
        setVisible(true);
        setBounds(60, 20, 670, 540);
        validate();                                          // 重新布局窗体
    }
    public void actionPerformed(ActionEvent e) {             // 判断单击是哪个按钮
        if (e.getSource() == renew) {                        // 重新开始
            if (!(thread.isAlive())) {
                this.remove(tower);
                textArea.setText(null);
                tower = new HanoiTower(count, width, height, towername, textArea);
                add(tower, BorderLayout.CENTER);
                validate();
            }
        }
        if (e.getSource() == auto) {                         // 自动搬运盘子
            if (!(thread.isAlive())) {
                thread = new Thread(this);
            }
            try {
                thread.start();                              // 启动线程
            } catch (Exception e1) {
                e1.printStackTrace();
            }
        }
    }
    public void run() {
        this.remove(tower);
        textArea.setText(null);
        tower = new HanoiTower(count, width, height, towername, textArea);
        add(tower, BorderLayout.CENTER);
        validate();
        tower.autoCarry(count, towername[0], towername[1], towername[2]);
    }
    public static void main(String args[]) {
        new HanoiTowerCarry ().setTitle("汉诺塔");
    }
}
```

运行 HanoiTowerCarry.java 程序，界面如图 13.3 所示。

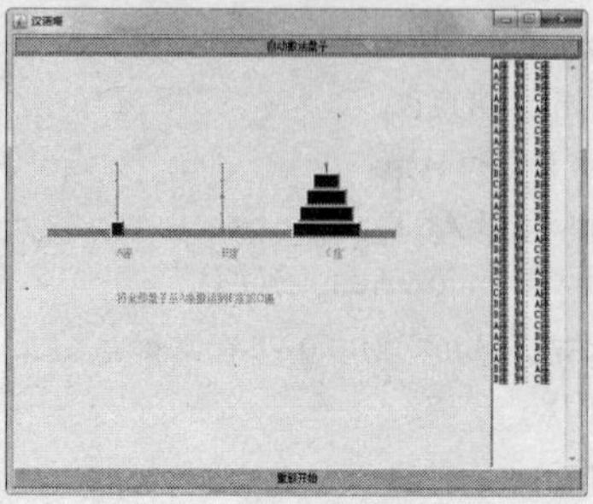

图 13.3　自动搬运盘子

# 第 14 章 Java 网络编程

网络应用程序，就是在已实现互联的不同计算机上运行的相互之间可以交换数据的程序。Java 是优秀的网络编程语言，它的网络编程相关类库位于 java.net 包，支持 TCP/UDP 及其上层的网络通信，而对于传输层以下（如 IP 包侦听、捕获，数据链路层帧的捕获等）还需借助第三方 java 包。本章主要介绍用 java.net 包中的类进行网络编程的技术，分为 3 个部分：基于 TCP/IP 协议的 TCP 编程、UDP 编程和 URL 编程。

## 14.1 网络程序设计基础

在计算机网络中，主机与主机之间互相通信，必须让通信双方知道对方的地址。就像邮递信件一样，发信人必须在信件上写明收信人的详细地址，这样邮递员才能根据这个地址准确投递到收信人的信箱。同样，必须为每台参与通信的计算机指定一个地址，计算机网络用 IP 地址来标识网络中的每一台主机。

### 14.1.1 TCP 与 UDP

要想让处于网络中的主机实现通信，仅仅知道对方地址是不够的，还必须遵循一定的规则。今天互联网使用的通信规则是 TCP/IP 协议，网络编程最主要使用的是 TCP/IP 的传输层协议，其中有两个非常重要的协议：传输控制协议 TCP（Transmission Control Protocol）和用户数据报协议 UDP（User Datagram Protocol）。

- **TCP 协议**：是面向连接的传输层协议。进程（应用程序）在使用 TCP 协议之前，必须先建立连接，在数据传输完毕后要释放已建立的连接。用 TCP 进行通信的两个进程：一个称为“客户”；另一个叫作“服务器”。
- **UDP 协议**：是无连接的传输层协议。进程（应用程序）使用 UDP 无须建立连接，当然，数据传输结束时也没有连接需要释放。因此，用 UDP 能减少开销和发送数据之前的时延。

### 14.1.2 端口和套接字

一般情况下，两台相互通信的主机上都会同时运行许多个进程。当主机 A 上的进程 A1 向主机 B 上的进程 B1 发数据时，IP 协议根据 B 的 IP 地址，把进程 A1 发送的数据送达主机 B。那么接下来应当如何识别出主机 B 上的进程 B1 呢？TCP 和 UDP 都采用端口来区分进程。

端口是一种抽象的软件结构（包括一些数据结构和 I/O 缓冲区），它用一个整型标识符来表示，即端口号。端口号跟协议相关，传输层的两个协议 TCP 和 UDP 是完全独立的两个软件模块，因此各自的端口号也相互独立，端口号用一个 16 位数字表示，范围是 0～65535，1024 以下的端口号保留给预定义的服务（主要是一些知名的网络服务和应用，例如，HTTP 使用 80 端口、FTP 服务使用 21 端口）。应用程序通过系统调用与某端口建立连接（binding）后，传输层传给该端口的数据就被相应的进程所接收，而相应进程发给传输层的数据也都通过该端口输出。

在网络编程中，端口号拼接到 IP 地址即构成套接字（Socket）。在客户/服务器通信模式中，客户端需要主动创建与服务器连接的 Socket，服务器进程收到客户端的连接请求时，也会创建与该连接对应的 Socket。故Socket可看作通信连接两端的收发器，客户和服务器进程都通过Socket来收发数据。在一个Socket 对象中同时包含了远程服务器的 IP 地址和端口信息，以及本地客户的 IP 地址和端口信息。从 Socket 对象还可以获得输入流和输出流，分别用于接收从服务器端发来的数据，以及向服务器发送数据。

# 14.2 TCP 网络编程

## 14.2.1 TCP 通信模型

在 TCP 通信中，两个进程可通过一个双向的网络连接实现数据交换，这个双向链路的每一端称为一个套接字（Socket）。Socket 的出现，使程序员能很方便地访问 TCP/IP 协议，从而开发出各种网络应用程序。Java 语言基于 Socket 的编程分服务器（Server）编程和客户端（Client）编程，其通信模型如图 14.1 所示。

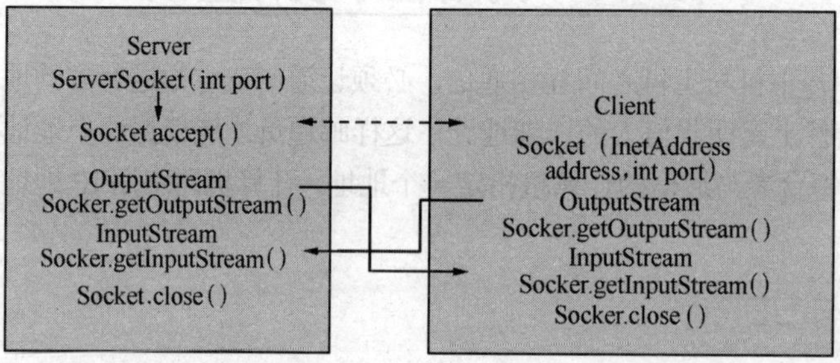


图 14.1 基于 TCP 的 Socket 通信

● **服务器程序编写**

（1）调用 ServerSocket(int port)创建一个服务器端套接字，并绑定到指定端口上。

（2）调用 accept()监听连接请求，若客户端发来请求，则接受连接，返回通信套接字。

（3）调用 Socket 类的 getOutputStream()/getInputStream()方法获取输出流和输入流，开始网络数据的收发。

（4）最后关闭通信套接字。

● **客户端程序编写**

（1）调用 Socket()创建一个流套接字，并请求连接到服务器。

（2）调用 Socket 类的 getOutputStream()/getInputStream()方法获取输出流和输入流，开始网络数据的收发。

（3）最后关闭通信套接字。

## 14.2.2 Socket 编程相关类

（1）**Socket 类**

Socket 类的对象表示一个套接字。客户端使用 Socket 类的构造方法创建套接字，创建的同时会自动向服务器方发起连接。

Socket 类有如下一些构造方法。

● Socket(String host, int port) throws UnknownHostException, IOException：向服务器（域名 host，端口号 port）发起 TCP 连接，若成功，则创建 Socket 对象，否则抛出异常。

- Socket(InetAddress address, int port) throws IOException：同上。只是根据 InetAddress 对象所表示的 IP 地址以及端口号 port 发起连接。
- Socket(String host, int port, InetAddress localAddr, int localPort) throws IOException：创建一个套接字并将其连接到指定远程主机上的指定端口。Socket 会通过调用 bind()方法来绑定提供的本地地址及端口。host 表示远程主机名，port 表示远程端口号，localAddr 表示要将套接字绑定到的本地地址，localPort 表示要将套接字绑定到的本地端口。
- Socket(InetAddress address, int port, InetAddress localAddr, int localPort) throws IOException：创建一个套接字并将其连接到指定远程地址上的指定端口。Socket 会通过调用 bind()方法来绑定提供的本地地址及端口。

Socket 类的常用方法如表 14.1 所示。

表 14.1　Socket 类的常用方法

| 方　法 | 功　能 |
|---|---|
| InetAddress getLocalAddress() | 返回对方 Socket 中的 IP 的 InetAddress 对象 |
| int getLocalPort() | 返回本地 Socket 中的端口号 |
| InetAddress getInetAddress() | 返回对方 Socket 中 IP 地址 |
| int getPort() | 返回对方 Socket 中的端口号 |
| void close() throws IOException | 关闭 Socket，释放资源 |
| InputStream getInputStream()throws IOException | 获取与 Socket 相关联的字节输入流，用于从 Socket 中读数据 |
| OutputStream getOutputStream()throws IOException | 获取与 Socket 相关联的字节输出流，用于向 Socket 中写数据 |

（2）**ServerSocket 类**

服务器端需要一个监听特定端口的套接字，使用 ServerSocket 类创建。ServerSocket 等待客户端发起连接，然后返回一个用于与该客户进行通信的 Socket 对象。

ServerSocket 类有如下一些构造方法。

- ServerSocket(int port) throws IOException：创建绑定到特定端口的监听套接字。连接队列的最大长度是 50，当队列已满又有客户端发起连接请求时，服务器将拒绝该请求。连接队列是指已完成 TCP 三次握手但还没被 accept()取走的连接。
- ServerSocket(int port, int backlog) throws IOException：利用指定的 backlog 创建监听套接字并将其绑定到指定的本地端口号。backlog 表示队列的最大长度。
- ServerSocket(int port, int backlog, InetAddress bindAddr) throws IOException：使用指定的端口、队列长度和要绑定到的本地 IP 地址创建监听套接字，bindAddr 表示要将套接字绑定到的地址。

ServerSocket 类的常用方法如表 14.2 所示。

表 14.2　ServerSocket 类的常用方法

| 方　法 | 功　能 |
|---|---|
| Socket accept() throws IOException | 等待客户端的连接请求，返回与该客户端进行通信用的 Socket 对象 |
| void setSoTimeout(int timeout) throws SocketException | 设置 accept()方法等待连接的时间为 timeout 毫秒。若时间已到还没有客户端连接，则抛出 InterruptedIOException 异常，accept()方法不再阻塞，该监听 Socket 可继续使用。若 timeout 为 0 表示永远等待。该方法必须在监听 Socket 创建后、accept()之前调用才有效 |

续表

| 方法 | 功能 |
|---|---|
| void close()throws IOException | 关闭监听 Socket |
| InetAddress getInetAddress() | 返回此服务器套接字的本地地址 |
| int getLocalPort() | 返回此套接字在其上监听的端口号 |
| SocketAddress getLocalSocketAddress() | 返回此套接字绑定的端点的地址 |

（3）**InetAddress 类**

InetAddress 类的对象表示 IP 地址，该类没有构造方法，常用的方法如表 14.3 所示。

表 14.3 InetAddress 类的常用方法

| 方法 | 功能 |
|---|---|
| static InetAddress[] getAllByName(String host) throws UnknownHostException | 返回主机名 host 所对应的所有 IP，每一个 IP 用一个 InetAddress 对象表示，结果返回的是一个一维的 InetAddress 数组 |
| static InetAddress getByName(String host) throws UnknownHostException | 返回主机名 host 所对应的一个 IP。若该主机名对应多个 IP，则随机返回其中一个。该 IP 用 InetAddress 对象表示 |
| static InetAddress getLocalHost()throws UnknownHostException | 返回本地主机的 IP 地址。该 IP 用 InetAddress 对象表示 |
| public byte[] getAddress() | 返回组成该 IP 地址的 4 个字节。按网络字节存放，即最高字节放在 getAddress()[0]中 |
| static InetAddress getByAddress(byte[] addr) throws UnknownHostException | 返回由该 4 个字节组成的 IP 地址的 InetAddress 对象 |
| Byte[] getAddress() | 返回 IP 地址的 4 个字节组成的数组 |

【例 14.1】返回域名相应的 IP 地址，若没有给出域名，则返回本地主机的 IP 地址。

InetAddressTest.java

```
import java.net.*;
import java.awt.*;
import java.awt.event.*;
public class InetAddressTest {
    static TextField tf1 = new TextField(40);
    static List list = new List(6);
    public static void main(String[] args) throws Exception {
        Frame f = new Frame();
        f.add(list);
        f.setSize(300, 100);                              // 设置窗体的大小
        Panel p = new Panel();
        p.setLayout(new BorderLayout());                  // 设置边界布局管理器
        tf1.addActionListener(new MyListener());          // 注册事件监听器
        p.add("West", tf1);
        f.add("South", p);
        f.addWindowListener(new WindowAdapter() {         // 关闭窗口
                public void windowClosing(WindowEvent e) {
                    System.exit(0);
                }
```

```
            });
            f.setVisible(true);
        }
    }
    class MyListener implements ActionListener {
        public void actionPerformed(ActionEvent e) {
            String s = InetAddressTest.tf1.getText();                    // 获取文本框中的内容
            InetAddress[] addr;
            try {
                InetAddressTest.list.removeAll();                        // 将列表框中的原有内容清除
                addr = InetAddress.getAllByName(s);                      // 返回主机名所对应的所有 IP 地址
                for (int i = 0; i < addr.length; i++) {
                    InetAddressTest.list.add(addr[i].toString());        // 添加到列表框中
                }
            } catch (UnknownHostException e1) {
                e1.printStackTrace();
            }
            ((TextField) e.getSource()).setText(null);                   // 设置文本框的内容为空
        }
    }
```

运行程序，在文本框中输入新浪的域名“www.sina.com”，则在列表框中显示新浪的 IP 地址信息，如图 14.2 所示。

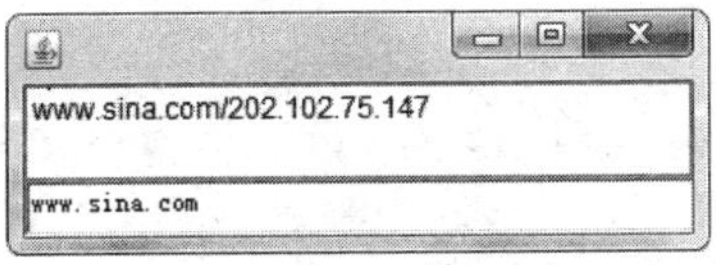


图 14.2　获取新浪的 IP 地址

## 14.2.3　TCP 通信程序

**【例 14.2】** 一个简单 TCP 通信程序，客户端向服务器发送任意字符串，服务器收到后显示。

（1）首先建立一个 TCP 服务器程序，程序中创建一个在 8866 端口上等待连接的 ServerSocket 对象。当接受到一个客户的连接请求后，程序从与这个客户建立连接的 Socket 对象中获得输入流对象。通过输入流读取客户端程序发送的字符串。

TCPServer.java（TCP 服务器程序）

```
package com.net;
import java.io.*;
import java.net.*;
import java.awt.*;
import java.awt.event.*;
public class TCPServer {
    static DataInputStream dis = null;
    public static void main(String[] args) {
        boolean started = false;
        Socket s = null;
```

```
TextArea ta = new TextArea();
ta.append("从客户端接收的数据："+"\n");
ServerSocket ss = null;
try {
    ss = new ServerSocket(8866);                          // 创建一个监听 Socket 对象
} catch (BindException e) {
    System.exit(0);
} catch (IOException e) {
    e.printStackTrace();
}
Frame f = new Frame("服务器端");
f.setLocation(300, 300);
f.setSize(200, 200);
f.add(ta, BorderLayout.NORTH);
f.pack();
f.addWindowListener(new WindowAdapter() {                 // 关闭窗口
    public void windowClosing(WindowEvent e) {
        System.exit(0);
    }
});
f.setVisible(true);                                       // 设置窗体可见
try {
    started = true;
    while (started) {
        boolean bConnected = false;
        s = ss.accept();                                  // 等待客户端请求连接
        bConnected = true;
        dis = new DataInputStream(s.getInputStream());
        while (bConnected) {
            String str = dis.readUTF();                   // 从输入流中读取数据
            ta.append(str+"\n");                          // 将数据添加到文本区中
        }
    }
} catch (EOFException e) {
    System.out.println("Client closed!");
} catch (IOException e) {
    e.printStackTrace();
} finally {
    try {
        if (dis != null)
            dis.close();                                  // 关闭输入流
        if (s != null)
            s.close();                                    // 关闭 Socket 对象
    } catch (Exception e) {
        e.printStackTrace();
    }
}
```

```
    }
}
```

（2）再建立 TCP 客户端程序。由于是本地连接，服务器 IP 地址是 127.0.0.1，客户端要指定与服务器的 8866 端口建立连接来完成通信。同样，客户端利用创建的 Socket 对象来获得输出流对象。通过输出流向服务器发送字符串。

TCPClient.java（TCP 客户程序）

```
package com.net;
import java.awt.*;
import java.awt.event.*;
import java.io.*;
import java.net.*;
public class TCPClient extends Frame {
    Socket s = null;
    DataOutputStream dos = null;
    DataInputStream  dis = null;
    TextField tf = new TextField(40);
    List list = new List(6);
    public static void main(String[] args) {
        TCPClient client = new TCPClient();
        client.list.add("向服务器端发送的数据：");
        client.setTitle("客户端");
        client.run();
    }
    public void run() {
        setLocation(400, 300);                              // 设置窗体的位置
        this.setSize(300, 300);                             // 设置窗体的大小
        add(tf, BorderLayout.SOUTH);
        add(list, BorderLayout.NORTH);
        pack();
        this.addWindowListener(new WindowAdapter() {        // 关闭窗体
            public void windowClosing(WindowEvent e) {
                disconnect();
                System.exit(0);
            }
        });
        tf.addActionListener(new MyListener());             // 注册事件监听器
        setVisible(true);
        connect();
    }
    public void connect() {
        try {
            s = new Socket("127.0.0.1", 8866);// 创建一个向服务器发起连接的 Socket 对象
            dos = new DataOutputStream(s.getOutputStream());
        } catch (UnknownHostException e) {
            e.printStackTrace();
        } catch (IOException e) {
```

```
                e.printStackTrace();
            }
        }
        public void disconnect() {
            try {
                dos.close();                                    // 关闭输出流
                s.close();                                      // 关闭 Socket 对象
            } catch (IOException e) {
                e.printStackTrace();
            }
        }
        private class MyListener implements ActionListener {
            public void actionPerformed(ActionEvent e) {
                String s1 = null;
                String s2 = null;
                String str = tf.getText().trim();               // 获取文本框中的内容
                list.add(str);
                tf.setText("");                                 // 将文本框的内容清空
                try {
                    dos.writeUTF(str);                          // 向流中写入数据
                    dos.flush();                                // 刷空流
                } catch (IOException e1) {
                    e1.printStackTrace();
                }
            }
        }
}
```

运行上面两个程序，首先在客户端文本框中输入一些字符，按回车键，这些字符显示在客户端窗口中。并且，这些数据还发送给了服务器端，服务器接收到从客户端发来的字符也显示在窗口上，如图 14.3 所示。

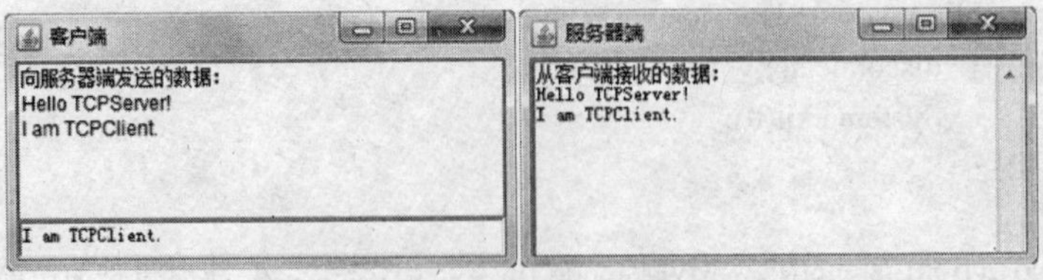


图 14.3　TCP 通信程序演示

## 14.3　UDP 网络编程

### 14.3.1　UDP 相关类

UDP 是基于数据报的传输协议，java.net.DatagramSocket 类负责接收和发送 UDP 数据报，java.net.DatagramPacket 表示 UDP 数据报。

（1）**DatagramSocket 类**

每个 DatagramSocket 与一个数据报套接字（内含本地主机的 IP 和端口）绑定，每个 DatagramSocket 可以把 UDP 数据报发往任意一个远程 DatagramSocket，也可接收来自任何远程 DatagramSocket 的数据报。在 UDP 数据报中包含了目的地址信息，DatagramSocket 可根据该信息把数据报发往目的地。在上节讲的 TCP 通信中，客户端 Socket 必须先与服务器端建立连接，连接建好后，服务器端也会持有与客户端相连的 Socket，且双方的 Socket 是对应的，共同构成了两个端点之间的虚拟通信链路。而 UDP 是无连接的协议，客户端 DatagramSocket 与服务器端 DatagramSocket 不存在对应关系，两者无须建立连接就能交换数据。每个 DatagramSocket 对象都会与一个本地端口绑定，在此端口监听发送过来的数据报。在服务器程序中，由程序显式地为 DatagramSocket 指定端口；而在客户程序中，一般由操作系统为 DatagramSocket 分配本地端口，这种端口也称为匿名端口。

DatagramSocket 有如下一些构造方法。

- **DatagramSocket() throws SocketException：**构造数据报套接字并将其绑定到本地主机上任何可用的端口。套接字将被绑定到 INADDR_ANY 地址，IP 地址由内核来选择。
- **DatagramSocket(int port) throws SocketException**

**功能：**创建数据报套接字并将其绑定到本地主机上的指定端口。套接字将被绑定到 INADDR_ANY 地址，IP 地址由内核来选择。

DatagramSocket 类的常用方法如表 14.4 所示。

表 14.4 DatagramSocket 类的常用方法

| 方法 | 功能 |
|---|---|
| void send(DatagramPacket p) throws IOException | 发送一个 UDP 数据报，即一个 DatagramPacket 对象 |
| void receive(DatagramPacket p) throws IOException | 接收一个 UDP 数据报，即一个 DatagramPacket 对象 |
| void connect(InetAddress address, int port) | 将该 UDPSocket 变成一个连接型的 UDPSocket |
| void disconnect() | 将该 UDPSocket 变成一个非连接型的 UDPSocket |
| void close() | 关闭 UDPSocket |

**说明：**UDPSocket 分“连接型”与“非连接型”两种，默认是“非连接型”的。这里的“连接”并非指像 TCP 那样的三次握手，而只是将对方信息（通常是 UDP 的 IP 与端口）与自己的 UDPSocket 对象关联在一起。这样在发送数据报时内核要自动加上对方的 IP 与端口号；而接收数据报时内核可自动进行过滤操作，不是来自指定 IP 的数据报都将被过滤掉。

（2）**DatagramPacket 类**

DatagramPacket 类的对象代表一个 UDP 数据报。用 UDP 发送数据时，先要根据发送的数据生成一个 DatagramPacket 对象，然后通过它的 send()方法发送这个对象；接收时也先要根据要接收数据的缓冲区生成一个 DatagramPacket 对象，然后通过它的 receive()方法接收这个对象的数据内容。

DatagramPacket 类的构造方法分为两类：一类创建的对象用来接收数据报；另一类创建的对象则用来发送数据报。它们的区别是，用于发送数据报的构造方法需要设定数据报到达的目的地址（若是“连接型”UDP，则不需要设定这个地址），而用于接收数据报的构造方法无须设定地址。

- 用于接收数据报的构造方法如下。

**DatagramPacket(byte[] buf, int length)**

**功能：**由接收缓冲区（byte[]字节数组与它的长度 length）生成一个 DatagramPacket 对象。buf 表示保存传入数据报的缓冲区，length 表示要读取的字节数。

**DatagramPacket(byte[] buf, int offset, int length)**

**功能**：构造 DatagramPacket，用来接收长度为 length 的包，在缓冲区中指定了偏移量。

● 用于发送数据报的构造方法如下。

**DatagramPacket(byte[] buf, int length, InetAddress address, int port)**

**功能**：构造数据报，用来将长度为 length 的包发送到指定主机上的指定端口。length 参数必须小于等于 buf.length。因为默认 UDPSocket 是非连接型，故要在每一个发送用的 UDP 数据报中携带接收方的 IP 和端口号。

**DatagramPacket(byte[] buf, int offset, int length, InetAddress address, int port)**

**功能**：构造数据报，用来将长度为 length、偏移量为 offset 的包发送到指定主机上的指定端口，length 参数必须小于等于 buf.length。

DatagramPacket 类的常用方法如表 14.5 所示。

表 14.5 DatagramPacket 类的常用方法

| 方 法 | 功 能 |
|---|---|
| byte[] getData() | 返回 DatagramPacket 对象中包含的数据 |
| int getLength() | 返回发送/接收数据的长度 |
| int getOffset() | 返回发送/接收数据在 byte[]中的偏移 |
| InetAddress getAddress() | 返回对方的 IP 地址，用 InetAddress 对象表示 |
| int getPort() | 返回对方的端口号 |
| void setData(byte[] buf,int offset,int length) | 设置该 DatagramPacket 对象中包含的数据 |
| void setAddress(InetAddress iaddr) | 设置该 DatagramPacket 对象中包含的 IP 地址 |
| void setPort(int iport) | 设置该 DatagramPacket 对象中包含的端口号 |

## 14.3.2 UDP 通信程序

【例 14.3】一个简单 UDP 通信程序，客户程序向服务器程序发送任意的字符串，服务器端收到后，计算字符串的长度并向客户端回送相同的字符串。

（1）首先建立一个 UDP 服务器程序。在程序中创建了一个在 9777 端口上等待接收数据报的 DatagramSocket 对象。当有数据报要接收时，创建一个 DatagramPacket 对象接收此数据报。收到后分析数据报，并再次创建一个 DatagramPacket 对象回送此数据报。

UDPServer.java（UDP 服务器程序）

```
package org;
import java.io.*;
import java.net.*;
import java.awt.*;
import java.awt.event.*;
public class UDPServer {
    public static void main(String[] args) throws Exception {
    DatagramSocket ds = new DatagramSocket(9777);        // 在 9777 端口上创建 UDPSocket
        Frame f = new Frame("UDPServer");
        f.setLocation(400, 300);
        f.setSize(300, 300);
```

```
            TextField tf = new TextField(40);
            TextArea list = new TextArea();
            f.add(list, BorderLayout.NORTH);
            f.pack();
            f.setVisible(true);
            f.addWindowListener(new WindowAdapter() { // 关闭窗口
                public void windowClosing(WindowEvent e) {
                    System.exit(0);
                }
            });
            byte[] buf = new byte[1024];                    // 接收缓冲区
            DatagramPacket dp = null;                       // 接收 UDP 数据报
            DatagramPacket sdp = null;                      // 发送 UDP 数据报
            boolean more = true;                            // 控制 UDP 服务器
            while (more) {
                dp = new DatagramPacket(buf, 1024);         // 创建一个用于接收的 UDP 数据报对象
                ds.receive(dp);                             // 等待任一个客户机发送数据报
                InetAddress caddr = dp.getAddress();        // 获取客户机的 IP 地址
                int cport = dp.getPort();                   // 获取客户机的端口号
                // 获取客户机发送的文本内容
                String s = new String(dp.getData(), dp.getOffset(), dp.getLength());
                String str = "客户机 IP: " + caddr + " 客户机端口号: " + cport+ "\n"
                        + " 客户机发送的数据是: " + s + " \n";
                list.append(str);
                String rs = new String("字符串: " + s + " 的长度是: " + s.length());
                byte[] sbuf = rs.getBytes();                // 将串转换成字节数组
                // 生成一个发送回特定客户机的 UDP 数据报的 DatagramPacket 对象
                sdp = new DatagramPacket(sbuf, sbuf.length, caddr, cport);
                ds.send(sdp);                               // 向客户机发回响应信息
            }
        }
}
```

（2）客户端程序创建一个 DatagramSocket 对象准备发送数据。该对象把要发送的数据打包成一个数据包，并在包中写明要发送给远程服务器的 IP 地址与端口号。

UDPClient.java（UDP 客户程序）

```
    package org;
    import java.io.*;
    import java.net.*;
    import java.util.Date;
    import java.awt.*;
    import java.awt.event.*;
    public class UDPClient {
        static List list = new List(6);
        static TextField tf = new TextField(40);
        static DatagramPacket sdp = null;
        static DatagramPacket rdp = null;
        public static void main(String[] args) throws Exception {
```

```
        Frame f = new Frame("UDPClient");
        DatagramSocket ds = new DatagramSocket();            // 生成一个客户用 UDPSocket
        f.setLocation(400, 300);
        f.setSize(300, 300);
        f.add(tf, BorderLayout.SOUTH);
        f.add(list, BorderLayout.NORTH);
        f.pack();
        f.addWindowListener(new WindowAdapter() {            // 关闭窗口
            public void windowClosing(WindowEvent arg0) {
                System.exit(0);
            }
        });
        tf.addActionListener(new ActionListener(){
            public void actionPerformed(ActionEvent e) {
                try {
                    byte[] rbuf = new byte[1024],            // 接收缓冲区大小设置为 1024
                    sbuf = null;
                    String str =tf.getText();                // 获取文本框的内容
                    list.add(str);                           // 将数据添加到列表框中
                    tf.setText(null);
                    sbuf = str.getBytes();                   // 转换字节数组
                    // 生成一个发送给 UDP 服务器的 UDP 数据包
                    sdp = new DatagramPacket(sbuf,
                        sbuf.length, InetAddress.getByName("127.0.0.1"), 9777);
                    // 生成一个发送给 UDP 服务器的 UDP 数据报对象
                    DatagramSocket ds = new DatagramSocket();
                    ds.send(sdp);                            // 发送出去
                } catch (Exception e1) {
                    e1.printStackTrace();
                }
            }
        });
        f.setVisible(true);
        ds.close();                                          // 关闭 Socket
    }
}
```

运行上面的两个程序，客户程序向服务器程序发送数据包，服务器接收此包，显示收到的字符串内容以及客户机的 IP 地址和端口号，如图 14.4 所示。

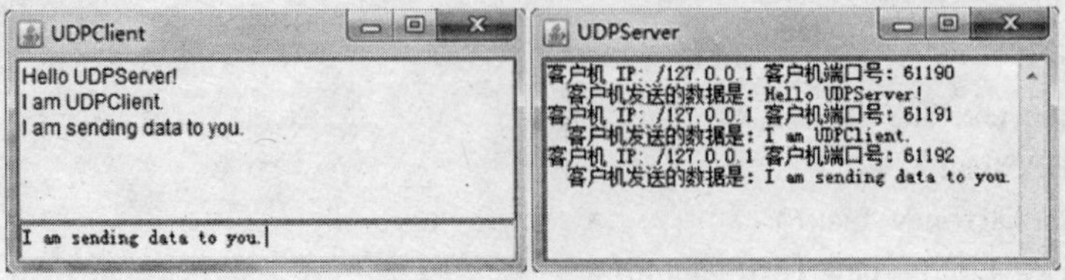


图 14.4 UDP 通信程序演示

**说明：**由于 UDP 是无连接的，故一个 UDP 服务器可同时接收所有客户端的数据报并进行处理。

因而 UDP 服务器通常可以不用像 TCP 服务器那样采用多线程技术。同样，客户端收到的 UDP 数据报也不能肯定一定是来自 UDP 服务器。若客户端不想对 UDP 数据报的 IP 地址进行检验，可采用“连接型” UDPSocket。

一个 UDP 数据报理论上最大不能超过 64KB。在实际应用中，通常要小得多（比如 296 字节等）。大的数据报数据吞吐量大，但经过网络传输时在下层可能要被拆分成许多小的部分，而只要有一个部分丢失，则整个数据报就被丢弃。但是太小的数据报又使得传输效率差（每个数据报的报头要占用一些字节），故选择大小适宜的数据报是有意义的。UDP 通信模型中，服务器端与客户端可以是对等的，若通过设置 UDPSocket 超时选项，则双方运行的程序还可以是同一个，这在 TCP 通信中几乎不可能发生。

### 14.3.3 组播

IP 地址分 A、B、C、D、E 5 类，D 类就是组播地址，从 224.0.0.0 到 239.255.255.255，其中 224.0.0.0 保留未用，组播通信是一对多的。因特网上的组播可以是本地级的，也可以是全局级的。在本地级，一个局域网内的一些主机可构成一个组并指派一个组播地址；在全局级，不同网络的主机可构成一个组并指派一个组播地址，当然，全局级的组播需要路由器支持。因特网中已指派的一些组播地址有：224.0.0.1（这个子网的所有系统）、224.0.0.2（这个子网上的所有路由器）、224.0.1.7（AUDIONEWS 组）。组播地址只能用作目的地址。若客户端对某个组感兴趣，则可加入该组成为一员，以后发送到该组的 UDP 数据报都自动传送给该组中的所有成员。客户端可随时离开所加入的组，从而不再是其一员，当然也就收不到发到该组的数据报了。

Java 中支持组播的是 java.net.MulticastSocket 类，该类的对象代表一个组播 Socket，可以发送和接收组播包。MulticastSocket 是 DatagramSocket 的子类，仅仅增加了支持组播的功能，故原 DatagramSocket 类的方法都可以使用。组播包本质上也是一个 UDP 数据报。

MulticastSocket 有如下一些构造方法。

- **MulticastSocket() throws IOException**

**功能**：创建一个组播 Socket。

- **MulticastSocket(int port) throws IOException**

**功能**：在指定端口上创建一个组播 Socket。

下表 14.6 列出了 MulticastSocket 类的常用方法。

**表 14.6 MulticastSocket 类的常用方法**

| 方 法 | 功 能 |
|---|---|
| void joinGroup(InetAddress mcastaddr) throws IOException | 加入一个组，组地址是 mcastaddr |
| void leaveGroup(InetAddress mcastaddr) throws IOException | 离开一个组，组地址是 mcastaddr |
| void send(DatagramPacket p,byte ttl) throws IOException | 发送数据报 p，其生存期为 ttl，通常是数据报经过路由器的个数 |
| void setTimeToLive(int ttl) throws IOException | 设置组播数据包的生存期，0≤ttl≤255。若 ttl 为 2，表示最多经过 2 个路由器，否则数据包被丢弃 |

向一个组播组发送 UDP 数据报可以通过 DatagramSocket，像通常发送数据报一样，唯一区别是目的地址是个组播地址。也可以通过 MulticastSocket 调用 send()方法（见表 14.6）进行发送，好处是可以控制数据报的 ttl。在调用 joinGroup()方法加入一个组后就可以像通常接收 UDP 数据报一样接收组播包。

【例 14.4】一个组播程序。程序创建一个组播组，其组地址为 226.1.1.6，接收组播包的端口号是 8888。服务器不断向该组发送数据报，组中成员（客户端程序）不断接收组播包，并将内容在屏幕上显示出来。

MulticastUDPServer.java（服务器程序）

```
package com.net;
import java.io.*;
import java.net.*;
import java.awt.*;
import java.awt.event.*;
public class MulticastUDPServer {
        static List list = new List(6);
        static TextField tf = new TextField(40);
        static DatagramPacket sdp = null;
        public static void main(String[] args) throws Exception {
                Frame f = new Frame("组播服务器");
                DatagramSocket ds = null;
                f.setLocation(400, 300);
                f.add(list,BorderLayout.NORTH);
                f.add(tf,BorderLayout.SOUTH);
                f.setSize(300, 300);
                f.pack();
                tf.addActionListener(new ActionListener(){
                        public void actionPerformed(ActionEvent e) {
                                try {
                                        String str =tf.getText();                // 获取文本框的数据
                                        list.add(str);                           // 将数据添加到列表框中
                                        tf.setText(null);
                                        byte[] sbuf = str.getBytes();            // 将字符串转换为字节数组
                                        // 构造一个发往组 226.1.1.6、端口号 8888 的 UDP 包
                                        MulticastUDPServer.sdp = new DatagramPacket(sbuf,
                                                sbuf.length, InetAddress.getByName("226.1.1.6"), 8888);
                                        // 创建一个 UDPSocket，用于发送数据包
                                        DatagramSocket ds = new DatagramSocket();
                                        ds.send(sdp);                            // 向组发送数据包
                                        Thread.currentThread().sleep(3000);  // 等待 3 秒
                                } catch (Exception e1) {
                                        e1.printStackTrace();
                                }
                        }
                });
                f.addWindowListener(new WindowAdapter() {            // 关闭窗体
                        public void windowClosing(WindowEvent arg0) {
                                System.exit(0);
                        }
                });
                f.setVisible(true);                                      // 设置窗体可见
```

```
        }
}
```

MulticastUDPClient.java（客户端程序）

```
package com.net;
import java.io.*;
import java.net.*;
import java.awt.*;
import java.awt.event.*;
public class MulticastUDPClient {
        public static void main(String[] args) throws Exception {
                TextArea list = new TextArea();
                Frame f = new Frame("组播客户端");
                DatagramSocket ds = null;
                f.setLocation(400, 300);
                f.add(list,BorderLayout.NORTH);
                f.setSize(300, 300);
                f.pack();
                list.append("组播包的内容为："+"\n");
                f.setVisible(true);
                MulticastSocket msocket = new MulticastSocket(8888);
                // 在 8888 端口创建一个组播用的 Socket
                InetAddress group = InetAddress.getByName("226.1.1.6"); // 形成组播地址
                msocket.joinGroup(group);                      // 加入该组，这样可接收到该组的包
                DatagramPacket rdp = null;
                byte[] rbuf = new byte[1024];
                boolean more = true;
                f.addWindowListener(new WindowAdapter() {  // 关闭窗体
                        public void windowClosing(WindowEvent arg0) {
                                System.exit(0);
                        }
                });
                do {
                        rdp = new DatagramPacket(rbuf, 1024);
                        msocket.receive(rdp);                  // 等待接收组中包
                        // 取出包中数据内容
                        String data = new String(rdp.getData(), rdp.getOffset(), rdp.getLength());
                        list.append(data+"\n");
                } while (more);
                msocket.leaveGroup(group);                     // 离开该组
                msocket.close();                               // 关闭 Socket
        }
}
```

运行两程序（先运行客户端再运行服务器），如图 14.5 所示。

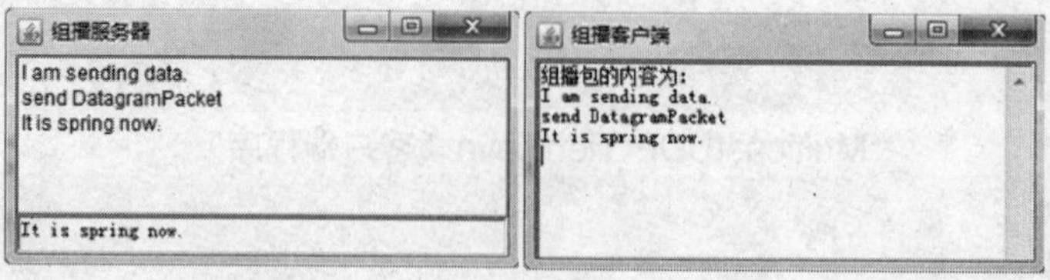


图 14.5　组播演示

# 14.4　URL 网络编程

前面讨论的都是基于 Socket 的网络编程，本节讲应用层的网络编程。应用层建立在传输层（TCP 或 UDP）之上，包括了很多种协议，如 HTTP、FTP、SMTP 和 POP3 等，篇幅所限，本书仅讨论基于 HTTP 协议的网络编程。

URL（Uniform Resource Locator，统一资源定位符）用来表示从因特网上得到的资源位置和访问这些资源的方法，其格式为“协议名://资源名”，协议名指明获取该资源应使用的传输协议（如 HTTP、FTP 等）；资源名则是资源的完整位置，包括主机名、端口号、文件名或文件内部的一个引用，以及可能要传递的一些参数。并非所有的 URL 都包含这些内容，对于多数的协议，主机名和文件名是必需的，但端口号和文件内部引用以及参数则是任选的。如 URL“http://www.njnu.edu.cn/java/index.htm”，其中，协议名是 HTTP，主机名是 www.njnu.edu.cn，端口号是默认的 80，文件路径名是/java/index.htm。

浏览器与 Web 服务器就是典型的基于 HTTP 协议工作的应用程序。游览器向 Web 服务器发出 HTTP 请求，Web 服务器处理该请求并做出 HTTP 应答。以 html 或 xml 等描述的网页内容就包含在 HTTP 应答中，并从 Web 服务器发送到浏览器，浏览器对其进行解释，从而显示出网页。如果要在 Java 程序中读取 Web 页的内容，需要使用 java.net 包中的相关类。

## 14.4.1　URL 类

java.net.URL 类代表一个 URL，它是指向互联网资源的指针。资源可以是简单的文件或目录，也可以是对更为复杂的对象的引用，例如对数据库或搜索引擎的查询。

URL 类的构造方法如下。

- URL(String spec) throws MalformedURLException：由一个表示 URL 地址的字符串构造一个 URL 对象。
- URL(String protocol, String host, int port, String file) throws MalformedURLException：根据指定的 protocol、host、port 号和 file 创建 URL 对象。

URL 类的常用方法如表 14.7 所示。

表 14.7　URL 类的常用方法

| 方　法 | 功　能 |
|---|---|
| URLConnection openConnection()throws IOException | 创建并返回一个 URLConnection 对象，它表示到 URL 所引用的远程对象的连接 |
| final InputStream openStream() throws IOException | 打开一个连接到该 URL 的 InputStream 对象，通过该对象可从 URL 中读取 Web 页的内容 |
| final Object getContent() throws IOException | 获取此 URL 的内容 |

【例 14.5】创建一个 URL 对象，通过它读取 www.sina.com 网页内容。

Download.java

```
package com.net;
import java.net.*;
import javax.swing.*;
import java.awt.event.*;
import java.io.*;
public class Download {
    public static void main(String[] args) {
        JFrame jf = new JFrame("下载程序");
        jf.setSize(600, 400);
        jf.setLocation(100, 100);
        JPanel p = new JPanel();
        JLabel l = new JLabel("Please input URL:");
        final JTextField tf = new JTextField(30);
        p.add(l);
        p.add(tf);
        jf.add(p, "North");
        final JTextArea ta = new JTextArea();
        jf.add(ta, "Center");
        JButton btn = new JButton("Download");
        jf.add(btn, "South");
        btn.addActionListener(new ActionListener() {
            public void actionPerformed(ActionEvent e) {
                String str = tf.getText();                    // 获取文本框中输入的 URL 地址
                try {
                    URL url = new URL(str);
                    // 产生一个缓冲流
                    BufferedReader br = new BufferedReader(new InputStreamReader(url.openStream()));
                    String s;
                    while ((s = br.readLine()) != null){
                        ta.append(s+"\n");                    // 将读取的内容添加到文本区中
                    }
                    br.close();                               // 关闭缓冲流
                } catch (Exception ex) {
                    ex.printStackTrace();
                }
            }
        });
        jf.addWindowListener(new WindowAdapter() {            // 关闭窗体
            public void windowClosing(WindowEvent e) {
                System.exit(0);
            }
        });
        jf.setVisible(true);                                  // 设置窗体可见
    }
}
```

运行程序，在地址栏输入要访问的网址“http://www.sina.com”，单击“Download”按钮，则新浪首页地址的源代码下载到文本区里，如图 14.6 所示。

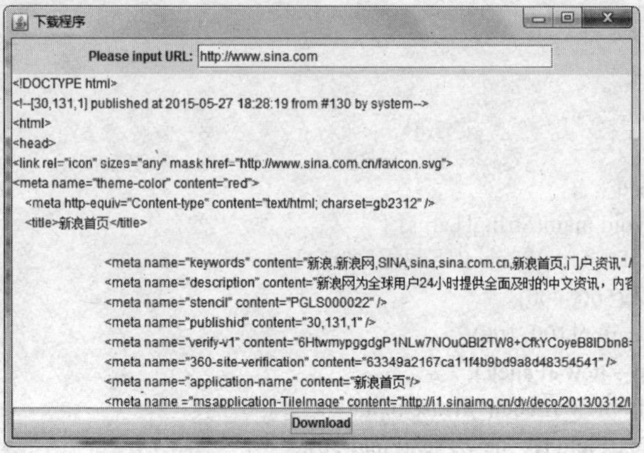


图 14.6 使用 URL 访问新浪首页

## 14.4.2 URLConnetction 类

有时需要通过 URL 进行读/写操作，这时使用 URLConnection 类就比较方便了，该类的对象表示一个 URL 的连接，通常由 URL 对象调用 openConnection()来获得。

URLConnection 的构造方法为：protected URLConnection(URL url)，构造一个到指定 URL 的 URL 连接。

URLConnection 类的常用方法如表 14.8 所示。

表 14.8 URLConnection 类的常用方法

| 方 法 | 功 能 |
| --- | --- |
| InputStream getInputStream() throws IOException | 打开一个连接到该 URL 的 InputStream 对象，通过该对象可从 URL 中读取 Web 页的内容 |
| OutputStream getOutputStream() throws IOException | 生成一个向该连接写入数据的 OutputStream 对象 |
| void setDoInput(Boolean doinput) | 若参数 doinput 是 true，表示通过该 URLConnection 进行读操作，即从服务器读取页面内容。默认情况是 true，用时读取内容 |
| void setDoOutput(Boolean dooutput) | 若参数 dooutput 是 true，表示通过该 URLConnection 进行写操作，即向服务器上的 CGI 程序（如 ASP 程序、JSP 程序等）上传内容，默认是 false |
| abstract void connect() throws IOException | 向 URL 对象所表示的资源发起连接。若已存在这样的连接，则该方法不做任何动作 |
| String getHeaderFieldKey(int n) | 返回 HTTP 响应头中第 n 个域的“名-值”对中“名”这一部分内容，n 从 1 开始 |
| String getHeaderField(int n) | 返回 HTTP 响应头中第 n 个域的“名-值”对中“值”这一部分的内容，n 从 1 开始 |

【例 14.6】创建 URL 和 URLConnection 对象，通过 URLConnection 获取网页信息。

URLConnectionTest.java

```
import java.net.*;
```

```
import javax.swing.*;
import java.awt.event.*;
import java.io.*;
public class URLConnectionTest {
        public static void main(String[] args) {
                JFrame jf = new JFrame();
                jf.setSize(600, 400);
                jf.setLocation(100, 100);
                JPanel p = new JPanel();
                JLabel l = new JLabel("Please input URL:");
                final JTextField tf = new JTextField(30);
                p.add(l);
                p.add(tf);
                jf.add(p, "North");
                final JTextArea ta = new JTextArea();
                jf.add(ta, "Center");
                JButton btn = new JButton("Download");
                jf.add(btn, "South");
                btn.addActionListener(new ActionListener() {
                        public void actionPerformed(ActionEvent e) {
                                String str = tf.getText();
                                try {
                                        URL url = new URL(str);
                                        URLConnection urlConn = url.openConnection();
                                        String line = System.getProperty("line.separator");
                                        ta.append("Host: " + url.getHost());            // 获取 URL 的主机名
                                        ta.append(line);                                // 将信息添加到文本区中
                                        ta.append("Port: " + url.getDefaultPort());  //获取 URL 关联的默认端口
                                        ta.append(line);
                                        // 获取  content-type  头字段的值
                                        ta.append("ContentType: " + urlConn.getContentType());
                                        ta.append(line);
                                        //返回  content-length  头字段的值
                                        ta.append("ContentLength: " + urlConn.getContentLength());
                                        // 获取  content-length  头字段的值
                                } catch (Exception ex) {
                                        ex.printStackTrace();
                                }
                        }
                });
                jf.addWindowListener(new WindowAdapter() {                    // 关闭窗体
                        public void windowClosing(WindowEvent e) {
                                System.exit(0);
                        }
                });
                jf.setVisible(true);                                          // 设置窗体可见
```

```
        }
    }
```

运行程序，在地址栏中输入要访问的网址，例如新浪的首页地址“http://www.sina.com/”，单击“Download”按钮，该网页的相关信息将显示在文本区中，如图 14.7 所示。

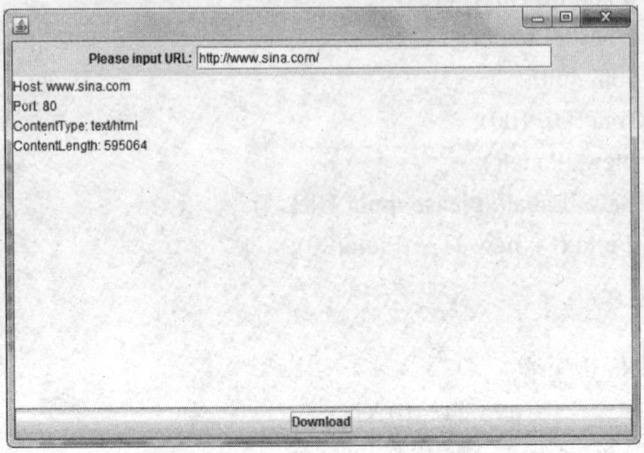


图 14.7　使用 URLConnection 访问新浪首页

## 14.5 综合实例

这个综合实例使用多线程的方式实现在线聊天室。程序可支持多人同时聊天，且多个人的聊天记录都显示在每个人的窗体上。

**思路分析：**要实现多人同时聊天，首先服务器端要使用多线程方式，服务器主线程不断监听客户端发起的连接。如果监听到客户端发来的连接请求，服务器就接受此请求并创建一个从属线程接收客户端发来的数据，再将接收到的数据转发到所有其他的客户端。

ChatServer.java（服务器端程序）

```
package com.net;
import java.io.*;
import java.net.*;
import java.util.*;
public class ChatServer {
    boolean started = false;
    ServerSocket ss = null;
    List<Client> clients =Collections.synchronized( new ArrayList<Client>());
    //clients 是共享变量，通过 Collections.synchronized(...)做同步化处理
    public static void main(String[] args) {
        new ChatServer().start();
    }
    public void start() {
        try {
            ss = new ServerSocket(8888);                    // 创建一个监听 Socket 对象
            started = true;
        } catch (IOException e) {
            e.printStackTrace();
        }
        try {
```

```
            while (started) {
                Socket s = ss.accept();                          // 等待客户端发起连接
                Client c = new Client(s);
                System.out.println("a client connected!");
                new Thread(c).start();                           // 启动线程
                clients.add(c);                                  // 向共享变量中添加
            }
            ss.close();                                          // 关闭 Socket
        } catch (IOException e) {
            e.printStackTrace();
        }
    }
class Client implements Runnable {                               // 实现 Runnable 接口
        private Socket s;
        private DataInputStream dis = null;
        private DataOutputStream dos = null;
        private boolean Connected = false;
        public Client(Socket s) {
            this.s = s;
            try {
                dis = new DataInputStream(s.getInputStream());       // 创建输入流
                dos = new DataOutputStream(s.getOutputStream());     // 创建输出流
                Connected = true;
            } catch (IOException e) {
                e.printStackTrace();
            }
        }
        public void send(String str) {
            try {
                dos.writeUTF(str);                                   // 向输入流中写入数据
            } catch (IOException e) {
                clients.remove(this);                // 出错时（客户可能已断线），移除一个客户端
            }
        }
        public void run() {
            try {
                while (Connected) {
                    String str = dis.readUTF();                      // 从输出流中读取数据
                    synchronized(clients){         // 对共享的列表进行遍历时必须要同步化
                        Iterator<Client> it = clients.iterator(); // 返回一个迭代器
                        while(it.hasNext()) {
                            Client c = it.next();
                            c.send(str);                             // 将数据发送出去
                        }//while
                    }//synchronized
                } //while(Connected)
                dis.close();                                         // 关闭输入流
```

```
                    dos.close();                                         // 关闭输出流
                    s.close();                                           // 关闭 Socket
                } catch (Exception e) {
                    System.out.println("Client closed!");
                }
                finally{
                    clients.remove(this);
            // 确保线程结束时从共享变量中删除自己（比如从客户机读数据时出错，
            // 客户机可能已掉线，线程会结束）
                }//try
            }//run
        }
}
```

ChatClient.java（客户端程序）

```
package com.net;
import java.awt.*;
import java.awt.event.*;
import java.io.*;
import java.net.*;
import javax.swing.Icon;
import javax.swing.ImageIcon;
import javax.swing.JButton;
public class ChatClient extends Frame {
    static Icon[] icons = new Icon[] {
        new ImageIcon("C:/Users/Administrator/workspace/MyProject_14/src/com/net/image0.jpg"),
    new ImageIcon("C:/Users/Administrator/workspace/MyProject_14/src/com/net/image1.jpg"), };
    Socket s = null;
    DataOutputStream dos = null;
    DataInputStream dis = null;
    private boolean Connected = false;
    TextField tf = new TextField();
    TextArea ta1 = new TextArea();
    TextArea ta2 = new TextArea();
    Button bt1 = new Button("发送");
    Thread thread = new Thread(new ClientThread());                     // 创建线程
    public static void main(String[] args) {
        new ChatClient().call();
    }
    public void call() {
        bt1.setBackground(Color.cyan);
        JButton    jt1 = new JButton(icons[0]);
        JButton    jt2 = new JButton(icons[1]);
        jt1.setBounds(265, 40, 80, 80);
        jt2.setBounds(265, 140, 80, 80);
        setLocation(400, 300);
        setSize(400, 300);
        setLayout(null);                                             // 取消布局管理器
```

```
        setBackground(Color.cyan);
        tf.setBounds(250, 40, 70, 25);
        ta1.setBounds(30, 40, 200, 80);
        ta2.setBounds(30, 140, 200, 80);
        bt1.setBounds(265, 250, 70, 30);
        tf.setBounds(30, 240, 200, 35);
        tf.addActionListener(new MyListener());                    // 注册事件监听器
        add(tf);add(jt1);add(jt2);add(bt1);
        add(ta1);add(ta2);add(tf);
        this.addWindowListener(new WindowAdapter() {               // 关闭窗口
            public void windowClosing(WindowEvent e) {
                disconnect();
                System.exit(0);
            }
        });
        bt1.addActionListener(new MyListener());                   // 注册事件监听器
        setVisible(true);
        connect();
        thread.start();                                            // 启动线程
    }
    public void connect() {
        try {
            s = new Socket("127.0.0.1", 8888);
            dos = new DataOutputStream(s.getOutputStream());       // 返回一个输出流
            dis = new DataInputStream(s.getInputStream());         // 返回一个输入流
            System.out.println("connected!");
            Connected = true;
        } catch (Exception e) {
            e.printStackTrace();
        }
    }
    public void disconnect() {
        try {
            dos.close();                                           // 关闭输出流
            dis.close();                                           // 关闭输入流
            s.close();                                             // 关闭 Socket
        } catch (IOException e) {
            e.printStackTrace();
        }
    }
    private class MyListener implements ActionListener {
        public void actionPerformed(ActionEvent e) {
            String str = tf.getText().trim();                     // 获取文本框中的数据
            tf.setText("");
            ta2.append(str+"\n");                                 // 将文本框中的数据添加到文本区中
            try {
                dos.writeUTF(str);                                // 向输出流中写入数据
```

```
                    dos.flush();                                    // 刷空流
                } catch (IOException e1) {
                    e1.printStackTrace();
                }
            }
        }
        private class ClientThread implements Runnable {
            public void run() {
                try {
                    while (Connected) {
                        String str = dis.readUTF();                 // 从输出流中读取数据
                        ta1.append(str+"\n");
                    }
                } catch (Exception e) {
                    e.printStackTrace();
                }
            }
        }
}
```

首先运行服务器程序，接着启动两个客户端，它们之间就可以互相发送信息并在各自的窗口上显示发送和接收的信息，如图 14.8 所示。

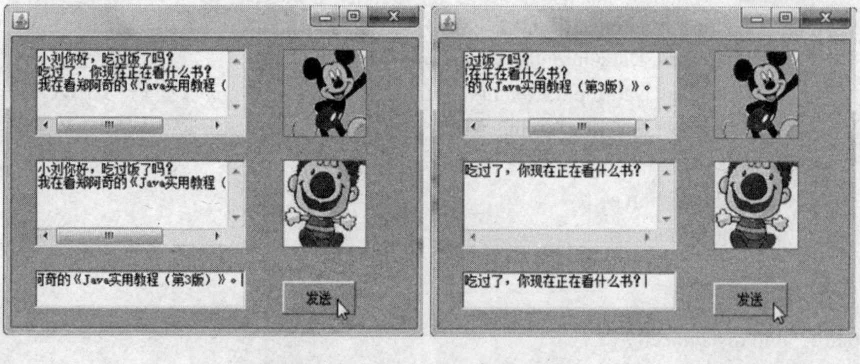


图 14.8　两个客户端聊天演示

# 第 15 章 Java 数据库编程

在实际项目开发中，应用程序通常需要访问后台的数据库。Java 平台操作数据库的编程接口是 JDBC，Java 程序通过它来连接各种数据库和使用其中的数据。

## 15.1 SQL 语言简介

SQL（Structured Query Language）是标准的数据库查询语言，最初由 IBM 提出，旨在不同的数据库之间建立一种统一的操作语言。由于 SQL 具有结构化、简单易学且功能全面等优点，1987 年被 ANSI 采纳为标准。此后，几乎所有的关系数据库都支持 SQL。因此，学习 Java 数据库编程必须了解 SQL 语言。SQL 语句有近百条，这里仅介绍最常用、最基本的几条。

### 1. 创建数据库

**格式**：create database 数据库名

例如：

```
create database xscj
```

表示建立名为 xscj 的数据库。

### 2. 建表语句

**格式**：create table 表名 (列 1 类型 [not] null, …)

例如：

```
create table xs(id int not null primary key, name char(10) not null, profession char(20) not null)
```

表示在当前数据库中创建一个名为 xs 的表，有三列：第一列列名是 id，类型是 int，非空且作为表的主键；第二列列名是 name，类型是 char，宽度为 10，非空；第三列列名是 profession，类型是 char，非空。

### 3. 查询语句

**格式**：select 列名 1, 列名 2, …, 列名 n from 表名 [where 条件表达式]

例如：

```
select * from xs;
```

表示将表 xs 中的全部数据检索出来，这里“*”代表所有列。

```
select * from xs where id like '%152%'
```

表示将表 xs 中所有学号以“152”打头的同学的数据检索出来，其中 like 是保留字，表示字符串比较，“%”代表任意字符串。

### 4. 插入语句

**格式**：insert into 表名 [(列 1, 列 2, …, 列 n)] values(值 1, 值 2, ..., 值 n)

**功能**：往表中插入一条记录，其中 insert、into、values 都是保留字。若所有的列名都未给，则在 values 中必须依次给出所有列的值，且给出的值的类型必须与对应的列类型相一致。例如下面的语句：

```
insert into xs values(15101, '李红庆', '计算机')
```

表示在表 xs 中插入一条记录，各列的值依次为“15101”、“李红庆”、“计算机”。

### 5. 更新语句

**格式**：update 表名 set 列 1=值 1 [, 列 2=值 2, …, 列 n=值 n][where 条件表达式]

**功能**：更新表中满足条件的记录，使列 1 的数据为值 1、列 2 的数据为值 2、…、列 n 的数据为值 n 等，其中 update、set、where 都是保留字。如不给出条件，则更新表中所有记录。例如下面的语句：

```
update xs set profession = '软件工程' where id = 15201
```

表示将表 xs 中满足 id=15201 的记录的 profession 值改为“软件工程”。

### 6. 删除语句

**格式**：delete from 表名 [where 条件表达式]

**功能**：删除表中满足条件的记录，其中 delete、from、where 都是保留字。例如下面的语句：

```
delete from xs where id = 15102
```

表示删除表 xs 中学号为 15102 的学生记录。如不给出条件，则删除表中所有记录。

### 7. 删除表

**格式**：drop 表名

**功能**：在当前数据库中删除指定名称的表，其中 drop 是保留字。例如下面的语句：

```
drop xs
```

表示从当前数据库中删除 xs 表。

## 15.2 JDBC 原理

### 1. JDBC 实现

JDBC 是 Java DataBase Connectivity 的缩写，它是一种可用于执行 SQL 语句的 Java API，其中包含跨平台的数据库访问方法，为数据库应用开发人员提供了一种标准的应用程序编程接口，屏蔽了具体数据库的差异，如图 15.1 所示。当 Java 程序访问数据库时，由 JDBC API 接口调用相应数据库的 API 实现来访问数据库，从而无须改变 Java 程序就能访问不同的数据库。

不同的数据库提供不同的 JDBC 实现，如图 15.2 所示，JDBC 的实现包括三部分。

- **JDBC 驱动管理器**：对应 java.sql.DriverManager 类，它负责注册特定 JDBC 驱动器，以及根据驱动器建立与数据库的连接。
- **JDBC 驱动器 API**：其中最主要的是 java.sql.Driver 接口。
- **JDBC 驱动器**：由数据库供应商或其他第三方提供，也称为 JDBC 驱动程序。它们实现了 JDBC 驱动器 API（Driver 接口），负责与特定的数据库连接。JDBC 驱动器可以注册到 JDBC 驱动管理器中。不同数据库提供的 JDBC 驱动器也不同。

### 2. JDBC 驱动器

JDBC 驱动器有好几种类型，目前各大数据库供应商普遍提供的是基于本地协议的纯 Java 驱动程序。使用该类型的驱动程序无须安装任何附加的软件，它能将用户的请求直接转换为对数据库的协议请求，所有对数据库的操作都直接由 JDBC 驱动程序来完成，如图 15.3 所示。这种方式不会增加任何额外的负担，提供了最佳的性能。

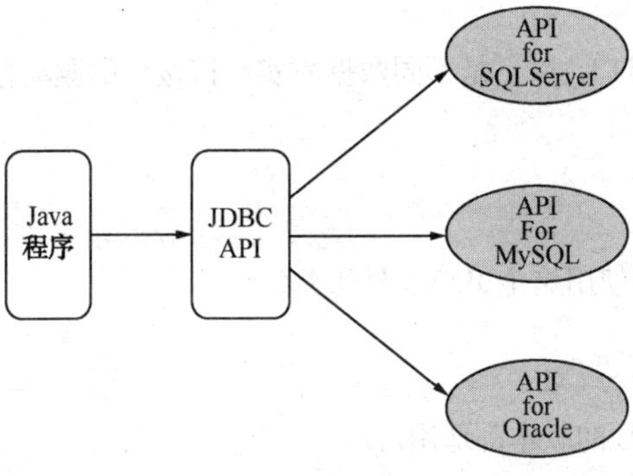


图 15.1　Java 程序访问数据库

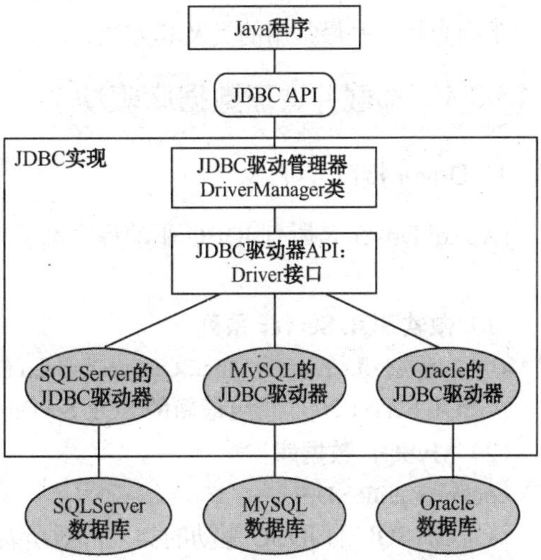


图 15.2　JDBC 的实现

## 15.3　访问数据库

在 Java 中，访问数据库的基本步骤如下。

（1）**加载驱动程序**。DriverManager 类是驱动程序管理器类，负责管理驱动程序，它的 registerDriver()方法用来注册驱动程序类的实例。

（2）**建立连接**。加载驱动程序后，调用 DriverManager 类的 getConnection()方法得到一个与数据库的连接，返回一个 Connection 对象。

（3）**操作数据库**。在得到数据库的连接后，就可以操作数据库了。调用 Connection 对象的 createStatement()、prepareStatement()等方法来执行 SQL 语句，返回结果集，并对结果集进行处理。

（4）**断开连接**。处理完毕要关闭结果集、断开连接。

以上这些步骤都是通过调用相应类的方法来实现的，JDBC API 由 java.sql 和 javax.sql 包组成。java.sql 包中定义了访问数据库的类和接口，如图 15.4 所示。

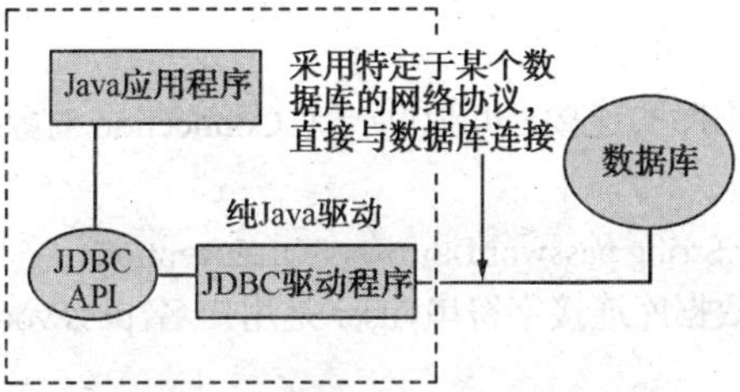


图 15.3　用本地协议纯 Java 驱动程序访问数据库

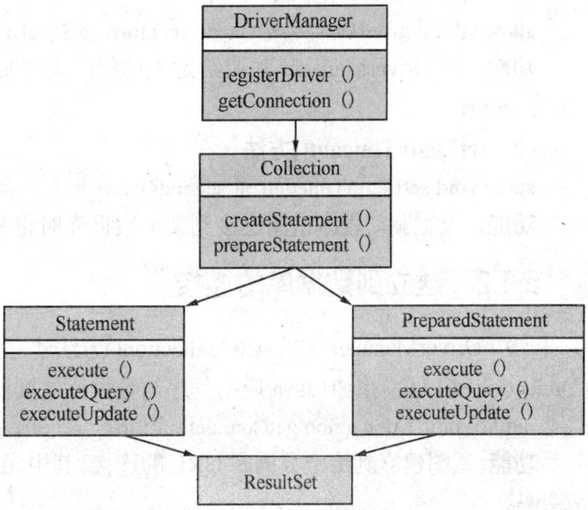


图 15.4　java.sql 包中主要的类和接口

下面介绍一些最常用的类及其方法。

### 15.3.1 加载并注册数据库驱动

#### 1. Driver 接口

java.sql.Driver 是所有 JDBC 驱动程序都要实现的接口，以下是不同数据库实现该接口的驱动程序类名。

（1）**微软 SQL Server 系列**

```
com.microsoft.sqlserver.jdbc.SQLServerDriver
```

从 SQL Server 2005 直至最新的 SQL Server 2014 都使用这个 JDBC 驱动类名。

（2）**MySQL 数据库**

```
com.mysql.jdbc.Driver
```

这是 MySQL 的 JDBC 驱动的类名，对所有 MySQL 的版本都适用。

（3）**Oracle 数据库**

```
oracle.jdbc.driver.OracleDriver
```

Oracle 的 JDBC 驱动不需要单独下载，其位于安装文件的 lib 目录下。

在程序中不需要直接访问这些驱动类，而是由驱动程序管理器去调用它们。先通过 JDBC 驱动管理器注册每个驱动类，再使用驱动管理器提供的方法来建立数据库连接，而下层则由驱动管理器的连接方法再去调用驱动类的 connect()方法。

Driver 接口中提供了一个 connect()方法，用来建立到数据库的连接。

```
Connection connect(String url, Properties info) throws SQLException
```

**功能**：试图创建一个到给定 URL 的数据库连接。

#### 2. 加载与注册 JDBC 驱动器

加载 JDBC 驱动是调用 Class 类的静态方法 forName()，向其传递要加载的驱动类名。在运行时，类加载器从 CLASSPATH 环境变量中定位和加载 JDBC 驱动类。在加载驱动程序类后，需要注册它的一个实例。

DriverManager 是驱动管理器类，负责管理驱动程序，该类中的所有方法都是静态的。

（1）**registerDriver()方法**

```
static void registerDriver(Driver driver) throws SQLException
```

**功能**：向 DriverManager 注册给定驱动程序类的实例。driver 是将要向 DriverManager 注册的新的 JDBC Driver。

（2）**setLoginTimeout()方法**

```
static void setLoginTimeout(int seconds)
```

**功能**：设置驱动程序试图连接到某一数据库时将等待的最长时间，以秒为单位。

### 15.3.2 建立到数据库的连接

调用 DriverManager 类的 getConnection()方法建立到数据库的连接，并返回一个 Connection 对象。Connection 接口负责维护 Java 应用程序与数据库之间的连接。

```
public static Connection getConnection(String url,String user,String password)throws SQLException
```

**功能**：试图建立到给定数据库 URL 的连接。其中，url 是数据库连接字符串，user 是用户名，password 是密码。

对于不同的数据库所用的连接字符串也不同，以下列出几种主流数据库的 url。

（1）**微软 SQL Server 系列**

```
url = "jdbc:sqlserver://localhost:1433;databaseName=xscj"
```

其中，“databaseName=”后是所要连接的数据库名，该 url 适用于从 SQL Server 2005 直至最新的 SQL Server 2014。

（2）**MySQL 数据库**

```
url = "jdbc:mysql://localhost:3306/xscj"
```

（3）**Oracle 数据库**

```
url = "jdbc:oracle:thin:@localhost:1521:xscj"
```

Connection 接口的常用方法如下。

（1）**Statement createStatement() throws SQLException**：创建一个 Statement 对象来将 SQL 语句发送到数据库。

（2）**PreparedStatement prepareStatement(String sql) throws SQLException**：创建一个 PreparedStatement 对象来将参数化的 SQL 语句发送到数据库。不带参数的 SQL 语句通常使用 Statement 对象执行。如果多次执行相同的 SQL 语句，使用 PreparedStatement 对象可能更有效。

（3）**void commit() throws SQLException**：使所有上一次提交/回滚后进行的更改成为持久更改，并释放此 Connection 对象当前持有的所有数据库锁。

（4）**void setAutoCommit(boolean autoCommit) throws SQLException**：将此连接的自动提交模式设置为给定状态。如果连接处于自动提交模式下，则它的所有 SQL 语句将被执行并作为单个事务提交。否则，它的 SQL 语句将聚集到事务中，直到调用 commit 方法或 rollback 方法为止。默认情况下，新连接处于自动提交模式。

（5）**void rollback() throws SQLException**：取消在当前事务中进行的所有更改，并释放此 Connection 对象当前持有的所有数据库锁。

（6）**boolean isReadOnly() throws SQLException**：查询此 Connection 对象是否处于只读模式。

（7）**boolean isClosed() throws SQLException**：查询此 Connection 对象是否已被关闭。

（8）**void close() throws SQLException**：立即释放此 Connection 对象的数据库和 JDBC 资源。

### 15.3.3　执行数据库操作

在与数据库建立连接后，需要执行 SQL 语句对数据库进行操作。java.sql 包提供操作数据库的接口有：Statement、PreparedStatement 和 ResultSet。它们的作用是将 SQL 指令发送给数据库并返回执行结果。

#### 1. Statement 接口

调用 Connection 对象的 createStatement()方法创建一个 Statement 对象。Statement 接口的常用方法如下。

（1）**boolean execute(String sql) throws SQLException**：执行给定的 SQL 语句。

（2）**int executeUpdate(String sql) throws SQLException**：执行给定 SQL 语句，该语句可能为 INSERT、UPDATE 或 DELETE 语句，或者不返回任何内容的 SQL 语句（如 SQL DDL 语句）。

（3）**ResultSet executeQuery(String sql) throws SQLException**：执行给定的 SQL 语句，该语句返回单个 ResultSet 对象。

（4）**void addBatch(String sql) throws SQLException**：将给定的 SQL 命令添加到此 Statement 对象的当前命令列表中。通过调用方法 executeBatch 可以批量执行此列表中的命令。

（5）**int[] executeBatch() throws SQLException**：将一批命令提交给数据库来执行，如果全部命令

执行成功，则返回更新计数组成的数组。

2. PreparedStatement 接口

Java 提供了一个 Statement 接口的子接口 PreparedStatement，两者的功能相似，但当某 SQL 指令被执行多次时，PreparedStatement 的效率要比 Statement 高，而且 PreparedStatement 还可以给 SQL 指令传递参数。调用 Connection 对象的 prepareStatement()方法来得到 PreparedStatement 对象。PreparedStatement 对象所代表的 SQL 语句中的参数用问号（?）来表示。调用 PreparedStatement 对象的 setXXX()方法来设置这些参数。

PreparedStatement 接口的常用方法如下。

（1）**void setBoolean(int parameterIndex, boolean x) throws SQLException**：将指定参数设置为给定 boolean 值。parameterIndex 的第一个参数是 1，第二个参数是 2，…，x 是参数值。

（2）**void setInt(int parameterIndex, int x) throws SQLException**：将指定参数设置为给定 int 值。

（3）**void setFloat(int parameterIndex, float x) throws SQLException**：将指定参数设置为给定 float 值。

（4）**void setDouble(int parameterIndex, double x) throws SQLException**：将指定参数设置为给定 double 值。

（5）**void setString(int parameterIndex, String x) throws SQLException**：将指定参数设置为给定 String 值。

（6）**void setDate(int parameterIndex, Date x) throws SQLException**：使用运行应用程序的虚拟机的默认时区将指定参数设置为给定 java.sql.Date 值。

3. ResultSet 接口

当使用 Statement 和 PreparedStatement 中的 executeQuery 方法来执行 select 查询指令时，查询的结果被放在结果集 ResultSet 中。

ResultSet 接口的常用方法如下。

（1）**String getString(int columnIndex) throws SQLException**：获取此 ResultSet 对象的当前行中指定列的值，参数 columnIndex 代表字段的索引位置。

（2）**String getString(String columnLabel) throws SQLException**：获取此 ResultSet 对象的当前行中指定列的值，参数 columnLabel 代表字段值。

（3）**int getInt(int columnIndex) throws SQLException**：获取此 ResultSet 对象的当前行中指定列的值，参数 columnIndex 代表字段值。

（4）**int getInt(String columnLabel) throws SQLException**：获取此 ResultSet 对象的当前行中指定列的值，参数 columnLabel 代表字段值。

（5）**boolean absolute(int row) throws SQLException**：将光标移动到此 ResultSet 对象的给定行编号。

（6）**boolean previous() throws SQLException**：将光标移动到此 ResultSet 对象的上一行。

（7）**boolean first() throws SQLException**：将光标移动到此 ResultSet 对象的第一行。

（8）**boolean last() throws SQLException**：将光标移动到此 ResultSet 对象的最后一行。

（9）**boolean next() throws SQLException**：将光标移到下一行，ResultSet 光标最初位于第一行之前，第一次调用 next()方法使第一行成为当前行。

# 15.4 JDBC 编程

## 15.4.1 创建编程环境

要进行数据库编程必须先在所创建的 Java 项目中导入 JDBC 驱动程序（即创建相应数据库的编程环境）。本书以微软数据库 SQL Server 2014 为例来介绍相关的操作。

创建 Java 项目“MyProject_15”，右击项目名选择“Build Path”→“Add External Archives”命令，出现一个文件选择对话框，如图 15.5 所示，找到磁盘上 SQL Server 2014 的 JDBC 驱动程序（sqljdbc4.jar），选中它，单击“打开”按钮，驱动程序就被加入到当前的项目中。

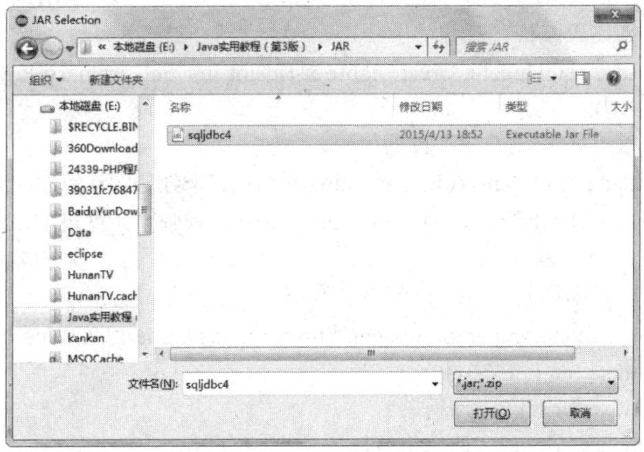


图 15.5 导入 SQL Server 2014 的 JDBC 驱动程序

这样操作后，就可以在 Java 程序中直接使用 JDBC API 来编写代码访问 SQL Server 2014 数据库了。至于其他类型数据库，如 MySQL、Oracle 等也是一样，只不过需要导入的驱动程序包不同而已。

## 15.4.2 创建数据库和表

**【例 15.1】** 编写 JDBC 应用程序，创建 xscj 数据库并在其中建立 xs 表。

CreateDbTable.java

```
package org.jdbc;
/** 导入 Java 数据库编程所需的类和接口（全部位于 java.sql.*包下），故也可简单地只用一句“import java.sql.*”，效果相同*/
import java.sql.Connection;
import java.sql.DriverManager;
import java.sql.ResultSet;
import java.sql.SQLException;
import java.sql.Statement;
import java.sql.PreparedStatement;
public class CreateDbTable {
    public static void main(String[] args) {
        ResultSet rs = null;
        Statement stmt = null;
        Connection conn = null;
        PreparedStatement pstmt = null;
```

```
        try {
            /** 这段代码是加载驱动和创建数据库连接的，对于访问不同类型的数据库（如
MySQL、Oracle 等），仅仅是这段代码不一样，只要将驱动类名、连接字符串 url 改为对应数据库的即可，
其他 Java 程序代码均不用作任何改动*/
            /* 加载并注册 SQLServer 2014 的 JDBC 驱动 */
            Class.forName("com.microsoft.sqlserver.jdbc.SQLServerDriver");
            /* 创建到 SQLServer 2014 的连接 */
            conn = DriverManager.getConnection("jdbc:sqlserver://localhost:1433", "sa", "123456");
            /* 访问数据库，执行 SQL 语句 */
            stmt = conn.createStatement();
            stmt.executeUpdate("create database xscj");              // 创建数据库
            stmt.executeUpdate("use xscj");                          // 使 xscj 成为当前数据库
            /* 创建表结构 */
            stmt.executeUpdate("create table xs(id int not null primary key, name char(10) not null,
profession char(20) not null)");
            /* 以批处理方式录入数据 */
            stmt.addBatch("insert into xs values(15101, '李红庆', '计算机')");
            stmt.addBatch("insert into xs values(15102, '张强', '计算机')");
            stmt.executeBatch();                                     // 批量处理
            /* 以预编译的 SQL 语句录入数据 */
            pstmt = conn.prepareStatement("insert into xs values(?,?,?)");
            pstmt.setInt(1, 15201);
            pstmt.setString(2, "周何骏");
            pstmt.setString(3, "计算机");
            pstmt.executeUpdate();
            /* 查看结果 */
            rs = stmt.executeQuery("select * from xs");
            while(rs.next()) {
                System.out.print(rs.getInt("id"));
                System.out.print(rs.getString("name"));
                System.out.print(rs.getString("profession"));
                System.out.println();
            }
        /** 以下为异常捕获和处理的代码段，在每个 Java 数据库程序中都会用到，
            内容和结构也大同小异 */
        } catch(ClassNotFoundException e) {
            e.printStackTrace();
        } catch(SQLException e) {
            e.printStackTrace();
        } finally {
            try {
                if(rs != null) {
                    rs.close();                                      // 关闭 ResultSet 对象
                    rs = null;
                }
                if(stmt != null) {
                    stmt.close();                                    // 关闭 Statement 对象
```

```
                    stmt = null;
                }
                if(conn != null) {
                    conn.close();                               // 关闭 Connection 对象
                    conn = null;
                }
            } catch(SQLException e) {
                e.printStackTrace();
            }
        }
    }
}
```

程序运行结果：

```
15101 李红庆      计算机
15102 张强        计算机
15201 周何骏      计算机
```

**说明**：在以上程序中还用到了批量处理，这里作个简要说明。有时，在程序中需要向数据库插入、更新或删除大批量的数据，如果只是使用 Statement 接口的 execute()方法或 executeUpdate()方法依次提交更新，这种方式低效也不方便。为解决这个问题，从 JDBC 2.0 开始，允许程序执行批量更新操作，它能显著提高操作数据库的效率。在 Statement 接口中提供了批量更新操作的方法。

（1）**void addBatch(String sql) throws SQLException**：将给定的 SQL 命令添加到此 Statement 对象的当前命令列表中。

（2）**int[ ] executeBatch() throws SQLException**：将一批命令提交给数据库来执行，如果全部命令执行成功，则返回更新计数组成的数组。返回数组的 int 元素的排序对应于批中的命令，批中的命令根据被添加到批中的顺序排序。

## 15.4.3　操作数据库

**【例 15.2】**向 xscj 数据库的 xs 表中添加记录、修改记录、删除记录。

UseDb.java

```
package org.jdbc;
import java.sql.*;                                      // 导入数据库编程所需的类和接口
public class UseDb {
    public static void main(String[] args) {
        ResultSet rs = null;
        Statement stmt = null;
        Connection conn = null;
        try {
            /* 加载并注册 SQLServer 2014 的 JDBC 驱动 */
            Class.forName("com.microsoft.sqlserver.jdbc.SQLServerDriver");
            /* 创建到 SQLServer 2014 的连接 */
            conn = DriverManager.getConnection("jdbc:sqlserver://localhost:
1433;databaseName=xscj", "sa", "123456");
            /* 访问数据库，执行 SQL 语句 */
            stmt = conn.createStatement();
            System.out.println("初始时，数据库表内容为：");
```

```
            rs = stmt.executeQuery("select * from xs");
            while(rs.next()) {
                System.out.print(rs.getInt("id"));
                System.out.print(rs.getString("name"));
                System.out.print(rs.getString("profession"));
                System.out.println();
            }
            /* 添加记录 */
            String sql1 = "insert into xs values(15202, '王林', '软件工程')";
            stmt.executeUpdate(sql1);
            /* 修改记录 */
            String sql2 = "update xs set profession = '软件工程' where id = 15201";
            stmt.executeUpdate(sql2);
            /* 删除记录 */
            String sql3 = "delete from xs where id = 15102";
            stmt.executeUpdate(sql3);
            System.out.println("执行增删改操作后，表的内容变成：");
            rs = stmt.executeQuery("select * from xs");
            while(rs.next()) {
                System.out.print(rs.getInt("id"));
                System.out.print(rs.getString("name"));
                System.out.print(rs.getString("profession"));
                System.out.println();
            }
        } catch(ClassNotFoundException e) {
            e.printStackTrace();
        } catch(SQLException e) {
            e.printStackTrace();
        } finally {
            try {
                if(rs != null) {
                    rs.close();                      // 关闭 ResultSet 对象
                    rs = null;
                }
                if(stmt != null) {
                    stmt.close();                    // 关闭 Statement 对象
                    stmt = null;
                }
                if(conn != null) {
                    conn.close();                    // 关闭 Connection 对象
                    conn = null;
                }
            } catch(SQLException e) {
                e.printStackTrace();
            }
        }
    }
```

```
}
```

程序运行结果：

```
初始时，数据库表内容为：
15101 李红庆    计算机
15102 张强      计算机
15201 周何骏    计算机
执行增删改操作后，表的内容变成：
15101 李红庆    计算机
15201 周何骏    软件工程
15202 王林      软件工程
```

### 15.4.4 事务处理

事务处理是由单一的逻辑单位完成的一系列操作，它由一系列对数据库的操作组成。事务处理在数据库系统中主要用来实现数据完整性，所有遵守 JDBC 规范的 JDBC 驱动程序都支持事务处理。当在一个事务中执行多个操作时，只有所有操作成功才意味着整个事务成功。只要有一个操作失败，整个事务就失败，该事务会回滚（rollback）到最初的状态。

当一个连接对象被创建时，默认情况下事务被设置为自动提交状态。这意味着每次执行一条 SQL 语句时，如果执行成功，就会自动调用 commit()方法向数据库提交，也就不能再回滚了。为了将多条 SQL 语句作为一个事务执行，可以设置 Connection 对象的 setAutoCommit(false)。然后在所有的 SQL 语句成功执行后，显式调用 Connection 对象的 commit()方法来提交事务，或者在执行出错时调用 Connection 对象的 rollback()方法来回滚事务。

**【例 15.3】**使用事务处理功能向 xscj 数据库的 xs 表中添加数据。

ProcTransaction.java

```
package org.jdbc;
import java.sql.*;                                    // 导入数据库编程所需的类和接口
public class ProcTransaction {
    public static void main(String[] args) {
        ResultSet rs = null;
        Statement stmt = null;
        Connection conn = null;
        try {
            /* 加载并注册 SQLServer 2014 的 JDBC 驱动 */
            Class.forName("com.microsoft.sqlserver.jdbc.SQLServerDriver");
            /* 创建到 SQLServer 2014 的连接 */
            conn = DriverManager.getConnection("jdbc:sqlserver://localhost:
                1433;databaseName=xscj", "sa", "123456");
            conn.setAutoCommit(false);                // 禁用自动提交
            /* 访问数据库，执行 SQL 语句 */
            stmt = conn.createStatement();
            stmt.addBatch("insert into xs values(15301, '李明', '通信工程')");
            stmt.addBatch("insert into xs values(15302, '赵琳', '通信工程')");
            stmt.addBatch("insert into xs values(15303, '吴伟', '通信工程')");
            stmt.executeBatch();                      // 提交一批命令
            conn.commit();                            // 提交事务
            conn.setAutoCommit(true);                 // 开启自动提交
```

```
            stmt = conn.createStatement();
            rs = stmt.executeQuery("select * from xs");
            while(rs.next()) {
                System.out.print(rs.getInt("id"));
                System.out.print(rs.getString("name"));
                System.out.print(rs.getString("profession"));
                System.out.println();
            }
        } catch(ClassNotFoundException e) {
            e.printStackTrace();
        } catch(SQLException e) {
            e.printStackTrace();
            try {
                if(conn != null) {
                    conn.rollback();                    // 回滚事务
                    conn.setAutoCommit(true);           // 开启自动提交
                }
            } catch(SQLException e1) {
                e1.printStackTrace();
            }
        } finally {
            try {
                if(rs != null) {
                    rs.close();                         // 关闭 ResultSet 对象
                    rs = null;
                }
                if(stmt != null) {
                    stmt.close();                       // 关闭 Statement 对象
                    stmt = null;
                }
                if(conn != null) {
                    conn.close();                       // 关闭 Connection 对象
                    conn = null;
                }
            } catch(SQLException e) {
                e.printStackTrace();
            }
        }
    }
}
```

程序运行结果：

```
15101 李红庆    计算机
15201 周何骏    软件工程
15202 王林      软件工程
15301 李明      通信工程
15302 赵琳      通信工程
15303 吴伟      通信工程
```

## 15.5 综合实例

在这个综合实例中，结合前面章节所讲的 AWT 和 Swing 开发技术，做出一个具有 GUI 界面的程序，以图形界面方式操作 xscj 数据库中的学生信息。

StuTabForm.java

```
package org.jdbc;
import java.awt.*;                                          // 导入图形界面开发包
import java.awt.event.*;
import javax.swing.*;
import javax.swing.table.*;                                 // 此包中含表格模板组件
import java.sql.*;                                          // 导入数据库编程所需的类和接口
public class StuTabForm {
    /** 设计图形界面并布局 */
    JFrame f = new JFrame("学生信息操作");                  // 主窗口
    JLabel lId = new JLabel("学号：", JLabel.LEFT);
    JTextField tfId = new JTextField(10);
    JPanel jp1 = new JPanel();                              // “学号”栏所在的子面板
    JLabel lName = new JLabel("姓名：", JLabel.LEFT);
    JTextField tfName = new JTextField(10);
    JPanel jp2 = new JPanel();                              // “姓名”栏所在的子面板
    JLabel lPro = new JLabel("专业：", JLabel.LEFT);
    JTextField tfPro = new JTextField(10);
    JPanel jp3 = new JPanel();                              // “专业”栏所在的子面板
    JPanel jpl = new JPanel(new GridLayout(3, 1, 0, 2));    // 填写学生信息表单的面板，网格布局
    /* 设计表格用于显示 xs 表里的数据 */
    static String[] field = {"学号", "姓名", "专业"};       // 定义表格的列标题
    static Object[][] data;                                 // 存放表格数据的对象数组
    static DefaultTableModel mod = new DefaultTableModel(data, field);    // 定义表格模型
    JTable tab = new JTable(mod);                           // 用模型 mod 来创建表格
    JScrollPane jsp = new JScrollPane();                    // 创建一个滚动容器（因表格本身没有滚动条）
    /* 创建界面上的操作按钮 */
    JButton bIns = new JButton("插入");
    JButton bUpd = new JButton("更新");
    JButton bDel = new JButton("删除");
    JButton bQue = new JButton("查询");
    JPanel jpb = new JPanel(new GridLayout(4, 1, 0, 10));

    static ResultSet rs = null;
    static Statement stmt = null;
    static Connection conn = null;
    /* 初始化块中创建数据库连接 */
    static {
        try {
            /* 加载并注册 SQLServer 2014 的 JDBC 驱动 */
            Class.forName("com.microsoft.sqlserver.jdbc.SQLServerDriver");
```

```
            /* 创建到 SQLServer 2014 的连接 */
            conn = DriverManager.getConnection("jdbc:sqlserver://localhost:
                1433;databaseName=xscj", "sa", "123456");
            /* 访问数据库，执行 SQL 语句 */
            stmt = conn.createStatement();
        } catch(Exception e) {
            e.printStackTrace();
        }
    }

    void go() {                                 /** 在此方法内实现对整个界面的布局 */
        /* 总体布局 */
        f.add("North", jpl);
        f.add("Center", jsp);
        f.add("East", jpb);
        /* 学生信息表单栏的布局 */
        jp1.add(lId);
        jp1.add(tfId);
        jp2.add(lName);
        jp2.add(tfName);
        jp3.add(lPro);
        jp3.add(tfPro);
        jpl.add(jp1);
        jpl.add(jp2);
        jpl.add(jp3);
        /* 放置数据表格组件 */
        jsp.getViewport().add(tab);
        /* 按钮布局 */
        jpb.add(bIns);
        jpb.add(bUpd);
        jpb.add(bDel);
        jpb.add(bQue);
        /* 注册按钮事件监听器 */
        bIns.addActionListener(new ButtonH(1));
        bUpd.addActionListener(new ButtonH(2));
        bDel.addActionListener(new ButtonH(3));
        bQue.addActionListener(new ButtonH(4));
        /* 注册表格事件监听器 */
        tab.addMouseListener(new TableH());

        f.setSize(340, 280);
        f.setVisible(true);
        f.setDefaultCloseOperation(JFrame.EXIT_ON_CLOSE);
    }

    static void preview() {                     /** 预览数据库 xs 表里的数据 */
        try {
```

```
                mod.setRowCount(0);                     // 清空表格原有的数据
                // 查询并显示当前 xs 表的数据
                rs = stmt.executeQuery("select * from xs");
                while(rs.next()) {
                    Object[] data = {rs.getInt("id"), rs.getString("name"), rs.getString("profession")};
                    mod.addRow(data);                   // 添加显示新记录
                }
            } catch(SQLException e) {
                e.printStackTrace();
            } finally {
                try {
                    if(rs != null) {
                        rs.close();                     // 关闭 ResultSet 对象
                        rs = null;
                    }
                } catch(SQLException e) {
                    e.printStackTrace();
                }
            }
        }

    public static void main(String[] args) {
        StuTabForm that = new StuTabForm();
        that.go();                                      // 初始化界面
        preview();                                      // 数据预览
    }

    class ButtonH implements ActionListener {           // 按钮事件监听器 ButtonH 实现了 ActionListener
        int sel;
        ButtonH(int select) {
            sel = select;
        }
        public void actionPerformed(ActionEvent e) {
            if(sel == 1) {                              // 当单击了“插入”按钮时
                try {
                    String sql = "insert into xs values(" + tfId.getText() + ", '" + tfName.getText()
+ "', '" + tfPro.getText() + "')";
                    stmt.executeUpdate(sql);
                    preview();
                } catch(SQLException e1) {
                    e1.printStackTrace();
                }
            }
            if(sel == 2) {                              // 当单击了“更新”按钮时
                try {
                    String sql = "update xs set profession = '" + tfPro.getText() + "', name = '" +
tfName.getText() + "' where id = " + tfId.getText();
```

```
                stmt.executeUpdate(sql);
                preview();
            } catch(SQLException e1) {
                e1.printStackTrace();
            }
        }
        if(sel == 3) {                          // 当单击了“删除”按钮时
            try {
                // 获取当前选中的学生学号
                int cid = (Integer)tab.getValueAt(tab.getSelectedRow(), 0);
                String sql = "delete from xs where id = " + Integer.toString(cid);
                stmt.executeUpdate(sql);
                preview();
            } catch(SQLException e1) {
                e1.printStackTrace();
            }
        }
        if(sel == 4) {                          // 当单击了“查询”按钮时
            try {
                if(tfId.getText() == "") {
                    preview();          // 默认查询 xs 表的所有学生信息
                }else {
                    String sql = "select * from xs where id like '%" + tfId.getText() + "%'";
                                        // 支持对学号的模糊匹配查询
                    mod.setRowCount(0);
                    rs = stmt.executeQuery(sql);
                    while(rs.next()) {
                        Object[] data = {rs.getInt("id"), rs.getString("name"), rs.getString("profession")};
                        mod.addRow(data);
                    }
                }
            } catch(SQLException e1) {
                e1.printStackTrace();
            } finally {
                try {
                    if(rs != null) {
                        rs.close();                 // 关闭 ResultSet 对象
                        rs = null;
                    }
                } catch(SQLException e1) {
                    e1.printStackTrace();
                }
            }
        }
    }
}
```

```
        class TableH extends MouseAdapter {
        /* 表格事件监听器 TableH 继承 MouseAdapter，能对鼠标操作表格的动作作出响应 */
            public void mouseClicked(MouseEvent e) {
                /* 将鼠标单击选中行的学生信息显示到表单栏中 */
                int row, cid;
                String cname, cpro;
                row = tab.getSelectedRow();                             // 取表格 tab 中的当前行号
                cid = (Integer)tab.getValueAt(row, 0);                  // 当前选中行的学号
                cname = (String)tab.getValueAt(row, 1);                 // 当前选中行的姓名
                cpro = (String)tab.getValueAt(row, 2);                  // 当前选中行的专业
                // 各项信息填入上方表单栏
                tfId.setText(Integer.toString(cid));
                tfName.setText(cname);
                tfPro.setText(cpro);
            }
        }
    }
```

运行程序，读者可试着对数据库 xs 表中的数据进行增删改查操作，操作的结果将实时地在图形界面上反映出来，效果如图 15.6 所示，非常直观易用。

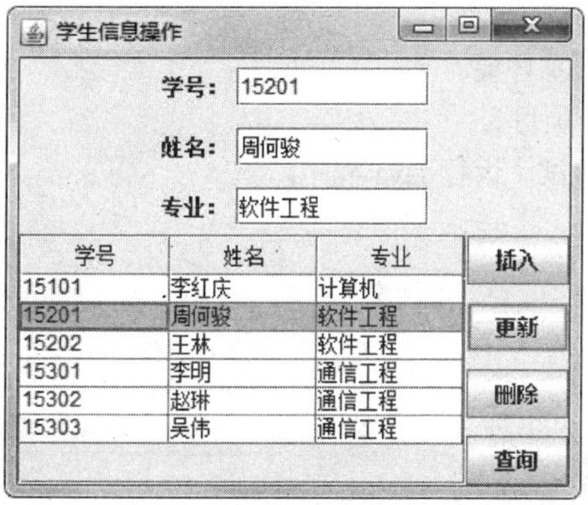


图 15.6　图形化操作数据库

# 第 2 部分　实　　验

计算机学科是一门实践性很强的学科。计算机应用能力的培养和提高，要靠大量的上机实验。为了配合本书的学习，这里汇集了 Java 的上机实验题，可以在前面各章节的学习过程中选择相应的实验题进行上机操作，加深对 Java 的理解和培养实际编程能力。本书的实验练习全部在 Eclipse 环境下调试、编译和运行。

## 实验 1　Java 语言及编程环境

### 实验目的

（1）熟悉 Eclipse 的集成开发环境。
（2）开发一个基本的 Java 项目。
（3）在 Eclipse 中编辑、调试、运行 Java 程序。

### 实验准备

（1）复习第 1 章中有关内容。
（2）安装 Eclipse。

### 实验内容

**【实验 1.1】** 按照 1.2.2 节的指导步骤，创建一个 Java 项目，项目名为“MyProject_01”，在项目 src 下创建包“org.exercise”，再在包中创建 Java 类，类名“HelloWorld”，输入如下源程序。

HelloWorld.java

```
package org.exercise;
public class HelloWorld {
	int x = 11;
	String s = "hello world";
	public static void main(String[] args) {
		HelloWorld hw = new HelloWorld();
		System.out.println(hw.s + "    " + hw.x);
	}
}
```

程序运行结果：

```
hello world    11
```

Eclipse 提供了编辑、调试和运行 Java 程序的便利性。比如，在上面的 HelloWorld.java 程序中，若想把成员变量“x”的名字改为“words”，只要在变量“x”上右击，在弹出的快捷菜单中选择“Refactor”，并在其下级菜单中选择“Rename”，输入新名字“words”即可，程序中凡是引用到该变量的地方都会相应地自动变更为新名，这极大地方便了代码维护，如图 T1.1 所示。类名和包名的重新命名需要在左边的导航器中进行，方式也与上面的一样。

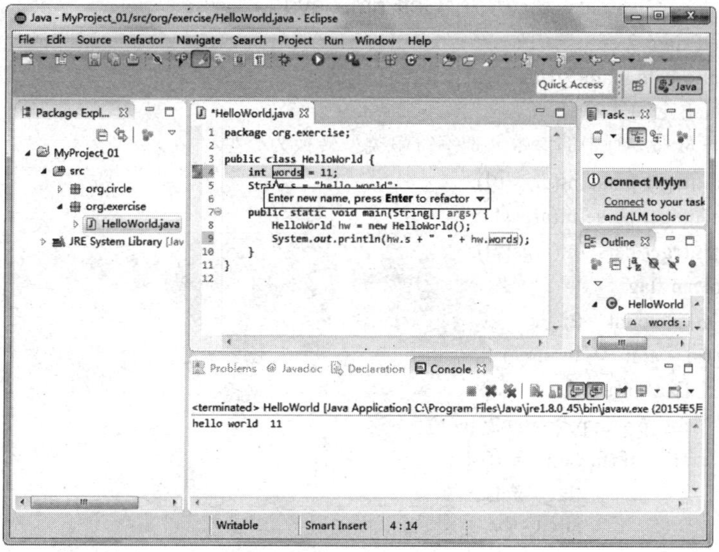


图 T1.1 用 Eclipse 维护程序变量名的一致性

## 思考与练习

（1）在代码中制造一些错误，如将 String 改为 string、将分号改为其他标点符号如逗号等，运行程序，观看效果。

（2）依照【例 1.1】程序，分别求半径为 2、3.7 和 5.12 的圆面积。

# 实验 2 Java 语法基础

## 实验目的

（1）掌握 Java 基本语句的使用。

（2）熟练运用 Java 的数组。

## 实验准备

（1）复习第 2 章中有关内容。

（2）打开 Eclipse 集成开发环境。

## 实验内容

**【实验 2.1】**求 a 到 b 之间的所有质数，每行显示 c 个数。a、b、c 的值通过命令行传递。

GetPrime.java

```
public class GetPrime {
        public static void main(String args[]) {
                int a, b, c;
                // 读取命令行中的参数并把字符串类型转换为整型
                a = Integer.parseInt(args[0]);
                b = Integer.parseInt(args[1]);
                c = Integer.parseInt(args[2]);
                boolean flag;
                int m, p, count = 0;
                for (m = a; m <= b; m++) {
                        flag = true;
                        for (p = 2; p <= m / 2; p++)
                                if (m % p = = 0) {
                                        flag = false;
                                        break;
                                }
                        if (flag) {
                                System.out.print(m + "\t");
                                count++;
                                if (count % c = = 0)                    // 每行中只输出 c 个数
                                        System.out.println();
                        }
                }
        }
}
```

用本书第 2 章介绍的操作方法（见图 2.1）打开“Run Configurations”窗口，配置程序运行时的输入参数，在“Arguments”标签页的“Program arguments”栏输入“10 500 8”，然后单击“Run”按钮运行程序，结果为：

```
11      13      17      19      23      29      31      37
41      43      47      53      59      61      67      71
73      79      83      89      97      101     103     107
109     113     127     131     137     139     149     151
157     163     167     173     179     181     191     193
197     199     211     223     227     229     233     239
241     251     257     263     269     271     277     281
283     293     307     311     313     317     331     337
347     349     353     359     367     373     379     383
389     397     401     409     419     421     431     433
439     443     449     457     461     463     467     479
487     491     499
```

【实验 2.2】输入两个整数 m 和 n，求其最大公约数和最小公倍数。

CommonMultiply.java

```
public class CommonMultiply {
    public static void main(String[] args) {
        int m, n, r, gcd, lcm = 0;
        m = Integer.parseInt(args[0]);                    // 把字符串转换为整型
        n = Integer.parseInt(args[1]);
        lcm = m * n;
        while ((r = m % n) != 0) {
            m = n;
            n = r;
        }
        gcd = n;
        lcm = lcm / gcd;
        System.out.println("最大公约数:"+gcd);            // 打印出最大公约数
        System.out.println("最小公倍数:"+lcm);            // 打印出最小公倍数
    }
}
```

用本书第 2 章介绍的操作方法（见图 2.1）打开“Run Configurations”窗口，配置程序运行时的输入参数，在“Arguments”标签页的“Program arguments”栏输入“9 15”，然后单击“Run”按钮运行程序，结果为：

```
最大公约数:3
最小公倍数:45
```

【实验 2.3】运用 Java 的二维数组打印“魔方阵”。所谓魔方阵是指这样的方阵，它的每一行、每一列和对角线之和均相等。要求打印 1～25 由自然数构成的魔方阵。

**思路分析：**

（1）第一个位置在第一行的正中；

（2）新位置应当处于最近一个插入位置的右上方，但若右上方位置已超出方阵的上边界，则新位置取应选列的最下一个位置，若超出右边界则新位置取应选行的最左一个位置；

（3）若最近一个插入的元素为 $n$ 的整数倍，则选下面一行同列上的位置为新位置。

Magics.java

```
public class Magics {
    public static void main(String[] args) {
        int i = 0;
        int j = 0;
        int m = 0;
        int n = 5;
        j = (n + 1) / 2 - 1;
        int[][] a = new int[n][n];
        a[i][j] = ++m;                 // 第一个数在第一行正中
        while (m < n * n) {
            i--;
            j++;
            // 最近插入的元素为 n 的整数倍时，则选下面一行同列上的位置为新位置
            if (m % n == 0 && m > 1) {
```

```
                i = i + 2;
                j = j - 1;
            }
            if (i < 0)                 // 超出方阵上边界，则新位置取应选列的最下一个位置
                i = i + n;
            if (j > (n - 1))           // 超出方阵右边界，则新位置取应选行的最左一个位置
                j = j - n;
            a[i][j] = ++m;
        }
        for (i = 0; i < n; i++) {
            for (j = 0; j < n; j++) {
                System.out.print(a[i][j]+"\t");
            }
            System.out.println();
        }
    }
}
```

程序运行结果：

```
17    24    1     8     15
23    5     7     14    16
4     6     13    20    22
10    12    19    21    3
11    18    25    2     9
```

**【实验 2.4】**运用 Java 的二维数组求出两个矩阵相乘的值。在程序中，a1 是一个 2×3 的矩阵，b1 是一个 3×2 的矩阵，求出这两个矩阵的积。

MatrixDemo.java

```
public class MatrixDemo {
    public static void main(String[] args) {
        int[][] a1 = { { 1, 2, 3 }, { 4, 5, 6 } };
        int[][] b1 = { { 1, 2 }, { 3, 4 }, { 5, 6 } };
        int[][] c1 = new int[2][2];
        for (int row = 0; row < 2; row++) {
            for (int col = 0; col < 2; col++) {
                c1[row][col] = 0;
                for (int k = 0; k < 3; k++)
                    c1[row][col] += a1[row][k] * b1[k][col];
            }
        }
        for (int row = 0; row < 2; row++) {
            for (int col = 0; col < 2; col++)
                System.out.print(" " + c1[row][col]);
            System.out.println();
        }
    }
}
```

程序运行结果：

```
22  28
49  64
```

## 思考与练习

（1）求 2～400 之间的所有质数，每行显示 5 个。

（2）求 1!+2!+3!+4!+5!的和。

（3）一个数如果恰好等于它的因子之和，这个数就称为“完数”。例如，6 的因子为 1、2、3，而 6 = 1+2+3，因此 6 是“完数”。编写程序找出 1000 以内的所有“完数”。

（4）将一个数组中值按逆序重新存放。例如，原来顺序为 15、12、9、6、3，要求改为 3、6、9、12、15。

# 实验 3　Java 类与对象

## 实验目的

（1）掌握面向对象的思想，用面向对象的思维编写 Java 程序。

（2）掌握方法的重载和理解 static 关键字。

（3）理解递归的原理。

## 实验准备

（1）复习第 3 章的有关内容。

（2）打开 Eclipse 集成开发环境。

## 实验内容

**【实验 3.1】** 根据所传递的参数的数据类型调用适当的 max()方法。

TestOverLoad.java

```java
public class TestOverLoad {
        void max(int a , int b) {
                System.out.print("int: ");
                System.out.println( a > b ? a : b );
        }
        void max(short a , short b) {
                System.out.print("short: ");
                System.out.println( a > b ? a : b );
        }
        void max(double a, double b) {
                System.out.print("double: ");
```

```
        System.out.println( a > b ? a : b );
    }
    public static void main(String[] args) {
        TestOverLoad t = new TestOverLoad();
        t.max(300, 400);
        short a = 100;
        short b = 110;
        t.max(a, b);
        t.max(300.5, 400.5);
    }
}
```

程序运行结果：

```
int: 400
short: 110
double: 400.5
```

【实验 3.2】使用 static 关键字修饰类的成员和代码块。

StaticDemo.java

```
class StaticDemo {
    static int m = 10;                              // 静态变量
    static int n;
    static void method(int a){                      // 静态方法
        System.out.println("a = " + a);
        System.out.println("m = " + m);
        System.out.println("n = " + n);
    }
    static {                                        // 静态代码块
        System.out.println("static block    is initialized.");
        n = m * 4;
    }
    public static void main(String args[]) {
        method(42);
    }
}
```

程序运行结果：

```
static block    is initialized.
a = 42
m = 10
n = 40
```

【实验 3.3】编写具有两个（重载）构造方法的类，并在第一个构造方法中通过 this 调用第二个构造方法。

OverloadedConstructors.java

```
package org.overload;
class Teacher {
    Teacher(int i) {
        this("doctor");                             // 在构造方法中位于第一条语句
        int yearsTraining = i;
```

```
            System.out.println("The teacher teaches     " + i + " years ");
        }
        Teacher(String s) {
            String degree = s;
            System.out.println("The teacher's degree     is " + s );
        }
        void teach() {
            System.out.println("teacher teaches very good!");
        }
}
public class OverloadedConstructors {
        public static void main(String[] args) {
            new Teacher(8).teach();
        }
}
```

程序运行结果：

```
The teacher's degree     is doctor
The teacher teaches     8 years
teacher teaches very good!
```

**【实验 3.4】**设计一个递归程序，计算 n!。

**分析**：n = n * (n-1)!，当 n = 0 时，0!= 1。

Factorial.java

```
public class Factorial {
        static int F(int n) {
            return n == 0 ? 1 : n * F(n - 1);
        }
        public static void main(String[] args) {
            System.out.println("10!是：" + F(10));
        }
}
```

程序运行结果：

```
10!是：3628800
```

## 思考与练习

（1）为什么 main()方法是静态的？

（2）创建一个重载构造器的类，令其接受一个字符串参数，并在构造器中把自己的信息和接受的参数打印出来。

（3）创建 Person 类，分别用 3 种构造方法创建 3 个 Person 对象。

（4）设计一个 Java 的递归程序，打印出 2 + 4 + 6 +…+ 100 之和。

# 实验 4　Java 面向对象编程

## 实验目的

（1）掌握 Java 的接口、继承和多态。
（2）掌握类的初始化顺序。

## 实验准备

（1）复习第 4 章的内容，重点掌握 Java 的继承和多态。
（2）进入 Eclipse 集成开发环境。

## 实验内容

**【实验 4.1】**一个子类继承父类，运行程序可以观察父类与子类的初始化顺序。

Cartoon.java

```
class Art {
	Art() {
		System.out.println("Art constructor");
	}
}
class Drawing extends Art {
	Drawing() {
		System.out.println("Drawing constructor");
	}
}
public class Cartoon extends Drawing {
	public Cartoon() {
		System.out.println("Cartoon constructor");
	}
	public static void main(String[] args) {
		Cartoon cart = new Cartoon();
	}
}
```

程序运行结果：

```
Art constructor
Drawing constructor
Cartoon constructor
```

**【实验 4.2】**综合运用继承与多态的知识。

C.java

```
package org.extend;
```

```
class A {
    public void method1() {
        System.out.println("invoke A method1");
    }
    public void method2() {
        method1();
    }
}
class B extends A {
    public void method3() {
        System.out.println("invoke B method3");
    }
}
class C {
    public static void main(String[] args) {
        B b = new B();
        A a = b;                                    // 向上类型转换
        callA(a);
        callA(new B());
    }
    public static void callA(A a) {
        B b = (B) a;                                // 强制类型转换
        b.method1();
        b.method2();
        b.method3();
    }
}
```

程序运行结果：

```
invoke A method1
invoke A method1
invoke B method3
invoke A method1
invoke A method1
invoke B method3
```

**说明**：从程序运行结果可以看出，程序能够自动将类 B 的实例对象 b 直接赋值给 A 类的引用类型变量，即子类能够自动转换成父类型，也就是发生了向上类型转换。当想把一个父类型的对象赋值给子类型，则必须进行强制类型转换。

**【实验 4.3】**创建一个带 final 方法的类，由此继承产生一个类并重写该方法。

FinalOverrideEx.java

```
package org.extend;
class FinalMethod {
    final void f() {                                // final 方法
        System.out.println("FinalMethod.f()");
    }
    void g() {
        System.out.println("FinalMethod.g()");
```

```
        }
        final void h() {
                System.out.println("FinalMethod.h()");
        }
}
class OverrideFinal extends FinalMethod {
        public void g() {                                       // 重写父类的 g()方法
                System.out.println("OverrideFinal.g()");
        }
}
public class FinalOverrideEx {
        public static void main(String[] args) {
                OverrideFinal of = new OverrideFinal();
                of.f();
                of.g();
                of.h();
                FinalMethod wf = of;
                wf.f();
                wf.g();
                wf.h();
        }
}
```

程序运行结果：

```
FinalMethod.f()
OverrideFinal.g()
FinalMethod.h()
FinalMethod.f()
OverrideFinal.g()
FinalMethod.h()
```

### 思考与练习

（1）编写一个程序，使其能够展示父类与子类的初始化顺序，并向其父类和子类中添加成员对象，说明构建期间初始化发生的顺序。

（2）创建一个包含两个方法的父类。在第一个方法中可以调用第二个方法。再产生一个继承该父类的子类，且覆盖父类的第二个方法。为该子类创建一个对象，将它向上转型到父类型并调用第一个方法。

（3）创建一个含有 static final 变量和 final 类。

## 实验 5　Java 常用类

### 实验目的

掌握 Java 常用类的使用。

## 实验准备

（1）进入 Eclipse 集成开发环境。

（2）复习第 5 章的内容，掌握 Java 常用类的使用和正则表达式。

## 实验内容

**【实验 5.1】**统计一个字符串中单词的个数。设单词之间用一个或多个空格分隔，该字符串只由字母与空格组成。

TestString.java

```
import java.util.*;
public class TestString {
    public static void main(String[] args) {
        String data = "This is a String";
        StringTokenizer st = new StringTokenizer(data);
        int count = st.countTokens();                    // 计算单词总数
        System.out.println("原串是：" + data);
        System.out.println("各个单词如下：");
        while (st.hasMoreTokens()) {                    // 还有子串时
            String s = st.nextToken();                  // 取出下一个子串
            System.out.println(s);
        }
        System.out.println("单词总数：" + count);
    }
}
```

程序运行结果：

```
原串是：This is a String
各个单词如下：
This
is
a
String
单词总数：4
```

**【实验 5.2】**使用正则表达式获取文本文件中的邮箱地址。

EmailSpider.java

```
import java.io.BufferedReader;
import java.io.*;
import java.util.regex.*;
public class EmailSpider {
    public static void main(String[] args) {
        try {
            BufferedReader br = new BufferedReader(new FileReader("d:\\test.txt"));
            String line = "";
            while((line=br.readLine()) != null) {
                parse(line);
```

```
            }
        } catch (FileNotFoundException e) {
            e.printStackTrace();
        } catch (IOException e) {
            e.printStackTrace();
        }
    }
    private static void parse(String line) {
        Pattern p = Pattern.compile("[\\w[.]]+@[\\w[.]]+\\.[\\w]+");   // 编译正则表达式
        Matcher m = p.matcher(line);                                    // 匹配邮箱地址
        while(m.find()) {
            System.out.println(m.group());                              // 打印匹配的邮箱地址
        }
    }
}
```

程序运行结果：

```
weiyanhong@163.com
zhangjun@sina.com
lifangfang@sina.com
zhaolin@yahoo.com.cn
chengming@hotmail.com
lingyifan@163.com
```

## 思考与练习

（1）设计一个类，统计一个字符串中单词的个数，设单词之间用一个或多个空格分隔，该字符串只由字母与空格组成。

（2）使用 Java 8 的日期时间包计算在当前日期的前 50 天是哪一天、星期几？

（3）编写程序读取一个 Java 源代码文件，打印出代码中的所有普通字符串。

（4）设计一个类，打印出 4 × 4 矩阵两对角线元素之和。

# 实验 6　Java 语言新特性

## 实验目的

熟悉 Java 的枚举及注解。

## 实验准备

（1）复习第 6 章的有关内容。

（2）打开 Eclipse 集成开发环境。

## 实验内容

【实验 6.1】设计一个枚举的程序，使用枚举类型常用的 values()方法和 ordinal()方法。

EnumClass.java

```
package org.enums;
enum Season{
    SPRING, SUMMER, AUTUMN, WINTER
}
public class EnumClass {
    public static void main(String[] args) {
        for (Season s : Season.values()) {                                    // 遍历 enum 实例
            //得到 enum 实例在声明的顺序
            System.out.print(s + " ordinal: " + s.ordinal());
            System.out.print(s.compareTo(Season.SUMMER) + " ");        // 比较是否相等
            System.out.print(s.equals(Season.SUMMER) + " ");
            System.out.print(s == Season.SUMMER);
            System.out.print(s.getDeclaringClass());
            System.out.println(s.name());
            System.out.println("----------------------");
        }
        for (String s : "SPRING SUMMER AUTUMN WINTER".split(" ")) {
            // 根据给定的名字返回相应的实例
            Season season = Enum.valueOf(Season.class, s);
        System.out.println(season);
        }
    }
}
```

程序运行结果：

```
SPRING ordinal: 0-1 false falseclass org.enums.SeasonSPRING
----------------------
SUMMER ordinal: 10 true trueclass org.enums.SeasonSUMMER
----------------------
AUTUMN ordinal: 21 false falseclass org.enums.SeasonAUTUMN
----------------------
WINTER ordinal: 32 false falseclass org.enums.SeasonWINTER
----------------------
SPRING
SUMMER
AUTUMN
WINTER
```

【实验 6.2】设计一个元注解程序，使用元注解@Documented。

DocumentedTest.java

```
package org.annotations;
import java.lang.annotation.Documented;
@Documented
```

```
@interface DocumentedAnnotations {                    // 自定义注解
    String studying();
}
public class DocumentedTest {
    @DocumentedAnnotations(studying = "Java")
    public void method() {
        System.out.println("Java is excellent");
    }
    public static void main(String[] args) {
        DocumentedTest usage = new DocumentedTest();
        usage.method();
    }
}
```

程序运行结果：

```
Java is excellent
```

## 思考与练习

（1）创建一个 enum，它包含纸币中的所有面值，通过 values()循环并打印每一个值及其 ordinal()。
（2）编写一个自定义的注解，并使用 4 种元注解。

# 实验 7　容器和泛型

## 实验目的

（1）掌握 Java 中常用容器的使用方法。
（2）理解泛型的作用。

## 实验准备

（1）复习第 7 章的有关内容。
（2）打开 Eclipse 集成开发环境。

## 实验内容

**【实验 7.1】** 统计一个大小写混合的字符串中，每一个英文字母的使用频度，要求小写字母全部转换成大写字母。

ConverseUpper.java

```
package org.container;
import java.util.*;
public class ConverseUpper {
```

```
    public static void main(String[] args) {
        String s = "afAsdfAsSgdfGdfgDfGsDfg";
        String str = s.toUpperCase();                // 将字符串中的所有字符转换成大写
        char[] num = str.toCharArray();              // 将字符串转换为 char 数组
        int i = num.length-1;
        TreeMap map = new TreeMap();                 // 创建一个 TreeMap 对象
        map.put(num[0], 1);
        for (int k=1; k<=i;k++){
            if(map.containsKey(num[k])){            // 如果在容器中已存在该字母，字母数加 1
                Integer j = (Integer) map.get(num[k]);
                map.put(num[k], ++j);
            }
            else map.put(num[k], 1);                 // 如果不存在，将该字母加入到容器中
        }
        System.out.println(map);
        List list = Collections.synchronizedList(new ArrayList());
    }
}
```

程序运行结果：

```
{A=3, D=5, F=6, G=5, S=4}
```

**【实验 7.2】**创建一个 Set 容器，用同样的数据多次填充 Set，然后验证此 Set 中有没有重复的元素。使用 HashSet、TreeSet 做此测试。

SetTest.java

```
package org.container;
import java.util.*;
public class SetTest {
    public static void main(String[] args) {
        HashSet<String> has = new HashSet<>();
        has.add("Struts");
        has.add("Hibernate");
        has.add("Spring");
        has.add("Struts");                              // 向 HashSet 容器中加入重复元素
        Iterator it = has.iterator();
        while(it.hasNext()){
            System.out.println(it.next());
        }
        TreeSet<Integer> ts = new TreeSet<>();
        ts.add(3);
        ts.add(5);
        ts.add(9);
        ts.add(6);
        ts.add(3);                                      //向 TreeSet 容器中加入重复元素
        Iterator it2 = ts.iterator();
        while(it2.hasNext()){
            System.out.println(it2.next());
        }
```

```
    }
}
```

程序运行结果：

```
Hibernate
Struts
Spring
3
5
6
9
```

**【实验 7.3】**设计一个泛型的示例，创建 Holder2 对象时指明是什么类型的对象，将其置于尖括号内。

Holder2.java

```
package org.generics;
class Automobile {}
class Holder1 {
    private Automobile a;
    public Holder1(Automobile a) {
        this.a = a;
    }
    Automobile get() {
        return a;
    }
}
public class Holder2<T> {
    private T a;
    public Holder2(T a) {
        this.a = a;
    }
    public void set(T a) {
        this.a = a;
    }
    public T get() {
        return a;
    }
    public static void main(String[] args) {
        // 持有 Automobile 类型的对象
        Holder2<Automobile> h2 =new Holder2<>(new Automobile());
        Automobile a = h2.get();
        // 持有 String 类型的对象
        Holder2<String> h3 = new Holder2<>(new String("generics"));
        // 持有 Integer 类型的对象
        Holder2<Integer> h4 = new Holder2<>(new Integer(12));
        String str = h3.get();
        int i = h4.get();
        System.out.println(str);
```

```
        System.out.println(i);
    }
}
```

程序运行结果：

```
generics
12
```

## 思考与练习

（1）设计一个类，写入一系列学生学号和姓名到 HashMap 容器中，并根据学号查找出对应的学生姓名。

（2）创建一个元音字母 Set，计数显示输入文件中所有元音字母的数量总和。

（3）创建一个 Holder 类，使其能够持有具有系统类型的 3 个对象，并提供相应的读/写方法访问这些对象，以及一个可以初始化其持有的 3 个对象的构造器。

（4）分别创建一个 ArrayList 和 LinkedList，比较其操作元素的方法的差异。

# 实验 8　Java 异常处理

## 实验目的

理解 Java 的异常处理。

## 实验准备

（1）进入 Eclipse 集成开发环境。

（2）复习第 8 章的内容，理解异常的抛出、捕获与处理。

## 实验内容

**【实验 8.1】** 设计一个异常处理程序，异常类型有除数是 0、空指针、数组越界等。

ExceptionTest.java

```
public class ExceptionTest {
    public static void main(String args[]) {
        for (int i = 0; i < 3; i++) {
            int k;
            try {
                switch (i) {
                case 0:
                    int a = 0;
                    k = 10 / a;                    // 除数为 0 异常
```

```
                        break;
                    case 1:                                         // 空指针异常
                        int b[] = null;
                        k = b[0];
                        break;
                    case 2:
                        int c[] = new int[5];
                        k = c[5];                                   // 数组索引越界异常
                        break;
                    }
                } catch (Exception e) {
                    System.out.println("\n 异常" + i + "\n");
                    System.out.println(e);
                }
            }
        }
}
```

程序运行结果：

```
异常 0
java.lang.ArithmeticException: / by zero
异常 1
java.lang.NullPointerException
异常 2
java.lang.ArrayIndexOutOfBoundsException: 5
```

## 思考与练习

定义一个对象引用并初始化为 null，用此引用调用方法。把这调用放在 try-catch 子句里以捕获异常。

# 实验 9　Java 输入/输出系统

## 实验目的

（1）掌握 Java 常用的 I/O 输入流和输出流。

（2）理解流的串接。

## 实验准备

（1）复习第 9 章的有关内容。

（2）进入 Eclipse 集成开发环境。

## 实验内容

【实验 9.1】求 a 到 b 之间的所有质数，每行显示 c 个，结果保存到文本文件中，并在文件的最后写入所求质数的个数。a、b、c 的值及文件名在程序运行时通过键盘输入。

GetPrimeToFile.java

```
package org.iostream;
import java.io.*;
public class GetPrimeToFile {
    public static void main(String arg[]) throws IOException {
        int a, b, c, count = 0, m, p;
        boolean flag;
        BufferedReader in = new BufferedReader(new InputStreamReader(System.in));
        System.out.println("请输入 a 的值：");
        a = Integer.parseInt(in.readLine());
        System.out.println("请输入 b 的值：");
        b = Integer.parseInt(in.readLine());
        System.out.println("请输入 c 的值：");
        c = Integer.parseInt(in.readLine());
        System.out.println("请输入要保存的文件名：");
        FileWriter out = new FileWriter(in.readLine());
        for (m = a; m <= b; m++) {
            flag = true;
            for (p = 2; p <= m / 2; p++)
                if (m % p == 0) {
                    flag = false;
                    break;
                }
            if (flag) {
                count++;
                out.write(m + "\t");
                if (count % c == 0)
                    out.write("\r\n");
            }
        }
        out.write("\r\n 共有" + count + "个素数");
        out.close();
        System.out.println("已完成");
    }
}
```

运行程序，根据提示符输入数值和文件名。

```
请输入 a 的值：↙
2
请输入 b 的值：↙
500
请输入 c 的值：↙
6
```

```
请输入要保存的文件名：↙
prime.txt
已完成
```

保存在 prime.txt 文件中的内容如下：

```
2    3    5    7    11   13
17   19   23   29   31   37
41   43   47   53   59   61
67   71   73   79   83   89
97   101  103  107  109  113
127  131  137  139  149  151
157  163  167  173  179  181
191  193  197  199  211  223
227  229  233  239  241  251
257  263  269  271  277  281
283  293  307  311  313  317
331  337  347  349  353  359
367  373  379  383  389  397
401  409  419  421  431  433
439  443  449  457  461  463
467  479  487  491  499
共有 95 个素数
```

**【实验 9.2】**利用文件流和缓冲流把一个文件 t12.txt 中的内容复制到文件 t13.txt 中。

BufferedFileCopy.java

```
package org.iostream;
import java.io.*;
public class BufferedFileCopy {
    public static void main(String[] args) {
        FileInputStream fis = null;
        FileOutputStream fos = null;
        BufferedInputStream bis = null;
        BufferedOutputStream bos = null;
        int c;
        try {
            // 文件输入流
            fis = new FileInputStream("C:/Users/Administrator/workspace/MyProject_09/src/org/iostream/t12.txt");
            bis = new BufferedInputStream(fis);          // 串接成带缓冲的输入流
            // 文件输出流
            fos = new FileOutputStream("C:/Users/Administrator/workspace/MyProject_09/src/org/iostream/t13.txt");
            bos = new BufferedOutputStream(fos);         // 串接成带缓冲的输出流
            while ((c = bis.read()) != -1)
                bos.write(c);
            bos.flush();                                 // 刷新流，强制输出
        } catch (FileNotFoundException e1) {
            System.out.println(e1);
        } catch (IOException e2) {
            System.out.println(e2);
        } finally {
```

```
                try {
                    if (fis != null)
                        fis.close();
                    if (fos != null)
                        fos.close();
                    if (bis != null)
                        bis.close();
                    if (bos != null)
                        bos.close();
                } catch (IOException e3) {
                    System.out.println(e3);
                }
            }
        }
}
```

运行程序，在“C:\Users\Administrator\workspace\MyProject_09\src\org\iostream”目录下建立 t12.txt 文件，输入 0 到 20 的数值，运行程序，将把 t12.txt 文件中的内容复制到 t13.txt 文件中。

**【实验 9.3】**从键盘上读入一个整数值 *n*，打印出 1+2+…+*n* 之和。

ComputeSum.java

```
package org.iostream;
import java.io.*;
public class ComputeSum {
public static void main(String[] args) throws Exception {
            BufferedReader kr = new BufferedReader(new InputStreamReader(System.in));
            // 键盘转换成一个能读取文本行的字符输入流
            String s;
            int n = 0;
            int sum = 0, k = 0;
            System.out.println("请输入一个整数值：");
            s = kr.readLine();                          // 从键盘读取一行
            n = Integer.parseInt(s);                    // 转换成整数值
            for (k = 1; k <= n; k++)
                sum = sum + k;
            System.out.println(" 1 + 2 +  …  +   " + n + "= " + sum);
    }
}
```

运行程序，在控制台中输入 100，按下回车键，程序运行结果：

```
请输入一个整数值：
100
1 + 2 +  …  + 100= 5050
```

## 思考与练习

（1）设计一个类，用来将文本文件中的内容一行一行地在屏幕上显示出来，每次读取一个文本行。

（2）设计一个类，用来从键盘上读入任意数量的字符，并写入到文本文件中，再把字符串从这个文件中复制到另一个文件中。

（3）统计一个字符串中英文字母和数字的个数。

（4）设字符串 String =“1 2 3 4 5 6 7 8 9”，用输入流逐个读取这个串的每个数，并在屏幕上输出。

# 实验 10　多线程

## 实验目的

（1）掌握两种创建多线程的方法。

（2）了解线程的并发与互斥。

## 实验准备

（1）复习第 10 章的有关内容。

（2）进入 Eclipse 集成开发环境。

## 实验内容

【实验 10.1】通过继承 Thread 类来创建多线程。

ThreadTest.java

```
class SimpleThread extends Thread {
	public SimpleThread(String str) {
		super(str);
	}
	public void run() {
		for (int i = 0; i < 10; i++) {
			System.out.println(i + " " + getName());
			try {
				sleep((int) (Math.random() * 1000));
			} catch (InterruptedException e) {
				e.printStackTrace();
			}
		}
	}
}
public class ThreadTest {
	public static void main(String[] args) {
		new SimpleThread("first thread is running.").start();			// 启动线程
		new SimpleThread("second thread is running.").start();
	}
}
```

程序运行结果：

```
0 first thread is running.
0 second thread is running.
1 second thread is running.
1 first thread is running.
2 second thread is running.
3 second thread is running.
2 first thread is running.
4 second thread is running.
5 second thread is running.
6 second thread is running.
3 first thread is running.
7 second thread is running.
4 first thread is running.
8 second thread is running.
9 second thread is running.
5 first thread is running.
6 first thread is running.
7 first thread is running.
8 first thread is running.
9 first thread is running.
```

**【实验 10.2】**一个线程优先级的程序。在程序中，通过 getPriority()方法获取现有线程的优先级，并且可以通过 setPriority()方法来修改线程优先级。

SimplePriorities.java

```
import java.util.concurrent.*;
public class SimplePriorities implements Runnable {
    private int countDown = 5;
    private volatile double d;
    private int priority;
    public SimplePriorities(int priority) {
        this.priority = priority;
    }
    public String toString() {
        return Thread.currentThread() + ": " + countDown;
    }
    public void run() {
        Thread.currentThread().setPriority(priority);          // 设置线程的优先级
        while (true) {
            for (int i = 1; i < 100000; i++) {
                d += (Math.PI + Math.E) / (double) i;
                if (i % 1000 == 0)
                Thread.yield();                                 // 线程让步
            }
            System.out.println(this);
            if (--countDown == 0)
                return;
        }
    }
```

```
    public static void main(String[] args) {
        ExecutorService exec = Executors.newCachedThreadPool();
        for (int i = 0; i < 5; i++)
            exec.execute(new SimplePriorities(Thread.MIN_PRIORITY));       // 最低优先级
        exec.execute(new SimplePriorities(Thread.MAX_PRIORITY));           // 最高优先级
        exec.shutdown();
    }
}
```

程序运行结果：

```
Thread[pool-1-thread-1,1,main]: 5
Thread[pool-1-thread-6,10,main]: 5
Thread[pool-1-thread-3,1,main]: 5
Thread[pool-1-thread-5,1,main]: 5
Thread[pool-1-thread-6,10,main]: 4
Thread[pool-1-thread-2,1,main]: 5
Thread[pool-1-thread-4,1,main]: 5
Thread[pool-1-thread-1,1,main]: 4
Thread[pool-1-thread-3,1,main]: 4
Thread[pool-1-thread-5,1,main]: 4
Thread[pool-1-thread-6,10,main]: 3
Thread[pool-1-thread-6,10,main]: 2
Thread[pool-1-thread-2,1,main]: 4
Thread[pool-1-thread-3,1,main]: 3
Thread[pool-1-thread-1,1,main]: 3
Thread[pool-1-thread-4,1,main]: 4
Thread[pool-1-thread-5,1,main]: 3
Thread[pool-1-thread-6,10,main]: 1
Thread[pool-1-thread-3,1,main]: 2
Thread[pool-1-thread-1,1,main]: 2
Thread[pool-1-thread-5,1,main]: 2
Thread[pool-1-thread-2,1,main]: 3
Thread[pool-1-thread-4,1,main]: 3
Thread[pool-1-thread-3,1,main]: 1
Thread[pool-1-thread-1,1,main]: 1
Thread[pool-1-thread-5,1,main]: 1
Thread[pool-1-thread-2,1,main]: 2
Thread[pool-1-thread-4,1,main]: 2
Thread[pool-1-thread-2,1,main]: 1
Thread[pool-1-thread-4,1,main]: 1
```

**【实验 10.3】** 主线程使用 join()方法等待客户线程运行结束，接着再继续运行。

Test.java

```
public class Test    {
    public static void main(String args[]) throws Exception {
        JoinTest jt = new JoinTest();
        jt.setName("JoinTest:");
        jt.start();                                                   // 启动 JoinTest 线程
        System.out.println("main start");
        System.out.println(Thread.currentThread().getName());  // 获取正在运行的线程名
        jt.join();                                                    // 主线程等待 JoinTest 线程运行结束
```

```
            System.out.println("main end");
        }
}
class JoinTest extends Thread {
        public void run() {
            for (int i = 0; i < 10; i++){
                System.out.println(Thread.currentThread().getName()+i);
            }
        }
}
```

程序运行结果：

```
main start
main
JoinTest:0
JoinTest:1
JoinTest:2
JoinTest:3
JoinTest:4
JoinTest:5
JoinTest:6
JoinTest:7
JoinTest:8
JoinTest:9
main end
```

### 思考与练习

（1）创建一个实现睡眠（时间在 1～10 秒）功能的线程，显示它的睡眠时间并退出。

（2）创建三个线程，使得一个线程的优先级最高，一个线程的优先级最低，另一个线程的优先级介于两者之间。

（3）创建一个线程，使得当前线程调用 yield()方法暂时放弃 CPU，给其他线程运行的机会。

## 实验 11 AWT 图形用户界面编程

### 实验目的

（1）掌握常用的 AWT 组件。

（2）理解 AWT 事件处理原理。

### 实验准备

（1）复习第 11 章的有关内容。

（2）进入 Eclipse 集成开发环境。

## 实验内容

**【实验 11.1】** 计算圆面积。在第一个文本框中输入圆的半径，将此圆面积的值放入到第二个文本框中。

CircleArea.java

```
package org.awt;
import java.awt.*;
import java.awt.event.*;
public class CircleArea extends Frame implements ActionListener{
    static TextField tf1 = new TextField();
    static TextField tf2 = new TextField();
    static Button bt1 = new Button("圆半径");
    static Button bt2 = new Button("圆面积");
    public static void main(String[] args) {
        CircleArea circle = new CircleArea();
        circle.setLayout(null);
        circle.setBackground(Color.cyan);
        circle.setVisible(true);
        circle.setSize(300, 200);
        circle.add(bt1);   circle.add(bt2);
        circle.add(tf1);   circle.add(tf2);
        bt1.setBackground(Color.cyan);
        bt1.setBounds(new Rectangle(25, 80, 70, 25));
        tf1.setBounds(new Rectangle(140, 80, 70, 25));
        bt2.setBounds(new Rectangle(25, 130, 70, 25));
        tf2.setBounds(new Rectangle(140, 130, 70, 25));
        bt2.setBackground(Color.cyan);
        bt2.addActionListener(circle);                    // 注册事件监听器
    }
    public void actionPerformed(ActionEvent e) {
        String s = tf1.getText();                         // 获取文本框中的内容
        int i = Integer.parseInt(s);
        float d = (float)Math.PI*i*i;                     // 计算圆面积
        String str = String.valueOf(d);
        tf2.setText(str);                                 // 把圆面积的值放入到文本框中
    }
}
```

运行程序，在第一个文本框中输入圆的半径“5”，单击“圆面积”按钮，计算的圆面积值出现在第二个文本框中，如图 T11.1 所示。

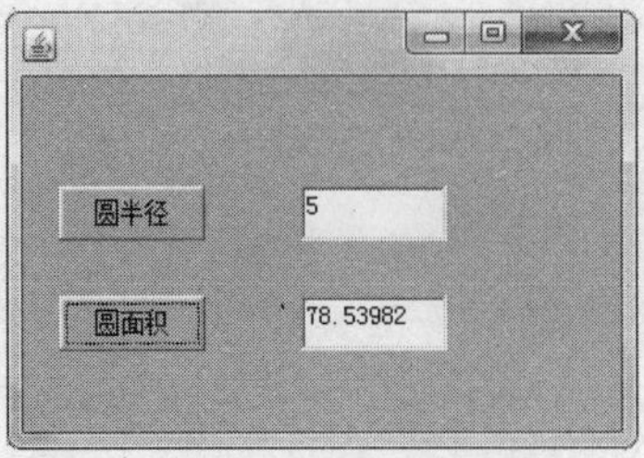


图 T11.1　求圆面积

【实验 11.2】求 a 到 b 之间的所有质数，每行显示 c 个。a、b、c 的值由文本框输入，结果在文本区显示，并显示质数个数。

TestPrime.java

```
package org.awt;
import java.awt.*;
import java.awt.event.*;
public class TestPrime {
    static TextField tf1 = new TextField();
    static TextField tf2 = new TextField();
    static TextField tf3 = new TextField();
    // 设置有垂直和水平滚动条的文本区
    static TextArea ta = new TextArea("", 5, 10, TextArea.SCROLLBARS_BOTH);
    static TextField tf4 = new TextField();
    static int num = 0;
    public static void main(String[] args) {
        Frame f = new Frame("求 a 到 b 之间的质数");
        f.setBackground(Color.cyan);
        f.setSize(new Dimension(500, 400));
        f.setLayout(null);
        f.setLocation(300, 300);
        Button bt1 = new Button("求 a 到 b 之间的质数");
        bt1.setBackground(Color.cyan);
        bt1.addActionListener(new GetAction());
        Button bt2 = new Button("质数个数");
        bt2.setBackground(Color.cyan);
        Label l1 = new Label("输入 a 的值");
        Label l2 = new Label("输入 b 的值");
        Label l3 = new Label("每行显示个数");
        tf1.setBounds(new Rectangle(40, 70, 70, 25));
        tf2.setBounds(new Rectangle(130, 70, 70, 25));
        tf3.setBounds(new Rectangle(220, 70, 70, 25));
        ta.setEditable(true);
        ta.setText("");
        ta.setBackground(Color.white);
        ta.setBounds(new Rectangle(40, 120, 400, 200));
        l1.setBounds(new Rectangle(40, 40, 60, 25));
        l2.setBounds(new Rectangle(130, 40, 60, 25));
        l3.setBounds(new Rectangle(220, 40, 120, 25));
        bt1.setBounds(new Rectangle(340, 40, 120, 25));
        bt2.setBounds(new Rectangle(40, 350, 50, 25));
        tf4.setBounds(new Rectangle(130, 350, 70, 25));
        f.add(l1);
        f.add(l2);
        f.add(l3);
        f.add(bt1);
        f.add(bt2);
        f.add(ta);
```

```
        f.add(tf1);
        f.add(tf2);
        f.add(tf3);
        f.add(tf4);
        f.setLayout(null);
        f.setVisible(true);
        f.addWindowListener(new WindowHandler11());          // 注册事件监听器
    }
}
// ********方法 windowClosing 就是当窗口关闭时的处理动作**********
class WindowHandler11 extends WindowAdapter {
    public void windowClosing(WindowEvent e) {
        System.exit(1);                                      // 关闭窗口
    }
}
class GetAction implements ActionListener {
    public void actionPerformed(ActionEvent e) {
        String text1 = TestPrime.tf1.getText();              // 获取文本框中的内容
        String text2 = TestPrime.tf2.getText();
        String text3 = TestPrime.tf3.getText();
        int a, b, c;
        a = Integer.parseInt(text1);                         // 将字符串类型转换为整型
        b = Integer.parseInt(text2);
        c = Integer.parseInt(text3);
        boolean flag;
        int m, p, count = 0;
        for (m = a; m <= b; m++) {
            flag = true;
            for (p = 2; p <= m / 2; p++)                     // 判断是不是质数
                if (m % p == 0) {
                    flag = false;
                    break;
                }
            if (flag) {
                String str = String.valueOf(m);              // 将整型转换为字符串类型
                TestPrime.ta.append(str + "    ");           // 将质数写入到文本区中
                count++;
                TestPrime.num++;
                if (count % c == 0) {                        // 每行中只输出 c 个质数
                    TestPrime.ta.append("\n");
                }
            }
        }
        String str = String.valueOf(TestPrime.num);
        TestPrime.tf4.setText(str);
    }
}
```

运行程序，在文本框中依次输入“10、600、8”，单击“求 a 到 b 之间的质数”按钮，将在文本区中显示 10～600 的所有质数，并计算出质数个数，显示在下面的文本框中，程序运行结果如图 T11.2 所示。

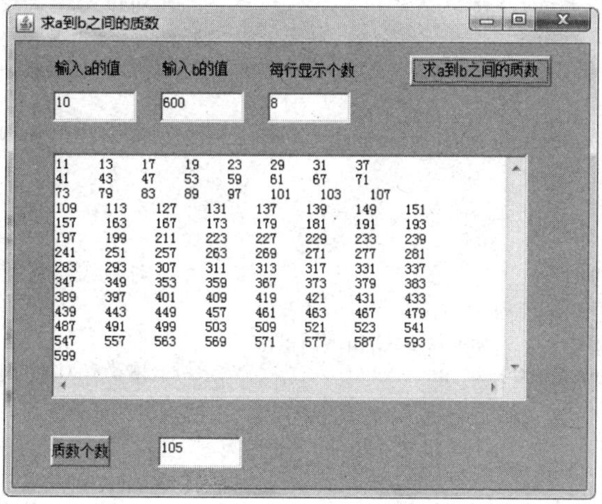


图 T11.2　计算 10～600 的质数

**【实验 11.3】**使用两个文本区，在第一个文本区中输入一串无序的数值，对它们进行从小到大排序，然后放入到第二个文本区中。

ArraySort.java

```
package org.awt;
import java.awt.*;
import java.util.Arrays;
import java.util.regex.*;
import java.awt.event.*;
public class ArraySort extends Frame implements ActionListener{
    static TextArea ta1 = new TextArea();
    static TextArea ta2 = new TextArea();
    static Button bt1 = new Button("排序前");
    static Button bt2 = new Button("排序后");
    public static void main(String[] args) {
        ArraySort as = new ArraySort();
        as.setLayout(null);                          // 取消布局管理器
        as.setBackground(Color.cyan);
        as.setSize(300, 200);
        as.setVisible(true);
        ta1.setBounds(70, 40, 220, 70);
        ta2.setBounds(70,120,220,70);
        as.add(ta1);
        bt1.setBounds(10,60,50,30);
        bt2.setBounds(10,140,50,30);
        bt1.setBackground(Color.cyan);
        bt2.setBackground(Color.cyan);
        as.add(bt1);
        as.add(bt2);
        bt2.addActionListener(as);                   // 注册事件监听器
        as.add(ta2);
    }
```

```
        public void actionPerformed(ActionEvent e) {
            String s = ta1.getText();
            int[] arr = new int[10];                          // 创建一个整型数组
            Pattern p = Pattern.compile("(\\d{1,4})");        // 编译正则表达式
            Matcher m = p.matcher(s);                         // 对字符串进行匹配
            int i =0;
            while(m.find()) {                                 // 寻找与指定模式匹配的下一个子序列
                int j = 0;
                j = Integer.parseInt(m.group());              // 将字符串类型转换为整型
                arr[i]= j;
                i++;
            }
            Arrays.sort(arr);                                 // 对数组进行排序
            for(int c = 0;c<i;c++){
                String str1 = String.valueOf(arr[c]);
                ta2.append(str1+" ");                         // 将数组中的内容输出到文本区中
            }
        }
}
```

运行程序，在窗体的第一个文本区中输入 10 个无序的数，单击“排序后”按钮，这 10 个数经过从小到大排序后输出到第二个文本区中，如图 T11.3 所示。

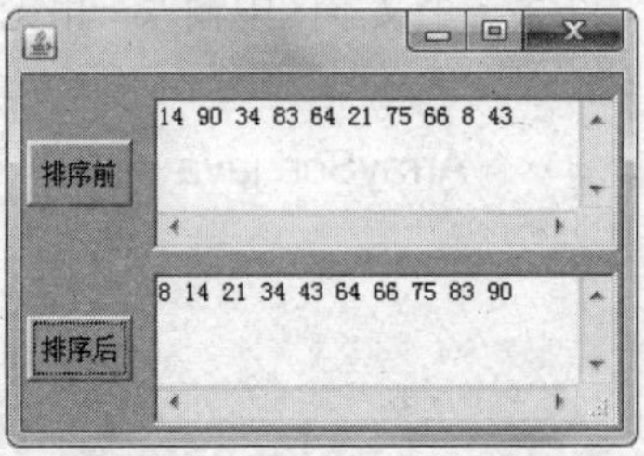


图 T11.3　对数值从小到大排序

## 思考与练习

（1）用多行编辑框组件实现文本文件的编辑处理，在菜单上提供打开、保存、查找、替换等功能。

（2）编写一个程序，它包括一个文本框和三个按钮，单击每个按钮时，在文本框中显示不同的文字。

（3）设计一个 Java 程序，在两个文本框中各放入一个日期值，计算这两个日期之间间隔的天数，将计算的天数放入到第三个文本框中。

# 实验 12　Swing 组件及应用

## 实验目的

掌握常用的 Swing 组件。

## 实验准备

（1）复习第 12 章的有关内容。
（2）进入 Eclipse 集成开发环境。

## 实验内容

**【实验 12.1】** 使用列表框 JList 的常用方法。窗口上有两个容器 p1、p2，p1 中有一个单行编辑框、两个按钮，p2 中有两个列表框。“增加”按钮的功能是将单行编辑框中输入的内容添加到左边列表框中，“复制”按钮的功能是将左边列表框中的内容复制到右边列表框。

JListTest.java

```
package org.swing;
import java.awt.*;
import java.awt.event.*;
import javax.swing.*;
public class JListTest {
    JFrame f = new JFrame("JList 的用法");
    JPanel p1 = new JPanel(new FlowLayout());                // 设置流式布局管理器
    JPanel p2 = new JPanel(new GridLayout(1, 2, 10, 5));
    JList l1 = new JList();
    JList l2 = new JList();
    JTextField jtf = new JTextField(12);
    JToggleButton b1 = new JToggleButton("增加", false);
    JToggleButton b2 = new JToggleButton("复制", false);
    Font ft = new Font("Serif", Font.BOLD, 18);
    public static void main(String args[]) {
        JListTest that = new JListTest();
        that.go();
    }
    void go() {
        f.add("North", p1);                              // 将容器 p1 加到窗口的北面
        p1.add(jtf);
        p1.add(b1);
        p1.add(b2);
        f..add("Center", p2);                            // 将容器 p2 加到窗口的中央
        p2.add(l1);
        p2.add(l2);
        jtf.setFont(ft);                                 // 设置字体
        b1.setFont(ft);
        b2.setFont(ft);
        b1.setToolTipText("将单行编辑框中的内容加到左边列表框中");
        b2.setToolTipText("将左边列表框中的内容复制到右边列表框中");
        l1.setFont(ft);
        l2.setFont(ft);
        b1.addActionListener(new ButtonH(1));                // 注册监听器
```

```
        b2.addActionListener(new ButtonH(2));
        f.setLocation(300, 500);
        f.setDefaultCloseOperation(JFrame.EXIT_ON_CLOSE);       // 关闭窗口
        f.setSize(400, 300);
        f.setResizable(true);
        f.setVisible(true);
    }
    public class ButtonH implements ActionListener {            // 实现监听器
        int sel;
        ButtonH(int select) {
            sel = select;
        }
        public void actionPerformed(ActionEvent e) {
            if (sel == 1) {
                int num = l1.getModel().getSize();              // 获得列表框 l1 中的项目数
                String data[] = new String[num + 1];
                for (int i = 0; i < num; i++)
                    data[i] = (String) l1.getModel().getElementAt(i);
                data[num] = jtf.getText();
                l1.setListData(data);
                b1.setSelected(false);
            }
            if (sel == 2){
                String data[] = new String[l1.getModel().getSize()];
                for (int i = 0; i < l1.getModel().getSize(); i++)
                    data[i] = (String) l1.getModel().getElementAt(i);   // 强制类型转换
                l2.setListData(data);
                b2.setSelected(false);
            }
        }
    }
}
```

程序运行结果如图 T12.1 所示。

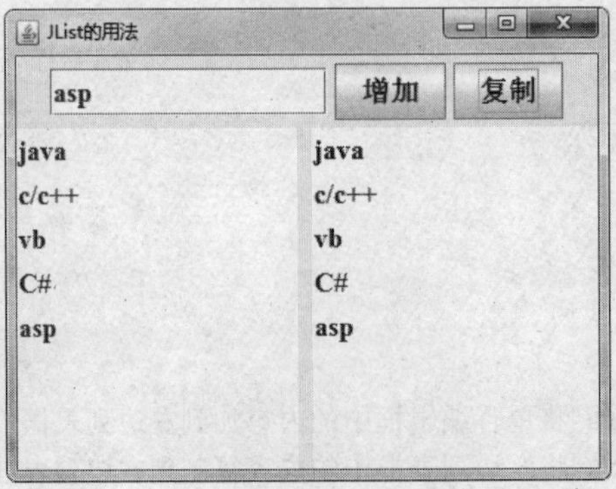


图 T12.1 使用 JList

【**实验 12.2**】在两个文本框里各输入一个整数，在第 3 个文本框里显示这两个数的最大公约数和最小公倍数。

JTextFieldDemo.java

```
package org.swing;
import java.awt.*;
import java.awt.event.*;
import javax.swing.*;
public class JTextFieldDemo extends JFrame{
        static JTextField tf1 = new JTextField();
        static JTextField tf2 = new JTextField();
        static JTextField tf3 = new JTextField();
        public JTextFieldDemo(){
                setLayout(null);                                        // 取消布局管理器
                setBackground(Color.cyan);                              // 设置窗口的颜色
                setLocation(300, 300);
                setSize(new Dimension(300, 200));
                JLabel l1 = new JLabel("第一个数");
                JLabel l2 = new JLabel("第二个数");
                JLabel l3 = new JLabel("所求的数");
                Button bt1 = new Button("求公约数和公倍数");
                bt1.setBackground(Color.cyan);
                bt1.addActionListener(new NumAction());                 // 注册事件监听器
                bt1.setBounds(new Rectangle(80, 120, 120, 25));
                l1.setBounds(new Rectangle(30, 20, 60, 25));
                l2.setBounds(new Rectangle(120, 20, 60, 25));
                l3.setBounds(new Rectangle(210, 20, 120, 25));
                tf1.setBounds(new Rectangle(30, 50, 70, 25));
                tf2.setBounds(new Rectangle(120, 50, 70, 25));
                tf3.setBounds(new Rectangle(210, 50, 70, 25));
                tf3.setEditable(false);
                setVisible(true);                                       // 设置窗体可见
                add(l1);add(l2);add(l3);
                add(bt1);
                add(tf1);add(tf2);add(tf3);
                setDefaultCloseOperation(JFrame.EXIT_ON_CLOSE);         // 关闭窗口
        }
        public static void main(String[] args) {
                JTextFieldDemo fd = new JTextFieldDemo();
        }
}
class NumAction implements ActionListener{
        public void actionPerformed(ActionEvent e) {
                int m ,n, r =0;
                int gcd = 0;                                            // 最大公约数
                int lcm = 0;                                            // 最小公倍数
                m = Integer.parseInt(JTextFieldDemo.tf1.getText());     // 把字符串转换为整型
                n = Integer.parseInt(JTextFieldDemo.tf2.getText());
                lcm = m * n ;
```

```
            while((r=m%n)!=0){
                m = n;
                n =r;
            }
            gcd = n;
            lcm = lcm /gcd;
            String str1 = String.valueOf(gcd);                    // 返回此字符串形式
            String str2 = String.valueOf(lcm);
            String s = str1+"      "+str2;
            JTextFieldDemo.tf3.setText(s);                        // 设置第 3 个文本框的内容
        }
}
```

运行程序，在第 1 个文本框里输入“9”，在第 2 个文本框里输入“15”，单击“求公约数和公倍数”按钮，则这两个数的最大公约数和最小公倍数显示在第 3 个文本框里，程序运行结果如图 T12.2 所示。

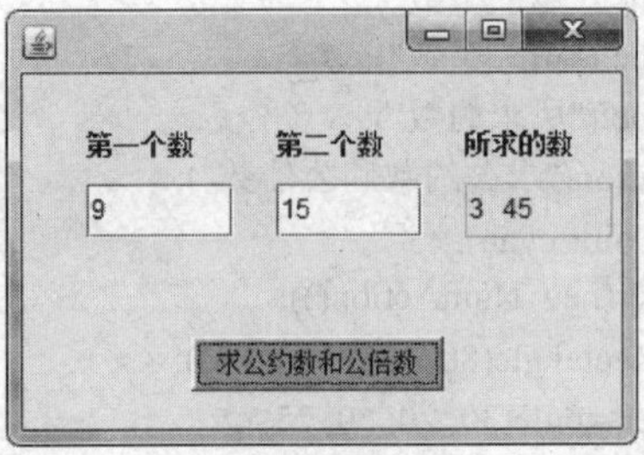


图 T12.2　文本框界面

**【实验 12.3】**在窗体上创建 3 个文本框，两个用于输入运算对象，另一个用于存放计算结果，下拉列表框选择四则运算符号。

MultiplyOperation.java

```
package org.swing;
import java.awt.*;
import java.awt.event.*;
import javax.swing.*;
public class MultiplyOperation extends JFrame{
    JTextField num1;
    JTextField num2;
    JTextField sum;
    static Choice ch = new Choice();
    public static void main(String[] args) {
        MultiplyOperation test = new MultiplyOperation();
        test.operation();
        test.setBackground(Color.cyan);                           // 设置窗体的颜色
        test.setSize(280, 150);
        test.setDefaultCloseOperation(JFrame.EXIT_ON_CLOSE);   // 关闭窗口
    }
    public void operation() {
        num1 = new JTextField();
```

```
            num2 = new JTextField();
            sum = new    JTextField();
            ch.add("+");
            ch.add("-");
            ch.add("*");
            ch.add("/");
            num1.setColumns(5);                                    // 设置此文本框的列数
            num2.setColumns(5);
            sum.setColumns(5);
            setLayout(new FlowLayout());                           // 采用流式布局管理器
            Button btnEqual = new Button("=");
            btnEqual.setBackground(Color.cyan);
            btnEqual.addActionListener(new MyListener(this));      // btnEqual 注册事件监听器
            ch.addItemListener(new ChoiceHandler());               // ch 注册事件监听器
            add(num1);                                             // 将文本框加入到窗体上
            add(ch);
            add(num2);
            add(btnEqual);
            add(sum);
            setVisible(true);                                      // 设置窗体可见
        }
}
class MyListener implements ActionListener {
        private MultiplyOperation mulp;
        public MyListener(MultiplyOperation mulp) {
            this.mulp = mulp;
        }
        public void actionPerformed(ActionEvent e) {
            String s1 = mulp.num1.getText();                       // 获取文本框中的内容
            String s2 = mulp.num2.getText();
            int i1 = Integer.parseInt(s1);                         // 将字符串类型转换为整型
            int i2 = Integer.parseInt(s2);
            String itm;
            itm = ChoiceHandler.itm1 ;
            if (itm.equals("+")) {
                mulp.sum.setText(String.valueOf(i1 + i2));
            } else if (itm.equals("-")) {
                mulp.sum.setText(String.valueOf(i1 - i2));
            } else if (itm.equals("*")) {
                mulp.sum.setText(String.valueOf(i1 * i2));
            } else if (itm.equals("/")) {
                mulp.sum.setText(String.valueOf(i1 / i2));
            }
        }
}
class ChoiceHandler implements ItemListener {
        static String itm1;
```

```
        public void itemStateChanged(ItemEvent e) {
            itm1 = MultiplyOperation.ch.getSelectedItem();              // 获得所选项
        }
    }
```

运行程序，在文本框中输入“5”和“6”，单击“=”按钮，两数相乘的积存放在第 3 个文本框中。程序的运行结果如图 T12.3 所示。

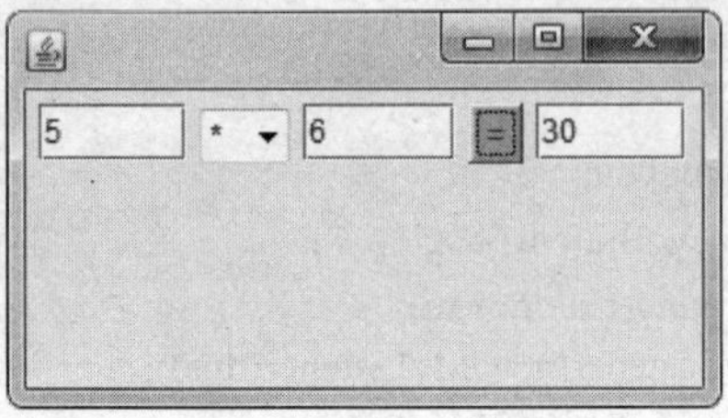


图 T12.3 计算两数相乘的积

## 思考与练习

（1）从 JButton 继承编写一个新的按钮，每当按钮按下时，将为它随机选择一种颜色。

（2）创建一个复选框捕获其事件，并在事件处理程序中向文本框中插入不同的文字。

（3）设计一个窗体，上有一个按钮。当鼠标移到按钮上时立即隐藏该按钮，当鼠标离开时则显示该按钮。

（4）使用文本框和文本区，在文本框里输入要输出的杨辉三角形的行数，在文本区里显示杨辉三角形。

# 实验 13 Java 网络编程

## 实验目的

（1）掌握 TCP 和 UDP 网络编程。

（2）了解 URL 网络编程。

## 实验准备

（1）复习第 13 章的有关内容。

（2）进入 Eclipse 集成开发环境。

## 实验内容

【实验 13.1】通过 URLConnection，打印与 www.sina.com 连接时 HTTP 响应头中的所有“名-值”

对内容。

Download.java

```
import java.net.*;
import javax.swing.*;
import java.awt.event.*;
import java.io.*;
public class Download {
    public static void main(String[] args) {
        JFrame jf = new JFrame("下载程序");
        jf.setSize(600, 400);
        jf.setLocation(100, 100);
        JPanel p = new JPanel();
        JLabel l = new JLabel("Please input URL:");
        final JTextField tf = new JTextField(30);
        p.add(l);p.add(tf);
        jf.add(p, "North");
        final JTextArea ta = new JTextArea();
        jf.add(ta, "Center");
        JButton btn = new JButton("下载");
        jf.add(btn, "South");
        btn.addActionListener(new ActionListener() {
            public void actionPerformed(ActionEvent e) {
                String str = tf.getText();                    // 获取文本框中输入的 URL 地址
                try {
                    URL url = new URL(str);
                    URLConnection uc = url.openConnection();  // 生成 URLConnection 对象
                    uc.connect();                             // 发起连接
                    int n = 1;
                    String key = null;
                    // 若"名-值"对中 key 值不为空
                    while ((key = uc.getHeaderFieldKey(n)) != null) {
                        // 取出"名-值"对中相应的 value 部分
                        String value = uc.getHeaderField(n);
                        ta.append(key + " <---> " + value+"\n");
                        n++;
                    }
                } catch (Exception ex) {
                    ex.printStackTrace();
                }
            }
        });
        jf.addWindowListener(new WindowAdapter() {            // 关闭窗体
            public void windowClosing(WindowEvent e) {
                System.exit(0);
            }
        });
        jf.setVisible(true);                                  // 设置窗体可见
```

```
        }
}
```

运行程序，在文本框中输入新浪域名“http://www.sina.com”，单击“下载”按钮，则 HTTP 响应头中的所有“名-值”对内容都显示在文本区里，如图 T13.1 所示。

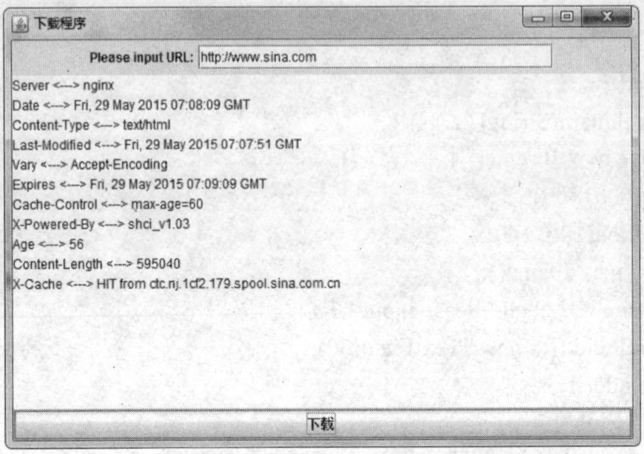


图 T13.1 获取 HTTP 响应头信息

**【实验 13.2】** 返回请求域名相关联的 IP 地址，并返回本地主机的 IP 地址。

InetAddressTest.java

```
package com.net;
import java.net.*;
import java.awt.*;
import java.awt.event.*;
public class InetAddressTest {
        static TextField tf1 = new TextField(40);
        static List list = new List(6);
        public static void main(String[] args) throws Exception {
                Frame f = new Frame();
                f.add(list);
                f.setSize(300, 300);                                    // 设置窗体的大小
                Panel p = new Panel();
                p.setLayout(new BorderLayout());                        // 设置边界布局管理器
                tf1.addActionListener(new MyListener());                // 注册事件监听器
                p.add("West", tf1);
                f.add("South", p);
                f.addWindowListener(new WindowAdapter() {               // 关闭窗口
                        public void windowClosing(WindowEvent e) {
                                System.exit(0);
                        }
                });
                f.setVisible(true);                                     // 设置窗体可见
        }
}
class MyListener implements ActionListener {
        public void actionPerformed(ActionEvent e) {
```

```
            String s = InetAddressTest.tf1.getText();           // 获取文本框中的内容
            InetAddress[] addr;
            InetAddress addr2;
            try {
                InetAddressTest.list.removeAll();               // 将列表框中的原有内容清除
                addr = InetAddress.getAllByName(s);             // 返回主机名所对应的 IP 地址
                addr2 = InetAddress.getLocalHost();             // 返回本地主机的 IP 地址
                for (int i = 0; i < addr.length; i++) {
                    InetAddressTest.list.add(addr[i].toString()); // 添加到列表框中
                }
                InetAddressTest.list.add(addr2.toString());     // 将本地主机的 IP 地址添加到列表框里
            } catch (UnknownHostException e1) {
                e1.printStackTrace();
            }
            ((TextField) e.getSource()).setText(null);          // 设置文本框的内容为空
        }
    }
```

运行程序，在文本框中输入网易域名“www.163.com”，则在列表框中显示网易的 IP 地址信息，并显示本地主机的 IP 地址，如图 T13.2 所示。

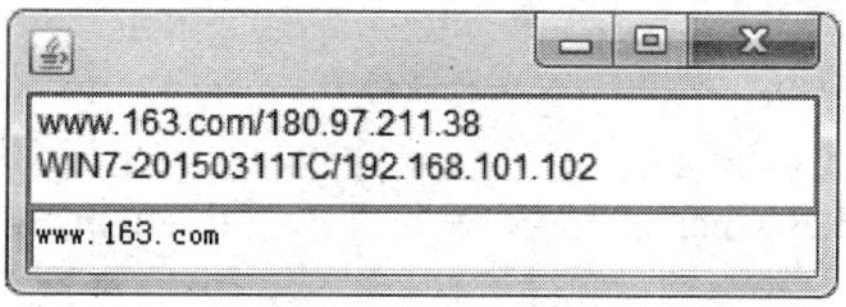


图 T13.2　获取网易及本地主机的 IP 地址

**【实验 13.3】**客户端程序向服务器发送任意字符串，服务器程序收到后显示收到的字符串，并统计字符串的长度。

TCPServer.java（TCP 服务器端）

```
package org;
import java.io.*;
import java.net.*;
import java.awt.*;
import java.awt.event.*;
public class TCPServer {
    static DataInputStream dis = null;
    public static void main(String[] args) {
        boolean started = false;
        Socket s = null;
        TextArea ta = new TextArea();
        ta.append("从客户端接收的数据："+"\n");
        ServerSocket ss = null;
        try {
            ss = new ServerSocket(8800);                        // 创建一个监听 Socket 对象
        } catch (BindException e) {
            System.exit(0);
        } catch (IOException e) {
            e.printStackTrace();
```

```
            }
            Frame f = new Frame("服务器端");
            f.setLocation(300, 300);
            f.setSize(200, 200);
            f.add(ta, BorderLayout.NORTH);
            f.pack();
            f.addWindowListener(new WindowAdapter() {          // 关闭窗口
                public void windowClosing(WindowEvent e) {
                    System.exit(0);
                }
            });
            f.setVisible(true);                               // 设置窗体可见
            try {
                started = true;
                while (started) {
                    boolean bConnected = false;
                    s = ss.accept();                          // 等待客户端请求连接
                    bConnected = true;
                    dis = new DataInputStream(s.getInputStream());
                    while (bConnected) {
                        String str = dis.readUTF();           // 从输入流中读取数据
                        str.length();
                        ta.append(str+",字符串长度："+str.length()+"\n");  // 将数据添加到文本区中
                    }
                }
            } catch (EOFException e) {
                System.out.println("Client closed!");
            } catch (IOException e) {
                e.printStackTrace();
            } finally {
                try {
                    if (dis != null)
                        dis.close();                          // 关闭输入流
                    if (s != null)
                        s.close();                            // 关闭 Socket 对象
                } catch (Exception e) {
                    e.printStackTrace();
                }
            }
        }
    }
```

TCPClient.java（TCP 客户端）

```
package org;
import java.awt.*;
import java.awt.event.*;
import java.io.*;
import java.net.*;
```

```
public class TCPClient extends Frame {
    Socket s = null;
    DataOutputStream dos = null;
    DataInputStream   dis = null;
    TextField tf = new TextField(40);
    List list = new List(6);
    public static void main(String[] args) {
        TCPClient client = new TCPClient();
        client.list.add("向服务器端发送的数据：");
        client.setTitle("客户端");
        client.run();
    }
    public void run() {
        setLocation(400, 300);                              // 设置窗体的位置
        this.setSize(300, 300);                             // 设置窗体的大小
        add(tf, BorderLayout.SOUTH);
        add(list, BorderLayout.NORTH);
        pack();
        this.addWindowListener(new WindowAdapter() {        // 关闭窗体
            public void windowClosing(WindowEvent e) {
                disconnect();
                System.exit(0);
            }
        });
        tf.addActionListener(new MyListener());             // 注册事件监听器
        setVisible(true);
        connect();
    }
    public void connect() {
        try {
            s = new Socket("127.0.0.1", 8800);     // 创建一个向服务器发起连接的 Socket 对象
        } catch (UnknownHostException e) {
            e.printStackTrace();
        } catch (IOException e) {
            e.printStackTrace();
        }
    }
    public void disconnect() {
        try {
            dos.close();                                    // 关闭输出流
            s.close();                                      // 关闭 Socket 对象
        } catch (IOException e) {
            e.printStackTrace();
        }
    }
    private class MyListener implements ActionListener {
        public void actionPerformed(ActionEvent e) {
```

```
                String s1 = null;
                String s2 = null;
                String str = tf.getText().trim();                    // 获取文本框中的内容
                list.add(str);
                tf.setText("");                                      // 将文本框的内容清空
                try {
                    dos = new DataOutputStream(s.getOutputStream());
                    dos.writeUTF(str);                               // 向流中写入数据
                    dos.flush();                                     // 刷空流
                } catch (IOException e1) {
                    e1.printStackTrace();
                }
            }
        }
}
```

运行上面的 TCP 客户服务器程序。首先在客户端文本框中输入字符串，按回车键，这些字符将显示在客户端的窗口上，同时发往服务器端，服务器接收到从客户端发来的字符，也显示在窗口上，如图 T13.3 所示。

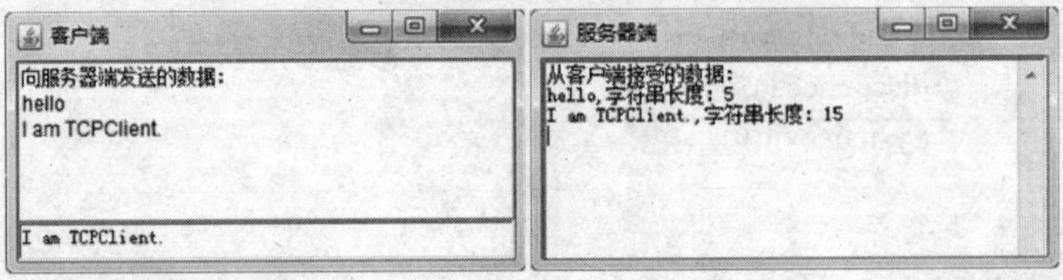


图 T13.3　客户端与服务器的通信

## 思考与练习

（1）设计一个通过 TCP 服务器转交方式，两个客户机之间一对一的网络通信程序。
（2）设计一个通过 UDP 服务器转交方式，两个客户机之间一对一的网络通信程序。
（3）编写一个组播程序。
（4）编写一个程序返回与域名相关联的 IP 地址。

# 实验 14　Java 数据库编程

## 实验目的

（1）掌握 JDBC 编程。
（2）熟悉批处理和事务处理。

## 实验准备

（1）复习第 14 章的有关内容。
（2）进入 Eclipse 集成开发环境。

## 实验内容

**【实验 14.1】** 在 Java 程序中创建数据库和表，并使用批处理和事务处理。

UseJDBC.java

```
package org.jdbc;
import java.sql.*;
public class UseJDBC {
    public static void main(String[] args) {
        ResultSet rs = null;
        Statement stmt = null;
        Connection conn = null;
        PreparedStatement pstmt = null;
        try {
            /**********加载并注册 SQLServer 2014 的 JDBC 驱动************/
            Class.forName("com.microsoft.sqlserver.jdbc.SQLServerDriver");
            /**********建立到 SQLServer 2014 数据库的 URL***************/
            conn = DriverManager.getConnection(
                    "jdbc:sqlserver://localhost:1433", "sa", "123456");
            conn.setAutoCommit(false);
            /***********访问数据库，执行 SQL 语句***************/
            stmt = conn.createStatement();
            stmt.executeUpdate("create database bookstore");  // 创建数据库
            stmt.executeUpdate("use bookstore");              // 使 bookstore 成为当前数据库
            /************创建表结构****************************/
            stmt.executeUpdate("create table books(id int not null primary key
                    ,title char(25) not null,price float not null)");
            /***********加入 sql 命令到命令列表中***************/
            stmt.addBatch("insert into books values (1501, 'Java 实用教程（第 3 版）',43.00)");
            stmt.addBatch("insert into books values (1502, 'JSP 网站编程',49.00)");
            stmt.addBatch("insert into books values (1503, 'Struts 2 核心编程',58.00)");
            stmt.addBatch("insert into books values (1504, 'Hibernate 必备宝典',89.00)");
            stmt.addBatch("insert into books values (1505, 'C 程序设计',35.00)");
            stmt.executeBatch();                              // 批量处理
            conn.commit();                                    // 提交事务
            rs = stmt.executeQuery("select * from books");
            while(rs.next()) {
                System.out.print(rs.getInt("id"));
                System.out.print(rs.getString("title"));
                System.out.print(rs.getString("price"));
                System.out.println();
```

```
                }
            } catch (ClassNotFoundException e) {
                e.printStackTrace();
            } catch (SQLException e) {
                e.printStackTrace();
                try {
                    if (conn != null) {
                        conn.rollback();                        // 事务回滚
                        conn.setAutoCommit(true);               // 开启自动提交
                    }
                } catch (SQLException e1) {
                    e1.printStackTrace();
                }
            } finally {
                try {
                    if(rs != null) {
                        rs.close();                             // 关闭 ResultSet 对象
                        rs = null;
                    }
                    if(stmt != null) {
                        stmt.close();                           // 关闭 Statement 对象
                        stmt = null;
                    }
                    if(conn != null) {
                        conn.close();                           //关闭 Connection 对象
                        conn = null;
                    }
                } catch (SQLException e) {
                    e.printStackTrace();
                }
            }
        }
}
```

程序运行结果：

```
1501Java 实用教程（第 3 版）     43.0
1502JSP 网站编程                49.0
1503Struts 2 核心编程           58.0
1504Hibernate 必备宝典          89.0
1505C 程序设计                  35.0
```

## 思考与练习

（1）设计一个程序，实现对【实验 14.1】表 books 的数据处理，如增加、修改、删除、查询等功能。

（2）将本实验所用数据库换成 MySQL，应当对程序作怎样的修改，尝试做一做。

# 第3部分 习 题 集

## 第1章 Java语言及编程环境

扫描获取参考答案

1. Java应用平台有哪3个版本？它们分别用于什么场合？
2. 简述Java语言的主要特点。
3. main()方法在Java程序中起何种作用？能否从一个类中调用另一个类中的main()方法？
4. 最新发布的Java 8有哪些新特性？

## 第2章 Java语法基础

扫描获取参考答案

1. 以下哪些是合法的标识符？

工资　_123　4foots　$123　12a_2xy　exam-1　x+y

2. Java中各个基本数据类型分别占多少个字节？
3. 将下列代数式写成Java表达式。

（1）$ax^2+bx+c$　（2）$(x+y)^3$　（3）$(a+b)^2/(a-b)$

4. 计算下列表达式的值。

（1）x+y%4*(int)(x+z)%3/2　其中：x=3.5、y=13、z=2.5

（2）(int)x%(int)y+(double)(z*w)　其中：x=2.5、y=4.5、z=4、w=3

5. 设int a=10，则下列表达式运算后，a的值是多少？

（1）a += a -= a *= a /= a　（2）a % (7%2)

（3）a /= a+a　（4）a >>= 32

6. 设int n，设计一个Java程序，打印出1+3+5+…+n之和，若n是奇数，则累加到n；若n是偶数，则累加到n−1，变量n的初始值在程序中指定。

7. 设int n，设计一个Java程序，将n的值反序打印。例如，n =1234，则打印出“4321”，变量n的初始值在程序中指定。

8. 设int n，设计一个Java程序，计算1!+2!+…+n!，变量n的初始值在程序中指定。

9. 编程求两个3阶矩阵的相加。

# 第 3 章 Java 类与对象

扫描获取参考答案

1．类的成员初始化的顺序如何？静态数据的初始化和非静态实例初始化又是如何？

2．简述 static 数据成员与非 static 数据成员的主要区别。

3．简述 this 引用的作用。

4．创建一个类，它包含一个未初始化的 String 引用。验证该引用被 Java 初始化成 null。

5．创建一个带默认的构造方法（即无参构造方法）的类，在构造方法中打印一条消息。为这个类创建一个对象。

6．创建一个带有重载构造方法的类，令其接受一个字符串参数，并在构造方法中把自身的信息和接受的参数一并打印出来。

# 第 4 章 Java 面向对象编程

扫描获取参考答案

1．什么是接口？什么是抽象类？

2．简述 Java 继承的主要内容。

3．简述 Java 运行时多态性的含义。

4．创建一个不包含任何抽象方法的抽象类，并验证不能为该类创建任何实例。

5．创建一个不包含任何抽象方法的抽象类，从它那里导出一个子类，并添加一个方法。创建一个静态方法，它可以接受父类的引用，将其向下转型到子类中，然后再调用该静态方法。

6．定义两个包，在一个包中创建一个接口，内含 3 个方法，并在另一个包中实现此接口。

7．创建一个接口，并从该接口继承两个接口，然后从后面两个接口多重继承第 3 个接口。

8．创建一个含有 static final 变量和 final 类，说明两者间的不同。

# 第 5 章 Java 常用类

扫描获取参考答案

1．设计一个 Java 程序，判断一个字符串是否是回文。回文是指字符串从左向右读与从右向左读是一样的。

2．设计一个 Java 程序，从高到低将随机生成的一组数字进行降序排列。

# 第 6 章 Java 语言新特性

1．创建一个 enum，它包含纸币中最小面值的 3 种类型，通过 values()循环并打印每一个值及其 ordinal()。

扫描获取参考答案

2．为上面的例子的 enum 写一个 switch 语句，对于每一个 case，输出该特定货币的描述。

3．编写程序，使用 Java 的内置注解。

# 第 7 章　容器和泛型

扫描获取参考答案

1．简述 Collection 和 Collections 的区别。

2．Set 里的元素是不能重复的，那么用什么方法来区分重复与否呢？是用“==”还是 equals()？它们有何区别？

3．List、Set、Map 是否继承自 Collection 接口？

4．两个对象值相同（x.equals(y) == true），但却有不同的 hashCode，这句话对不对？

5．为什么在创建容器类时使用泛型？使用泛型带来哪些好处？

6．写一个方法，使用 Iterator 遍历 Collection，并打印容器中每个对象的 toString()。填充各种类型的 Collection，然后对其使用此方法。

7．用键值对填充一个 HashMap，打印结果，通过散列码来展示其排序。抽取键值对，按照键进行排序。

# 第 8 章　异常处理

扫描获取参考答案

1．什么是异常？

2．简述 try-catch-finally 语句的执行过程。

3．throws 子句与 throw 语句的区别与联系。

4．什么样的对象才能由 throw 语句抛出。

5．在程序中，什么情况下使用 if 语句来处理程序错误，什么情况下用 try-catch-finally 语句作为异常处理。

# 第 9 章　Java 输入/输出系统

扫描获取参考答案

1．什么是对象的序列化？简述在 Java 程序中进行对象序列化的步骤。

2．如何在 Java 程序中定制对象的序列化？

3．使用 FileReader 和 FileWriter 类实现文件的复制。

4．设计一个 Java 程序，将一个文件夹下所有的内容（含子文件夹）全部删除，要求删除的文件夹从命令行参数中获取。

# 第 10 章　多线程

1．简述程序、进程、线程之间的区别与联系。

2．创建线程有几种方式？简述每一种方式。

扫描获取参考答案

3．线程有几种状态？简述线程状态之间的转换过程。

4．为什么 wait()/notifyAll()必须要放在 synchronized 代码块中？为什么 wait()/notifyAll()必须要配对使用？

5．简述 Java 对象锁机制。

6．简述在何种情况下，程序代码必须改成 synchronized 代码块。

7．什么是死锁？在 Java 程序中要防止死锁，要注意些什么？

# 第 11 章　AWT 图形用户界面编程

扫描获取参考答案

1．请说明 FlowLayout、BorderLayout、GridLayout、CardLayout、Null 这几种布局管理器的特点。

2．组件与容器的区别是什么？

3．在 AWT 组件中，有几种实现监听接口的方式？

4．选择题：

（1）在 Java 语言中，用来构建 GUI 的工具可以分为______和______。

（a）按钮　（b）组件　（c）窗体　（d）容器

（2）下面不属于“组件”的是______。

（a）列表框　（b）窗体　（c）菜单

（3）下面不属于“容器”的是______。

（a）多行文本编辑框　（b）对话框　（c）窗体

（4）容器可以被添加到其他容器中去。______

（a）正确　（b）不正确

（5）组件可以被添加到容器中去。______

（a）正确　（b）不正确

（6）容器可以被添加到组件中去。______

（a）正确　（b）不正确

（7）组件可以被添加到其他组件中去。______

（a）正确　（b）不正确

5．以下哪些布局管理器会保持组件的最佳宽度和高度？

（a）BorderLayout　（b）BoxLayout　（c）FlowLayout

（d）GridLayout　（e）GridBagLayout

6．结合使用 TextField 和 TextArea。窗口上有一个文本框 TextField 和一个文本区 TextArea，在单行编辑框中输入文字，按回车键将把输入的文字添加到多行编辑框中。

7．采用 GridLayout 布局管理器，容器中添加 6 个 Button，单击任意一个 Button，网格的划分方式都会发生变化。

# 第 12 章 Swing 组件及应用

扫描获取参考答案

1．选择题

（1）组件______适合于提供密码输入界面。

（a）JTextArea （b）JTextField （c）JPasswordField

（2）在多行文本编辑框中______输入超过程序中定义的行数。

（a）能 （b）不能

（3）可以使用______来清除单行或多行文本框 txt 中的文本。

（a）txt.clearText() （b）txt.setText("")

（c）txt.deleteText() （d）以上都可以

（4）用______来获得口令输入框 pwd 中的文本。

（a）pwd.getText() （b）pwd.getPassword()

2．Swing 组件与普通的 AWT 组件有什么区别？

3．编写程序使用 List 在两个列表框之间交换元素。

4．建立一个 JFrame 对象和 JPanel 对象，注意和 AWT 中 Frame 及 Panel 相比较。

# 第 14 章 Java 网络编程

扫描获取参考答案

1．简述 TCP 和 UDP 通信的各自特点。什么情况下使用 TCP 通信、什么情况下使用 UDP 通信？

2．简述 TCP 服务器的工作模型。为什么通常情况下要使用多线程方式？

3．简述 UDP 服务器的工作模型。UDP 服务器是采用多线程方式好一些还是循环方式好一些？还是各有特点？

4．简述组播的基本内容。

5．设计一个通过 UDP 服务器转交方式，两个客户机之间一对一的网络通信程序。

# 第 15 章 Java 数据库编程

1．以下哪些对象由 Connection 创建？______

（a）Statement 对象 （b）PreparedStatement 对象 （c）ResultSet 对象

2．以下哪些方法属于 PreparedStatement 接口的方法？______

（a）addBatch() （b）connect() （c）execute() （d）first()

3．以下哪些方法属于 ResultSet 接口的方法？______

（a）addBatch() （b）next() （c）getInt() （d）getResultSet()

4．在 xscj 数据库中再创建一个 student 表，表中有 5 列：

```
id        int                   // 学号
```

| | | | |
|---|---|---|---|
| name | char | 16 | // 姓名 |
| sex | tinyint | 1 | // 性别：1 表示男，0 表示女 |
| math | int | | // 数学成绩 |
| english | int | | // 英语成绩 |

请编写程序实现对 student 表的查询、插入、删除、修改功能。